注册建筑师考试丛书

一级注册建筑师考试教材

·3·

建筑物理与建筑设备

（第十七版）

《注册建筑师考试教材》编委会　编

曹纬浚　主编

中国建筑工业出版社

图书在版编目(CIP)数据

一级注册建筑师考试教材. 3，建筑物理与建筑设备 /
《注册建筑师考试教材》编委会编；曹纬浚主编. — 17
版. — 北京：中国建筑工业出版社，2021.11
（注册建筑师考试丛书）
ISBN 978-7-112-26658-6

Ⅰ. ①一… Ⅱ. ①注… ②曹… Ⅲ. ①建筑物理学－
资格考试－自学参考资料②房屋建筑设备－资格考试－自
学参考资料 Ⅳ. ①TU

中国版本图书馆 CIP 数据核字（2021）第 193410 号

责任编辑：张　建　刘　静
责任校对：党　蕾

注册建筑师考试丛书
一级注册建筑师考试教材
· 3 ·
建筑物理与建筑设备
（第十七版）
《注册建筑师考试教材》编委会　编
曹纬浚　主编
*
中国建筑工业出版社出版、发行（北京海淀三里河路 9 号）
各地新华书店、建筑书店经销
北京红光制版公司制版
北京同文印刷有限责任公司印刷
*
开本：787 毫米×1092 毫米　1/16　印张：26¼　字数：636 千字
2021 年 11 月第十七版　　2021 年 11 月第一次印刷
定价：**79.00 元**
ISBN 978-7-112-26658-6
（38479）

序

赵春山

（住房和城乡建设部执业资格注册中心原主任）

我国正在实行注册建筑师执业资格制度，从接受系统建筑教育到成为执业建筑师之前，首先要得到社会的认可，这种社会的认可在当前表现为取得注册建筑师执业注册证书，而建筑师在未来怎样行使执业权力，怎样在社会上进行再塑造和被再评价从而建立良好的社会资源，则是另一个角度对建筑师的要求。因此在如何培养一名合格的注册建筑师的问题上有许多需要思考的地方。

一、正确理解注册建筑师的准入标准

我们实行注册建筑师制度始终坚持教育标准、职业实践标准、考试标准并举，三者之间相辅相成、缺一不可。所谓教育标准就是大学专业建筑教育。建筑教育是培养专业建筑师必备的前提。一个建筑师首先必须经过大学的建筑学专业教育，这是基础。职业实践标准是指经过学校专门教育后又经过一段有特定要求的职业实践训练积累。只有这两个前提条件具备后才可报名参加考试。考试实际就是对大学建筑教育的结果和职业实践经验积累结果的综合测试。注册建筑师的产生都要经过建筑教育、实践、综合考试三个过程，而不能用其中任何一个去代替另外两个过程，专业教育是建筑师的基础，实践则是在步入社会以后通过经验积累提高自身能力的必经之路。从本质上说，注册建筑师考试只是一个评价手段，真正要成为一名合格的注册建筑师还必须在教育培养和实践训练上下功夫。

二、关注建筑专业教育对职业建筑师的影响

应当看到，我国的建筑教育与现在的人才培养、市场需求尚有脱节的地方，比如在人才知识结构与能力方面的实践性和技术性还有欠缺。目前在建筑教育领域实行了专业教育评估制度，一个很重要的目的是想以评估作为指挥棒，指挥或者引导现在的教育向市场靠拢，围绕着市场需求培养人才。专业教育评估在国际上已成为了一种通行的做法，是一种通过社会或市场评价教育并引导教育围绕市场需求培养合格人才的良好机制。

当然，大学教育本身与社会的具体应用需要之间有所区别，大学教育更侧重于专业理论基础的培养，所以我们就从衡量注册建筑师第二个标准——实践标准上来解决这个问题。注册建筑师考试前要强调专业教育和三年以上的职业实践。现在专门为报考注册建筑师提供一个职业实践手册，包括设计实践、施工配合、项目管理、学术交流四个方面共十项具体实践内容，并要求申请考试人员在一名注册建筑师指导下完成。

理论和实践是相辅相成的关系，大学的建筑教育是基础理论与专业理论教育，但必须

要给学生一定的时间使其把理论知识应用到实践中去，把所学和实践结合起来，提高自身的业务能力和专业水平。

大学专业教育是作为专门人才的必备条件，在国外也是如此。发达国家对一个建筑师的要求是：没有经过专门的建筑学教育是不能称之为建筑师的，而且不能进入该领域从事与其相关的职业。企业招聘人才也首先要看他们是否具备扎实的基本知识和专业本领，所以大学的本科建筑教育是必备条件。

三、注意发挥在职教育对注册建筑师培养的补充作用

在职教育在我国有两个含义：一种是后补充学历教育，即本不具备专业学历，但工作后经过在职教育通过社会自学考试，取得从事现职业岗位要求的相应学历；还有一种是继续教育，即原来学的本专业和其他专业学历，随着科技发展和自身业务领域的拓宽，原有的知识结构已不适应了，于是通过在职教育去补充相关知识。由于我国建筑教育在过去一段时期底子薄，培养数量与社会需求差距很大。改革开放以后为了满足快速发展的建筑市场需求，一批没有经过规范的建筑教育的人员进入了建筑师队伍。而要解决好这一历史问题，提高建筑师队伍整体职业素质，在职教育有着重要的补充作用。

继续教育是在职教育的一种行之有效的教育形式，它特指具有专业学历背景的在职人员从业后，因社会的发展使得原有知识需要更新，要通过参加新知识、新技术的学习以调整原有知识结构、拓宽知识范围。它在性质上与在职培训相同，但又不能完全画等号。继续教育是有计划性、目标性、提高性的，从整体人才队伍和个人知识总体结构上作调整和补充。当前，社会在职教育在制度上和措施上还不够完善，质量很难保证。有一些人把在职读学历作为"镀金"，把继续教育当作"过关"。虽然最后证明拿到了，但实际的本领和水平并没有相应提高。为此需要我们做两方面的工作，一是要让我们的建筑师充分认识到在职教育是我们执业发展的第一需求；二是我们的教育培训机构要完善制度、改进措施、提高质量，使参加培训的人员有所收获。

四、为建筑师创造一个良好的职业环境

要向社会提供高水平、高质量的设计产品，关键还是要靠注册建筑师的自身素质，但也不可忽视社会环境的影响。大众审美的提高可以让建筑师感受到社会的关注，增强自省意识，努力创造出一个经受得住大众评价的作品。但目前实际上建筑师的很多设计思想受开发商与业主方面很大的影响，有时建筑水平并不完全取决于建筑师，而是取决于开发商与业主的喜好。有的业主审美水平不高，很多想法往往只是自己的意愿，这就很难做出与社会文化、科技、时代融合的建筑产品。要改善这种状态，首先要努力创造尊重知识、尊重人才的社会环境。建筑师要维护自己的职业权力，大众要尊重建筑师的创作成果，业主不要把个人喜好强加于建筑师。同时建筑师自身也要提高自己的素质和修养，增强社会责任感，建立良好的社会信誉。要让创造出的作品得到大众的尊重，首先自己要尊重自己的劳动成果。

五、认清差距，提高自身能力，迎接挑战

目前中国的建筑师与国际水平还存在着一定差距，而面对信息化时代，如何缩小差距

以适应时代变革和技术进步，及时调整并制定新的对策，成为建筑教育需要探讨解决的问题。

我们现在的建筑教育不同程度地存在重艺术、轻技术的倾向。在注册建筑师资格考试中明显感觉到建筑师们在相关的技术知识包括结构、设备、材料方面的把握上有所欠缺，这与教育有一定的关系。学校往往比较注重表现能力方面的培养，而技术方面的教育则相对不足。尽管这些年有的学校进行了一些课程调整，加强了技术方面的教育，但从整体来看，现在的建筑师在知识结构上还是存在缺欠。

建筑是时代发展的历史见证，它凝固了一个时期科技、文化发展的印记，建筑师如果不能与时代发展相适应，努力学习和掌握当代社会发展的科学技术与人文知识，提高建筑的科技、文化内涵，就很难创造出高水平的作品。

当前，我们的建筑教育可以利用互联网加强与国外信息的交流，了解和掌握国外在建筑方面的新思路、新理念、新技术。这里想强调的是，我们的建筑教育还是应该注重与社会发展相适应。当今，社会进步速度很快，建筑所蕴含的深厚文化底蕴也在不断地丰富、发展。现代建筑创作不能单一强调传统文化，要充分运用现代科技发展成果，使建筑在经济、安全、健康、适用和美观方面得到全面体现。在人才培养上也要与时俱进。加强建筑师科技能力的培养，让他们学会适应和运用新技术、新材料去进行建筑创作。

一个好的建筑要实现它的内在和外表的统一，必须要做到：建筑的表现、材料的选用、结构的布置以及设备的安装融为一体。但这些在很多建筑中还做不到，这说明我们一些建筑师在对新结构、新设备、新材料的掌握和运用上能力不够，还需要加大学习的力度。只有充分掌握新的结构技术、设备技术和新材料的性能，建筑师才能够更好地发挥创造水平，把技术与艺术很好地融合起来。

中国加入WTO以后面临国外建筑师的大量进入，这对中国建筑设计市场将会有很大的冲击，我们不能期望通过政府设立各种约束限制国外建筑师的进入而自保，关键是要使国内建筑师自身具备与国外建筑师竞争的能力，充分迎接挑战、参与竞争，通过实践提高我们的设计水平，为社会提供更好的建筑作品。

前　　言

一、本套书编写的依据、目的及组织构架

原建设部和人事部自 1995 年起开始实施注册建筑师执业资格考试制度。

本套书以考试大纲为依据，结合考试参考书目和现行规范、标准进行编写，并结合历年真实考题的知识点做出修改补充。由于多年不断对内容的精益求精，本套书是目前市面上同类书中，出版较早、流传较广、内容严谨、口碑销量俱佳的一套注册建筑师考试用书。

本套书的编写目的是指导复习，因此在保证内容综合全面、考点覆盖面广的基础上，力求重点突出、详略得当；并着重对工程经验的总结、规范的解读和原理、概念的辨析。

为了帮助考生准备注册考试，本书的编写教师自 1995 年起就先后参加了全国一、二级注册建筑师考试辅导班的教学工作。他们都是在本专业领域具有较深造诣的教授、一级注册建筑师、一级注册结构工程师和具有丰富考试培训经验的名师、专家。

本套《注册建筑师考试丛书》自 2001 年出版至今，除 2002、2015、2016 三年停考之外，每年均对教材内容作出修订完善。现全套书包含：《一级注册建筑师考试教材》（简称《一级教材》，共 6 个分册）、《一级注册建筑师考试历年真题与解析》（简称《一级真题与解析》，知识题科目，共 5 个分册）；《二级注册建筑师考试教材》（共 3 个分册）、《二级注册建筑师考试历年真题与解析》（知识题科目，共 2 个分册）。

二、本书（本版）修订说明

今年各章均增补了部分 2021 年试题作为例题，并编写了详细解析和参考答案。

（1）第十八章"建筑光学"补充了"环境照明"概述，并重点阐述了"建筑化"大面积照明的手段及特征。

（2）第二十章"建筑给水排水"结合《建筑机电工程抗震设计规范》GB 50981—2014，补充完善了给水排水管道、主要设备设施等的抗震设计要求，小区水资源综合利用原则、加压泵站与雨水口设置原则，以及太阳能热水系统等设置要点的相关内容。

（3）第二十二章"建筑电气"依据《民用建筑电气设计标准》GB 51348—2019 及对近年命题趋势的分析，对相关章节的主要技术内容作了补充和完善。

针对民用建筑的特点，对《火灾自动报警系统设计规范》GB 50116—2013、《建筑设计防火规范》GB 50016—2014（2018 年版）中消防应急照明及疏散指示标志系统的设置范围作了补充、细化。

增加了不同类别建筑主要用电负荷的分级表、低压配电线路保护电器的介绍，以及标准提高后的建筑物的防雷分类。同时，对照明节能措施内容进行了修改。

三、本套书配套使用说明

考生在学习《一级教材》时，除应阅读相应的标准、规范外，还应多做试题，以便巩固知识，加深理解和记忆。《一级真题与解析》是《一级教材》的配套试题集，收录了

2003年以来知识题的多年真实试题并附详细的解答提示和参考答案，其5个分册分别对应《一级教材》的前5个分册。《一级真题与解析》的每个分册均包含两个部分，即按照《一级教材》章节设置的分散试题和近几年的整套试题。考生可以在考前做几次自测练习。

《一级教材》的第6分册收录了一级注册建筑师资格考试的"建筑方案设计""建筑技术设计"和"场地设计"3个作图考试科目的多年真实试题，并提供了参考答卷，部分试题还附有评分标准；对作图科目考试的复习大有好处。

四、《一级教材》各分册作者

《第1分册 设计前期 场地与建筑设计（知识）》——第一、二章王昕禾；第三、七章晁军、尹桔；第四章何力；第五章王又佳；第六章荣玥芳。

《第2分册 建筑结构》——第八章钱民刚；第九、十章黄莉、王昕禾；第十一章黄莉、冯东；第十二～十四章冯东；第十五、十六章黄莉、叶飞。

《第3分册 建筑物理与建筑设备》——第十七章汪琪美；第十八章刘博；第十九章李英；第二十章许萍；第二十一章贾昭凯、贾岩；第二十二章冯玲。

《第4分册 建筑材料与构造》——第二十三章侯云芬；第二十四章陈岚。

《第5分册 建筑经济 施工与设计业务管理》——第二十五章陈向东；第二十六章穆静波；第二十七章李魁元。

《第6分册 建筑方案 技术与场地设计（作图）》——第二十八、三十章张思浩；第二十九章建筑剖面及构造部分姜忆南，建筑结构部分冯东，建筑设备、电气部分贾昭凯、冯玲。

除上述编写者之外，多年来曾参与或协助本套书编写、修订的人员有：王其明、姜中光、翁如璧、耿长孚、任朝钧、曾俊、林焕枢、张文革、李德富、吕鉴、朋改非、杨金铎、周慧珍、刘宝生、张英、陶维华、郝昱、赵欣然、霍新民、何玉章、颜志敏、曹一兰、周庄、陈庆年、周迎旭、阮广青、张炳珍、杨守俊、王志刚、何承奎、孙国樑、张翠兰、毛元钰、曹欣、楼香林、李广秋、李平、邓华、翟平、曹铎、栾彩虹、徐华萍、樊星。

在此预祝各位考生取得好成绩，考试顺利过关！

《注册建筑师考试教材》编委会

2021年9月

目　　录

第十七章 建筑热工与节能

本章主要介绍围护结构传热的基本知识和传热原理；研究建筑室外气候通过建筑围护结构对室内热环境的影响，室内外热湿作用对围护结构的影响；论述如何通过建筑规划和设计上的相应措施，合理地解决建筑的保温、防热、防潮、节能等问题，最终达到改善室内热环境和提高围护结构耐久性的目的。

《民用建筑热工设计规范》GB 50176—93 是进行热工设计的依据。2017 年 4 月 1 日，修订后的《民用建筑热工设计规范》GB 50176—2016（以下简称《热工规范》）开始实施。《热工规范》的主要修订内容是：细化了热工设计分区；细分了保温、隔热设计要求；修改了热桥、隔热计算方法；增加了透光围护结构、自然通风、遮阳设计的内容；补充了热工设计计算参数。

第一节 传热的基本知识

热量的传递称为传热。在自然界中，只要存在温差就会出现传热现象。

一、传热的基本概念

1. 温度

温度是表征物体冷热程度的物理量，温度使用的单位为 K 或℃。

2. 温度场

某一瞬间，物体内所有各点的温度分布称为温度场。温度场是空间某点坐标 x，y，z 与时间 τ 的函数，公式表达为：

$$t = f(x,y,z,\tau) \tag{17-1}$$

温度场可分为以下类型：

（1）稳定温度场：温度场内各点温度不随时间变化。

（2）不稳定温度场：温度场内各点温度随时间发生变化。

在建筑热工设计中，主要涉及的是一维稳定温度场 $t = f(x)$ 和一维不稳定温度场 $t = f(x,\tau)$ 中的传热问题。在一维稳定温度场中，温度仅沿一个方向（如围护结构的厚度方向）发生变化；而在一维不稳定温度场中，温度不仅沿一个方向发生变化，而且各点的温度还随着时间发生改变。

3. 等温面

温度场中同一时刻由温度相同的各点相连所形成的面。使用等温面可以形象地表示温度场内的温度分布（图 17-1）。

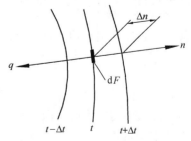

图 17-1 等温面示意图

不同温度的等温面绝对不会相交。

4. 温度梯度

温度差 Δt 与沿法线方向两个等温面之间距离 Δn 的比值的极限叫作温度梯度。表示为：

$$\lim_{\Delta n \to 0} \frac{\Delta t}{\Delta n} = \frac{\partial t}{\partial n} \qquad (17\text{-}2)$$

5. 热流密度（热流强度）

热流密度是在单位时间内，通过等温面上单位面积的热量，单位为 W/m^2。若单位时间通过等温面上微元面积 dF 的热量为 dQ，则热流密度定义式为：

$$q = \frac{dQ}{dF} \qquad (17\text{-}3)$$

6. 围护结构

分隔建筑室内与室外，以及建筑内部使用空间的建筑部件。如墙、窗、门、屋面、楼板、地板等。

围护结构可分为外围护结构（分隔室外和室内）和内围护结构（分隔内部空间）。通常，不特殊注明时，围护结构即指外围护结构。

围护结构还可分为透光围护结构（玻璃幕墙、窗户和天窗）和非透光围护结构（墙、屋面和楼板等）。

7. 平壁

平壁意即不考虑周边构造的墙体、楼板、屋面板等多层板壁。

8. 热桥

围护结构中热流强度显著增大的部位。如围护结构"平壁"周边的构造节点。

9. 围护结构单元

围护结构由围护结构平壁及其周边梁、柱等节点共同组成。

整栋建筑的外围护结构可以分解为多个平面，每个平面还可细分为若干个围护结构单元。非透光围护结构单元由平壁与窗、阳台、屋面板、楼板、地板以及其他墙体连接部位的构造节点组成。

二、传热的基本方式

根据传热机理的不同，传热的基本方式分为导热、对流和辐射。

（一）导热

导热，又称热传导，指物体中有温差时由于直接接触的物质质点做热运动而引起的热能传递过程。

1. 傅里叶定律

傅里叶定律指出，均质材料物体内各点的热流密度与温度梯度成正比，即：

$$q = -\lambda \frac{\partial t}{\partial n} \qquad (17\text{-}4)$$

式中　λ——材料的导热系数。

由于热量传递的方向（由高温向低温）和温度梯度的方向（由低温向高温）相反，因此，上式中用负号表示。

注意，傅里叶定律在不同的温度场中可以有其形式不同的表达式。

2. 材料的导热系数

导热系数是表征材料导热能力大小的物理量，单位为 W/(m·K)。它的物理意义是，当材料层厚度为 1m，材料层两表面的温差为 1K 时，在单位时间内通过 1m² 截面积的导热量。

材料的导热系数可查阅有关的建筑材料热工指标表获得，应该熟悉经常使用的建筑材料的导热系数。各种材料导热系数 λ 的大致范围是：

气体：0.006～0.6；

液体：0.07～0.7；

建筑材料和绝热材料：0.025～3；

金属：2.2～420。

（二）对流

对流指由流体（液体、气体）中温度不同的各部分相互混合的宏观运动而引起的热传递现象。

由于引起流体流动的动力不同，对流的类型可分为：

（1）自由对流：由温度差形成的对流。

（2）受迫对流：由外力作用形成的对流。受迫对流在传递热量的强度方面要大于自由对流。

（三）辐射

辐射指物体表面对外发射热射线在空间传递能量的现象。凡是温度高于绝对零度（0K）的物体都能发射辐射能。

1. 物体对外来辐射的反射、吸收和透射（图 17-2）

（1）反射系数 r_h：被反射的辐射能 I_r 与入射辐射能 I_0 的比值。

$$r_h = \frac{I_r}{I_0} \tag{17-5}$$

（2）吸收系数 ρ_h：被吸收的辐射能 I_α 与入射辐射能 I_0 的比值。

$$\rho_h = \frac{I_\alpha}{I_0} \tag{17-6}$$

（3）透射系数 τ_h：被透射的辐射能 I_τ 与入射辐射能 I_0 的比值。

$$\tau_h = \frac{I_\tau}{I_0} \tag{17-7}$$

显然：

$$r_h + \rho_h + \tau_h = 1 \tag{17-8}$$

2. 白体、黑体和完全透热体

（1）白体（绝对白体）：能将外来辐射全部反射的物体，$r_h = 1$。

（2）黑体（绝对黑体）：能将外来辐射全部吸收的物体，$\rho_h = 1$。

（3）完全透热体：能将外来辐射全部透过的物体，$\tau_h = 1$。

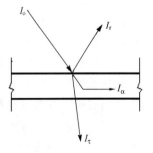

图 17-2 物体对外来辐射的反射、吸收和透射

3. 物体表面的辐射本领

(1) 全辐射力 E（辐射本领、全辐射本领）：在单位时间内，从单位表面积上以波长 $0\sim\infty$ 的全波段向半球空间辐射的总能量，单位：W/m^2。

(2) 单色辐射力 E_λ（单色辐射本领）：在单位时间内，从单位表面积向半球空间辐射出的某一波长的能量，单位：$W/(m^2 \cdot \mu m)$。

(3) 灰体：如果一个物体在每一波长下的单色辐射力与同温度、同波长下黑体的单色辐射力的比值为一常数，这个物体称为灰体。

一般建筑材料均可看作为灰体。

(4) 非灰体（选择性辐射体）：物体的单色辐射力与黑体、灰体截然不同，有的只能发射某些波长的辐射能量。

(5) 黑度 ε（辐射率）：灰体的辐射本领 E_λ 与同温度下黑体的辐射本领 $E_{\lambda,b}$ 的比值。

$$\varepsilon = \frac{E_\lambda}{E_{\lambda,b}} \tag{17-9}$$

4. 辐射本领的计算（斯蒂芬－波耳兹曼定律）

(1) 黑体的辐射能力 E_b

$$E_b = \sigma_b \cdot T_b^4 = C_b \cdot \left(\frac{T_b}{100}\right)^4 \tag{17-10}$$

式中　T_b——黑体的绝对温度，K；

　　　σ_b——黑体辐射常数，$5.68\times10^{-8}W/(m^2 \cdot K^4)$；

　　　C_b——黑体辐射系数，$5.68W/(m^2 \cdot K^4)$。

(2) 灰体的辐射能力 E

$$E = \varepsilon \cdot \sigma_b \cdot T^4 = C \cdot \left(\frac{T}{100}\right)^4 \tag{17-11}$$

式中　T——灰体的绝对温度，K；

　　　C——灰体辐射系数，$W/(m^2 \cdot K^4)$；

　　　ε——灰体的黑度。

5. 影响材料吸收率、反射率、透射率的因素

材料吸收率、反射率、透射率与外来辐射的波长、材料的颜色、材性、材料的光滑和平整程度有关。

注意，材料表面对外来辐射的反射、吸收和透射能力与外来辐射的波长有密切的关系。根据克希荷夫定律，在给定表面温度下，表面的辐射率（黑度）与该表面对来自同温度的投射辐射的吸收系数在数值上相等。

物体对不同波长的外来辐射的反射能力不同，对短波辐射，颜色起主导作用；但对长波辐射，材性（导体还是非导体）起主导作用。例如，在阳光下，黑色物体与白色物体的反射能力相差很大，白色反射能力强；而在室内，黑、白物体表面的反射能力相差极小。

常温下，一般材料对辐射的吸收系数可取其黑度值，而对来自太阳的辐射，材料的吸收系数并不等于物体表面的黑度。

玻璃作为建筑常用的材料属于选择性辐射体，其透射率与外来辐射的波长有密切的关系。易于透过短波而不易透过长波是玻璃建筑具有温室效应的原因。

6. 辐射换热

两表面间的辐射换热量主要与表面的温度、表面发射和吸收辐射的能力、表面的几何尺寸与相对位置有关。

在不计两表面之间的多次反射，仅考虑第一次吸收的前提下，任意两表面的辐射换热量的通式为：

$$q_{1-2} = \alpha_r(\theta_1 - \theta_2) \tag{17-12}$$

式中 q_{1-2}——辐射换热热流密度，W/m^2；

θ_1——表面 1 的温度，K；

θ_2——表面 2 的温度，K；

α_r——辐射换热系数，$W/(m^2 \cdot K)$。

辐射换热系数 α_r 取决于表面的温度、表面发射和吸收辐射的能力、表面的几何尺寸与相对位置。

三、围护结构的传热过程

（一）围护结构的传热过程

通过围护结构的传热要经过三个过程（图 17-3）：

（1）表面吸热：内表面从室内吸热（冬季）或外表面从室外空间吸热（夏季）。

（2）结构本身传热：热量由结构的高温表面传向低温表面。

（3）表面放热：外表面向室外空间放热（冬季）或内表面向室内空间放热（夏季）。

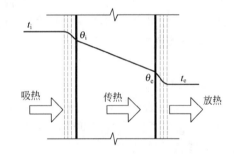

图 17-3   围护结构的传热过程

（二）表面换热

热量在围护结构的内表面和室内空间或在外表面和室外空间进行传递的现象称为表面换热。

表面换热由对流换热和辐射换热两部分组成。

1. 对流换热

对流换热是指流体与固体壁面在有温差时产生的热传递现象。它是对流和导热综合作用的结果。如墙体表面与空气间的热交换。

对流换热热流密度 q_c 按式（17-13）计算：

$$q_c = \alpha_c(\theta - t) \tag{17-13}$$

式中 α_c——对流换热系数，$W/(m^2 \cdot K)$；

θ——固体壁面温度，K；

t——流体主体部分温度，K。

在建筑热工中，对流换热系数主要与气流的状况、结构所处的部位、壁面状况和热流方向有关。

2. 表面换热系数和表面换热阻

（1）表面换热系数 α

$$\alpha = \alpha_c + \alpha_r \tag{17-14}$$

内表面的换热系数使用 α_i 表示，$W/(m^2 \cdot K)$；

外表面的热转移系数使用 α_e 表示，$W/(m^2 \cdot K)$。

（2）表面换热阻 R

$$R = \frac{1}{\alpha} \tag{17-15}$$

内表面的换热阻使用 R_i 表示，$(m^2 \cdot K)/W$；

外表面的换热阻使用 R_e 表示，$(m^2 \cdot K)/W$。

内、外表面换热系数和表面换热阻见后面的表 17-2、表 17-3。

四、湿空气

（一）湿空气、未饱和湿空气与饱和湿空气

湿空气是干空气和水蒸气的混合物。

在温度和压力一定的条件下，一定容积的干空气所能容纳的水蒸气量是有限度的，湿空气中水蒸气含量未达到这一限度时叫未饱和湿空气，达到限度时叫饱和湿空气。

（二）空气湿度

空气湿度是表示空气干湿程度的物理量。在表示空气的湿度时，可使用以下方式。

1. 绝对湿度

绝对湿度是每立方米空气中所含水蒸气的质量，单位为 g/m^3。

未饱和湿空气的绝对湿度用符号 f 表示，饱和湿空气的绝对湿度用 f_{max} 表示。

2. 水蒸气分压力 P

湿空气中含有的水蒸气所呈现的压力称为水蒸气分压力，单位为 Pa。

未饱和湿空气的水蒸气分压力用符号 P 表示，饱和蒸汽压用 P_s 表示。

标准大气压下，不同温度对应的饱和蒸汽压值可查表取得。温度越高，饱和蒸汽压值越大。

3. 相对湿度

一定温度、一定大气压力下，湿空气的绝对湿度 f 与同温、同压下的饱和空气绝对湿度 f_{max} 的百分比称为湿空气的相对湿度。

相对湿度的计算：

$$\varphi = \frac{f}{f_{max}} \times 100\% \tag{17-16}$$

$$\varphi = \frac{P}{P_s} \times 100\% \tag{17-17}$$

式中　f、f_{max}——湿空气的绝对湿度和同温度下饱和湿空气的绝对湿度，g/m^3；

P、P_s——湿空气的水蒸气分压力和同温度下湿空气的饱和蒸汽压，Pa。

（三）露点温度

在不改变水蒸气含量的前提下，未饱和湿空气冷却至饱和状态时所对应的温度叫露点温度。露点温度用 t_d 表示。

露点温度可用来判断围护结构内表面是否结露。当围护结构内表面的温度低于露点温度时，内表面将产生结露。

（四）湿球温度

湿球温度是指在干湿球温度计中由水银球用潮湿纱布包裹的湿球温度计所测量的温度。它与干球温度配合可以测量空气的相对湿度。

例 17-1 **（2010）** 在一个密闭的空间里，下列哪种说法正确？

A 空气温度变化与相对湿度变化无关

B 空气温度降低，相对湿度随之降低

C 空气温度升高，相对湿度随之升高

D 空气温度升高，相对湿度随之降低

解析：在一个密闭的空间里，湿空气中的水蒸气含量保持不变，即水蒸气的分压力不变；当空气温度升高时，该空气的饱和蒸汽压随之升高，因此空气的相对湿度随之降低。

答案：D

第二节 热 环 境

一、室外热环境

室外热环境（室外气候）是指作用在外围护结构上的一切热物理量的总称，是由太阳辐射、大气温度、空气湿度、风、降水等因素综合组成的一种热环境。建筑物所在地的室外热环境通过外围护结构将直接影响室内环境，为使所设计的建筑能创造良好的室内热环境，必须了解当地室外热环境的变化规律及特征，以此作为建筑热工设计的依据。与室外热环境密切相关的主要因素如下：

（一）太阳辐射

（1）太阳辐射能是地球上热量的基本来源，是决定室外热环境的主要因素。

（2）太阳辐射的组成

到达地球表面的太阳辐射分为两个部分，一部分是太阳直接射达地面的部分，称为直射辐射；另一部分是经过大气层散射后到达地面的部分，称为散射辐射。

（3）太阳常数

在太阳与地球的平均距离处，垂直于入射光线的大气界面单位面积上的辐射热流密度。

天文太阳常数（理论计算值）：$I_0 = 1395.6 \text{W/m}^2$；

气象太阳常数（实测分析值）：$I_0 = 1256 \text{W/m}^2$。

（4）影响太阳辐射照度的因素

大气中射程的长短，太阳高度角，海拔高度，大气质量。

（5）太阳光谱

太阳辐射能量主要分布在紫外线、可见光和红外线区域，其中 97.8% 是短波辐射，所以太阳辐射属于短波辐射。

（二）室外气温

1. 室外气温

指距地面 1.5m 处百叶箱内的空气温度。

2. 变化规律

室外气温由于受到太阳辐射的影响,它的年变化、日变化规律都是周期性的。

(1)年变化规律:由地球围绕太阳公转引起,形成一年四季气温变化,北半球最高气温出现在 7 月(大陆)或 8 月(沿海、岛屿),最低气温出现在 1 月或 2 月。

(2)日变化规律:由地球自转引起。日最低气温出现在 6:00~7:00 左右。日最高气温出现在 14:00 左右。

(三)空气湿度

1. 湿度

空气中水蒸气的含量。可用绝对湿度或相对湿度表示,通常使用相对湿度表示空气的湿度。

2. 变化规律

一般来说,某一地区在一定时间内,空气的绝对湿度变化不大,但由于空气温度的变化,使得空气中饱和水蒸气压随之变化,从而导致相对湿度变化强烈。

(1)年变化规律:最热月相对湿度最小,最冷月相对湿度最大,季风区例外。

(2)日变化规律:晴天时,日相对湿度最大值出现在 4:00~5:00,日相对湿度最小值出现在 13:00~15:00。

(四)风

1. 风

指由大气压力差所引起的大气水平方向的运动。

2. 风的类型

(1)大气环流:由于太阳辐射热在地球上照射不均匀,使得赤道和两极之间出现温差,从而引起大气在赤道和两极之间产生活动,即为大气环流。

(2)地方风:局部地区受热不均引起的小范围内的大气流动。如海陆风、山谷风、林原风等。

3. 风的特性

(1)风向:风吹来的地平方向为风向。可使用四方位东(E)、南(S)、西(W)、北(N)表示,细分则使用八方位,即在上述四方位中增加东南(SE)、东北(NE)、西南(SW)、西北(NW),甚至使用十六方位表示。

风向频率图(风向玫瑰图)是一定时间内在各方位刮风频率的统计图,可由此了解当地的风向,尤其是不同季节的主导风向。

(2)风速:单位时间内风前进的距离,单位为 m/s。气象学上根据风速将风分为十二级。

(五)降水

1. 降水

从大地蒸发出来的水蒸气进入大气层,经过凝结后又降到地面上的液态或固态的水分。如雨、雪、雹都属降水现象。

2. 降水的性质

(1)降水量:降落到地面的雨以及雪、雹等融化后,未经蒸发或渗透流失而累积在水平面上的水层厚度。单位:mm。

(2)降水强度:单位时间(24h)内的降水量,单位:mm/d。

根据降水强度，可将降水划分如下：

小雨：<10mm；

中雨：10～25mm；

大雨：25～50mm；

暴雨：50～100mm。

二、中国建筑热工设计分区

我国幅员辽阔，地形复杂，各地由于纬度、地势和地理条件的不同，气候差异悬殊。不同的气候条件对房屋建筑提出的要求不同，为使建筑能够充分利用和适应本地的气候条件，《热工规范》将我国的热工设计分区分为两个级别，即一级分区和二级分区。

热工设计一级分区沿用了原规范划分的 5 个气候分区，区划指标和热工设计原则不变（表 17-1）；在进行设计时，应满足不同分区的热工设计要求。

热工设计一级区划的地理划分还可从《热工规范》的"全国建筑热工设计一级区划"图中得到更加明确的了解。

建筑热工设计一级区划指标及设计原则　　　　　　　　　表 17-1

一级区划名称	区划指标		设计原则
	主要指标	辅助指标	
严寒地区（1）	$t_{min \cdot m} \leqslant -10°C$	$145 \leqslant d_{\leqslant 5}$	必须充分满足冬季保温要求，一般可以不考虑夏季防热
寒冷地区（2）	$-10°C < t_{min \cdot m} \leqslant 0°C$	$90 \leqslant d_{\leqslant 5} < 145$	应满足冬季保温要求，部分地区兼顾夏季防热
夏热冬冷地区（3）	$0°C < t_{min \cdot m} \leqslant 10°C$ $25°C < t_{max \cdot m} \leqslant 30°C$	$0 \leqslant d_{\leqslant 5} < 90$ $40 \leqslant d_{\geqslant 25} < 110$	必须满足夏季防热要求，适当兼顾冬季保温
夏热冬暖地区（4）	$10°C < t_{min \cdot m}$ $25°C < t_{max \cdot m} \leqslant 29°C$	$100 \leqslant d_{\geqslant 25} < 200$	必须充分满足夏季防热要求，一般可不考虑冬季保温
温和地区（5）	$0°C < t_{min \cdot m} \leqslant 13°C$ $18°C < t_{max \cdot m} \leqslant 25°C$	$0 \leqslant d_{\leqslant 5} < 90$	部分地区应考虑冬季保温，一般可不考虑夏季防热

热工设计二级分区的提出是由于每个一级分区的区划面积太大，在同一分区中的不同地区往往出现温度差别很大，冷热持续时间差别也很大的情况，采用相同的设计要求显然是不合适的。为此，修订后的规范采用了"细分子区"的做法，采用"HDD18，CDD26"作为区划指标，将各一级分区再进行细分为热工设计二级分区（表 17-2），这样划分既表征了该地气候寒冷和炎热的程度，又反映了寒冷和炎热持续时间的长短。

建筑热工设计二级区划指标及设计原则　　　　　　　　　表 17-2

二级区划名称	区划指标		设计要求
严寒 A 区（1A）	$6000 \leqslant HDD18$		冬季保温要求极高，必须满足保温设计要求，不考虑防热设计
严寒 B 区（1B）	$5000 \leqslant HDD18 < 6000$		冬季保温要求非常高，必须满足保温设计要求，不考虑防热设计
严寒 C 区（1C）	$3800 \leqslant HDD18 < 5000$		必须满足保温设计要求，可不考虑防热设计
寒冷 A 区（2A）	$2000 \leqslant HDD18 < 3800$	$CDD26 \leqslant 90$	应满足保温设计要求，可不考虑防热设计
寒冷 B 区（2B）		$CDD26 > 90$	应满足保温设计要求，宜满足隔热设计要求，兼顾自然通风、遮阳设计

二级区划名称	区划指标		设计要求
夏热冬冷A区（3A）	$1200 \leqslant HDD18 < 2000$		应满足保温、隔热设计要求，重视自然通风、遮阳设计
夏热冬冷B区（3B）	$700 \leqslant HDD18 < 1200$		应满足隔热、保温设计要求，强调自然通风、遮阳设计
夏热冬暖A区（4A）	$500 \leqslant HDD18 < 700$		应满足隔热设计要求，宜满足保温设计要求，强调自然通风、遮阳设计
夏热冬暖B区（4B）	$HDD18 < 500$		应满足隔热设计要求，可不考虑保温设计，强调自然通风、遮阳设计
温和A区（5A）	$CDD26 < 10$	$700 \leqslant HDD18 < 2000$	应满足冬季保温设计要求，可不考虑防热设计
温和B区（5B）		$HDD18 < 700$	宜满足冬季保温设计要求，可不考虑防热设计

《热工规范》以表格的形式提供了全国 354 个主要城镇的热工设计区属及室外气象参数（见《热工规范》表 A.0.1）。凡表中没有涉及的城镇，均可另行选择参考城镇（见《热工规范》表 A.0.2）并引用其相应的气象参数。根据行业标准《建筑气象参数标准》JGJ 35—87，当建设地点与拟引用数据的气象台水平距离在 50km 以内、海拔高差在 100m 以内时可直接引用。

例 17-2 （2014）根据建筑物所在地区的气候条件的不同，对建筑热工设计的要求判断错误的是：

A　严寒地区：必须充分满足冬季保温要求，一般可不考虑夏季防热

B　寒冷地区：应满足冬季保温要求，一般不考虑夏季防热

C　夏热冬冷地区：必须满足夏季防热要求，适当兼顾冬季保温

D　夏热冬暖地区：必须满足夏季防热要求，一般可不考虑冬季保温

解析：《热工规范》规定，寒冷地区的热工设计应满足冬季保温要求，部分地区兼顾夏季防热。

答案： B

三、室内热环境

室内热环境（室内气候）是指由室内空气温度、空气湿度、室内风速及平均辐射温度（室内各壁面温度的当量温度）等因素综合组成的一种热物理环境。

（一）决定室内热环境的物理客观因素

决定室内热环境的物理客观因素有室内的空气温度、空气湿度、室内风速及壁面的平均辐射温度。

室内热环境的好坏通常受到室外热环境、室内热环境设备（如空调器、加热器等）、室内其他设备（如灯具、家用电器）的影响。

（二）对室内热环境的要求

房间的使用性质不同，对其内部的热环境要求也不相同。以满足人体生理卫生需要为主的房间（如居住建筑、公共建筑和一般生产房间），其室内热环境是要保证人的正常生活和工作，以维护人体的健康。

1. 人体的热感觉

室内热环境对人体的影响主要表现在人的冷热感。人体的冷热感取决于人体新陈代谢

产生的热量和人体向周围环境散热量之间的平衡关系，人体热平衡方程表示如下：

$$\Delta q = q_m - q_e \pm q_c \pm q_r \tag{17-18}$$

式中　q_m——人体产热量，主要取决于人体的新陈代谢率及对外做机械功的效率，W；

　　　q_c——人体与周围空气的对流换热量，W；

　　　q_r——人体与环境间的辐射换热量，W；

　　　q_e——人体蒸发散热量，W。

当 $\Delta q = 0$，体温恒定不变；$\Delta q > 0$，体温上升；$\Delta q < 0$，体温下降。

2. 热舒适

热舒适是指人对环境的冷热程度感觉满意，不因冷或热感到不舒适。满足热舒适的条件是：

（1）必要条件：$\Delta q = 0$。

（2）充分条件：皮肤温度处于舒适的温度范围内，汗液蒸发率处于舒适的蒸发范围内。

室内热环境可分为舒适、可以忍受和不能忍受三种情况，只有采用充分空调设备的房间才能实现舒适的要求，对大多数建筑而言，应以保证人体健康不受损害为准，确定对室内热环境的要求，在可能的条件下，尽可能改善室内热环境。

（三）室内热环境的评价方法

1. 单一指标

使用室内空气温度作为热环境评价指标。目前，我国很多设计规范和标准均以其为控制指标。例如，对冬季采暖的室内设计温度，规范规定居住建筑为 18℃，托幼建筑为 20℃。这种方法简单、方便，但不很完善。

目前，综合多种因素进行室内热环境评价的指标有有效温度和 PMV 指标。

2. 有效温度

有效温度 ET（Effective Temperature）是依据半裸的人与穿夏季薄衫的人在一定条件的环境中所反应的瞬时热感觉作为决定各项因素综合作用的评价标准，是室内气温、相对湿度和空气速度在一定组合下的综合指标。由于该指标使用简单，在对不同的环境和空调方案进行比较时得到了广泛的应用。它的缺陷是没有考虑热辐射变化的影响，在评价环境时有时难免出现一定的偏差，因此后来又出现了新有效温度等指标。

3. PMV 指标

PMV（Predicted Mean Vote）指标是全面反映室内各气候要素对人体热感觉影响的综合评价方法。

PMV 指标是在丹麦工业大学微气候实验室和美国堪萨斯州立大学环境实验室做了大量试验工作后，由丹麦学者房格尔教授（P. O. Fanger）提出的，是迄今为止考虑人体热舒适感诸多有关因素最全面的评价指标，于 20 世纪 80 年代初得到国际标准化组织 ISO 的承认。PMV 指标与评价方法包括 PMV 指标与预测不满意百分率 PPD 两方面的内容。它是以房格尔教授的热舒适方程为基础，导出 PMV 指标与影响人体热舒适的 6 个要素之间的定量关系，即：

$$\text{PMV} = f(t_i, \varphi_i, t_p, u, m, R_{cl}) \tag{17-19}$$

式中　t_i——室内空气温度，℃；

　　　φ_i——室内空气相对湿度；

t_p——平均辐射温度，℃；

u——室内空气速度，m/s；

m——与人体活动强度有关的新陈代谢率，W/m² 或 met；

R_{cl}——人体衣服热阻，clo。

因此，在已知室内气温、相对湿度、空气速度、平均辐射温度、人体活动强度与衣着的条件下，可以通过计算 PMV 指标预测出多数人对某一热环境的舒适程度的反应，同时建立起 PMV 指标系统，将人体的热感觉划分为 7 个等级如下：

+3　　+2　　+1　　0　　-1　　-2　　-3

热　　暖　　稍暖　舒适　稍凉　凉　　冷

由此可根据 PMV 指标值定量评价室内热环境质量的优劣。

第三节　建筑围护结构的传热原理及计算

一、稳定传热

在稳定温度场中所进行的传热过程称为稳定传热。

（一）一维稳定传热的特点

（1）通过平壁内各点的热流强度处处相等。

（2）同一材质的平壁内部各界面温度分布呈直线关系。

（二）通过平壁的稳定导热

1. 通过单一匀质材料层的稳定导热

$$q = \frac{\theta_i - \theta_e}{R} = \frac{\theta_i - \theta_e}{\dfrac{\delta}{\lambda}} \tag{17-20}$$

式中　θ_i——单一匀质材料层内表面温度，℃；

　　　θ_e——单一匀质材料层外表面温度，℃；

　　　δ——单一匀质材料层厚度，m；

　　　λ——材料的导热系数 [W/(m·K)]，见《热工规范》附录 B 表 B.1；

　　　R——单一匀质材料层的热阻，(m²·K)/W。

$$R = \frac{\delta}{\lambda} \tag{17-21}$$

2. 通过多层匀质材料层的稳定导热

在稳定传热条件下，通过多层匀质材料层的热流强度为（图 17-4）：

$$q = \frac{\theta_i - \theta_e}{R_1 + R_2 + \cdots + R_n} \tag{17-22}$$

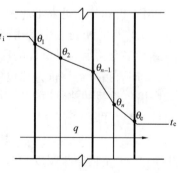

式中　　　θ_i——多层平壁内表面的温度，℃；

　　　　　θ_e——多层平壁外表面的温度，℃；

R_1、$R_2 \cdots R_n$——各材料层的热阻 [(m²·K)/W]，当某一材料层为封闭的空气间层，

图 17-4　通过多层平壁稳定传热

可查《热工规范》附录 B.3 的表 B.3 确定。

> **例 17-3** 多层材料组成的复合外墙墙体中，某层材料的热阻值取决于：
> A 该层材料的厚度和密度　　　　B 该层材料的密度和导热系数
> C 该层材料的厚度和导热系数　　D 该层材料位于墙体的内侧或外侧
> **解析：** 材料层的导热热阻 $R = d/\lambda$，它与材料层的厚度 d 和材料的导热系数 λ 均有关。
> **答案：** C

3. 通过平壁的稳定传热

（1）通过多层平壁的热流强度为：

$$q = \frac{t_i - t_e}{R_i + \sum_{j=1}^{n} R_j + R_e} = \frac{t_i - t_e}{R_0} \tag{17-23}$$

式中　t_i——室内温度，℃；

t_e——室外温度，℃；

R_0——围护结构的传热阻，$(m^2 \cdot K)/W$；

n——多层平壁的材料层数。

（2）围护结构平壁的传热阻

传热阻是围护结构本身加上两侧空气边界层作为一个整体的阻抗传热能力的物理量。它是衡量围护结构在稳定传热条件下的一个重要的热工性能指标，单位：$(m^2 \cdot K)/W$。

$$R_0 = R_i + \sum_{j=1}^{n} R_j + R_e \tag{17-24}$$

式中　R_0——围护结构的传热阻，$(m^2 \cdot K)/W$；

R_j——围护结构第 j 层材料的热阻，$(m^2 \cdot K)/W$；当构造为非匀质复合围护结构时，需计算其 $\bar{R}$；

R_i——内表面的换热阻，$(m^2 \cdot K)/W$；

R_e——外表面的换热阻，$(m^2 \cdot K)/W$；

n——多层平壁的材料层数。

典型工况围护结构内、外表面的换热系数和换热阻可按表 17-3、表 17-4 取值。

3000m 以上的高海拔地区，围护结构内表面的换热阻和换热系数应另按《热工规范》附录 B 的表 B.4.2-1 的规定取值，外表面的换热阻和换热系数按表 B.4.2-2 的规定取值。

内表面换热系数和内表面换热阻　　　　　　　　　　表 17-3

适用季节	表 面 特 征	α_i $[W/(m^2 \cdot K)]$	R_i $[(m^2 \cdot K)/W]$
冬季和夏季	墙面、地面、表面平整或有肋状突出物的顶棚，当 $h/s \leqslant 0.3$ 时	8.7	0.11
	有肋状突出物的顶棚，当 $h/s > 0.3$ 时	7.6	0.13

外表面换热系数和外表面换热阻 表 17-4

适用季节	表面特征	α_i $[W/(m^2 \cdot K)]$	R_i $[(m^2 \cdot K)/W]$
冬季	外墙、屋顶、与室外空气直接接触的地面	23.0	0.04
	与室外空气相通的不采暖地下室上面的楼板	17.0	0.06
	闷顶、外墙上有窗的不采暖地下室上面的楼板	12.0	0.08
	外墙上无窗的不采暖地下室上面的楼板	6.0	0.17
夏季	外墙、屋顶	19.0	0.05

（3）围护结构平壁的传热系数 K

传热系数为当围护结构两侧温差为 1K（1℃）时，在单位时间内通过单位面积的传热量。用传热系数也能说明围护结构在稳定传热条件下的热工性能，单位：$W/(m^2 \cdot K)$。

$$K = \frac{1}{R_0} \tag{17-25}$$

例 17-4 **（2010）** 图中多层材料组成的复合墙体，哪种做法复合墙体的传热阻最大？

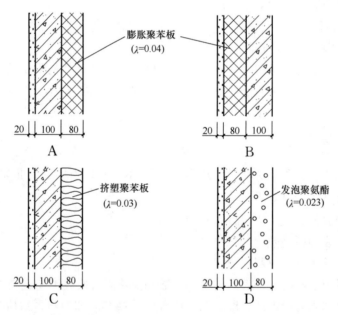

解析： 围护结构传热阻的计算公式为 $R_0 = R_i + \sum R + R_e$。其中 R_i、R_e 为内、外表面换热阻，是常数；$\sum R$ 为组成围护结构各材料层的导热热阻之和，可用导热热阻计算公式 $R = \delta/\lambda$ 计算各材料层的热阻后相加而成。在所示 4 种复合墙体中，除了保温材料层外，其余两个材料层的厚度和材料完全相同，因此，保温材料层热阻最大的那种复合墙体的传热阻最大。在保温层厚度相同的情况下，导热系数最小的保温材料层的热阻最大。

答案： D

4. 封闭空气间层的热阻

(1) 封闭空气间层的传热机理

封闭空气间层的传热过程与固体材料层内的不同，它实际上是在一个有限空间内的两个表面之间的热转移过程，包括对流换热和辐射换热，而非纯导热过程，所以封闭空气间层的热阻与间层厚度之间不存在成比例的增长关系。

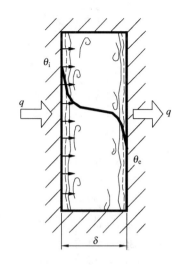

图 17-5 垂直封闭空气间层的传热过程

(2) 影响封闭空气间层热阻的因素

封闭空气间层的热阻与间层表面温度 θ、间层厚度 δ、间层放置位置（水平、垂直或倾斜）、热流方向及间层表面材料的辐射率有关（图 17-5）。

(3) 封闭空气间层热阻的确定

《热工规范》在附录 B.3 的表 B.3 中提供了封闭空气间层的热阻。该表参考了 ASHRAE 标准中的相关内容，表中数据的计算和来源可参考原标准中的注释。该表允许在平均温度、温差、辐射率、空气层厚度每个值之间内插；空气层厚度大于 90mm 时，适当的外插也是允许的。

需要注意的是，封闭空气间层的热阻与厚度不成比例，并且在厚度超过 20mm 以后热阻变化不大。

例 17-5 （2006）为了增大热阻，决定在图 17-6 所示构造中贴两层铝箔，下列哪种方案最有效？

    A   贴在 A 面和 B 面

    B   贴在 A 面和 C 面

    C   贴在 B 面和 C 面

    D   贴在 A 面和 D 面

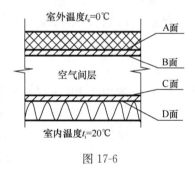

图 17-6

解析： 由于空气间层的辐射换热所占用比例达 70%，因此在封闭空气间层内贴上铝箔可大幅度降低间层表面的黑度，达到有效减少空气间层的辐射换热、增加热阻的目的。鉴于封闭空气间层内的辐射换热发生在 B 面和 C 面之间，所以两层铝箔应该分别贴在 B 面和 C 面上。

答案： C

---

5. 通过非匀质复合围护结构的热阻 $\overline{R}$

由两种以上材料构成的同一材料层称为非匀质材料层。由两种以上材料组成的、二(三)向非匀质复合围护结构的热阻应分别按照以下两种情况计算平均热阻（图 17-7）。

(1) 当非匀质复合围护结构相邻部分的热阻比值小于 1.5 时：

$$\overline{R} = \frac{R_{ou} + R_{ol}}{2} - (R_i + R_e) \qquad (17\text{-}26)$$

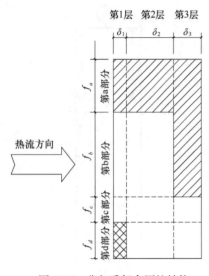

图 17-7　非匀质复合围护结构
热阻计算简图

$$R_{ou} = \cfrac{1}{\cfrac{f_a}{R_{oua}} + \cfrac{f_b}{R_{oub}} + \cdots + \cfrac{f_q}{R_{ouq}}} \qquad (17\text{-}27)$$

$$R_{ol} = R_i + R_1 + R_2 + \cdots + \\ R_j + \cdots + R_n + R_e \qquad (17\text{-}28)$$

$$R_j = \cfrac{1}{\cfrac{f_a}{R_{aj}} + \cfrac{f_b}{R_{bj}} + \cdots + \cfrac{f_q}{R_{qj}}} \qquad (17\text{-}29)$$

式中　f_a，f_b … f_q——与热流平行方向各部分面积占总面积的百分比；

R_{oua}，R_{oub} … R_{ouq}——与热流平行方向各部分的传热阻，$(m^2 \cdot K)/W$；

R_1，R_2 … R_j … R_n——与热流垂直方向各层的热阻，$(m^2 \cdot K)/W$；

R_{aj}，R_{bj} … R_{qj}——与热流垂直方向第 j 层各部分的热阻，$(m^2 \cdot K)/W$。

(2) 当非匀质复合围护结构相邻部分的热阻比值大于 1.5 时：

$$\overline{R} = \frac{1}{K_m} - (R_i + R_e) \qquad (17\text{-}30)$$

式中　K_m——非匀质复合围护结构平均传热系数，$W/(m^2 \cdot K)$。

6. 围护结构单元的平均传热系数

由于围护结构单元的组成包括围护结构平壁和与其连接在一起的构造节点，因此，围护结构单元的平均传热系数除了考虑平壁外，还必须考虑其周围热桥部位的影响：

$$K_m = K + \frac{\sum \varphi_j l_j}{A} \qquad (17\text{-}31)$$

式中　K_m——围护结构单元的平均传热系数，$W/(m^2 \cdot K)$；

K——围护结构平壁的传热系数，$W/(m^2 \cdot K)$；

φ_j——围护结构上的第 j 个结构性热桥的线传热系数 $[W/(m \cdot K)]$，应按《热工规范》第 C.2 节的规定计算；

l_j——围护结构第 j 个结构性热桥的计算长度，m；

A——围护结构的面积，m^2。

7. 结构性热桥的线传热系数 ψ

在建筑外围护结构中形成的结构性热桥对墙体、屋面传热的影响用线传热系数 ψ 描述。图 17-8 表示了围护结构中各种类型的结构性热桥。

热桥线传热系数应按下式计算：

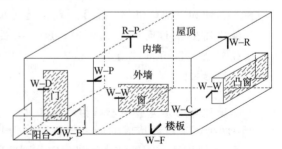

图 17-8　建筑外围护结构的结构性热桥示意

W-D　外墙-门；W-B　外墙-阳台板；W-P　外墙-内墙；

W-W　外墙-窗；W-F　外墙-楼板；W-C　外墙角；

W-R　外墙-屋顶；R-P　屋顶-内墙

$$\psi = \frac{Q^{2D} - KA(t_i - t_e)}{l(t_i - t_e)} = \frac{Q^{2D}}{l(t_i - t_e)} - KC \qquad (17\text{-}32)$$

式中 ψ——热桥线传热系数，W/(m·K)；

Q^{2D}——二维传热计算得出的流过一块包含热桥的围护结构的传热量（W），该围护结构的构造沿着热桥的长度方向必须是均匀的，传热量可以根据其横截面（对纵向热桥）或纵截面（对横向热桥）通过二维传热计算得到；

K——围护结构平壁的传热系数，W/(m²·K)；

A——计算 Q^{2D} 的围护结构的面积，m²；

t_i——围护结构室内侧的空气温度，℃；

t_e——围护结构室外侧的空气温度，℃；

l——计算 Q^{2D} 的围护结构的长度，热桥沿这个长度均匀分布，计算 ψ 时，l 宜取 1m；

C——计算 Q^{2D} 的围护结构的宽度，即 $A = l \cdot C$，可取 $C \geq 1m$。

当围护结构中两个平行热桥之间的距离很小时，应将两个平行热桥合并，同时计算两个平行热桥的线传热系数。

（三）平壁内的温度分布（图 17-9）

在稳定导热中，同一材料层内任意一点的温度为：

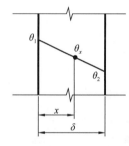

$$\theta_x = \theta_1 - \frac{q}{\lambda} \cdot x \qquad (17\text{-}33)$$

式中 θ_1——围护结构内表面温度，℃；

θ_x——厚度为 x 处的温度，℃；

x——任意一点至界面 1 的距离，m；

q——通过平壁的导热量，W/m²；

λ——材料的导热系数，W/(m·K)。

图 17-9 同一材料层内的温度分布

由上式可见，温度随距离的变化为一次函数，所以同一材料层内的温度分布为直线。在由多层材料构成的平壁内，温度的分布是由多条直线组成的一条折线。

例 17-6 （2004） 多层平壁的稳定传热，$t_1 > t_2$，下面哪一条温度分布线是正确的？

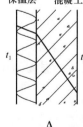 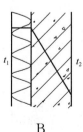 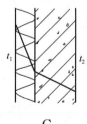 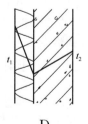

A   B   C   D

解析： 在稳定传热中，多层平壁内每个材料层内的分布为直线，直线的斜率与该材料层的导热系数成反比；导热系数越小，温度分布线越倾斜。由于保温层的导热系数小于钢筋混凝土的导热系数；因此，保温层内的温度分布线应比钢筋混凝土倾斜。此外，沿热流通过的方向，温度分布一定是逐渐下降的，不可能出现温度保持不变或温度升高的情况。

答案： C

二、周期性不稳定传热

（一）周期性不稳定传热

当外界热作用（气温和太阳辐射）随时间呈现周期性变化时，围护结构进行的传热过程为周期性不稳定传热。

（二）简谐热作用

简谐热作用指当温度随时间的正弦（或余弦）函数作规则变化时围护结构所受到的热作用（图 17-10）。一般用余弦函数表示：

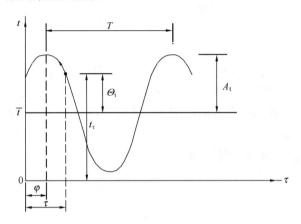

图 17-10　简谐热作用

$$t_\tau = \bar{t} + A_t \cos\left(\frac{360}{T}\tau - \phi\right) = \bar{t} + A_t \cos(\omega\tau - \phi) \qquad (17\text{-}34)$$

式中　　t_τ——在 τ 时刻的介质温度，℃；

$\quad\quad\quad \bar{t}$——在一个周期内的平均温度，℃；

$\quad\quad\quad A_t$——温度波的振幅，℃；

$\quad\quad\quad T$——温度波的周期，h；

$\quad\quad\quad \phi$——温度波的初相位，deg；

$\quad\quad\quad \tau$——以某一指定时刻起算的计算时间，h；

$\quad\quad\quad \omega$——温度波的角速度，deg/h。

（三）相对温度

相对温度指相对于某一基准温度的温度，单位为 K 或℃。当基准温度为 $\bar{t}$ 时，相对温度表示为：

$$\Theta_\tau = A_t \cos\left(\frac{360\tau}{T} - \phi\right) = A_t \cos(\omega\tau - \phi) \qquad (17\text{-}35)$$

式中　　Θ_τ——在 τ 时刻介质的相对温度，℃。

（四）平壁在简谐热作用下的传热特征

平壁在简谐热作用下的三个基本传热特征是（图 17-11）：

（1）室外温度、平壁表面温度和内部任一截面处的温度都是同一周期的简谐波动。

（2）从室外空间到平壁内部，温度波动的振幅逐渐减小，这种现象叫作温度波的衰减。即：

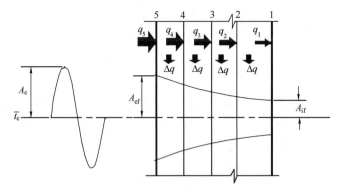

图 17-11　在简谐热作用下围护结构的传热

$$A_e > A_{ef} > A_x > A_{if}$$

（3）从室外空间到平壁内部，温度波动的相位逐渐向后推进，这种现象叫温度波的相位延迟。或者说温度波出现最高温度的时间向后推迟。即：

$$\phi_e < \phi_{ef} < \phi_x < \phi_{if}$$

温度波在传递过程中出现的衰减和延迟现象，是由于在平壁升温和降温的过程中，材料的热容作用和热量传递中材料层的热阻作用造成的。

（五）简谐热作用下材料和围护结构的热特性指标

1. 材料的蓄热系数 S

材料的蓄热系数：当某一均质半无限大物体一侧受到简谐热作用时，迎波面（受到热作用的一侧表面）上接受的热流振幅与该表面温度波动的振幅比。它是表示半无限大物体在简谐热作用下，直接受到热作用的一侧表面，对谐波热作用敏感程度的一个特性指标。在同样的周期性热作用下，材料的蓄热系数越大，表面温度波动越小，反之波动越大。

$$S = \frac{A_q}{A_\theta} = \sqrt{\frac{2\pi\lambda c\rho}{3.6T}} \tag{17-36}$$

式中　A_q——表面热流的振幅，℃；

　　　A_θ——表面温度波的振幅，℃；

　　　λ——材料的导热系数，W/(m·K)；

　　　c——材料的比热容，kJ/(kg·K)；

　　　ρ——材料的密度，kg/m³；

　　　T——温度波动周期（h），一般取 $T=24h$。

各种材料的蓄热系数可查《热工规范》的"常用建筑材料热物理性能计算参数"表（见《热工规范》附录 B.1）。

2. 材料层的热惰性指标 D

材料层的热惰性指标是表示具有一定厚度的材料层受到波动热作用后，背波面上温度波动剧烈程度的一个指标，它表明了材料层抵抗温度波动的能力；该指标为无量纲。

根据围护结构对室内热稳定性的影响，习惯上将热惰性指标 $D \geqslant 2.5$ 的围护结构称为重质围护结构；$D < 2.5$ 的称为轻质围护结构。

（1）均质材料层的热惰性指标 D

1）单层结构

$$D = R \cdot S \tag{17-37}$$

式中　R——材料层的热阻，$(m^2 \cdot K)/W$；

　　　S——材料层的蓄热系数，$W/(m^2 \cdot K)$。

2）多层结构

由多层材料构成的围护结构的热惰性指标为各层材料热惰性指标之和，即：

$$D = D_1 + D_2 + \cdots + D_n = R_1 \cdot S_1 + R_2 \cdot S_2 + \cdots + R_n \cdot S_n \tag{17-38}$$

封闭空气层的热惰性指标应为零。

（2）非均质复合围护结构的热惰性指标 $\overline{D}$

$$\overline{D} = \frac{D_1 A_1 + D_2 A_2 + \cdots + D_n A_n}{A_1 + A_2 + \cdots + A_n} \tag{17-39}$$

式中　A_1，$A_2 \cdots A_n$——平行于热流方向的各块平壁的面积，m^2；

　　　D_1，$D_2 \cdots D_n$——平行于热流方向的各块平壁的热惰性指标。

3. 材料层表面的蓄热系数

对有限厚度的单层或多层平壁，当材料层受到周期波动的热作用时，其表面的温度波动，不仅与本层材料的蓄热系数有关，还与边界条件有关，即在沿着温度波前进的方向，其后与该材料层接触的另一种材料的热阻、蓄热系数或表面的换热系数有关。为此，对有限厚度的材料层，使用材料层表面的蓄热系数表示各材料层界面处流的振幅与表面温度波的振幅比，从本质上说，材料层表面的蓄热系数的定义与材料的蓄热系数的定义是相同的。即：

$$Y = \frac{A_q}{A_\theta} \tag{17-40}$$

根据温度波前进的方向，材料层表面的蓄热系数分为材料层内、外表面的蓄热系数。

$Y_{m,e}$：材料层外表面的蓄热系数；

$Y_{m,i}$：材料层内表面的蓄热系数。

当某层材料的热惰性指标 $D \geqslant 1$ 时，材料层表面的蓄热系数可近似按该层材料的蓄热系数取值，即 $Y = S$。

（六）围护结构的衰减倍数和延迟时间

1. 围护结构的衰减倍数 ν

围护结构的衰减倍数：室外温度谐波的振幅与由其引起的平壁内表面温度谐波的振幅的比值。应按下式计算：

$$\nu = \frac{\Theta_e}{\Theta_i} \tag{17-41}$$

式中　ν——围护结构的衰减倍数，无量纲；

　　　Θ_e——室外综合温度或空气温度波幅，K；

　　　Θ_i——室外综合温度或空气温度影响下的围护结构内表面温度波幅，K。

2. 围护结构的延迟时间 ξ

围护结构的延迟时间：在室外温度谐波作用下，围护结构内表面出现最高温度值的时间与室外温度谐波最高温度值出现时间的差值。应按下式计算：

$$\xi = \xi_i - \xi_e \tag{17-42}$$

式中　ξ_e——室外综合温度或空气温度达到最大值的时间，h；

ξ_i——室外综合温度或空气温度影响下，围护结构内表面温度达到最大值的时间，h。

围护结构的衰减倍数和延迟时间均应采用围护结构周期传热计算软件计算。

第四节　围护结构的保温设计

一、建筑保温综合处理的基本原则

（1）充分利用太阳能。建筑物的总平面布置、平面和立面设计、门窗洞口设置应考虑利用冬季日照。

（2）防止冷风的不利影响。建筑物宜朝向南北或接近朝向南北，避开冬季主导风向。建筑出入口设门斗或热风幕等避风设施。

（3）选择合理的建筑体形和平面形式。建筑平、立面的凹凸不宜过多，控制体形系数以减少外表散热面积。

（4）控制透光外围护结构的面积，有效节约采暖能耗。

（5）围护结构要求进行保温设计。

（6）热桥部位应进行表面结露验算，并应采取保温措施。

（7）使房间具有良好的热特性与合理的供热系统。

二、冬季热工计算参数

1. 室内热工计算参数

温度：采暖房间应取 18℃，非采暖房间应取 12℃；

相对湿度：一般房间应取 30%～60%。

2. 室外热工计算参数

考虑到室内外空气温度实际上存在着不同程度的波动，围护结构的热稳定性对维持室内温度的稳定有十分重要的作用。因此，室外计算温度 t_e 的取值应根据围护结构热惰性指标 D 值的大小按级别进行调整，使得围护结构的保温性能能够达到同等的水平，见表 17-5。

冬季室外热工计算温度　　　　　　　　　　　　　　　表 17-5

围护结构热稳定性	计算温度（℃）
$6.0 \leqslant D$	$t_e = t_w$
$4.1 \leqslant D < 6.0$	$t_e = 0.6 t_w + 0.4 t_{e \cdot min}$
$1.6 \leqslant D < 4.1$	$t_e = 0.3 t_w + 0.7 t_{e \cdot min}$
$D < 1.6$	$t_e = t_{e \cdot min}$

注：表中的 t_w 和 $t_{e \cdot min}$ 分别为采暖室外计算温度和累年最低日平均温度。

三、围护结构的保温设计

围护结构的保温设计按稳定传热的理论进行。外墙、屋顶、门窗、玻璃幕墙、直接接触室外空气的楼板和不采暖楼梯间的隔墙等围护结构应进行保温计算。

冬季保温设计的目的是：

（1）保证人在室内的基本热舒适，避免内表面的冷辐射。

（2）防止围护结构内表面温度过低产生结露。

（3）控制为保持室内温度需要消耗的采暖能耗。

围护结构保温设计的要求主要体现在控制围护结构内表面温度和围护结构的热阻。

(一) 墙体的保温设计

1. 墙体的内表面温度与室内空气温度的温差 Δt_w

对墙体保温的要求首先体现在墙体的内表面与室内空气的温差 Δt_w 不得超过规定的限值，见表 17-6。

墙体的内表面温度与室内空气温度温差的限值   表 17-6

房间设计要求	防结露	基本热舒适
允许温差 Δt_w（K）	$\leqslant t_i - t_d$	$\leqslant 3$

注：$\Delta t_w = t_i - \theta_{i \cdot w}$。

未考虑密度和温差修正的墙体内表面温度可按下式计算：

$$\theta_{i \cdot w} = t_i - \frac{R_i}{R_{0 \cdot w}} (t_i - t_e) \tag{17-43}$$

式中 $\theta_{i \cdot w}$——墙体内表面温度，℃；

t_i——室内计算温度，℃；

t_e——室外计算温度，℃；

R_i——内表面换热阻，$(m^2 \cdot K)/W$；

$R_{0 \cdot w}$——墙体传热阻，$(m^2 \cdot K)/W$。

2. 墙体热阻最小值 $R_{min \cdot w}$

（1）墙体热阻最小值 $R_{min \cdot w}$ 的计算

$$R_{min \cdot w} = \frac{(t_i - t_e)}{\Delta t_w} R_i - (R_i + R_e) \tag{17-44}$$

式中 $R_{min \cdot w}$——满足 Δt_w 要求的墙体热阻最小值，$(m^2 \cdot K)/W$。

墙体热阻最小值 $R_{min \cdot w}$ 还可按《热工规范》附录 D 表 D.1 的规定选用。

（2）不同材料和建筑不同部位的墙体热阻最小值的修正

当围护结构使用轻质材料时，考虑到围护结构对热稳定性的要求，需要进行热阻最小值的密度修正。当围护结构的外表面不直接与室外空气接触时，需要进行热阻最小值的温差修正。修正后的墙体热阻最小值 R_w 为：

$$R_w = \varepsilon_1 \varepsilon_2 R_{min \cdot w} \tag{17-45}$$

式中 ε_1——热阻最小值的密度修正系数，按表 17-7 选用；

ε_2——热阻最小值的温差修正系数，按表 17-8 选用。

热阻最小值的密度修正系数 ε_1 表 17-7

密度(kg/m^3)	$\rho \geqslant 1200$	$1200 > \rho \geqslant 800$	$800 > \rho \geqslant 500$	$500 > \rho$
修正系数 ε_1	1.0	1.2	1.3	1.4

注：ρ 为围护结构的密度。

热阻最小值的温差修正系数 ε_2 表 17-8

部　位	修正系数 ε_2
与室外空气直接接触的围护结构	1.0
与有外窗的不采暖房间相邻的围护结构	0.8
与无外窗的不采暖房间相邻的围护结构	0.5

在确定密度修正系数 ε_1 时，对于专设保温层的围护结构，应按扣除保温层后的构造计算其密度；对于自保温体系，应按围护结构的实际构造计算密度。

当围护结构构造中的空气间层完全位于墙体（屋面）材料层一侧时，应按扣除空气间层后的构造计算围护结构的密度；否则应按实际构造计算密度。

例 17-7 **（2009）** 下列外墙节点做法中，最有利于保温隔热的是：

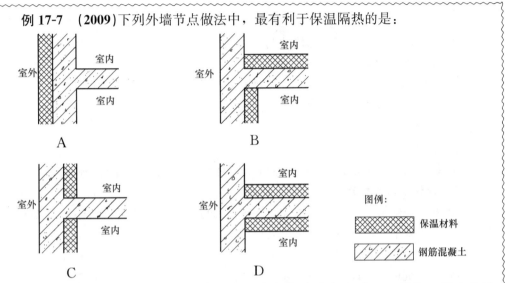

解析： 上述墙体保温隔热措施中，应优先考虑外墙部分的保温隔热，并且外保温的效果优于内保温，由于方案 A 对全部外墙部分都进行了保温，因此效果最佳。

答案： A

（二）楼、屋面的保温设计

楼、屋面的保温设计参数与计算公式和墙体雷同。

1. 楼、屋面的内表面温度与室内空气温度的温差 Δt_r

楼、屋面的内表面温度与室内空气温度的温差 Δt_r 不得超过规定的限值，见表 17-9。

楼、屋面的内表面温度与室内空气温度温差的限值 表 17-9

房间设计要求	防结露	基本热舒适
允许温差 Δt_r（K）	$\leqslant t_i - t_d$	$\leqslant 4$

注：$\Delta t_r = t_i - \theta_{i \cdot r}$。

未考虑密度和温差修正的楼、屋面内表面温度可按下式计算：

$$\theta_{i \cdot r} = t_i - \frac{R_i}{R_{0 \cdot r}}(t_i - t_e) \tag{17-46}$$

式中　$\theta_{i \cdot r}$——楼、屋面内表面温度，℃；

　　　$R_{0 \cdot r}$——楼、屋面传热阻，$(m^2 \cdot K)/W$。

2. 楼、屋面热阻最小值 $R_{min \cdot r}$

（1）楼、屋面热阻最小值 $R_{min \cdot r}$ 可按下式计算：

$$R_{min \cdot r} = \frac{(t_i - t_e)}{\Delta t_r}R_i - (R_i + R_e) \tag{17-47}$$

式中　$R_{min \cdot r}$——满足 Δt_r 要求的楼、屋面热阻最小值，$(m^2 \cdot K)/W$。

楼、屋面热阻最小值 $R_{min \cdot r}$ 也可按《热工规范》附录 D 表 D.1 的规定选用。

（2）不同材料和建筑不同部位的楼、屋面热阻最小值的修正

修正后的楼、屋面热阻最小值 R_r 为：

$$R_r = \varepsilon_1 \varepsilon_2 R_{min \cdot r} \tag{17-48}$$

式中修正系数 ε_1 和 ε_2 的定义和取值与墙体相同。

3. 屋面保温材料的选择

（1）屋面保温材料应选择密度小、导热系数小的材料。

（2）屋面保温材料应严格控制吸水率。

（三）绝热材料

1. 绝热材料

绝热材料是指导热系数 $\lambda < 0.25 W/(m \cdot K)$ 且能用于绝热工程的材料。

2. 影响材料导热系数的因素

（1）密度。一般情况下，密度越大，导热系数也越大，但某些材料存在着最佳密度的界限，在最佳密度下，该材料的导热系数最小。

（2）湿度。绝热材料的湿度增大，导热系数也随之增大，因此，湿度对绝热材料导热系数的影响在建筑热工设计中必须引起充分注意。

（3）温度。绝热材料的导热系数随温度的升高而增大。一般在高温或负低温的情况下才考虑其影响。

（4）热流方向。对各向异性材料（如木材、玻璃纤维），平行于热流方向时，导热系数较大；垂直于热流方向时，导热系数较小。

其中，对导热系数影响最大的因素是材料的密度和湿度。

3. 绝热材料的选择

选择保温材料时，不仅需要考虑材料的热物理性能，还应该了解材料的强度、耐久性、耐火性、耐侵蚀性，以及使用保温材料时的构造方案、施工工艺、材料的来源和经济指标等。

（四）非透光围护结构保温构造方案

1. 常用的构造方案

（1）单设保温层。

（2）使用封闭的空气间层或带铝箔的封闭空气间层。

（3）保温层与承重层合二为一。

（4）复合构造。

2. 保温层位置的设置

（1）内保温：保温层在承重层内侧。

（2）中间保温：保温层在承重层中间。

（3）外保温：保温层在承重层外侧。

保温层的位置的正确与否对结构及房间的使用质量、结构造价、施工和维持费用都有重大影响，必须予以足够的重视。

外保温方案的优点：

1）保护主体结构，降低温度应力起伏，提高结构的耐久性；

2）对结构及房间的热稳定性有利；

3）对防止和减少保温层内部产生水蒸气凝结有利；

4）减少热桥处的热损失，防止热桥内表面结露；

5）有利于旧房的节能改造。

注意，外保温方案的一些优点是有前提的。例如，只有规模不太大的建筑（如住宅）外保温能够提高结构及房间的热稳定性，而在建筑内部有大量热容量的结构（隔墙、柱）和参与调节的设备时，外保温的蓄热作用就不太明显了。

（五）门窗、幕墙、采光顶的保温设计

门窗、幕墙、采光顶因其构造的特点导致其传热系数大，如单层金属窗的传热系数约为一砖墙的3倍，使得它们的热损失在建筑物的总热损失中所占比重甚大，因此门窗、幕墙、采光顶的保温也就格外重要。

1. 对外门窗、幕墙、采光顶传热系数的要求

对热环境有要求的房间，其外门窗、幕墙、采光顶的传热系数宜符合表17-10的规定。

建筑外门窗、透光幕墙、采光顶传热系数的限值和抗结露验算要求　　　表17-10

气候区	K [W/ (m² · K)]	抗结露验算要求
严寒 A 区	≤2.0	验算
严寒 B 区	≤2.2	验算
严寒 C 区	≤2.5	验算
寒冷 A 区	≤3.0	验算
寒冷 B 区	≤3.0	验算
夏热冬冷 A 区	≤3.5	验算
夏热冬冷 B 区	≤4.0	不验算
夏热冬暖地区	—	不验算
温和 A 区	≤3.5	验算
温和 B 区	—	不验算

例 17-8　（2021）根据《民用建筑热工设计规范》GB 50176—2016，要求对外门窗、透明幕墙、采光顶进行冬季抗结露验算的是：

A　夏热冬冷 A 区　　　　　　　　B　温和 B 区

C　夏热冬冷 B 区　　　　　　　　D　夏热冬暖

解析：《民用建筑热工设计规范》GB 50176—2016 中第 5.3.1 条要求，各热工气候区建筑内对热环境有要求的房间，其外门窗、透光幕墙、采光顶的传热系数宜符合表 5.3.1 的规定，并应按表 5.3.1 的要求进行冬季的抗结露验算。根据表 5.3.1，夏热冬冷 A 区要求进行抗结露验算，温和 B 区、夏热冬冷 B 区和夏热冬暖地区不需要进行抗结露验算。

答案：A

2. 门窗、幕墙的传热系数 K

（1）门窗、幕墙的传热系数的计算

门窗、幕墙的传热系数由构成它的各个部件（如框、面板中部及面板边缘区域）决定，既要考虑构成它的面板的传热系数和面积、面板边缘的线传热系数和边缘长度，也要考虑边框的传热系数和边框面积。按下式计算：

$$K = \frac{\sum K_{gc}A_g + \sum K_{pc}A_p + \sum K_f A_f + \sum \psi_g l_g + \sum \psi_p l_p}{\sum A_g + \sum A_p + \sum A_f} \qquad (17\text{-}49)$$

式中 K——幕墙单元、门窗的传热系数 $W/(m^2 \cdot K)$；

A_g——透光面板面积，m^2；

l_g——透光面板边缘长度，m；

K_{gc}——透光面板中心的传热系数，$W/(m^2 \cdot K)$；

ψ_g——透光面板边缘的线传热系数，$W/(m \cdot K)$；

A_p——非透光面板面积，m^2；

l_p——非透光面板边缘长度，m；

K_{pc}——非透光面板中心的传热系数，$W/(m^2 \cdot K)$；

ψ_p——非透光面板边缘的线传热系数，$W/(m \cdot K)$；

A_f——框面积，m^2；

K_f——框的传热系数，$W/(m^2 \cdot K)$。

（2）典型玻璃、配合不同窗框的整窗传热系数

采用典型玻璃、配合不同窗框，在典型窗框面积比的情况下，整窗传热系数见《热工规范》表 C.5.3-1、表 C.5.3-2。如 3mm 透明玻璃、塑料窗框（框面积 25%）的整窗传热系数为 5.0 $[W/(m^2 \cdot K)]$。

3. 门窗、幕墙的保温措施

（1）控制透光结构的面积

从保温设计的角度而言，在保证天然采光的情况下，外窗、透光幕墙、采光顶等透光外围护结构的面积不宜过大。透光结构面积的减少有利于降低采暖能耗。建筑节能设计标准对各朝向的窗墙面积比都有所规定。

（2）提高门窗的气密性

门窗的气密性等级不应低于现行国家标准《建筑外门窗气密、水密、抗风压性能分级及检测方法》GB/T 7106—2008 及相应的建筑节能设计标准规定的等级（表 17-11）。

居住及公共建筑外门窗气密性等级要求　　　　　　　　　　表 17-11

建筑类别	地区	建筑层数	部位	气密性等级
居住	严寒	一	外窗及敞开式阳台门	6
	寒冷	1～6	外窗及敞开式阳台门	4
		≥7	外窗及敞开式阳台门	6
	夏热冬冷	1～6	外窗及敞开式阳台门	4
		≥7	外窗及敞开式阳台门	6
	夏热冬暖	1～9	外窗	4
		≥10	外窗	6

建筑类别	地区	建筑层数	部位	气密性等级
公共	—	<10	外窗	6
		≥10	外窗	7
	严寒、寒冷	—	外门	4

(3) 提高窗框的保温性能

可将窗框的薄壁实腹型材改为空心型材，利于内部形成空气间层，提高保温能力；或者使用塑料或其他导热系数小的材料提高保温能力。如采用木窗、塑料窗、铝木复合门窗、铝塑复合门窗、钢塑复合门窗和断桥铝合金门窗等保温性能好的门窗。

(4) 改善玻璃的保温能力

使用多层玻璃窗，即利用增加玻璃层数形成的空气间层，加大透光部分的保温能力。如严寒地区建筑宜采用双层窗。

有保温要求的门窗、玻璃幕墙、采光顶采用的玻璃系统应为中空玻璃、Low-E 中空玻璃、充惰性气体 Low-E 中空玻璃等保温性能良好的玻璃。

(5) 加强玻璃幕墙的保温能力

玻璃幕墙应采用有断热构造的玻璃幕墙系统；非透光的玻璃幕墙部分、金属幕墙、石材幕墙和其他人造板材幕墙等幕墙面板背后应采用高效保温材料保温。

(6) 保证连接部位的保温和密封

门窗、透光幕墙、采光顶周边与墙体、屋面板或其他围护结构连接处应采取保温、密封构造；当采用非防潮型保温材料填塞时，缝隙应采用密封材料或密封胶密封。

(7) 外门保温

应尽可能选择保温性能好的保温门。外门的经常开启必然会增加进入室内的冷风渗透，因此要求外门的密闭性较好。设置门斗或热风幕等避风设施可有效减少冷风渗透。

(8) 使用保温窗帘

4. 门窗、幕墙的抗结露验算

抗结露验算的依据是在冬季计算参数下，门窗、幕墙型材和玻璃内表面温度是否低于露点温度。

要求门窗或幕墙的各个部件（如框、面板中部及面板边缘区域）超过 90% 的面积的内表面温度应满足下式要求：

$$t_i - \frac{t_i - t_e}{R \cdot \alpha_i} \geqslant t_d \tag{17-50}$$

式中　R——门窗、幕墙框或面板的热阻，$(m^2 \cdot K)/W$；

　　　α_i——门窗、幕墙框或面板内表面换热系数，$W/(m^2 \cdot K)$；

　　　t_i——室内计算温度，℃；

　　　t_e——室外计算温度，℃；

　　　t_d——室内露点温度，℃。

注意，式中门窗幕墙内表面换热系数 α_i 应按现行行业标准《建筑门窗玻璃幕墙热工计算规程》JGJ/T 151 的规定通过计算确定。

(六) 地面的保温设计

1. 地面保温设计要求

要求建筑中与土体接触的地面内表面温度与室内空气温度的温差 Δt_g 应符合表 17-12 的规定。

地面的内表面温度与室内空气温度温差的限值　　　　　表 17-12

房间设计要求	防结露	基本热舒适
允许温差 Δt_g（K）	$\leqslant t_i - t_d$	$\leqslant 2$

注：$\Delta t_g = t_i - \theta_{i \cdot g}$。

地面内表面温度可按下式计算：

$$\theta_{i \cdot g} = \frac{t_i \cdot R_g + \theta_e \cdot R_i}{R_g + R_i} \tag{17-51}$$

式中　$\theta_{i \cdot g}$——地面内表面温度，℃；

　　　R_g——地面热阻，$(m^2 \cdot K)/W$；

　　　θ_e——地面层与土体接触面的温度，℃，应取最冷月平均温度。

2. 地面层热阻最小值 $R_{min \cdot g}$

地面层热阻的计算只包括地面的结构层、保温层和面层，其热阻最小值 $R_{min \cdot g}$ 可按下式计算或按《热工规范》附录 D 表 D.2 的规定选用。

$$R_{min \cdot g} = \frac{(\theta_{i \cdot g} - \theta_e)}{\Delta t_g} R_i \tag{17-52}$$

式中　$R_{min \cdot g}$——满足 Δt_g 要求的地面热阻最小值，$(m^2 \cdot K)/W$。

3. 地面层保温的合理处理

(1) 根据地面传热的特点，地板周边的保温性能应该比中间好。

(2) 地面保温材料应选用吸水率小、抗压强度高、不易变形的材料。

(七) 地下室的保温设计

1. 地下室保温设计要求

(1) 距地面小于 0.5m 的地下室外墙保温设计要求同外墙。

(2) 距地面超过 0.5m、与土体接触的地下室外墙内表面温度与室内空气温度的温差 Δt_b 应符合表 17-13 的规定。

地下室外墙的内表面温度与室内空气温度温差的限值　　　　　表 17-13

房间设计要求	防结露	基本热舒适
允许温差 Δt_b（K）	$\leqslant t_i - t_d$	$\leqslant 4$

注：$\Delta t_b = t_i - \theta_{i \cdot b}$。

地下室外墙内表面温度 $\theta_{i \cdot b}$ 可参照计算地面内表面温度 $\theta_{i \cdot g}$ 的公式进行计算（只需将公式中的 R_g 替换为地下室外墙热阻 R_b 即可）。

2. 地下室外墙热阻最小值 $R_{min \cdot b}$

同理，地下室外墙热阻最小值 $R_{min \cdot b}$ 可参照计算地面热阻最小值 $R_{min \cdot g}$ 的公式进行计算（只需将公式中的 R_g 替换为地下室外墙热阻 R_b 即可）。地下室外墙热阻只计入结构层、保温层和面层。

四、传热异常部位的保温设计

（一）热桥的保温

在围护结构中有保温性能远低于平壁部分的嵌入部件，如嵌入墙体的混凝土或金属梁、柱、屋面板中的混凝土肋、装配式建筑中的板材接缝以及墙角、屋面檐口、墙体勒脚、楼板与外墙、内隔墙与外墙连接处等部位。这些构件热阻小，热流密集，热损失比相同面积平壁部分的热损失大得多，导致其内表面温度比平壁部分低，在建筑热工中，将其称之为"热桥"。

建筑外围护结构中常见的各种结构性热桥见图 17-8。

1. 热桥保温的要求

《热工规范》强制要求对热桥部位进行保温验算，要求围护结构热桥部位的内表面温度不低于室内空气的露点温度，避免围护结构内表面霉变，保证室内健康的卫生环境和围护结构的耐久性。

热桥的表面温度可采用《热工规范》配套光盘中提供的二维稳态传热计算软件计算。

例 17-9　（2006） 外墙某局部如图 17-12 所示，比较内表面温度 θ_1 和 θ_2，下列答案哪一个是正确的？

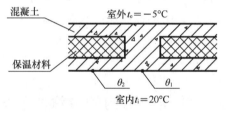

图 17-12

A　$\theta_1 > \theta_2$	B　$\theta_1 < \theta_2$
C　$\theta_1 = \theta_2$	D　θ_1 和 θ_2 的关系不确定

解析： 热桥为围护结构中保温性能远低于主体部分的嵌入构件，如砖墙中的钢筋混凝土圈梁、门窗过梁、槽型屋面板等。热桥的热阻比围护结构主体部分的热阻小，热量容易通过热桥传递。热桥内表面失去的热量多，使得内表面温度低于室内主体表面其他部分的温度，而热桥外表面由于传到的热量比主体部分多，因此温度高于主体部分外表面的温度。

答案： B

2. 类型

热桥的类型分为贯通式 ［图 17-13（a）］与非贯通式 ［图 17-13（b）］两种，热桥的宽度为 a，主体结构部分的厚度为 δ。

3. 热桥的保温处理

从建筑保温的要求来看，贯通式热桥是最不利于保温的。对于非贯通式热桥，在构造设计时，应该尽量将其设置在靠近室外的一侧。

当热桥内表面温度低于室内空气露点温度时，则应作保温处理。

（1）保温层厚度 d ［图 17-13（c）］

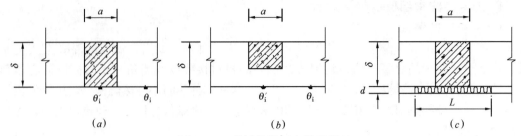

图 17-13 热桥的类型和保温处理

(a) 贯通式；(b) 非贯通式；(c) 热桥的保温处理

$$d=(R_0-R_0')\cdot\lambda \tag{17-53}$$

式中 λ——保温材料的导热系数，$W/(m\cdot K)$。

（2）保温层长度 l [图 17-13（c）]

当 $a<\delta$ 时，$l\geqslant1.5\delta$；

当 $a>\delta$ 时，$l\geqslant2.0\delta$。

（二）转角保温

外墙转角低温影响带的长度为墙厚 δ 的（1.5～2.0）倍，若其内表面温度低于室内露点温度，则应作附加保温层处理。附加保温层的长度 l 如下：

（1）二维墙角：$l=(1.5～2.0)\delta$。

（2）三维墙角：$l=(2.0～3.0)\delta$。

第五节　外围护结构的蒸汽渗透和冷凝

(一) 围护结构的蒸汽渗透

1. 蒸汽渗透

当材料内部存在水蒸气分压力差时，以气态扩散方式进行的水分迁移称为蒸汽渗透。

如果外围护结构的两侧存在水蒸气分压力差，水蒸气就会从压力高的一侧通过围护结构向压力低的一侧渗透。

2. 蒸汽渗透强度

蒸汽渗透强度：在单位时间内通过单位截面积的蒸汽量，单位为 $g/(m^2\cdot h)$。

在稳定传湿条件下，通过围护结构的蒸汽渗透强度为：

$$w=\frac{P_i-P_e}{H_0} \tag{17-54}$$

式中　H_0——围护结构的总蒸汽渗透阻，$m^2\cdot h\cdot Pa/g$；

P_i、P_e——室内外空气的水蒸气分压力，Pa。

3. 围护结构的总蒸汽渗透阻和材料层的蒸汽渗透阻

围护结构的总蒸汽渗透阻为各材料层的蒸汽渗透阻之和：

$$H_0=\sum_{j=1}^{n}H_j \tag{17-55}$$

材料层的蒸汽渗透阻 H 为：

$$H=\frac{\delta}{\mu} \qquad (17\text{-}56)$$

式中　μ——材料的蒸汽渗透系数，g/(m·h·Pa)；

　　　δ——材料层的厚度，m；

　　　n——材料的层数。

材料的蒸汽渗透系数表明材料的透气能力，与材料的密实程度有关，常见建筑材料的蒸汽渗透系数可查《热工规范》得知。

4. 多层平壁材料层内水蒸气分压力的分布

在稳定传湿条件下，多层平壁材料层内水蒸气分压力的分布与稳定传热时材料层内的温度分布雷同，即同一材料层内，水蒸气分压力分布为直线；在多层材料构成的平壁内，水蒸气分压力分布是一条折线。

（二）外围护结构内部冷凝的检验

外侧有卷材或其他密闭防水层的平屋顶结构，以及保温层外侧有密实保护层的多层墙体结构，当内侧结构层为加气混凝土和砖等多孔材料时，应进行内部冷凝受潮验算。

1. 判别依据

只要围护结构内部某处的水蒸气分压力 P 大于该处温度对应的饱和蒸汽压 P_s，该处就会出现冷凝。

2. 判别步骤

（1）计算围护结构内部水蒸气分压力并绘制水蒸气分压力 P 分布曲线：

1）由已知条件 t_i、t_e、φ_i、φ_e 求出围护结构两侧的水蒸气分压力 P_i、P_e；

2）用公式计算各界面的水蒸气分压力 P_m；

3）按比例画出围护结构内部水蒸气分压力分布曲线。

（2）由已知条件 t_i、t_e、d_i、λ_i 求出围护结构各材料界面的温度 θ_m。

（3）由各界面温度 θ_m 查出各界面对应的饱和蒸汽压并绘制饱和蒸汽压 P_s 分布曲线。

（4）判断围护结构内是否产生冷凝，P 分布曲线与 P_s 分布曲线相交，内部会出现冷凝；否则，内部不出现冷凝（图 17-14）。

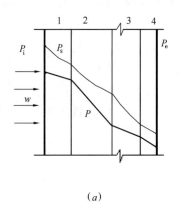 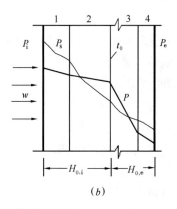

（a）　　　　　　　　　　　　　（b）

图 17-14　围护结构内部冷凝的检验

（a）内部不出现冷凝；（b）内部出现冷凝

3. 冷凝界面的确定

围护结构内部出现冷凝，通常都是材料的蒸汽渗透系数出现由大变小的界面且界面温度比较低的情况。通常把最容易出现冷凝，而且冷凝最严重的界面称为冷凝界面。冷凝界面一般出现在沿蒸汽渗透的方向绝热材料和其后密实材料的交界面处。

冷凝界面的温度用 t_c 表示，冷凝界面的饱和蒸汽压用 $P_{s,c}$ 表示。

（三）防止和控制冷凝的措施

1. 防止和控制表面冷凝

（1）正常房间

1）保证围护结构满足保温设计的要求；

2）房间使用中保持围护结构内表面气流通畅（如家具与墙壁留有缝隙）；

3）对供热系统供热不均匀的房间，围护结构内表面应该使用蓄热系数大的材料建造。

（2）高湿房间

1）设置防水层；

2）间歇使用的高湿房间，围护结构内表面可增设吸湿能力强且本身又耐潮湿的饰面层或涂层，防止水滴形成；

3）增设吊顶，有组织地排除滴水；

4）使用机械方式，加强屋顶内表面处的通风，防止水滴形成。

2. 防止和控制内部冷凝

（1）正确布置围护结构内部材料层次

在水蒸气渗透的通路上尽量符合"进难出易"的原则。

（2）设置隔汽层

1）设置隔汽层的条件

必须同时满足以下两个条件时才需要设置隔汽层。

条件1：围护结构内部产生冷凝；

条件2：由冷凝引起的保温材料重量湿度增量超过保温材料重量湿度的允许增量，即 $\Delta\omega > [\Delta\omega]$（或者冷凝界面内侧所需要的蒸汽渗透阻小于最小蒸汽渗透阻，即 $H_{0,i} < H_{i,min}$）。

$[\Delta\omega]$ 为采暖期间保温材料重量湿度的允许增量，可查《热工规范》表 7.1.2；$H_{i,min}$ 为冷凝界面内侧所需要的最小蒸汽渗透阻，单位为 $m^2 \cdot h \cdot Pa/g$。

2）隔汽层的位置

隔汽层的位置应布置在蒸汽流入的一侧。对采暖房间，应布置在保温层的内侧；对冷库建筑应布置在隔热层的外侧。

（3）设置通风间层或泄气沟道

在保温层外设置通风间层或泄气沟道，可将渗透的水蒸气借助流动的空气及时排除，并且对保温层有风干作用。

（4）冷侧设置密闭空气层

在保温层外侧设置密闭空气层，可使处于较高温度侧的保温层经常干燥。

32

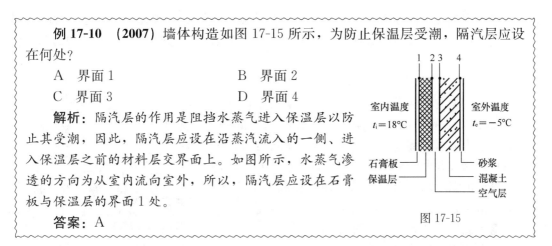

例 17-10 （2007）墙体构造如图 17-15 所示，为防止保温层受潮，隔汽层应设在何处？

A 界面 1　　　　　　B 界面 2
C 界面 3　　　　　　D 界面 4

解析：隔汽层的作用是阻挡水蒸气进入保温层以防止其受潮，因此，隔汽层应设在沿蒸汽流入的一侧、进入保温层之前的材料层交界面上。如图所示，水蒸气渗透的方向为从室内流向室外，所以，隔汽层应设在石膏板与保温层的界面 1 处。

答案：A

图 17-15

（四）夏季结露与防止措施

在我国南方的广大湿热地区，一到梅雨时节或久雨初晴之际，在一般自然通风的建筑物内普遍产生夏季结露，典型的现象如墙面泛潮、地面流水，这使得室内环境潮湿不堪、物品发霉变质，甚至造成房屋结构的损害（如木地板霉烂、表面装修变形和内饰面层脱落），严重影响室内环境的质量和人们的身体健康。因此，防止夏季结露也是建筑防潮不可忽视的重要问题。

1. 夏季结露的原因

夏季结露是建筑中的一种大强度的"差迟凝结"现象。当春末室外空气温度和湿度骤然增加，有的甚至接近饱和时，建筑物中物体表面的温度却因为本身热容量的影响而上升缓慢，以致物体表面温度滞后，在一段时间之内低于室外空气的露点温度，当高温高湿的室外空气进入室内并流经这些低温表面时，必然会在物体表面产生结露，形成大量的冷凝水。

2. 防止夏季结露的措施

尽量提高室内物体的表面温度、控制室外空气与物体表面的接触将是最有效的途径。从建筑构造设计、材料的选取和建筑的使用管理等方面采取措施，都可以适当解决或缓解夏季结露的问题。主要措施有：

（1）采用蓄热系数小的材料作表面材料

蓄热系数小的材料，其热惰性小，当室外空气温度升高时，材料表面温度也随之紧跟着上升，这样就减少了材料表面与空气之间的温度差，从而减少了表面结露的机会。如木地板、三合土地面和地毯等材料均具有这样的特性。

（2）采用多孔吸湿材料作地板的表面材料

利用多孔材料对水分具有吸附冷凝原理和呼吸作用，当其表面产生暂时冷凝时，它将吸收水分，表面不会形成明显的水珠，从而延缓和减小夏季结露的强度；而当室内空气干燥时，水分会自动从此饰面材料中蒸发出来，调节室内空气的湿度。例如，陶土防潮砖、防潮缸砖和大阶砖就具有这种呼吸防结露功能。

（3）架空层防止结露

架空地板对于防止首层地面、墙面夏季结露有一定的作用。由于地板架空脱离了土地，提高了首层地板的温度，可降低地板表面的结露强度。但这种传统的防潮做法的缺陷是没有避免空气层下面冷凝水的产生和架空垫块未做绝热绝湿处理，通常起热桥吸湿作用，长期使用，使空气间层两侧的温差甚小，地板表面的温度升高有限，不能圆满解决防潮问题。

（4）采用空气层防止和控制地面泛潮

改进后的架空地板采用新的空气层防潮技术，见图17-16。这种方法的目的是要保持空气层两侧的温差，为此，要求沿墙基脚部进行热绝缘，架空垫块也需要用热绝缘材料做成并做防水处理。当入春，室外温度升高时，空气层的温度随之升高，从而使地板温度也升高；在梅雨季节来临前就有可能使地板面层的温度超过室外空气的露点温度，达到防止地面泛潮的目的。

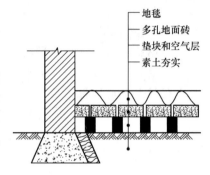

图 17-16　空气层防结露地板构造

（5）利用建筑构造控制结露

在建筑上要尽可能争取日照，提高室内与地面的温度，利于水分的蒸发。要求安装便于调节开启的门窗，方便进行间歇通风。还可设置半截腰门和高门槛，使室内空气在接近地面处保持一定的厚度，让流入的室外湿空气浮于其上，避免与地面接触，从而起到控制泛潮的作用。

（6）建筑的使用管理要利于防潮

注意建筑日常使用的管理。白天当室外温、湿度骤升时，应尽量关闭门窗，限制通风；在夜间，室外气温降低以后，应打开门窗通风。这种做法有降温、减湿的作用。

第六节　建　筑　日　照

（一）日照的作用与建筑对日照的要求

1. 日照

（1）日照：物体表面被太阳照射的现象。

（2）日照时数：太阳照射的时数。

（3）日照百分率

$$日照百分率＝\frac{实际日照时数}{同一时间内最大可照时数}×100\%　　　　(17-57)$$

2. 日照的作用

（1）有利的作用

1）有益于人体健康

日照可促进生物的新陈代谢，阳光中的紫外线能够预防和治疗一些疾病。建筑物内争取适当的日照有重大的卫生意义。

2）太阳辐射能提高室内的温度，有良好的取暖和干燥作用。

3）日照能增强建筑物的立体感。

（2）不利的作用

1）过量的日照造成夏季炎热地区室内过热；

2）直射阳光容易产生眩光，损害视力；

3）直射阳光对物品有褪色、变质作用。

3. 建筑对日照的要求

建筑对日照的要求需要根据建筑的使用性质确定。主要考虑日照的时间、日照的面积和变化范围。

（二）日照的基本原理

1. 地球围绕太阳运行的规律

1）地球围绕太阳进行公转，公转一周的时间为一年；

2）地球沿固定的轨道平面（黄道面）进行公转；

3）地球公转时，地轴与黄道面固定成 66°33′ 的夹角。

上述规律使得太阳光线直射地球的范围在南北纬 23°27′ 之间作周期性变动，从而形成一年四季的交替。

2. 太阳赤纬角

（1）赤纬角

太阳光线与赤道面的夹角，用 δ 表示，单位为度。

（2）对太阳赤纬角规定

太阳光线直射地球赤道时：$\delta=0$；从赤道面起，指向北极：$\delta>0$；从赤道面起，指向南极：$\delta<0$。

（3）太阳赤纬角的变化

地球围绕太阳运行的过程中，不同的季节有不同的太阳赤纬角。太阳赤纬角的变化范围是：$-23°27′\sim23°27′$。从春分、夏至到秋分，太阳赤纬角 $\delta>0$；从秋分、冬至到春分，太阳赤纬角 $\delta<0$。

一般季节的太阳赤纬角可查主要季节太阳赤纬角 δ 值表确定。特殊季节赤纬角 δ 的值如下：

春、秋分：$\delta=0°$；冬至日：$\delta=-23°27′$；夏至日：$\delta=23°27′$。

3. 时角

（1）时角

太阳所在的时圈与通过当地正南方向的时圈（子午圈）构成的夹角称为时角，用符号 Ω 表示，单位为度。

（2）对时角的规定

对时角的规定是：

正午：$\Omega=0$；下午：$\Omega>0$；上午：$\Omega<0$。

（3）时角 Ω 的计算

地球自转一周为一天（24 小时），时角每小时变化 15°。

$$\Omega=15\cdot(T_m-12) \tag{17-58}$$

式中　T_m——地方平均太阳时，h。

4. 地方平均太阳时与标准时

日照计算使用的时间均为地方平均太阳时，而日常钟表所指示的时间为标准时，两者之间需要换算。

标准时是各个国家根据所处的地理位置和范围，划定所有地区的时间以某一中心子午线的时间为标准的时间。格林尼治天文台所在经度为零经度线（本初子午线），由此分别向东、西各分为180°，称为东经和西经；每15°划分为一个时区，每个时区中心子午线的时间即为该时区的标准时。我国是以东8区的中心子午线（东经120°）为依据作为北京时间的标准。

地方平均太阳时和标准时的近似换算关系为：

$$T_0 = T_m + 4 \left(L_0 - L_m \right) \tag{17-59}$$

式中　　L_m——地方时间子午圈所处的经度，单位为度；

　　　　L_0——标准时间子午圈所处的经度，单位为度；

$4(L_0 - L_m)$——时差，单位为分。

5. 太阳位置的确定

（1）太阳高度角 h_s

1）太阳高度角：太阳光线和地平面的夹角，单位为度。

2）太阳高度角的计算：

$$\sin h_s = \sin\varphi \cdot \sin\delta + \cos\varphi \cdot \cos\delta \cdot \cos\Omega \tag{17-60}$$

式中　φ——当地纬度，单位为度；

　　　δ——当天太阳赤纬角 δ，单位为度；

　　　Ω——时角，单位为度。

3）特殊时刻的太阳高度角

日出、日没时：太阳高度角 h_s 为 0；

正午时：太阳高度角最大。

（2）太阳方位角 A_s

1）太阳方位角：太阳光线在地平面上的投影线与地平面正南方向所夹的角，单位为度。规定：

正南方向　$A_s = 0$；

从正南方向顺时针（下午）$A_s > 0$；

从正南方向逆时针（上午）$A_s < 0$。

2）太阳方位角的计算：

$$\cos A_s = \frac{\sin\varphi \cdot \sin h_s - \sin\delta}{\cos\varphi \cdot \cos h_s} \tag{17-61}$$

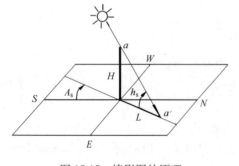

图 17-17　棒影图的原理

（三）棒影图的原理及应用

1. 棒影图的原理（图 17-17）

影的长度 L 和影的方位角 A_s 为：

$$L = H \cdot \cot h_s \tag{17-62}$$

$$A'_s = A_s + 180° \tag{17-63}$$

式中　H——棒高，m；

　　　A_s——太阳的方位角，deg。

2. 棒影图的应用

1）确定建筑物的阴影区；

2）确定室内的日照区；

3）确定建筑物的日照时间；

4）确定适宜的建筑间距和朝向；

5）确定遮阳尺寸。

例 17-11　（2021）北京地区住宅日照标准为：

A　冬至日 1h　　　　　　　B　冬至日 2h

C　大寒日 2h　　　　　　　D　大寒日 3h

解析：在《城市居住区规划设计标准》GB 50180—2018 中，根据表 4.0.9 住宅建筑日照标准的规定，北京属于气候区Ⅱ，城区常住人口超过 50 万，住宅日照标准应为大寒日 2h。

答案：C

第七节　建筑防热设计

一、热气候的类型及其特征

热气候的类型分为湿热气候和干热气候。热气候的特征见表 17-14。

热气候的类型及特征　　　　　　表 17-14

气候参数	热气候的类型		共同特征	不同特征
	湿热气候	干热气候		
水平最高太阳辐射强度（W/m²）	930～1045		太阳辐射强	
日最高温度（℃）	34～39	38～40 以上	气温高且持续时间长	
温度日振幅（℃）	5～7	7～10	温度日相差不太大	
相对湿度（%）	75～95	10～55		相对湿度相差大
年降雨量（mm）	900～1700	＜250		降雨量相差大
风	和风	热风		风的特征不同

二、室内过热的原因和防热的途径

（一）室内过热的原因

（1）在室外太阳辐射和高气温的作用下，通过外围护结构传入室内大量的热量导致围护结构内表面和室内空气温度升高。

（2）通过窗口进入的太阳辐射。

（3）周围地面和房屋将太阳辐射反射到建筑的墙面和窗口。

（4）不适当自然通风带入室内的热量。

（5）室内生产、生活产生的热量。

（二）防热的途径

1. 减弱室外热作用

减弱室外热作用的主要方法如合理确定建筑物的朝向，减少日晒面积；在建筑物的周围进行大量绿化，布置水面，改善建筑物周围的小气候；使用浅色处理围护结构的外表面，降低综合温度等。

2. 对外围护结构进行隔热和散热处理

对屋顶和外墙进行隔热和散热处理，减少通过外围护结构传入室内的热量。

3. 建筑遮阳

为外窗（透光幕墙）设置遮阳，阻挡直射阳光进入室内，减少对人体的辐射和室内墙面、地面及家具对辐射的吸收。

4. 合理组织房间的自然通风

组织好室内的自然通风，排除室内余热。特别是夜间的间歇通风有利于降低室温。

5. 利用自然能

利用自然能主要包括建筑外表面的长波辐射、夜间对流、被动蒸发冷却、地冷空调、太阳能降温等防用结合的措施。

三、夏季热工计算参数

1. 室内热工计算参数

（1）非空调房间：空气温度平均值应取室外空气温度平均值 $+1.5\text{K}(\bar{t}_i = \bar{t}_e + 1.5)$，并将其逐时化。温度波幅应取室外空气温度波幅 -1.5K，并将其逐时化。

（2）空调房间：空气温度应取 26℃。

（3）相对湿度应取 60%。

2. 室外热工计算参数

（1）夏季室外计算温度逐时值：历年最高日平均温度中的最大值所在日的室外温度逐时值。

（2）夏季各朝向室外太阳辐射逐时值：与温度逐时值同一天的各朝向太阳辐射逐时值。

四、围护结构的隔热设计

夏季，围护结构的隔热设计采用一维非稳态方法计算，并应按房间的运行工况确定相应的边界条件。

（一）室外综合温度

夏季，在外围护结构一侧除了室外空气的热作用外，另一个不可忽略的热作用是照射在该表面的太阳辐射；室外综合温度是将这两者对外围护结构的作用综合而成的一个假想的室外气象参数，单位为 K 或℃。其定义式为：

$$t_{se} = t_e + \frac{I \cdot \rho_s}{\alpha_e} \tag{17-64}$$

式中　t_{se}——室外综合温度，℃；

　　　t_e——室外空气温度，℃；

I——投射到围护结构外表面的太阳辐射照度，W/m^2；

ρ_s——围护结构外表面的太阳辐射吸收系数，无量纲；

α_e——外表面换热系数，$W/(m^2 \cdot K)$。

需要注意的是，室外综合温度也是周期性变化的。它不仅和气象参数（室外气温、太阳辐射）有关，而且还与外围护结构的朝向和外表面材料的性质有关。

例 17-12 **（2005）** 关于夏季防热设计要考虑的"室外综合温度"，以下哪个说法是正确的？

A 一栋建筑只有一个室外综合温度

B 屋顶和四面外墙分别有各自的室外综合温度

C 屋顶一个，四面外墙一个，共有两个室外综合温度

D 屋顶一个，东西墙一个，南北墙一个，共有三个室外综合温度

解析： 根据室外综合温度的定义，它与室外温度、所在朝向的太阳辐射照度，以及外饰面材料的太阳辐射吸收率有关。由于同一时刻屋顶和四面外墙上所受到的太阳辐射照度不同，使得屋顶和四面外墙的室外综合温度都不相同；因此，屋顶和四面外墙分别有各自的室外综合温度。

答案： B

（二）非透光围护结构隔热设计要求

在室外气温和太阳辐射的综合热作用下，外围护结构的内表面温度也随之呈现周期性变化。内表面温度太高，易造成室内过热，影响人体健康；因此，围护结构内表面温度成为衡量围护结构隔热水平的重要指标。

在给定两侧空气温度及变化规律的情况下，外墙、屋面内表面最高温度应分别符合表 17-15 和表 17-16 的规定。

在给定两侧空气温度及变化规律的情况下，外墙内表面最高温度限值 表 17-15

房间类型	自然通风房间	空调房间	
		重质围护结构（$D \geqslant 2.5$）	轻质围护结构（$D < 2.5$）
内表面最高温度 $\theta_{i \cdot max}$	$\leqslant t_{e \cdot max}$	$\leqslant t_i + 2$	$\leqslant t_i + 3$

在给定两侧空气温度及变化规律的情况下，屋面内表面最高温度限值 表 17-16

房间类型	自然通风房间	空调房间	
		重质围护结构（$D \geqslant 2.5$）	轻质围护结构（$D < 2.5$）
内表面最高温度 $\theta_{i \cdot max}$	$\leqslant t_{e \cdot max}$	$\leqslant t_i + 2.5$	$\leqslant t_i + 3.5$

注：表 17-15，表 17-16 中的 $t_{e \cdot max}$ 为累年日平均温度最高日的最高温度。

（三）非透光围护结构的隔热措施

1. 隔热侧重次序

根据外围护结构一侧综合温度的大小，外围护结构隔热的侧重点依次为屋顶、西墙、东墙、南墙和北墙。

2. 外墙隔热主要措施

（1）外饰面做浅色处理，如浅色粉刷、涂层和面砖等。

（2）提高围护结构的热惰性指标 D 值。

（3）可采用通风墙、干挂通风幕墙等。

（4）设置封闭空气间层时，可在空气间层平行墙面的两个表面涂刷热反射涂料、贴热反射膜或铝箔。当采用单面热反射隔热措施时，热反射隔热层应设置在空气温度较高一侧。

（5）采用复合墙体构造时，墙体外侧宜采用轻质材料，内侧宜采用重质材料，以便提高围护结构的热稳定性。

（6）墙体可做垂直绿化处理以遮挡阳光，或者采用淋水被动蒸发墙面加强散热。

（7）西向墙体可采用高蓄热材料与低热传导材料组合的复合墙体构造。

3. 屋面隔热主要措施

（1）屋面外表面做浅色处理。

（2）增加屋面的热阻与热惰性。

如用实体隔热材料层和封闭空气间层增加屋面的热阻与热惰性，减少屋面传热和温度波动的振幅。可采用有热反射材料层（热反射涂料、热反射膜、铝箔等）的空气间层隔热屋面。单面设热反射材料，应设在温度较高的一侧。

（3）采用通风隔热屋面。

利用屋面内部通风及时带走白天上面传入的热量，有利于隔热；夜间利用屋面风道通风也可起散热降温作用。阁楼屋面也属于通风屋面。

通风屋面的设计要注意利用朝向形成空气流动的动力，通风屋面的风道长度不宜大于10m，通风间层高度应大于0.3m，间层内表面不宜过分粗糙（以便降低空气流动阻力），并应组织好气流的进、出路线。

采用带通风空气层的金属夹芯隔热屋面时，空气层厚度不宜小于0.1m。

屋面基层应做保温隔热层，檐口处宜采用导风构造，通风平屋面风道口与女儿墙的距离不应小于0.6m。

（4）采用蓄水屋面。

利用水的热容量大且水在蒸发时需要吸收大量的汽化热，从而大量减少传入室内的热量，降低屋面表面温度，达到隔热的目的。水深宜为0.15～0.2m，水面宜有浮生植物或白色漂浮物。

（5）采用种植屋面。

植物可遮挡强烈的阳光，减少屋顶对太阳辐射的吸收；植物的光合作用将转化热能为生物能；植物叶面的蒸腾作用可增加蒸发散热量；种植植物的基质材料（如土壤）还可增加屋顶的热阻与热惰性。

种植屋面的保温隔热层应选用密度小、压缩强度大、导热系数小、吸水率低的保温隔热材料。

（6）采用淋水被动蒸发屋面。

（7）采用带老虎窗的通气阁楼坡屋面。

五、建筑遮阳

建筑遮阳指在建筑门窗洞口室外侧，与门窗洞口一体化设计的遮挡太阳辐射的构件。"建筑遮阳"也常被称为"建筑外遮阳"，或简称为"外遮阳"。

(一) 遮阳的目的与要求

遮阳的目的是遮挡直射阳光，减少进入室内的太阳辐射，防止过热；避免眩光和防止物品受到阳光照射产生变质、褪色和损坏。

遮阳设计除了满足遮阳的要求外，还要兼顾与建筑立面协调、采光、通风、防雨、不阻挡视线等需求，并做到构造简单且经济耐用。

(二) 遮阳的效果

使用遮阳可降低室温、防止眩光，但降低室内照度 $53\% \sim 73\%$，影响通风，风速下降 $22\% \sim 47\%$。

(三) 遮阳系数

遮阳系数表示遮阳设施减少透光围护结构部件太阳辐射的程度。

1. 建筑遮阳系数 SC_s

在照射时间内，同一窗口（或透光围护结构部件外表面）在有建筑外遮阳和没有建筑外遮阳两种情况下，接收到的两个不同太阳辐射量的比值。

2. 透光围护结构遮阳系数 SC_w

在照射时间内，透过透光围护结构部件（如：窗户）直接进入室内的太阳辐射量与透光围护结构外表面接收到的太阳辐射量的比值。

3. 内遮阳系数 SC_c

在照射时间内，透射过内遮阳的太阳辐射量和内遮阳接收到的太阳辐射量的比值。

4. 综合遮阳系数 SC_T

建筑遮阳系数和透光围护结构遮阳系数的乘积。

"综合遮阳系数"表示了组成窗口（或透光围护结构）各构件的综合遮阳效果，包括各种建筑遮阳、窗框、玻璃对太阳辐射的综合遮挡作用。因此，它是防热设计的一个重要指标。

遮阳系数越小，遮阳效果越好；遮阳系数越大，遮阳效果越差。

(四) 遮阳的基本形式

(1) 水平式：适合 h_s 大，从窗口上方来的太阳辐射（南向）。

(2) 垂直式：适合 h_s 较小，从窗口侧方来的太阳辐射（东北、西北）。

(3) 组合式：适合 h_s 中等，窗前斜方来的太阳辐射（东南、西南）。

(4) 挡板式：适合 h_s 较小，正射窗口的太阳辐射（东、西）。

遮阳形式的选择主要根据气候特点和朝向来考虑，注意利用绿化或结合建筑构件的处理来解决遮阳问题。

例 17-13 **(2010)** 指出下述哪类固定式外遮阳的设置符合"在太阳高度角较大时，能有效遮挡从窗口上方投射下来的直射阳光，宜布置在北回归线以北地区南向及接近南向的窗口"的要求？

（五）遮阳的类型

1. 固定遮阳

通常与建筑本身融为一体，如利用外挑遮阳板遮阳或阳台、走廊、雨篷等建筑构件的遮阳作用，设计时应进行夏季太阳直射轨迹分析，确定固定遮阳的形式和安装位置。

2. 活动遮阳

是固定在窗口并可根据需求，自由控制工作状况的遮阳设施。外置式如遮阳卷帘、活动百叶遮阳、遮阳篷、遮阳纱幕等；内置式如百叶窗帘、垂直窗帘、卷帘等；中置式遮阳的设施通常位于双层玻璃的中间，和窗框及玻璃组合成为整扇窗户。

建筑门窗洞口的遮阳宜优先选用活动式建筑遮阳。活动遮阳宜设置在室外侧，有利于遮阳构件的散热。

（六）遮阳板的构造设计

1. 遮阳的板面组合与板面构造

在满足遮挡直设阳光的前提下，可使用不同的板面组合以减小遮阳板的挑出长度。遮阳板的板面构造可以是实心的、百叶形或蜂窝形。为了便于热空气的散逸，减少对通风、采光、视野的影响，后两种构造比较适宜。

2. 遮阳板的安装位置

遮阳板的安装位置对防热和通风影响很大。遮阳板应离开墙面一定距离安装，以使热空气能够沿墙面排走；并注意板面应能减少挡风，最好能起导风作用。

3. 板面的材料和颜色

遮阳板的材料以轻质材料为宜，要求坚固耐用。遮阳板的向阳面应浅色发亮，以加强表面对阳光的反射；背阳面应较暗、无光泽，以避免产生眩光。

（七）透光围护结构的隔热设计

1. 透光围护结构隔热要求

夏季通过透光围护结构进入室内的太阳辐射热导致室内过热，构成夏季室内空调的主要负荷。为减少室内太阳辐射得热，透光围护结构太阳得热系数与夏季建筑遮阳系数的乘积宜小于表 17-17 规定的限值。

透光围护结构太阳得热系数与夏季建筑遮阳系数乘积的限值   表 17-17

气候区	朝 向			
	南	北	东、西	水平
寒冷 B 区	—	—	0.55	0.45
夏热冬冷 A 区	0.55	—	0.50	0.40

气候区	朝　向			
	南	北	东、西	水平
夏热冬冷 B 区	0.50	—	0.45	0.35
夏热冬暖 A 区	0.50	—	0.40	0.30
夏热冬暖 B 区	0.45	0.55	0.40	0.30

对于非透光的建筑幕墙，应在幕墙面板的背后设置保温材料，保温材料层的热阻应满足墙体的保温要求，且不应小于 1.0 $[(m^2 \cdot K)/W]$。

2. 透光围护结构的太阳得热系数 SHGC

透光围护结构太阳得热系数：在照射时间内，通过透光围护结构部件（如：窗户）的太阳辐射室内得热量与透光围护结构外表面接收到的太阳辐射量的比值。

门窗、幕墙太阳得热系数 $SHGC$ 按下式计算：

$$SHGC = \frac{\Sigma g \cdot A_g + \Sigma \rho_s \cdot \dfrac{K}{\alpha_e} \cdot A_f}{A_w} \tag{17-65}$$

式中　$SHGC$——门窗、幕墙的太阳得热系数，无量纲；

$\quad\quad\quad g$——门窗、幕墙中透光部分的太阳辐射总透射比，无量纲，典型玻璃系统的太阳辐射总透射比见《热工规范》附录表 C.5.3-3；其他应按《建筑玻璃可见光透射比、太阳光直接透射比、太阳能总透射比、紫外线透射比及有关窗玻璃参数的测定》GB/T 2680 的规定计算；

$\quad\quad\quad \rho_s$——门窗、幕墙中非透光部分的太阳辐射吸收系数，无量纲；

$\quad\quad\quad K$——门窗、幕墙中非透光部分的传热系数，$W/(m^2 \cdot K)$；

$\quad\quad\quad \alpha_e$——外表面对流换热系数，$W/(m^2 \cdot K)$；

$\quad\quad\quad A_g$——门窗、幕墙中透光部分的面积，m^2；

$\quad\quad\quad A_f$——门窗、幕墙中非透光部分的面积，m^2；

$\quad\quad\quad A_w$——门窗、幕墙的面积，m^2。

例 17-14　(2007)《公共建筑节能设计标准》GB 50189 限制外墙上透明部分不应超过该外墙总面积的 70%，其主要原因是：

A　玻璃幕墙存在光污染问题

B　玻璃幕墙散热大

C　夏季透过玻璃幕墙进入室内的太阳辐射非常大

D　玻璃幕墙造价高

解析： 外墙上透明部分（包括窗户和玻璃幕墙）由于其本身的功能和构造特点，窗户和玻璃幕墙的传热系数很高，例如，单玻铝合金窗的传热系数为 $6.4W/m^2$，双玻铝合金中空窗（16mm）的传热系数为 $3.6W/m^2$，都是墙体的数倍，这使得外墙上透明部分成为最容易传热的部分。据有关统计，通过窗户损失的热量约占建筑能耗的 46%；因此，在保证建筑自然采光的前提下，控制窗墙比是减少冬季采暖和夏季空调能耗的最有效手段。

答案： B

3. 建筑遮阳系数的计算

（1）水平遮阳和垂直遮阳的建筑遮阳系数

$$SC_S = (I_D \cdot X_D + 0.5 I_d \cdot X_d)/I_0 \tag{17-66}$$

$$I_0 = I_D + 0.5 I_d \tag{17-67}$$

式中　SC_S——建筑遮阳的遮阳系数，无量纲；

I_D——门窗洞口朝向的太阳直射辐射，W/m²；

X_D——遮阳构件的直射辐射透射比，无量纲，应按《热工规范》附录 C 第 C.8 节的规定计算；

I_d——水平面的太阳散射辐射，W/m²；

X_d——遮阳构件的散射辐射透射比，无量纲，应按《热工规范》附录 C 第 C.9 节的规定计算；

I_0——门窗洞口朝向的太阳总辐射，W/m²。

计算遮阳构件的直射辐射透射比需要具备以下条件：

1）太阳位置：太阳高度角和太阳方位角；

2）门窗洞口的朝向和尺寸：壁面方位角、窗口高度和宽度；

3）遮阳板的挑出长度和倾斜角。

（2）组合遮阳系数

应为同时刻的水平遮阳与垂直遮阳建筑遮阳系数的乘积。

（3）挡板遮阳的建筑遮阳系数

$$SC_S = 1 - (1 - \eta)(1 - \eta^*) \tag{17-68}$$

式中　η——挡板的轮廓透光比，无量纲，应为门窗洞口面积扣除挡板轮廓在门窗洞口上的阴影面积后的剩余面积与门窗洞口面积的比值；

η^*——挡板材料的透射比，无量纲，应按《热工规范》表 9.1.3 的规定确定。

（4）百叶遮阳的建筑遮阳系数

$$SC_S = E_\tau/I_0 \tag{17-69}$$

式中　E_τ——通过百叶系统后的太阳辐射，W/m²，应按《热工规范》附录 C 第 C.10 节的规定计算。

4. 透光围护结构隔热措施

（1）建筑设计应综合考虑外廊、阳台、挑檐等的遮阳作用。

（2）建筑物的向阳面，东、西向外窗（透光幕墙），应采取有效的遮阳措施，如设置固定式遮阳板和活动外遮阳。

（3）房间天窗和采光顶应设置建筑遮阳；并宜采取通风和淋水或喷雾装置，排除天窗顶部的热空气，降低天窗和采光顶的温度。

（4）利用玻璃自身的遮阳性能，阻断部分阳光进入室内。遮阳性能好的玻璃常见的有吸热玻璃、热反射玻璃、低辐射玻璃，如着色玻璃、遮阳型单片 Low-E 玻璃、着色中空玻璃、热反射中空玻璃、遮阳型 Low-E 中空玻璃等。

六、自然通风的组织

(一) 影响自然通风的因素

1. 空气压力差

造成空气压力差的主要原因是：

(1) 风压作用：风作用在建筑面上产生的风压差。

(2) 热压作用：室内外空气温差所导致的空气密度差和开口高度差产生的压力差。

2. 风向投射角

风向投射角 α：风向投射线与墙面法线的夹角。风向投射角越小，对房间的自然通风越有利。但需要注意，风向投射角小时，由于屋后的漩涡区较大，对多排建筑就需要很大的间距。从保证自然通风和节地的角度综合考虑，风向和建筑物应有一定的风向投射角。表 17-18 表示了风向投射角对流场的影响，其中 H 为建筑物的高度。

风向投射角对流场的影响 表 17-18

风向投射角 α	屋后漩涡区深度	室内风速降低值 (%)
0°	3.75H	0
30°	3H	13
45°	1.5H	30
60°	1.5H	50

> **例 17-15** **(2009)** 某办公建筑内设通风道进行自然通风，下列哪项不是影响其热压自然通风效果的因素？
>
> A 出风口高度　　　　　B 外墙的开窗率
>
> C 通风道面积　　　　　D 风压大小
>
> **解析：** 影响热压的因素是室内外空气温差和进、出口之间的高度差，与风压无关。
>
> **答案：** D

(二) 自然通风的要求

(1) 民用建筑应优先采用自然通风。

(2) 建筑的平、立、剖面设计，空间组织和门窗洞口的设置应充分考虑为自然通风创造条件，有利于引风入室、组织合理的通风路径。

(3) 室内受平面布局限制无法形成通风路径时，宜设置辅助通风装置。

(4) 室内的管路、设备等不应妨碍建筑的自然通风。

(三) 自然通风的组织

1. 建筑设计

(1) 朝向

首先要争取房间的自然通风。建筑宜朝向夏季、过渡季节主导风向。建筑朝向与主导风向的夹角：条形建筑不宜大于30°，点式建筑宜为30°～60°。

建筑朝向的确定还需综合考虑防止太阳辐射和防止暴风雨袭击。

（2）间距及建筑群的布局

建筑之间不宜相互遮挡。一方面根据风向投射角确定合理的间距，另一方面通过选择建筑群的布局以达到减小间距的目的。建筑群的平面布局形式有行列式（其中又分为并列式、错列式和斜列式）、周边式和自由式；从通风效果来看，错列式、斜列式较并列式、周边式为好。

在主导风向上游的建筑底层宜架空。

（3）进深

仅用自然通风的居住建筑，户型进深不应超过 12m；

公共建筑进深不宜超过 40m，进深超过 40m 时应设置通风中庭或天井。

（4）立面

对单侧通风，迎风面体形凹凸变化对通风效果有影响。凹口较深及内折的平面形式更有利于单侧通风。可以增强迎风面上建筑构件体形的凹凸变化，或设置凹阳台以达到增强自然通风的效果。

2. 室内通风路径的组织

通风开口包括可开启的外窗和玻璃幕墙、外门、外围护结构上的洞口。通风开口面积越大，越有利于自然通风。

（1）开口方向

进风口的洞口平面与主导风向间的夹角不应小于 45°，否则宜设置引风装置。

采用单侧通风时，通风窗与夏季或过渡季节典型风向之间的夹角应为 45°～60°。

（2）开口位置

开口位置将决定室内流场分布。开口位置设在中央，气流直通对流场，分布均匀有利；当开口偏在一侧时，容易使气流偏移，导致部分区域有涡流现象，甚至无风。

合理设置进、排风口的位置，充分利用空气的风压和热压，利用室内开敞空间、走道、室内房间的门窗、多层的共享空间或者中庭，组织室内通风路径，并使室内通风路径布置均匀。理想的结果是在建筑内形成穿堂风。

人流密度大或发热量大的场所布置在主通风路径上游，反之布置在下游。

（3）开口面积

开口面积的大小既对室内流场分布的大小有影响，同时也对室内空气流速有影响。开口面积大时，流场分布大，气流速度较小；缩小开口面积，流速增加，但流场分布缩小。

只要控制排风口、通风路径的面积不小于进风口面积，就可以将所需最小风量的通风风速控制在合理范围之内，以确保通风效果。

（4）设置简单的辅助通风装置

当出现通风"短路"或"断路"的情况，可在房间中的关键节点设置简单的辅助通风装置。如在通风路径的进、出口处设置风机，在隔墙、内门上设置通风百叶等，改变气流方向，调整气流分布。

（5）设置竖向风道

对有些进深很大的建筑（如大型商场、高层建筑的裙房），需要设置竖向风道以增加风压的作用。建筑的中庭、天井均是良好的自然通风竖向风道，在空间上应与外窗、外门以及主要功能空间相连通，并应在上部设置启闭方便的排风窗（口）。

3. 门窗装置

门窗装置对室内通风影响很大，窗扇的开启角度是否合适可起到导风或挡风的作用。增大开启角度，可改善通风效果。

4. 电扇调风

利用房间设置的吊扇、壁扇、摆扇等，可以调节室内风场分布，增加室内空气流速，提高人体的热舒适感，并有效节约空调能耗。

5. 利用绿化改变气流状况

室外成片的绿化能对室外气流起阻挡和导流作用。合理的绿化布置可以改变建筑周围的流场分布，引导气流进入室内。

七、自然能源利用与防热降温

1. 太阳能降温

使用太阳能空调，但目前尚未普及。或者将用于热水和采暖的太阳能集热器置于屋顶或阳台护栏上，遮挡部分屋面和外墙，起到间接降温的目的。

2. 夜间通风——对流降温

全天持续自然通风并不能达到降温目的。而改用间歇通风，即白天（特别是午后）关闭门窗、限制通风，可避免热空气进入，遏制室内温度上升，减少蓄热；夜间则开窗，利用自然通风或小型通风扇（效果更佳），让室外相对干、冷的空气穿越室内，可达到散热降温的效果。

3. 地冷空调

夏季，地下温度总是低于室外气温。可在地下埋入管道，让室外空气流经地下管道降温后再送入室内的冷风降温系统，既降低室温，又节约能源。

4. 被动蒸发降温

利用水的汽化潜热大的特点，在建筑物的外表面喷水、淋水、蓄水，或用多孔含湿材料保持表面潮湿，使水蒸发而获得自然冷却的效果。

5. 长波辐射降温

夜间建筑外表面通过长波辐射向天空散热，采取措施可强化降温效果。如白天使用反射系数大的材料覆盖层以减少太阳的短波辐射，夜间收起，或者使用选择性材料涂刷外表面。

第八节 建 筑 节 能

节约能源和环境保护是我国的基本国策，是建设节约型社会的根本要求。从 1986 年起，根据建筑节能的需求，住房和城乡建设部先后颁布实施了有关严寒和寒冷地区、夏热冬冷地区、夏热冬暖地区和温和地区的居住建筑节能设计标准和适用于各地区的公共建筑和工业建筑的节能设计标准，以后又陆续对这些标准进行补充和修订。这些标准成为建筑节能设计的重要依据，对建筑节能设计具有科学的指导意义。

一、居住建筑节能设计标准

由于居住建筑数量巨大，能源浪费严重，因此居住建筑的节能始终是建筑节能的重中之重。居住建筑节能设计标准的认真实施，保证了在改善居住建筑的热环境的同时，提高了暖通空调系统的能源利用效率，从根本上扭转我国居住建筑用能严重浪费的状况。

本节仅对各居住建筑节能设计标准所涉及的范围、节能评价指标、相关的重要术语以及和建筑、建筑热工节能设计有关的部分进行介绍。

（一）《严寒和寒冷地区居住建筑节能设计标准》JGJ 26—2018

本标准的前身是 1986 年发布实施的行业标准《民用建筑节能设计标准（采暖居住建筑部分）》JGJ 26—86，1995 年第一次修订后为《民用建筑节能设计标准（采暖居住建筑部分）》JGJ 26—95，2010 年第二次修订后更名为《严寒和寒冷地区居住建筑节能设计标准》JGJ 26—2010，本次修订后于 2018 年 12 月 18 日发布了《严寒和寒冷地区居住建筑节能设计标准》JGJ 26—2018，从 2019 年 8 月 1 日开始实施。本次修订的总目标是在《严寒和寒冷地区居住建筑节能设计标准》JGJ 26—2010 的基础上将严寒和寒冷地区居住建筑的设计供暖能耗降低 30％左右。本标准的修订与建筑设计、热工相关的主要技术内容有：明确了标准的适用范围；提高了节能目标，给出了主要城镇新建居住建筑设计供暖年累计热负荷和能耗值，按不同气候子区规定了围护结构热工性能限值；修改了围护结构热工性能权衡判断的方法。

1. 适用范围

本标准适用于纳入基本建设监管程序的各类居住建筑。包括住宅、集体宿舍、住宅式公寓、商住楼的住宅部分，以及居住面积超过总建筑面积 70％的托儿所、幼儿园等建筑。

2. 术语

（1）体形系数　shape factor

建筑物与室外大气接触的外表面积与其所包围的体积的比值。外表面积中，不包括地面和不供暖楼梯间等公共空间内墙及户门的面积。

（2）围护结构传热系数　heat transfer coefficient of building envelope

在稳态条件下，围护结构两侧空气温差为单位温差时，单位时间内通过单位面积传递的热量。

（3）围护结构单元的平均传热系数　mean heat transfer coefficient of building envelope unit

考虑了围护结构单元中存在的热桥影响后得到传热系数，简称平均传热系数。

（4）窗墙面积比　window to wall ratio

窗户洞口面积与房间立面单元面积（即建筑层高与开间定位线围成的面积）之比。

（5）建筑遮阳系数　shading coefficient of building element

在照射时间内，同一窗口（或透光围护结构部件外表面）在有建筑外遮阳和没有建筑外遮阳的两种情况下，接收到的两个不同太阳辐射量的比值。

（6）透光围护结构太阳得热系数　solar heat gain coefficient（SHGC）of transparent envelope

在照射时间内，通过透光围护结构部件（如窗户）的太阳辐射室内得热量与透光围护结构外表面（如窗户）接收到的太阳辐射量的比值。

（7）围护结构热工性能的权衡判断 building envelope thermal performance trade-off

当建筑设计不能完全满足规定的围护结构热工性能要求时，计算并比较参照建筑和设计建筑的全年供暖能耗，来判定围护结构的总体热工性能是否符合节能设计要求的方法。简称权衡判断。

（8）参照建筑 reference building

进行围护结构热工性能的权衡判断时，作为计算满足标准要求的全年供暖能耗用的建筑。

（9）换气次数 air change rate

单位时间内室内空气的更换次数，即通风量与房间容积的比值。

（10）全装修居住建筑 full decoration residential building

在交付使用前，户内所有功能空间的管线作业完成，所有固定面全部铺装粉刷完毕，给水排水、燃气、供暖通风空调、照明供电及智能化系统等全部安装到位，厨房、卫生间等基本设置配置完备，满足基本使用功能，可直接入住的新建或改扩建的居住建筑。

3. 气候区属和设计能耗

（1）气候区属

严寒和寒冷地区城镇的气候区属应符合现行国家标准《民用建筑热工设计规范》GB 50176—2016 的规定，详见表 17-1 和表 17-2。

（2）设计能耗

严寒和寒冷地区居住建筑的建筑热工和供暖系统设计必须采取节能措施，在保证室内热环境的前提下，将建筑热负荷和供暖能耗控制在规定的范围内。

本标准改用新建居住建筑设计供暖年累计热负荷和供暖能耗作为节能设计标准的要求，并给出了严寒和寒冷地区主要城镇新建居住建筑设计供暖年累计热负荷和供暖能耗值。详见本标准的附录 A，表 17-19 节选附录 A 中的部分内容如下。

新建居住建筑设计供暖年累计热负荷和供暖能耗 表 17-19

城镇	气候区	累计热负荷 [kW·h/(m²·a)]	供暖能耗 [kW·h/(m²·a)]	城镇	气候区	累计热负荷 [kW·h/(m²·a)]	供暖能耗 [kW·h/(m²·a)]
直辖市							
北京	2B	18.6	23.0	天津	2B	17.4	21.5
河北							
石家庄	2B	11.1	13.7	唐山	2A	16.7	20.6
河北							
邢台	2B	11.5	14.2	保定	2B	12.9	15.9
张家口	2A	20.7	25.6	承德	2A	20.4	25.2
山西							
太原	2A	19.4	23.9	大同	1C	25.8	31.9

有两种方法能够确定设计的居住建筑是否符合节能设计标准的要求：

方法一：设计时严格按照标准的规定去做；如果全部满足强制性条文的规定，就可以认定该建筑能够满足节能标准的要求。

方法二：进行围护结构热工性能的权衡判断。考虑到实际建筑的复杂和多样化，当所设计建筑的体形系数、窗墙面积比、某一部分的热工性能不能满足强制性条文的规定时，允许通过调整建筑和围护结构热工性能的途径来弥补，并根据本标准的规定计算全年供暖能耗，直至设计建筑全年供暖能耗不大于参照建筑的全年供暖能耗为止。

4. 建筑与围护结构

（1）一般规定

1）朝向与布局

建筑群的规划设计，单体建筑的平、立面设计和门窗的设置应尽可能设在避风向阳地段，以便有效地利用冬季日照，主要房间宜避开冬季主导风向，减少冷风渗透。

朝向宜采用南北向或接近南北向：北（偏东60°至偏西60°）；东、西（东或西偏北30°至偏南60°）；南（偏东30°至偏西30°）。建筑物不宜设有三面外墙的房间，一个房间不宜在不同方向的墙面上设置两个或更多的窗。

2）体形系数

体形系数的大小对建筑能耗的影响非常明显。从建筑节能的角度来说，建筑物的平、立面不应出现过多的凹凸，体形系数越小，单位建筑面积对应的外表面积越小，通过外围护结构的传热损失越小。但是，体形系数过小，势必制约建筑师的创造性，影响建筑的外观、平面布局、采光通风等，需要权衡利弊，统筹考虑。

作为标准的强制性条文，严寒和寒冷地区建筑物的体形系数必须满足表17-20的规定，若体形系数超过限值，则要求提高建筑围护结构的保温性能，并按照标准的要求进行围护结构热工性能的权衡判断。

严寒和寒冷地区居住建筑的体形系数限值　　　　　　　　表17-20

气候区	建筑层数	
	≤3层	≥4层
严寒地区（1区）	0.55	0.30
寒冷地区（2区）	0.57	0.33

3）窗墙面积比

各个朝向的窗墙面积比是指不同朝向外墙面上的窗、阳台门的透明部分的总面积与所在朝向建筑的外墙面的总面积（包括该朝向上的窗、阳台门的透明部分的总面积）之比。

注意，窗墙面积比应按建筑开间计算。

由于窗户本身的功能和构造特点，它的传热系数往往数倍于外墙；窗墙面积比越大，供暖能耗也越大。因此，从降低建筑能耗的角度出发，必须限制窗墙面积比（表17-21）。超出限值者，也需进行围护结构热工性能的权衡判断。

朝向	窗墙面积比	
	严寒地区（1区）	寒冷地区（2区）
北	0.25	0.30
东、西	0.30	0.35
南	0.45	0.50

4）屋面天窗与该房间屋面面积比

居住建筑设计的多样化使得居住建筑屋面天窗的出现越来越普遍。由于屋面天窗的温差传热散失的热量大于同等面积的外窗，加上夏季通过天窗进入室内的太阳辐射会引起室内温度过高，产生潜在的空调负荷。因此本标准对天窗提出了比外窗更高的限值要求，并且强调此条文必须满足，且不允许进行权衡判断。

严寒地区居住建筑的屋面天窗与该房间屋面面积的比值不应大于 0.10，寒冷地区该比值不应大于 0.15（此条为强制性条文）。

5）楼梯间与外走廊

楼梯间及外走廊与室外连接的开口处应设置能够密闭的窗或门，门宜采用自动密闭措施。严寒 A、B 区的楼梯间宜供暖，供暖楼梯间的外墙和外窗的热工性能应满足本标准的要求，非供暖楼梯间的外墙和外窗宜采取保温措施。

（2）围护结构的热工设计

1）外围护结构的热工性能

在严寒和寒冷地区，供暖期室内外温差传热的热量损失占主要地位，建筑围护结构的热工性能的好坏直接影响居住建筑供暖与空调的负荷和供暖能耗，必须予以严格的控制。

根据建筑物所处城市的气候分区区属不同，建筑外围护结构的热工性能参数（传热系数、周边地面和地下室外墙的保温材料层热阻）不应超过相应气候子区外围护结构热工性能参数限值表中规定的限值。严寒和寒冷地区外围护结构热工性能限值分别见表 17-22、表 17-23。

当建筑外围护结构的热工性能参数不满足规定的限值要求时，必须按照本标准的规定进行围护结构热工性能的权衡判断。

严寒 A 区（1A 区）外围护结构热工性能参数限值　　　　　表 17-22

围护结构部位		传热系数 K ［W/（m²·K）］	
		≤3 层	≥4 层
屋面		0.15	0.15
外墙		0.25	0.35
架空或外挑楼板		0.25	0.35
外窗	窗墙面积比≤0.3	1.4	1.6
	0.3＜窗墙面积比≤0.45	1.4	1.6
屋面天窗		1.4	

围护结构部位	传热系数 K [W/(m²·K)]	
	≤3 层	≥4 层
围护结构部位	保温材料层热阻 R [(m²·K)/W]	
周边地面	2.00	2.00
地下室外墙（与土壤接触的外墙）	2.00	2.00

寒冷 A 区（2A 区）外围护结构热工性能参数限值 表 17-23

围护结构部位		传热系数 K [W/(m²·K)]	
		≤3 层	≥4 层
屋面		0.25	0.25
外墙		0.35	0.45
架空或外挑楼板		0.35	0.45
外窗	窗墙面积比≤0.3	1.8	2.2
	0.3<窗墙面积比≤0.5	1.5	2.0
屋面天窗		1.8	
围护结构部位		保温材料层热阻 R [(m²·K)/W]	
周边地面		1.60	1.60
地下室外墙（与土壤接触的外墙）		1.80	1.80

注：1. 周边地面和地下室外墙的保温材料层不包括土壤和其他构造层；

  2. 外墙（含地下室外墙）保温层应深入室外地坪以下，并超过当地冻土层的深度。

注意，外墙和屋顶的传热系数是考虑了热桥影响后计算得到的平均传热系数。平均传热系数的计算应符合现行国家标准《民用建筑热工设计规范》GB 50176 的规定。一般建筑外墙和屋面的平均传热系数可按本标准附录 B 的方法确定。

2）内围护结构的热工性能

由于内围护结构的热工性能对保证房间热环境的质量至关重要，所以本标准根据建筑物所处城市的气候分区区属不同，要求建筑内围护结构的传热系数不应大于相应气候子区内围护结构热工性能参数限值，见表 17-24。由于内围护结构的热工性能在能耗计算时无法体现，但这些性能对保证房间的热环境质量非常重要。因此，设计建筑必须满足此条规定，且不得降低要求。

内围护结构热工性能参数限值 表 17-24

围护结构部位	传热系数 K [W/(m²·K)]			
	严寒 A 区（1A 区）	严寒 B 区（1B 区）	严寒 C 区（1C 区）	寒冷 A、B 区（2A、2B 区）
阳台门下部门芯板	1.2	1.2	1.2	1.7
非供暖地下室顶板（上部分为供暖房间时）	0.35	0.40	0.45	0.50
分隔供暖与非供暖空间的隔墙、楼板	1.2	1.2	1.5	1.5

围护结构部位	传热系数 K [W/(m²·K)]			
	严寒 A 区 （1A 区）	严寒 B 区 （1B 区）	严寒 C 区 （1C 区）	寒冷 A、B 区 （2A、2B 区）
分隔供暖与非供暖空间的户门	1.5	1.5	1.5	2.0
分隔供暖设计温度温差大于 5K 的隔墙、楼板	1.5	1.5	1.5	1.5

3）夏季窗户太阳得热系数

鉴于夏季寒冷 B 区太阳辐射比较强烈，通过透光结构进入室内的太阳辐射成为室内过热的重要原因，为减少空调负荷，必须限制窗户的太阳得热系数。

① 夏季外窗太阳得热系数

表 17-25 为寒冷 B（2B 区）夏季外窗太阳得热系数的限值。

寒冷 B 区（2B 区）夏季外窗太阳得热系数的限值　　　　　　表 17-25

外窗的窗墙面积比	夏季太阳得热系数（东、西向）
20%＜窗墙面积比≤30%	—
30%＜窗墙面积比≤40%	0.55
40%＜窗墙面积比≤50%	0.50

② 夏季天窗太阳得热系数不应大于 0.45

4）外窗（门）部位的设计

① 门窗的气密性

此项为强制性条文。外窗及敞开式阳台门应具有良好的密闭性能。严寒和寒冷地区的外窗及敞开式阳台门的气密性等级不得低于国家标准《建筑外门窗气密、水密、抗风压性能分级及检测方法》GB/T 7106—2008 中规定的 6 级。该标准规定：在标准状态下，压力差为 10Pa 时，气密性 6 级要求为每小时、每米缝隙的空气渗透量为 0.5m³/(m·h)≥q_1＞1.5m³/(m·h)，且每小时每平方米面积的空气渗透量为 1.5m³/(m²·h)≥q_2＞4.5m³/(m²·h)。

② 外窗遮阳

夏季，通过窗口进入室内的太阳辐射将增加室内得热，成为空调降温的冷负荷。在寒冷（B）区，由于其夏季室外太阳辐射比较强烈，因此，需要对空调负荷大的建筑的外窗（包括阳台的透明部分）和天窗设置外部遮阳，以有效减少进入室内的太阳辐射。

设置遮阳时，寒冷 B 区的外窗、天窗应考虑遮阳的作用，透光围护结构太阳得热系数与夏季建筑遮阳系数的乘积应满足本标准的要求。透光围护结构的太阳得热系数应符合表 17-25 规定的限值，建筑遮阳系数应按本标准附录 D 的规定计算。

③ 凸窗设置

严寒地区除南向外不应设置凸窗，其他朝向不宜设置凸窗；寒冷地区北向的卧室、起居室不应设置凸窗，北向其他房间和其他朝向不宜设置凸窗。

因为这些地区冬季室内外温差大，凸窗容易发生结露，出现淌水、长霉等问题。设置凸窗时。凸窗凸出（从外墙面至凸窗外表面）不应大于 400mm。凸窗的传热系数应比普通窗降低 15％，且其不透光的顶部、底部、侧面的传热系数应小于或等于外墙的传热系数。

④ 外窗（门）洞口部位的保温处理

外窗（门）框（或附框）与墙体之间的缝隙应采用高效保温材料填堵密实，不得采用普通水泥砂浆补缝；

外窗（门）洞口室外侧墙的外墙面应做保温处理，以避免洞口室内部分的侧墙面产生结露；

当外窗（门）的安装采用金属附框时，应对附框进行保温处理。

5）封闭式阳台的保温

阳台和直接连通的房间之间应设置隔墙和门、窗；否则，应将阳台和直接连通的房间视为一体。要求阳台和室外空气接触的墙板、顶板、地板、门窗的传热系数和阳台的窗墙面积比均需满足上述相应气候分区传热系数限值表和窗墙面积比限值表的规定。

如果阳台和直接连通的房间之间设置了隔墙和门、窗，且所设隔墙、门、窗的热工性能不符合本标准规定的限值，则要求：

① 阳台与室外空气接触的墙板、顶板、地板的传热系数不得大于所列限值的 120％；

② 严寒地区阳台窗的传热系数不得大于 $2.0W/(m^2 \cdot K)$；

③ 寒冷地区阳台窗的传热系数不得大于 $2.2W/(m^2 \cdot K)$；

④ 阳台外表面的窗墙面积比不得大于 0.60；

⑤ 阳台和直接连通的房间隔墙的窗墙面积比必须满足表 17-21 的要求。当阳台的面宽小于直接连通房间的开间宽度时，可按房间的开间计算隔墙的窗墙面积比。

6）围护结构热桥部位的保温

围护结构热桥部位的内表面发生结露会影响室内卫生环境质量，同时也是热量大量流失的部位。应对外墙与屋面可能出现热桥的部位进行验算，以保证它的内表面温度在室内空气设计温、湿度条件下不低于露点温度，并采取特殊保温措施，加强热桥部位的保温。

7）变形缝的保温

变形缝应采取保温，应保证变形缝两侧墙的内表面温度不低于室内空气设计温、湿度条件下的露点温度。

8）地下室外墙的保温

底层地坪以及与地坪接触的周边外墙应采用良好的保温防潮措施。

在严寒和寒冷地区，与土壤接触的周边地面以及高于地面几十厘米的周边外墙（特别是墙角）由于受二维、三维传热的影响，表面温度较低，既造成大量的热量损失，又容易发生返潮、结露现象。因此，即使没有地下室，也应该将外墙外侧的保温延伸到地坪以下，以提高其内表面温度。

9）保证建筑整体的气密性

影响建筑整体的气密性的主要部位是外窗（门）框周边、穿墙管线和洞口，以及装配式建筑的构件连接处。这些部位由于设计、施工造成的封堵不严，往往形成了很多缝隙，降低了建筑整体的气密性，从而导致能耗的增加。

应对外窗（门）框周边、穿墙管线和洞口进行有效封堵，减少缝隙，降低冷风渗透。

对装配式建筑的构件连接处的密封处理，以往采用砂浆或抹灰的密封效果不佳，有必要采用弹性材料填堵、密封胶封堵、密封条粘贴等方法进行处理。

（3）围护结构热工性能的权衡判断

围护结构热工性能的权衡判断应采用对比评定法。当设计建筑不能完全满足强制规定的围护结构热工性能要求时，需要分别计算并比较参照建筑和设计建筑的全年供暖能耗，以此判定围护结构的总体热工性能是否符合节能设计的要求。当设计建筑的全年供暖能耗不大于参照建筑时，判定围护结构热工性能满足本标准的要求；否则，应该调整围护结构的热工性能并重新计算，直至符合要求为止。

1）对设计建筑进行权衡判断的基本要求

① 窗墙面积比最大值不应超过表17-26的限值。

窗墙面积比最大值   表 17-26

朝向	严寒地区（1区）	寒冷地区（2区）
北	0.35	0.40
东、西	0.40	0.45
南	0.55	0.60

② 屋面、地面、地下室外墙的热工性能应满足上述"（2）外围护结构的热工性能"规定的限值。

③ 外墙、架空或外挑楼板和外窗传热系数最大值不应超过表17-27的限值。

外墙、架空或外挑楼板和外窗传热系数 K 最大值   表 17-27

热工区划	外墙 K $[W/(m^2 \cdot K)]$	架空或外挑楼板 K $[W/(m^2 \cdot K)]$	外窗 K $[W/(m^2 \cdot K)]$
严寒 A 区（1A区）	0.40	0.40	2.0
严寒 B 区（1B区）	0.45	0.45	2.2
严寒 C 区（1C区）	0.50	0.50	2.2
寒冷 A 区（2A区）	0.60	0.60	2.5
寒冷 B 区（2B区）	0.60	0.60	2.5

2）对参照建筑进行权衡判断的基本要求

参照建筑的形状、大小、朝向、内部空间的划分、使用功能应与设计建筑完全一致。凡设计建筑不符合标准规定的参数，参照建筑均应按本标准取值；参照建筑的其他参数与设计建筑相同。

3）对建筑物供暖能耗计算的基本要求

① 参照建筑与设计建筑的能耗计算应使用相同的软件和气象数据。

② 计算全年的供暖能耗，能耗计算的时间步长不应大于一个月。

③ 计算包括以下四部分构成的负荷：围护结构（含热桥部位）传热、太阳辐射得热、建筑内部得热、通风热损失。计算中应考虑建筑热惰性对负荷的影响。

④ 围护结构材料的物理性能参数、空气间层热阻、保温材料导热系数的修正系数均应按《民用建筑热工设计规范》GB 50176—2016的规定取值。

⑤ 建筑面积应按各层外墙外包围线围成的平面面积的总和计算，只包括半地下室的面积。

4）对计算软件的要求

用于权衡判断的计算软件应能考虑建筑围护结构蓄热性能、换气次数对负荷的影响，并且能够计算 10 个以上的建筑空间。

5）对主要计算参数设置的要求

① 室内计算温度：18℃。

② 换气次数：0.5h^{-1}。

③ 供暖系统运行时间：0：00～24：00。

④ 照明功率密度：5W/m^2。

⑤ 设备功率密度：3.8W/m^2。

⑥ 人员设置：卧室 2 人，起居室 3 人，其他房间 1 人。

⑦ 人员在室率、照明使用率、设备使用率应符合本标准的规定。标准分时段给出了不同房间相应的数值。

⑧ 室外计算参数应按《建筑节能气象参数标准》JGJ/T 346 中的典型气象年取值。

（二）《夏热冬冷地区居住建筑节能设计标准》JGJ 134—2010

《夏热冬冷地区居住建筑节能设计标准》JGJ 134—2001 作为行业标准发布于 2001 年，于 2001 年 10 月 1 日开始实施。本次补充修订后为《夏热冬冷地区居住建筑节能设计标准》JGJ 134—2010，于 2010 年 8 月 1 日起实施。

1. 适用范围

该标准适用于夏热冬冷地区新建、改建和扩建居住建筑的建筑节能设计。其中包括住宅、集体宿舍、住宅式公寓、商住楼的住宅部分、托儿所、幼儿园等。

2. 术语

（1）热惰性指标（D） index of thermal inertia

表征围护结构抵御温度波动和热流波动能力的无量纲指标，其值等于各构造层材料热阻与蓄热系数的乘积之和。

（2）空调采暖年耗电量（EC） annual cooling and heating electricity consumption

按照设定的计算条件，计算出的单位建筑面积空调和采暖设备每年所要消耗的电能。

（3）窗的综合遮阳系数（SC_w） overall shading coefficient of window

考虑窗本身和窗口的建筑外遮阳装置综合遮阳效果的一个系数，其值等于窗本身的遮阳系数（SC_c）与窗口的建筑外遮阳系数（SD）的乘积。

（4）典型气象年（TMY） typical meteorological year

以近 10 年的月平均值为依据，从近 10 年的资料中选取一年各月接近 10 年的平均值作为典型气象年。由于选取的月平均值在不同的年份，资料不连续，还需要进行月间平滑处理。

（5）参照建筑 reference building

参照建筑是一种符合节能标准要求的假想建筑。作为围护结构热工性能综合判断时，与设计建筑相对应的，计算全年采暖和空气调节能耗的比较对象。

3. 节能设计标准的要求

夏热冬冷地区居住建筑的建筑热工和暖通空调设计必须采取节能设计，在保证室内热环境的前提下，将采暖和空调能耗控制在规定的范围内，即达到节能居住建筑全年的采暖、空调总能耗降低50％的节能目标。

也有两种方法可确定设计的居住建筑是否符合本节能设计标准的要求：

方法一是设计时严格按照标准规定的条文设计，即可认定所设计的建筑满足节能要求。

方法二是在不能满足强制性条文的规定时，要求进行围护结构热工性能的综合判断。就是按照标准规定的计算条件对所设计的建筑进行计算，求出其空调和采暖的年耗电量，并与参照建筑在同样条件下的空调和采暖的年耗电量进行比较，不超过者为满足节能要求。参照建筑的形状、大小、内部的房间划分与实际所设计的建筑完全一致，计算参数按标准的规定取值。

4. 室内热环境设计计算指标

（1）冬季采暖室内热环境设计计算指标应符合下列规定：

卧室、起居室室内设计温度应取 18℃；

换气次数应取 1.0 次/h。

（2）夏季空调室内热环境设计计算指标应符合下列规定：

卧室、起居室室内设计温度应取 26℃；

换气次数应取 1.0 次/h。

5. 建筑与围护结构热工设计

（1）朝向与布局

建筑群的规划设计，建筑单体的平、立面设计和门窗的设置应有利于自然通风。在春秋季和夏季凉爽时段，组织好建筑物室内外的自然通风，不仅可以降低建筑物的实际使用能耗，而且有利于改善室内热舒适程度。

夏热冬冷地区建筑物的朝向宜采用南北向或接近南北向，以便有效地利用冬季日照，同时在夏季也可以大量减少太阳辐射得热。

（2）体形系数

作为标准的强制性条文，夏热冬冷地区建筑物的体形系数必须满足表17-28的规定，若体形系数超过限值，则要求进行围护结构热工性能的综合判断。

夏热冬冷地区居住建筑的体形系数限值　　　　　　　　　　表 17-28

建筑层数	3层	（4～11）层	≥12层
建筑的体形系数	0.55	0.40	0.35

（3）建筑围护结构的热工设计

1）围护结构的热工性能

在夏热冬冷地区，室内外温差传热既影响夏季的空调负荷，又影响冬季的采暖负荷，必须严格控制围护结构传热系数。但由于夏热冬冷地区建筑的围护结构在夏季受到的是室外周期性不稳定热作用，仅考虑稳定传热下围护结构传热性能的传热系数是不全面的，还应该考虑周期性不稳定状态下表征围护结构热稳定性的热惰性指标 D，因为它反映了围护结构抵抗温度波和热流波在其内的传播能力，热惰性指标越大，围护结构抵抗温度波动的能力越强。

夏热冬冷地区建筑围护结构传热系数和热惰性指标的限值见表17-29。

夏热冬冷地区建筑围护结构各部分的传热系数 K 和热惰性指标 D 的限值　　表17-29

围护结构部位		传热系数 $K[\text{W}/(\text{m}^2 \cdot \text{K})]$	
		热惰性指标 $D \leqslant 2.5$	热惰性指标 $D > 2.5$
体形系数 $\leqslant 0.40$	屋面	0.8	1.0
	外墙	1.0	1.5
	底面接触室外空气的架空或外挑楼板	1.5	
	分户墙、楼板、楼梯间隔墙、外走廊隔墙	2.0	
	户门	3.0（通往封闭空间） 2.0（通往非封闭空间或户外）	
	外窗（含阳台门透明部分）	应符合表17-25、表17-26的规定	
体形系数 > 0.40	屋面	0.5	0.6
	外墙	0.8	1.0
	底面接触室外空气的架空或外挑楼板	1.0	
	分户墙、楼板、楼梯间隔墙、外走廊隔墙	2.0	
	户门	3.0（通往封闭空间） 2.0（通往非封闭空间或户外）	
	外窗（含阳台门透明部分）	应符合表17-26、表17-27规定	

同样，外墙的传热系数是考虑了结构性冷桥影响后计算得到的平均传热系数。

当屋顶和外墙的传热系数满足要求，但热惰性指标 $D \leqslant 2.0$ 时，还应按照现行《民用建筑热工设计规范》GB 50176 第5.1.1条验算屋顶和东、西外墙是否符合隔热要求。

由砖、混凝土等重质材料构成的墙和屋面，当其面密度 $\rho \geqslant 200\text{kg}/\text{m}^2$ 时，可以直接认定其热惰性指标满足要求。

2）外窗（门）部位的设计

该标准对夏热冬冷地区的窗墙面积比、外窗的传热系数和遮阳系数均提出了相应的限值，凡不能达到以下限值要求者，均需要进行建筑围护结构的热工性能的综合判断。

① 控制窗墙面积比

夏热冬冷地区不同朝向外窗的窗墙面积比不应大于表17-30规定的限值。

夏热冬冷地区不同朝向外窗的窗墙面积比限值　　表17-30

朝　　向	窗墙面积比	朝　　向	窗墙面积比
北	0.40	南	0.45
东、西	0.35	每套房间允许一个房间（不分朝向）	0.60

注：凸窗面积按窗洞口计算。

② 外窗的可开启面积

外窗（含阳台门）的可开启面积不应小于外窗所在房间地面面积的5%。

③ 外窗的传热系数

58

对于夏热冬冷地区，外窗传热系数的控制依然是减少空调和采暖能耗的重要途径。不同朝向、不同窗墙面积比的外窗的传热系数不应大于表 17-31 规定的限值。

夏热冬冷地区不同朝向、不同窗墙面积比的外窗传热系数和
综合遮阳系数的限值 　　　　　　　　　表 17-31

建　筑	窗墙面积比	传热系数 K $[W/(m^2 \cdot K)]$	外窗综合遮阳系数 SC_w （东、西向/南向）
体形系数 ≤0.40	窗墙面积比≤0.20	4.7	—/—
	0.20<窗墙面积比≤0.30	4.0	—/—
	0.30<窗墙面积比≤0.40	3.2	夏季≤0.40 / 夏季≤0.45
	0.40<窗墙面积比≤0.45	2.8	夏季≤0.35 / 夏季≤0.40
	0.45<窗墙面积比≤0.60	2.5	东、西、南向设置外遮阳 夏季≤0.25 冬季≥0.6
体形系数 >0.40	窗墙面积比≤0.20	4.0	—/—
	0.20<窗墙面积比≤0.30	3.2	—/—
	0.30<窗墙面积比≤0.40	2.8	夏季≤0.40 / 夏季≤0.45
	0.40<窗墙面积比≤0.45	2.5	夏季≤0.35 / 夏季≤0.40
	0.45<窗墙面积比≤0.60	2.3	东、西、南向设置外遮阳 夏季≤0.25 冬季≥0.60

④ 外窗遮阳

在夏热冬冷地区，夏季透过玻璃直接进入室内的太阳辐射热对空调负荷的影响很大，因此，需要对该地区的建筑外窗（包括阳台门的透明部分和天窗）设置外部遮阳，并对外窗提出了综合遮阳系数的限值，见表 17-31。

例 17-16 （2014）夏热冬冷地区居住建筑节能设计标准对建筑物东、西向的窗墙面积比的要求较北向严格的原因是：

A　风力影响大　　　　　　B　太阳辐射强
C　湿度不同　　　　　　　D　需要保温

解析：夏热冬冷地区夏季东、西向的太阳辐射强，通过窗口的太阳辐射量大，由此造成的制冷能耗将比北向窗口由于室内外温差引起的传热能耗多，由此对东、西向窗墙面积比的要求较北向严格。

答案：B

⑤ 门窗的气密性

根据国家标准《建筑外门窗气密、水密、抗风压性能分级及检测方法》GB/T 7106—2008 中的规定，要求外窗及敞开式阳台门的气密性：

1～6 层：不应低于 4 级；

7 层及 7 层以上：不应低于 6 级。

⑥ 凸窗处理

凸窗的传热系数应比本标准规定的限值降低 10%。其不透明的上顶板、下底板和侧板的传热系数不应低于外墙传热系数的限值要求。

3）围护结构的外表面宜采用浅色饰面材料，平屋顶宜采用绿化、涂刷隔热涂料等隔热措施。

（三）《夏热冬暖地区居住建筑节能设计标准》JGJ 75—2012

《夏热冬暖地区居住建筑节能设计标准》JGJ 75—2003 作为行业标准发布于 2003 年 7 月，于 2003 年 10 月 1 日开始实施。2012 年 11 月 2 日发布修订后的《夏热冬暖地区居住建筑节能设计标准》JGJ 75—2012，自 2013 年 4 月 1 日开始实施。本次修订的主要技术内容包括：引入窗地面积比，作为与窗墙面积比并行的确定门窗节能指标的控制参数；将东、西朝向窗户的外遮阳作为强制性条文；规定了自然通风的量化要求；增加了自然采光、空调和照明等系统的节能设计要求。

1. 适用范围

该标准适用于夏热冬暖地区新建、扩建和改建居住建筑的节能设计。其中包括住宅、集体宿舍、招待所、旅馆、托儿所、幼儿园等。

2. 术语

（1）外窗综合遮阳系数（S_W）overall shading coefficient of window

用以评价窗本身和窗口的建筑外遮阳装置综合遮阳效果的系数，其值等于窗本身的遮阳系数（SC）与窗口的建筑外遮阳系数（SD）的乘积。

（2）建筑外遮阳系数（SD）outside shading coefficient of window

在相同太阳辐射条件下，有建筑外遮阳的窗口（洞口）所受到的太阳辐射照度的平均值与该窗口（洞口）没有建筑外遮阳时受到的太阳辐射照度的平均值之比。

（3）挑出系数 outstretch coefficient

建筑外遮阳构件的挑出长度与窗高（宽）之比，挑出长度系指窗外表面距水平（垂直）建筑外遮阳构件端部的距离。

（4）单一朝向窗墙面积比 window to wall ratio

窗（含阳台门）洞口面积与房间立面单元面积（即房间层高与开间定位线围成的面积）的比值。

（5）平均窗墙面积比（C_{MW}）mean of window to wall ratio

建筑物地上居住部分外墙面上的窗及阳台门（含露台、晒台等出入口）的洞口总面积与建筑物地上居住部分外墙立面的总面积之比。

（6）房间窗地面积比 window to floor ratio

所在房间外墙面上的门窗洞口的总面积与房间地面面积之比。

（7）平均窗地面积比（C_{MF}）mean of window to floor ratio

建筑物地上居住部分外墙面上的门窗洞口的总面积与地上居住部分总建筑面积之比。

（8）空调采暖年耗电量（EC）annual cooling and heating electricity consumption

按照设定的计算条件，计算出的单位建筑面积空调和采暖设备每年所要消耗的电能。

（9）空调采暖年耗电指数（ECF）annual cooling and heating electricity consumption factor

实施对比评定法时需要计算的一个空调采暖能耗无量纲指数，其值与空调采暖年耗电量 *EC* 相对应。

（10）对比评定法 custom budget method

将所设计建筑物的空调采暖能耗和相应参照建筑物的空调采暖能耗作对比，根据对比的结果来判定所设计的建筑物是否符合节能要求。

（11）参照建筑 reference building

采用对比评定法时作为比较对象的一栋符合节能标准要求的假想建筑。

（12）通风开口面积 ventilation area

外围护结构上自然风气流通过开口的面积。用于进风者为进风开口面积，用于出风者为出风开口面积。

（13）通风路径 ventilation path

自然通风气流经房间的进风开口进入。穿越房门、户内（外）公用空间及其出风开口至室外时可能经过的路线。

3. 节能设计标准的要求

夏热冬暖地区划分为南北两个气候区，以 1 月份的平均温度 11.5℃ 为分界线，等温线北部为北区，南部为南区。北区内建筑节能设计应主要考虑夏季空调，兼顾冬季采暖。南区内建筑节能设计应考虑夏季空调，可不考虑冬季采暖。

该标准要求夏热冬暖地区居住建筑的建筑热工、暖通空调和照明设计必须采取节能措施，在保证室内热环境舒适的前提下，将建筑能耗控制在规定的范围内，即达到采暖、空调总能耗降低 50% 的节能目标。

两种方法可确定设计的居住建筑是否符合本节能设计标准的要求：

方法一是设计时严格按照标准规定的条文设计，即可认定所设计建筑满足节能要求。

方法二是在不能满足强制性条文的规定时，必须采用"对比评定法"，对所设计的建筑进行综合评价。计算其在标准规定条件下的空调采暖年耗电指数（*ECF*）或空调采暖年耗电量（*EC*），并与参照建筑在同样条件下的空调采暖年耗电指数或空调采暖年耗电量进行比较，不超过者为满足节能要求。参照建筑的形状、大小、朝向均与实际所设计的建筑完全一致，各计算参数按标准的规定取值。

4. 室内热环境设计计算指标

（1）夏季空调室内设计计算指标

居住空间室内设计计算温度：26℃；

计算换气次数：1.0 次/h。

（2）北区冬季采暖室内设计计算指标

居住空间室内设计计算温度：16℃；

计算换气次数：1.0 次/h。

5. 建筑与建筑热工设计

（1）朝向与布局

夏热冬暖地区的主要气候特征之一是 4～9 月盛行东南风和西南风，且风速较大，沿海和岛屿风速更大，充分利用风力资源，组织自然通风可有效地达到自然降温的目的。

居住区的总体规划和居住建筑的平面、立面设计应有利于自然通风和减轻热岛效应。朝向宜采用南北向或接近南北向。

（2）体形系数

作为标准的强制性条文，夏热冬暖地区北区内建筑物的体形系数必须满足：

1）单元式、通廊式住宅体形系数不宜大于 0.35；

2）塔式住宅体形系数不宜大于 0.40。

（3）各朝向的单一朝向窗墙面积比

南、北朝向窗墙面积比不应大于 0.40；东、西朝向窗墙面积比不应大于 0.30。

（4）房间窗地面积比

主要房间（卧室、书房、起居室等）的窗地面积比不应小于 1/7。当房间窗地面积比小于 1/5 时，外窗玻璃的可见光透射比不应小于 0.40。

修改后的标准增加了可与窗墙面积比并行的窗地面积比控制参数。这是因为在夏热冬暖地区，太阳辐射得热是引起空调能耗的主要原因。如果不对建筑的体形系数加以限制，所设计的建筑体形系数越大，单位建筑面积对应的外墙面积越大，相应计算出的窗墙面积比就小，标准所允许的单位建筑能耗就越大，这种结果显然是不合理的。但限制体形系数又可能约束建筑设计，不容易满足南方建筑要求形式多样化、建筑通透性良好的特点。为避免使用本标准出现上述问题，标准提出窗地面积比作为另一个控制参数，以解决外窗平均传热系数和平均遮阳系数的确定。由此带来的另一些好处是，较之于窗墙面积比，窗地面积比更容易计算，而且，由于自然采光和自然通风设计中也使用窗地面积比作为控制参数，使用窗地面积比能使建筑节能设计与建筑自然采光设计和建筑自然通风设计保持一致。

（5）天窗

天窗面积不应大于屋顶总面积的 4%；天窗的传热系数不应大于 4.0W/($m^2 \cdot K$)；天窗的遮阳系数不应大于 0.4。

（6）建筑围护结构的热工设计

1）屋顶和外墙的热工性能

在夏热冬暖地区，同样不仅需要考虑影响室内外温差传热、决定夏季空调和冬季采暖负荷的围护结构传热系数 K，也需要考虑反映围护结构热稳定性的热惰性指标 D。

夏热冬暖地区的围护结构传热系数和热惰性指标的限值见表 17-32。

屋顶和外墙的传热系数 K［W/($m^2 \cdot K$)］、热惰性指标 D　　　表 17-32

屋　顶	外　墙
$0.4 < K \leqslant 0.9$，$D \geqslant 2.5$	$2.0 < K \leqslant 2.5$，$D \geqslant 3.0$ 或 $1.5 < K \leqslant 2.0$，$D \geqslant 2.8$ 或 $0.7 < K \leqslant 1.5$，$D \geqslant 2.5$
$K \leqslant 0.4$	$K \leqslant 0.7$

注：1. $D < 2.5$ 的轻质屋顶和东、西墙还应满足现行《民用建筑热工设计规范》GB 50176 所规定的隔热要求；

　　2. 外墙传热系数 K 和热惰性指标 D 的要求中，$2.0 < K \leqslant 2.5$，$D \geqslant 3.0$ 这一档仅适用于南区。

2）居住建筑屋顶和外墙的节能措施

① 使用反射隔热外饰面，如浅色饰面（浅色粉刷、涂层和面砖等），降低屋顶和外墙对太阳辐射的吸收；

② 屋顶内设置贴铝箔的封闭空气间层，增强屋顶隔热能力；

③ 使用含水多孔材料做屋面或外墙面的面层，或者屋面蓄水，利用蒸发散热；

④ 屋面有土或无土种植，利用植物遮阳；

⑤ 屋面遮阳；

⑥ 东、西外墙采用花格构件遮阳，或沿东、西外墙种植爬藤植物遮阳。

3）居住建筑的外窗（门）部位的设计

由于窗户的保温隔热性能比外墙差得多，所以，通过窗户的温差传热相应也比墙体要多。而且在炎热的夏季，通过窗户进入室内的太阳辐射得热又构成了空调负荷的相当大一部分。因此，夏热冬暖地区窗户的保温隔热性能的控制和设置窗口遮阳是减少建筑能耗的两个最有效的措施。

① 外窗的平均传热系数

在夏热冬暖地区的北区，冬季室内外温差较大，标准限制了窗户的平均传热系数，以控制通过窗户的温差传热。这样可减少冬季的采暖能耗和夏季的空调能耗。北区外窗的平均传热系数必须符合表 17-2 所规定的限值。

由于南区冬季不采暖，夏季室内外温差小，温差传热对空调负荷的作用有限，因此，对南区外窗的传热系数不作限定。

② 外窗的加权平均综合遮阳系数

外窗的加权平均综合遮阳系数，应为建筑各朝向平均综合遮阳系数按各朝向窗面积和朝向的权重系数加权平均的数值。

根据居住建筑设计的不同平均窗地面积比（或平均窗墙面积比），北区建筑物外窗的平均综合遮阳系数应符合标准规定的限值，见表 17-33。

北区居住建筑建筑物外窗平均传热系数 K [W/(m² · K)]和平均综合遮阳系数限值 Sw   表 17-33

外墙平均指标	外窗平均传热系数 K[W/(m² · K)]	外窗加权平均综合遮阳系数 Sw			
		平均窗地面积比 $C_{MF} \leqslant 0.25$ 或平均窗墙面积比 $C_{MW} \leqslant 0.25$	平均窗地面积比 $0.25 < C_{MF} \leqslant 0.30$ 或平均窗墙面积比 $0.25 < C_{MW} \leqslant 0.30$	平均窗地面积比 $0.30 < C_{MF} \leqslant 0.35$ 或平均窗墙面积比 $0.30 < C_{MW} \leqslant 0.35$	平均窗地面积比 $0.35 < C_{MF} \leqslant 0.40$ 或平均窗墙面积比 $0.35 < C_{MW} \leqslant 0.40$
$K \leqslant 2.0$ $D \geqslant 2.8$	4.0	≤0.3	≤0.2	—	—
	3.5	≤0.5	≤0.3	≤0.2	—
	3.0	≤0.7	≤0.5	≤0.4	≤0.3
	2.5	≤0.8	≤0.6	≤0.6	≤0.4
$K \leqslant 1.5$ $D \geqslant 2.5$	6.0	≤0.6	≤0.3	—	—
	5.5	≤0.8	≤0.4	—	—
	5.0	≤0.9	≤0.6	≤0.3	—
	4.5	≤0.9	≤0.7	≤0.5	≤0.2
	4.0	≤0.9	≤0.8	≤0.6	≤0.4
	3.5	≤0.9	≤0.9	≤0.7	≤0.5
	3.0	≤0.9	≤0.9	≤0.8	≤0.6
	2.5	≤0.9	≤0.9	≤0.9	≤0.7

外墙平均指标	外窗平均传热系数 $K[W/(m^2 \cdot K)]$	外窗加权平均综合遮阳系数 S_W			
		平均窗地面积比 $C_{MF} \leqslant 0.25$ 或平均窗墙面积比 $C_{MW} \leqslant 0.25$	平均窗地面积比 $0.25 < C_{MF} \leqslant 0.30$ 或平均窗墙面积比 $0.25 < C_{MW} \leqslant 0.30$	平均窗地面积比 $0.30 < C_{MF} \leqslant 0.35$ 或平均窗墙面积比 $0.30 < C_{MW} \leqslant 0.35$	平均窗地面积比 $0.35 < C_{MF} \leqslant 0.40$ 或平均窗墙面积比 $0.35 < C_{MW} \leqslant 0.40$
$K \leqslant 1.0$ $D \geqslant 2.5$ 或 $K \leqslant 0.7$	6.0	$\leqslant 0.9$	$\leqslant 0.9$	$\leqslant 0.6$	$\leqslant 0.2$
	5.5	$\leqslant 0.9$	$\leqslant 0.9$	$\leqslant 0.7$	$\leqslant 0.4$
	5.0	$\leqslant 0.9$	$\leqslant 0.9$	$\leqslant 0.8$	$\leqslant 0.6$
	4.5	$\leqslant 0.9$	$\leqslant 0.9$	$\leqslant 0.8$	$\leqslant 0.7$
	4.0	$\leqslant 0.9$	$\leqslant 0.9$	$\leqslant 0.9$	$\leqslant 0.7$
	3.5	$\leqslant 0.9$	$\leqslant 0.9$	$\leqslant 0.9$	$\leqslant 0.8$

南区居住建筑建筑物外窗(包括阳台门透明部分)的平均综合遮阳系数限值见表17-34。

③ 建筑外遮阳措施

东、西向外窗必须采取建筑外遮阳措施，建筑外遮阳系数 SD 不应大于0.8。

南、北向外窗应采取建筑外遮阳措施，建筑外遮阳系数 SD 不应大于0.9。当采用水平、垂直或综合建筑外遮阳构造时，外遮阳构造的挑出长度不应小于表17-35规定的限值。

南区居住建筑建筑物外窗平均综合遮阳系数限值(S_W)　　　　表 17-34

外墙平均指标 ($\rho \leqslant 0.8$)	外窗的加权平均综合遮阳系数 S_W				
	平均窗地面积比 $C_{MF} \leqslant 0.25$ 或平均窗墙面积比 $C_{MW} \leqslant 0.25$	平均窗地面积比 $0.25 < C_{MF} \leqslant 0.30$ 或平均窗墙面积比 $0.25 < C_{MW} \leqslant 0.30$	平均窗地面积比 $0.30 < C_{MF} \leqslant 0.35$ 或平均窗墙面积比 $0.30 < C_{MW} \leqslant 0.35$	平均窗地面积比 $0.35 < C_{MF} \leqslant 0.40$ 或平均窗墙面积比 $0.35 < C_{MW} \leqslant 0.40$	平均窗地面积比 $0.40 < C_{MF} \leqslant 0.45$ 或平均窗墙面积比 $0.40 < C_{MW} \leqslant 0.45$
$K \leqslant 2.5$ $D \geqslant 3.0$	$\leqslant 0.5$	$\leqslant 0.4$	$\leqslant 0.3$	$\leqslant 0.2$	—
$K \leqslant 2.0$ $D \geqslant 2.8$	$\leqslant 0.6$	$\leqslant 0.5$	$\leqslant 0.4$	$\leqslant 0.3$	$\leqslant 0.2$
$K \leqslant 1.5$ $D \geqslant 2.5$	$\leqslant 0.8$	$\leqslant 0.7$	$\leqslant 0.6$	$\leqslant 0.5$	$\leqslant 0.4$
$K \leqslant 1.0$ $D \geqslant 2.5$ 或 $K \leqslant 0.7$	$\leqslant 0.9$	$\leqslant 0.8$	$\leqslant 0.7$	$\leqslant 0.6$	$\leqslant 0.5$

注：1. 外窗包括阳台门；

2. ρ 为外墙外表面太阳辐射的吸收系数。

建筑外遮阳构造的挑出长度限值（m） 表 17-35

朝向	南			北		
遮阳形式	水平	垂直	综合	水平	垂直	综合
北区	0.25	0.20	0.15	0.40	0.25	0.15
南区	0.30	0.25	0.15	0.45	0.30	0.20

北区建筑外遮阳系数应取冬、夏两季建筑外遮阳系数的平均值，南区应取夏季的建筑外遮阳系数。典型形式的建筑外遮阳系数可查该标准取得。

④ 外窗的开口面积

外窗（包括阳台门）的通风开口面积不应小于房间地面面积的 10％或外窗面积的 45％。

⑤ 门窗的气密性

外窗的气密性等级不应低于国家标准《建筑外门窗气密、水密、抗风压性能分级及检测方法》GB/T 7106—2008 中规定的等级。其中，q_1 是在 10Pa 压差下，每小时每米缝隙的空气渗透量，q_2 是每小时每平方米面积的空气渗透量。

1～9 层：不应低于 4 级水平 $[2.5 \geqslant q_1 > 2.0 \mathrm{m}^3/(\mathrm{m} \cdot \mathrm{h})，7.5 \geqslant q_2 > 6.0 \mathrm{m}^3/(\mathrm{m}^2 \cdot \mathrm{h})]$。

10 层及 10 层以上：不应低于 6 级水平 $[1.5 \geqslant q_1 > 1.0 \mathrm{m}^3/(\mathrm{m} \cdot \mathrm{h})，4.5 \geqslant q_2 > 3.0 \mathrm{m}^3/(\mathrm{m}^2 \cdot \mathrm{h})]$。

4）自然通风的组织

居住建筑应能自然通风。要求每户至少有一个居住房间具备有效的通风路径，即指房间由可开启的外窗进风时，能够从户内（厅、厨房、卫生间等）或户外（走道、楼梯间等）的通风开口出风。

（四）《温和地区居住建筑节能设计标准》JGJ 475—2019

《温和地区居住建筑节能设计标准》JGJ 475—2019 于 2019 年 2 月 1 日颁布，2019 年 10 月 1 日开始实施。该标准填补了我国建筑热工设计分区居住建筑节能设计标准不全的空白，对温和地区居住建筑从建筑和建筑热工设计、供暖空调设计方面提出了节能措施，对建筑能耗规定了控制指标。

1. 适用范围

该标准适用于温和地区新建、扩建和改建居住建筑的节能设计。居住建筑包括住宅、公寓、老年人住宅、底商住宅、单身宿舍或公寓、学生宿舍或公寓等。住宅建筑下部的商业服务网点（如会所、洗染店、洗浴室、百货店、副食店、粮店、邮政所、储蓄所、理发美容店等）也需要执行本标准。

2. 术语

（1）被动式技术 passive technique

以非机械电气设备干预手段实现建筑能耗降低的节能技术，具体指在建筑规划设计中通过对建筑朝向的合理布置、遮阳的设置、建筑围护结构的保温隔热技术、有利于自然通风的建筑开口设计等，实现建筑需要的供暖、空调、通风等能耗的降低。

（2）供暖年耗电量 annual heating electricity consumption

按设定的计算条件，计算出的建筑供暖设备每年所要消耗的电能。

（3）被动式太阳房 passive solar houses

通过建筑朝向和周围环境的合理布置、内部空间和外部形体的处理以及建筑材料和结构的匹配选择，使其在冬季能集取、蓄存和分配太阳热能的一种建筑物。

参照建筑、建筑遮阳系数（SD）、综合遮阳系数（SC_w）、窗墙面积比与窗地面积比的术语说明同前。

3. 节能设计标准的要求

温和地区位于我国西南部，处于东亚季风和南亚季风交汇区域，西北又受青藏高原影响，气候条件比较复杂。但和其他热工设计分区相比，温和地区具有全年室外太阳辐射强、昼夜温差大、夏季日平均温度不高、冬季寒冷时间短且气温不极端的特征。标准倡导居住建筑设计以"被动技术优先，主动技术优化"为原则，充分利用天然采光、自然通风，结合围护结构保温隔热和遮阳措施等，在保证建筑室内热环境质量、提高居住舒适水平的前提下，降低建筑的用能需求，实现节能的基本目标。

温和地区分为 A、B 两个区。温和 A 区的 $700 \leqslant HDD18 < 2000$，与夏热冬冷 A 区的 $1200 \leqslant HDD18 < 2000$ 的区间部分重叠，冬季室外温度偏低，导致该地区部分居住建筑室内温度也随之偏低，确有供暖的实际需求。标准要求在提高外围护结构热工性能的前提下，控制供暖能耗。温和 B 区 $HDD18 < 700$，主要通过对外围护结构热工性能指标限值作为基本要求，提高围护结构的热工性能，减少围护结构的热量流失，改善冬季的室内热环境，以尽量避免使用供暖设备产生能耗。

由于温和地区 $CDD26 < 10$，夏季空调能耗极少，所以温和 A、B 区均不考虑防热设计。但通过对居住建筑的建筑、建筑热工各方面采取各种被动式技术措施，即可达到仅依靠围护结构保温隔热能力的提升就能防止室内过热、满足室内热环境的基本要求。即使居民自主使用设备也能降低能耗。

两种方法可确定所设计的居住建筑是否符合本节能设计标准的要求。

方法一：严格按照标准规定的条文设计，达到强制性条文的要求，即可认定该建筑满足节能要求。

方法二：当温和 A 区设计建筑的体形系数、围护结构的热工性能（各部位的平均传热系数和热惰性指标）、不同朝向外窗（包括阳台门的透明部分）的窗墙面积比或传热系数出现不符合强制性条文的规定时，必须采用"对比评定法"对所设计建筑进行围护结构热工性能的权衡判断，采用动态方法计算其在标准规定条件下的供暖年耗电量，并以不超过参照建筑的供暖年耗电量为满足节能要求。

4. 冬季供暖室内节能设计计算指标

居室、起居室室内设计计算温度：18℃；

换气次数：1.0 次/h。

5. 建筑与建筑热工节能设计

（1）一般规定

1）朝向与布局

建筑群总体布置和单体建筑的设计宜有利于充分利用太阳能，合理组织自然通风和建筑遮阳。

建筑的朝向宜采用南北向或接近南北向。这样,在冬季通过合理设置外窗面积和玻璃透射比以及利用太阳房等,不仅能够尽可能多地获得太阳辐射得热,提升室温,降低供暖能耗,还能让主要房间避开冬季主导风向,减少冷风渗透,降低建筑物的热损失。在夏季,南北朝向的建筑能有效减少建筑物的太阳辐射得热,并宜满足建筑遮阳的要求,再通过组织自然通风散发室内热量,可显著地降低房间室温。

建筑平面布置时,尽量将主要卧室、客厅设置在南向。

对于山地建筑,它的选址宜避开背阴的北坡地段。这样可节约用地,节约用能,提高室内舒适度。

2)体形系数

体形系数的大小直接影响居住建筑能耗,需要兼顾建筑设计的需要和建筑能耗两个方面。作为标准的强制性条文,温和 A 区建筑物的体形系数必须满足表 17-36 的规定,若体形系数超过表中限值,则要求进行围护结构热工性能的权衡判断。

温和 A 区居住建筑的体形系数限值 表 17-36

建筑层数	≤3层	(4~6)层	(7~11)层	≥12层
建筑的体形系数	0.55	0.45	0.40	0.35

3)屋顶和外墙的隔热措施

① 宜采用浅色外饰面等反射隔热措施;

② 东、西外墙宜采用花格构件或植物等遮阳;

③ 宜采用屋面遮阳或通风屋顶;

④ 宜采用种植屋面;

⑤ 可采用蓄水屋面。

4)被动式太阳能利用

① 对冬季日照率不小于 70%,且冬季月均太阳辐射量不少于 $400MJ/m^2$ 的地区,应进行被动式太阳能利用设计;

② 对冬季日照率大于 55% 但小于 70%,且冬季月均太阳辐射量不少于 $350MJ/m^2$ 的地区,宜进行被动式太阳能利用设计。

(2)围护结构的热工设计

1)非透光围护结构的热工性能

在温和地区,非透光围护结构的热工性能直接影响居住建筑的得热与失热,对改善室内热环境、减少能耗的作用至关重要。因此,保证围护结构的热工性能满足标准的要求是实现建筑节能的首选。

温和 A 区居住建筑非透光围护结构各部位的平均传热系数(K_m)、热惰性指标(D)应符合表 17-37 的规定;当指标不符合规定的限值时,必须进行建筑围护结构热工性能的权衡判断。温和 B 区居住建筑非透光围护结构各部位的平均传热系数必须符合表 17-38 的规定。平均传热系数的计算方法应符合本标准附录 B 的规定。

温和 A 区居住建筑围护结构各部位平均传热系数（K_m）和热惰性指标（D）限值　　表 17-37

围护结构部位		平均传热系数 K_m [W/(m² · K)]	
		热惰性指标 $D \leqslant 2.5$	热惰性指标 $D > 2.5$
体形系数≤0.45	屋面	0.8	1.0
	外墙	1.0	1.5
体形系数＞0.45	屋面	0.5	0.6
	外墙	0.8	1.0

温和 B 区居住建筑围护结构各部位平均传热系数（K_m）限值　　表 17-38

围护结构部位	平均传热系数 K_m [W/(m² · K)]
屋面	1.0
外墙	2.0

2）外窗（门）部位的设计

① 窗墙面积比

温和 A 区不同朝向外窗（包括阳台门的透明部分）的窗墙面积比不应大于表 17-39 规定的限值。

温和 A 区不同朝向外窗的窗墙面积比限值　　表 17-39

朝向	窗墙面积比	朝向	窗墙面积比
北	0.40	水平（天窗）	0.10
东、西	0.35	每套允许一个房间（非水平向）	0.60
南	0.50		

计算窗墙面积比时，凸窗的面积应按洞口面积计算。

② 外窗传热系数

温和 A 区：不同朝向、不同窗墙面积比的外窗传热系数不应大于表 17-40 规定的限值。当温和 A 区设计建筑的窗墙面积比或传热系数不符合表 17-39 和表 17-40 的规定时，需进行建筑围护结构热工性能的权衡判断。

当外窗为凸窗时，凸窗的传热系数限值应比表 17-40 规定提高一档。

温和 A 区不同朝向、不同窗墙面积比的外窗传热系数限值　　表 17-40

建筑	窗墙面积比	传热系数 K [W/(m² · K)]
体形系数≤0.45	窗墙面积比≤0.30	3.8
	0.30＜窗墙面积比≤0.40	3.2
	0.40＜窗墙面积比≤0.45	2.8
	0.45＜窗墙面积比≤0.60	2.5

建筑	窗墙面积比	传热系数 K [W/(m² · K)]
体形系数>0.45	窗墙面积比≤0.20	3.8
	0.20<窗墙面积比≤0.30	3.2
	0.30<窗墙面积比≤0.40	2.8
	0.40<窗墙面积比≤0.45	2.5
	0.45<窗墙面积比≤0.60	2.3
水平向（天窗）		3.5

注：1. 表中的"东、西"代表从东或西偏北 30°（含 30°）至偏南 60°（含 60°）的范围；"南"代表从南偏东 30°至偏西 30°的范围；

2. 楼梯间、外走廊的窗可不按本表规定执行。

温和 B 区：居住建筑外窗的传热系数应小于 4.0W/(m² · K)。

③ 外窗综合遮阳系数

温和地区的外窗综合遮阳系数必须符合表 17-41 的规定。

④ 外窗及敞开式阳台门的气密性

温和 A 区：1～9 层的气密性等级不应低于 4 级；

10 层及以上的气密性等级不应低于 6 级。

温和 B 区：气密性等级不应低于 4 级。

气密性等级的检测应符合现行国家标准《建筑外门窗气密、水密、抗风压性能分级及检测方法》GB/T 7106 的规定。

6. 自然通风设计

（1）朝向和布局

对于温和地区来说，更需要利用通风来改善夏季室内热环境。通常，周边建筑和绿化对通风效果有较大影响，建筑群的布置若能形成风廊，可以有效引导气流进入区内较深位置，从而取得较好的通风效果。

合理选择建筑朝向与主导风向之间的夹角（风向投射角）：条形建筑不宜大于 30°，点式建筑宜在 30°～60°之间。

自然通风的每套居住建筑均需要考虑主导风向。主要房间宜布置于夏季迎风面，辅助用房宜布置于背风面，避免厨房、卫生间的污浊空气污染室内。

在居住建筑群布局方式上，采用错列式和斜列式可扩大建筑群的迎风面，同时将风影区错开在后排建筑的侧面，尤其在温和 B 区要优先考虑使用，并利用阳台、外廊、天井等增加通风面积。

（2）进深

建筑进深对自然通风效果影响显著，建筑进深越小越有利于自然通风。对于未设置通风系统的居住建筑，卧室的合理进深为 4.5m 左右，户型进深不应超过 12m。

（3）单侧通风

当房间采用单侧通风时，应采取增强自然通风效果的措施。如使建筑迎风面体形有凹凸变化、通风窗设在迎风面、增加可开启窗扇的高度都能改善通风效果。

（4）窗地面积比

温和 B 区卧室、起居室（厅）应设置外窗，窗地面积比≥1/7。

（5）主要功能房间的外窗有效通风面积

为避免出现"大开窗，小开启"现象，强调门窗可用于通风的开启功能，本标准采用"有效通风面积"代替"可开启面积"。各类形式的外窗有效通风面积应按现行国家标准《建筑防排烟系统技术标准》GB 51251 的要求计算。例如，当采用开窗角大于 70°的悬窗时，其有效面积应按窗的面积计算；当开窗角小于或等于 70°时，其有效面积应按窗最大开启时的水平投影面积计算。当采用推拉窗时，其面积应按开启的最大窗口面积计算。

本标准只对温和地区居住建筑主要功能房间的开窗面积（包括阳台门的透明部分）加以控制，厨房、卫生间、户外公共区域的外窗的直接自然通风开口面积还应满足现行国家标准《住宅设计规范》GB 50096 中的相关要求。

温和 A 区：外窗有效通风面积≥外窗所在房间地面面积的 5％；

温和 B 区：外窗有效通风面积≥外窗所在房间地面面积的 10％。

（6）室内通风路径

室内通风路径设计应布置均匀、阻力小，不应出现通风死角、通风短路。

（7）设置辅助通风

当自然通风不能满足室内热环境的基本要求时，应设置风扇调风装置，宜设置机械通风装置，且不应妨碍建筑的自然通风。

7. 遮阳设计

（1）外窗综合遮阳系数

1）外窗综合遮阳系数的限值

根据太阳高度角和方位角的随季节的变化规律，温和 A 区南北朝向的建筑主要依靠南向窗户获得太阳辐射热，所以，对该区要求冬季南向外窗综合遮阳系数值不得过小。但对温和 B 区来说，夏季太阳辐射对室内热环境影响较大，尤其是东、西朝向，需要限制其综合遮阳系数。

天窗在冬夏两季都能获得较多的太阳辐射，所以冬夏两季的综合遮阳系数限值不同，需要设置活动遮阳才能满足要求，宜设置活动外遮阳。

温和地区外窗综合遮阳系数应符合表 17-41 中的限值规定。

温和地区外窗综合遮阳系数限值 　　　　　　　表 17-41

部位		外窗综合遮阳系数 SC_W	
		夏季	冬季
外窗	温和 A 区	—	南向≥0.50
	温和 B 区	东、西向≤0.40	—
天窗（水平向）		≤0.30	≥0.50

注：温和 A 区南向封闭阳台内侧外窗的遮阳系数不做要求，但封闭阳台透光部分的综合遮阳系数在冬季应大于等于 0.50。

2）外窗综合遮阳系数的计算

$$SC_W = SC_C \times SD = SC_B \times (1 - F_K/F_C) \times SD \qquad (17-70)$$

式中 SC_W——窗的综合遮阳系数；

SC_C——窗本身的遮阳系数；

SD——外遮阳系数；

SC_B——玻璃的遮阳系数；

F_K——窗框的面积；

F_C——窗的面积。

F_K/F_C为窗框面积比，PVC塑钢窗或木窗取0.35，铝合金窗取0.30，其他框材窗的框窗面积比按实际计算取值。

（2）西向外窗应采取遮阳措施

温和地区居住建筑西向太阳辐射对夏季室内热环境影响较大，设置遮阳改善作用显著。

（3）绿化遮阳

温和地区气候适宜，树种丰富，利用绿化遮阳是一种既有效又经济美观的遮阳措施。通常有种树和棚架攀附植物两种做法：种树要根据窗口朝向和遮阳形式的要求来选择和配置树种，其中以落叶乔木能够兼顾冬夏对阳光的取舍最为适宜；植物攀附的水平棚架起水平遮阳的作用，垂直棚架起挡板式遮阳的作用。

8. 被动式太阳能利用

（1）被动式太阳房类型宜选用直接受益式太阳房

由于温和地区太阳辐射照度较高，室内外温差不大，在加强围护结构的热工性能的前提下，直接受益式太阳房获得的太阳辐射得热容易抵消建筑物的温差失热，能为日间使用的起居室营造温暖的室内环境且不影响通风采光和观景，同时，日间蓄存的部分太阳辐射得热也能让夜间卧室保持一定的温度。必要时可考虑一定的辅助能源。

（2）直接受益式太阳房的设计规定

为了保证被动式太阳房的效果，需保证日间通过集热窗的太阳辐射得热量尽可能地大于温差传热失热量。其设计应符合下列规定。

1）朝向宜在正南±30°的区间，便于争取更多的太阳辐射得热。

2）应经过计算后确定南向玻璃面积与太阳房楼地面面积之比。南向窗的面积应尽可能大，而且还要选择透光性好的材料，以增大太阳能集热量，南向窗的窗墙面积比宜大于50%。同时，还需避免室内过热，做好夜间保温。

3）应提供足够的蓄热性能良好的材料。地面、墙面均可用作蓄热体，尽量布置在阳光直接照射的地方，足够的蓄热体一方面可蓄存白天多余的太阳辐射得热，防止室内温度波动过大，另一方面在夜间释放蓄存太阳辐射得热，维持室温。参考国外的经验结论，单位集热窗面积，宜设置3~5倍面积的蓄热体。蓄热体宜用厚重材料构成。

4）应设置防止眩光的装置。

5）屋面天窗应设置遮阳和防风、雨、雪的措施。

（3）集热窗传热系数和玻璃的太阳光总透射比

集热窗传热系数应小于3.2W/(m²·K)，玻璃的太阳光总透射比应大于0.7。

（4）应提高被动式太阳房围护结构的热稳定性

被动式太阳房的使用效果是以围护结构良好的热工性能为前提的。为此，太阳房的屋顶和墙体以及外窗的传热系数应符合本标准规定的传热系数限值，以控制热量的散失。外窗还需采用夜间保温措施，如在外窗内侧设置双扇木板或采用保温窗帘。

二、公共建筑节能设计标准

随着我国经济社会高速发展，产业结构的不断优化，城镇化水平快速提升，我国的公共建筑面积不断增加，目前已接近城镇建筑总面积的 1/5 左右。尤其是机关办公建筑和大型公共建筑总面积虽然只占城镇建筑总面积的 4%，但年耗电量却占全国城镇建筑总耗电量的 22%，这类建筑每平方米年耗电量是普通居民住宅的 10～20 倍，是欧洲、日本等发达国家同类建筑的数倍，高耗能的问题日益突出。相对于居住建筑，公共建筑能耗所占比重大、具有重大的节能潜力。2005 年 4 月建设部与质检总局联合发布了国家标准《公共建筑节能设计标准》GB 50189—2005，并于 2005 年 7 月 1 日开始执行。实施 10 年来，该标准为贯彻节约能源的基本国策，推动公共建筑节能的有力开展起到了积极作用。

近年来，节能减排已成为保障我国经济可持续发展的关键问题之一。为此，根据住房和城乡建设部的要求，从 2012 年开始，由中国建筑科学研究院牵头，组织多方力量全面修订该标准，住房和城乡建设部于 2015 年 2 月 2 日 739 号公告发布，修订后的《公共建筑节能设计标准》GB 50189—2015 从 2015 年 10 月 1 日开始实施。

2015 版标准全面提升了公共建筑设计节能水平，细化标准化规定，从而提高标准的可操作性，将对公共建筑节能起到更科学的引领作用。

公共建筑节能设计应根据当地的气候条件，在保证室内环境参数条件下，改善围护结构保温隔热性能，提高建筑设备及系统的能源利用效率，利用可再生能源，降低建筑暖通空调、给水排水及电气系统的能耗。

本次修订的主要技术内容包括：

（1）建立了代表我国公共建筑特点和分布特征的典型公共建筑模型数据库，其中涵盖了 8 种主要公共建筑类型及系统形式的典型公共建筑，为节能指标的分析提供了基础。

（2）新增了给水排水系统、电气系统和可再生能源应用的有关规定，实现建筑节能专业领域的全覆盖。

（3）增加了建筑分类和建筑设计的有关规定；增加了对超高、超大建筑的设计复核要求。

（4）更新了围护结构热工性能限值和冷源能效限值，并按照建筑分类和建筑热工分区分别作出规定；补充了窗墙比大于 0.7 时，围护结构热工性能限值；对温和地区，增加了围护结构的限值要求，和 2005 年版标准相比，由于围护结构性能的全面提升，使得供暖、通风及空调能耗将降低 4%～6%。

（5）增加了围护结构权衡判断的前提条件，补充细化了权衡判断过程的输入输出内容和对权衡判断软件的要求。

（6）本次修订首次采用"收益投资比（Saving to Investment Ratio）组合优化筛选法"（简称"SIR"）对节能目标进行了计算和分解。该方法是基于单项节能措施的优劣排序，构建最优建筑节能方案的系统性分析方法，可提高指标的科学性。

（7）为与国际接轨，采用太阳得热系数（SHGC）作为透光围护结构的性能参数替代遮阳系数（SC），并给出了 $SHGC$ 的限值。

（8）本次分气候区规定并提升了冷源设备及系统的能效限值。和 2005 年版标准相比，由于供暖、通风空调和照明等用能设备能效的提升，可带来 14%～19% 的节能量。

（9）为更好反映我国冷水机组的实际使用条件，在大量调查和数据分析基础上，改进了冷水机组的综合部分负荷性能系数（$IPLV$）及计算公式。

本节仅对该标准中所涉及的有关建筑设计和建筑热工方面的内容作简单介绍。

（一）适用范围

该标准适用于全国新建、扩建和改建的公共建筑节能设计。

公共建筑包含办公建筑（如写字楼、政府部门办公楼等），商业建筑（如商场、金融建筑等），旅游建筑（如旅馆饭店、娱乐场所等），科教文卫建筑（包括文化、教育、科研、医疗、卫生、体育建筑等），通信建筑（如邮电、通信、广播用房等）以及交通运输建筑（如机场、车站建筑等）。

（二）一般规定

1. 公共建筑分类

2015 标准将公共建筑分为两类，分类的条件规定如下：

（1）甲类公共建筑：单栋建筑面积大于 $300m^2$ 的建筑，或单栋建筑面积小于或等于 $300m^2$ 但总建筑面积大于 $1000m^2$ 的建筑群。

（2）乙类公共建筑：单栋建筑面积小于或等于 $300m^2$ 的建筑。

将公共建筑进行分类，区别规定不同类别的各项限值，可适当简化乙类建筑的设计程序，提高标准的可操作性。

2. 各城市的建筑热工设计分区

各城市所在建筑热工设计分区可查《民用建筑热工设计规范》GB 50176—2016 附录 A 中的表 A.0.1 确定。

3. 朝向与布局

建筑群的总体规划应考虑减轻热岛效应。建筑的总体规划和总平面设计应有利于自然通风和冬季日照。建筑的主朝向宜选择本地区最佳朝向或适宜朝向，且宜避开冬季主导风向，有利于夏季自然通风。

4. 遵循被动节能措施优先的原则

建筑设计应优先作好围护结构保温隔热措施，并充分利用天然采光、自然通风和遮阳措施，降低建筑能耗。

5. 建筑体形

建筑体形宜规整紧凑，避免过多的凹凸变化。

（三）建筑设计

标准为达到公共建筑节能设计的要求，对公共建筑的建筑设计和围护结构的热工性能规定了一系列强制性的指标限值。当公共建筑的建筑和建筑热工设计不能满足标准所规定的指标要求时，必须进行"权衡判断"，权衡判断需要计算并比较参照建筑和设计建筑的全年供暖和空气调节能耗，判定围护结构的总体热工性能是否符合节能设计的要求。

1. 体形系数

作为标准的强制性条文，严寒和寒冷地区公共建筑物的体形系数应符合表 17-42 的规定。

严寒和寒冷地区公共建筑体形系数　　　　　　　　　　　表 17-42

单栋建筑面积 A（m²）	建筑体形系数
$300<A≤800$	$≤0.50$
$A>800$	$≤0.40$

2. 建筑立面朝向的划分

北向：北偏西 60°至北偏东 60°；

南向：南偏西 30°至南偏东 30°；

西向：西偏北 30°至西偏南 60°（包括西偏北 30°和西偏南 60°）；

东向：东偏北 30°至东偏南 60°（包括东偏北 30°和东偏南 60°）。

3. 窗墙面积比

严寒地区甲类公共建筑各单一立面窗墙面积比（包括透光幕墙）均不宜大于 0.60；其他地区甲类公共建筑各单一立面窗墙面积比（包括透光幕墙）均不宜大于 0.70。

4. 屋顶透光面积

甲类公共建筑的屋顶透光部分面积不应大于屋顶总面积的 20%。当不能满足本条的规定时，必须按本标准规定的方法进行权衡判断。

5. 可见光透射比

由于玻璃和其他透光材料的可见光透射比直接影响自然采光的效果和人工照明的能耗，除非特殊需要，一般情况均不应采用可见光透射比过低的玻璃和透光材料。

甲类公共建筑单一立面窗墙面积比小于 0.40 时，透光材料的可见光透射比不应小于 0.60；甲类公共建筑单一立面窗墙面积比大于等于 0.40 时，透光材料的可见光透射比不应小于 0.40。

6. 可见光反射比

房间内表面的反射比对提高照度有明显的作用，可降低照明能耗。人员长期停留房间的内表面可见光反射比宜符合表 17-43 的规定。

人员长期停留房间的内表面可见光反射比　　　　　　　　表 17-43

房间内表面位置	可见光反射比
顶棚	0.7～0.9
墙面	0.5～0.8
地面	0.3～0.5

7. 遮阳措施

夏热冬暖、夏热冬冷、温和地区的建筑各朝向外窗（包括透光幕墙）均应采取遮阳措施；寒冷地区的建筑宜采取遮阳措施。建筑外遮阳装置应兼顾通风及冬季日照。

东西向：宜设置活动外遮阳；

南向：宜设置水平外遮阳。

8. 有效通风换气面积

单一立面外窗（包括透光幕墙）的有效通风换气面积应为开启扇面积和窗开启后的空气流通界面面积的较小值。有效通风换气面积按建筑类别应符合以下规定：

甲类公共建筑：外窗应设可开启窗扇，其有效通风换气面积不宜小于所在房间外墙面积的 10%；当透光幕墙受条件限制无法设置可开启窗扇时，应设置通风换气装置。

乙类公共建筑：外窗有效通风换气面积不宜小于窗面积的 30%。

9. 建筑中庭

建筑中庭应充分利用自然通风降温，可设置机械排风装置加强自然补风。

例 17-17 **（2008）** 为了节能，建筑中庭在夏季应采取下列哪项降温措施：

A 自然通风和机械通风，必要时开空调

B 封闭式开空调

C 机械排风，不用空调

D 通风降温，必要时机械排风

解析： 建筑中庭空间高大，在炎热的夏季中庭内温度很高。《公共建筑节能设计标准》GB 50189—2015 第 3.2.11 条规定：建筑中庭应充分利用自然通风降温，并可设置机械排风装置加强自然补风。

答案： D

（四）围护结构热工设计

1. 围护结构热工性能

除了对温和B区甲类和温和地区乙类公共建筑围护结构的传热系数不作要求外，按照公共建筑的甲、乙类别和所属建筑热工设计的气候分区，不同类别公共建筑的围护结构热工性能应分别符合节能标准相应表格的规定。例如，表 17-44 为严寒 A、B 区甲类公共建筑围护结构热工性能限值，表 17-45 为寒冷地区甲类公共建筑围护结构热工性能限值。当围护结构热工性能不能满足表中的规定时，必须按本标准规定的方法进行权衡判断。

注意，外墙的传热系数为包括结构性热桥在内的平均传热系数。

严寒 A、B 区甲类公共建筑围护结构热工性能限值 表 17-44

围护结构部位		体形系数≤0.30	0.3＜体形系数≤0.50
		传热系数 $K[W/(m^2 \cdot K)]$	
屋面		≤0.28	≤0.25
外墙（包括非透光幕墙）		≤0.38	≤0.35
底面接触室外空气的架空或外挑楼板		≤0.38	≤0.35
地下车库与供暖房间之间的楼板		≤0.50	≤0.50
非供暖楼梯间与供暖房间之间的隔墙		≤1.2	≤1.2
单一立面外窗（包括透光幕墙）	窗墙面积比≤0.20	≤2.7	≤2.5
	0.20＜窗墙面积比≤0.30	≤2.5	≤2.3
	0.30＜窗墙面积比≤0.40	≤2.2	≤2.0

围护结构部位		体形系数≤0.30	0.3＜体形系数≤0.50
		传热系数 $K[W/(m^2 \cdot K)]$	
单一立面外窗（包括透光幕墙）	0.40＜窗墙面积比≤0.50	≤1.9	≤1.7
	0.50＜窗墙面积比≤0.60	≤1.6	≤1.4
	0.60＜窗墙面积比≤0.70	≤1.5	≤1.4
	0.70＜窗墙面积比≤0.80	≤1.4	≤1.3
	窗墙面积比＞0.80	≤1.3	≤1.2
屋顶透光部分（屋顶透光部分面积≤20%）		≤2.2	
围护结构部位		保温材料层热阻 $R [(m^2 \cdot K)/W]$	
周边地面		≥1.1	
供暖地下室与土壤接触的外墙		≥1.1	
变形缝（两侧墙内保温时）		≥1.2	

寒冷地区甲类公共建筑围护结构热工性能限值 表 17-45

围护结构部位		体形系数≤0.30		0.30＜体形系数≤0.50	
		传热系数 $K[W/(m^2 \cdot K)]$	太阳得热系数 $SHGC$（东、南、西向/北向）	传热系数 $K[W/(m^2 \cdot K)]$	太阳得热系数 $SHGC$（东、南、西向/北向）
屋面		≤0.45	—	≤0.40	—
外墙（包括非透光幕墙）		≤0.50	—	≤0.45	—
底面接触室外空气的架空或外挑楼板		≤0.50	—	≤0.45	—
地下车库与供暖房间之间的楼板		≤1.0	—	≤1.0	—
非供暖楼梯间与供暖房间之间的隔墙		≤1.5		≤1.5	
单一立面外窗（包括透光幕墙）	窗墙面积比≤0.20	≤3.0	—	≤2.8	—
	0.20＜窗墙面积比≤0.30	≤2.7	0.52/—	≤2.5	0.52/—
	0.30＜窗墙面积比≤0.40	≤2.4	0.48/—	≤2.2	0.48/—
	0.40＜窗墙面积比≤0.50	≤2.2	0.43/—	≤1.9	0.43/—
	0.50＜窗墙面积比≤0.60	≤2.0	0.40/—	≤1.7	0.40/—
	0.60＜窗墙面积比≤0.70	≤1.9	0.35/0.60	≤1.7	0.35/0.60
	0.70＜窗墙面积比≤0.80	≤1.6	0.35/0.52	≤1.5	0.35/0.52
	窗墙面积比＞0.80	≤1.4	0.30/0.52	≤1.4	0.30/0.52
屋顶透光部分（屋顶透光部分面积≤20%）		≤2.4	≤0.44	≤2.4	≤0.35
围护结构部位		保温材料层热阻 $R [(m^2 \cdot K)/W]$			
周边地面		≥0.60			
供暖地下室与土壤接触的外墙		≥0.60			
变形缝（两侧墙内保温时）		≥0.90			

2. 外窗（门）部位的设计

（1）外窗的传热系数

按照公共建筑的甲、乙类别和所属建筑热工设计的气候分区，不同类别公共建筑外窗的传热系数应分别符合节能标准相应表格中的规定。例如，可在表 17-44 中查到对严寒 A、B 区甲类公共建筑单一立面外窗（包括透明幕墙）传热系数的限值。

当不能满足表中规定时，必须按本标准规定的方法进行权衡判断。

（2）外窗的太阳得热系数

为与国际接轨，本标准引入太阳得热系数 $SHGC$（Solar Heat Gain Coefficient）作为透光围护结构的性能参数，替代 2005 版中的遮阳系数（SC）。

太阳得热系数（$SHGC$）的定义为：通过透光围护结构（门窗或透光幕墙）的太阳辐射室内得热量与投射到透光围护结构（门窗或透光幕墙）外表面上的太阳辐射量的比值。太阳辐射室内得热量包括太阳辐射通过辐射透射的得热量和太阳辐射被构件吸收后再传入室内的得热量两部分。

当设置外遮阳构件时，外窗（包括透光幕墙）的太阳得热系数应为外窗（包括透光幕墙）本身的太阳得热系数与外遮阳构件的遮阳系数的乘积。

本标准也按照公共建筑的不同类型在相应的热工分区给出了外窗（包括透光幕墙）太阳得热系数的限值，参见表 17-45。

（3）门窗的气密性

建筑外门、外窗的气密性分级应符合国家标准《建筑外门窗气密、水密、抗风压性能分级及检测方法》GB/T 7106—2008 中的规定，并应满足下列要求：

10 层及以上建筑：外窗的气密性不应低于 7 级（$1.0 \geqslant q_1 > 0.5 [m^3/(m \cdot h)]$）；

10 层以下建筑：外窗的气密性不应低于 6 级（$1.5 \geqslant q_1 > 1.0 [m^3/(m \cdot h)]$）；

严寒和寒冷地区：外门的气密性不应低于 4 级（$2.5 \geqslant q_1 > 2.0 [m^3/(m \cdot h)]$）。

（4）建筑幕墙的气密性

建筑幕墙的气密性应符合国家标准《建筑幕墙》GB/T 21086—2007 中的规定且不应低于 3 级。3 级要求幕墙开启部分单位缝长空气渗透量为（$1.5 \geqslant q_L > 0.5 [m^3/(m \cdot h)]$），幕墙整体部分单位面积空气渗透量为（$1.2 \geqslant q_A > 0.5 [m^3/(m^2 \cdot h)]$）。

3. 外门处理

严寒地区：建筑的外门必须设门斗；

寒冷地区：面向冬季主导风向的外门必须设置门斗或双层外门，其他朝向外门宜设置门斗或应采取其他减少冷风渗透的措施；

夏热冬冷、夏热冬暖和温和地区：建筑的外门应采取保温隔热措施。

4. 热桥处理

屋面、外墙和地下室的热桥部位的内表面温度不应低于室内空气露点温度。

5. 全玻幕墙入口大堂的处理

当公共建筑入口大堂采用全玻幕墙时，全玻幕墙中非中空玻璃的面积不应超过同一立面透光面积（门窗和玻璃幕墙）的 15%，且应按同一立面透光面积（含全玻幕墙面积）加权计算平均传热系数。

三、工业建筑节能设计统一标准

《工业建筑节能设计统一标准》GB 51245—2017，经住房和城乡建设部 2017 年 5 月 27 日以 1571 号公告批准发布，于 2018 年 1 月 1 起正式实施。

（一）标准的适用范围

本标准适用于新建、改建及扩建工业建筑的节能设计。特殊行业和有特殊要求的厂房或部位的节能设计，应按其专项节能设计标准执行。

（二）工业建筑节能设计分类与基本原则

1. 工业建筑节能设计分类

工业建筑节能设计应按表 17-46 进行分类设计。

工业建筑节能设计分类　　　　　　　　　　　　　　表 17-46

类别	环境控制及能耗方式	建筑节能设计原则
一类工业建筑	供暖、空调	通过围护结构保温和供暖系统节能设计，降低冬季供暖能耗；通过围护结构隔热和空调系统节能设计，降低夏季空调能耗
二类工业建筑	通风	通过自然通风设计和机械通风系统节能设计，降低通风能耗

一类工业建筑：冬季以供暖能耗为主，夏季以空调能耗为主，通常无强污染源及强热源。代表性行业有计算机、通信和其他电子设备制造业，食品制造业，烟草制品业，仪器仪表制造业，医药制造业，纺织业等。凡是有供暖空调系统能耗的工业建筑，均执行一类工业建筑相关要求。

二类工业建筑：以通风能耗为主，代表性行业有金属冶炼和压延加工业，石油加工炼焦和核燃料加工业，化学原料和化学制品制造业，机械制造等。强污染源是指生产过程中散发较多有害气体、固体或液体颗粒物的源项，要采用专门的通风系统对其进行捕集或稀释控制才能达到环境卫生的要求，强热源是指在工业加工中，具有生产工艺散发的个体散热源，如热轧厂房以及烧结、锻铸、熔炼等热加工车间。

节能设计和建筑能耗计算所要考虑的因素见表 17-47。

不同类型工业建筑节能设计和建筑能耗计算所要考虑的因素　　　　表 17-47

工业建筑节能设计类型	总图与建筑	围护结构	供暖	空气调节	自然通风	机械通风	除尘净化	冷热源	给水排水	采光照明	电力	能量回收	可再生能源	监测与控制
一类工业建筑	★	★	★	★	☆	☆	☆	☆	☆	☆	☆	☆	☆	★
二类工业建筑	★	★	☆	—	★	★	★	☆	☆	☆	☆	★	☆	★

注：★表示重点考虑，☆表示考虑，—表示忽略。

2. 节能设计环境计算参数

（1）冬季室内节能计算参数

冬季室内节能计算参数应根据不同的劳动强度确定室内计算温度，见表 17-48。

冬季室内节能设计计算温度　　　　　　　　　　　　表 17-48

体力劳动强度级别	温度（℃）
轻劳动	16
中等劳动	14
重劳动	12
极重劳动	10

注：劳动强度指数（n）测量方法应符合现行国家标准《工作场所物理因素测量　第 10 部分：体力劳动强度分级》GBZ/T 189.10 的有关规定。

（2）夏季空气调节的室内计算参数

在保证工作人员的工作效率及舒适性的前提下，夏季空气调节的室内计算，见表17-49。

夏季空气调节室内节能设计计算温度　　　　　　　　　　　　表 17-49

参数	计算参数取值
温度	28℃
相对湿度	≤70%

需要说明的是，上述两个环境计算参数只是用于节能设计计算，并不代表工业建筑运行时室内的实际参数。

（三）建筑和热工设计

1. 总图设计

（1）厂区选址：除了考虑用地性质、交通组织、市政设施、周边建筑等基本因素外，还应综合考虑区域的生态环境因素（日照条件、降水量、温湿度、风向、风速、风频及地表下垫面情况等），充分利用有利条件，符合可持续发展原则。

（2）妥善处理建筑群间的相互关系：应避免大量热蒸汽或有害物质向相邻建筑散发，而造成相邻建筑的能耗增加和污染周围的自然环境。因此，要从总图设计出发，控制建筑群之间的建筑间距、选择最佳朝向、确定建筑密度和绿化构成，以消除或减少相互之间的不利干扰。

（3）合理确定能源设备机房和冷热负荷中心的位置：冷热源机房宜位于或靠近冷热负荷中心位置集中设置，尽量缩短能源供应输送距离。

（4）充分利用气候条件：厂区总图设计应充分利用冬季日照、夏季自然通风和自然采光等条件。冬季利用日照减少供暖能耗，合理利用当地主导风向组织自然通风，可有效降低通风和空调能耗。

（5）合理划分建筑内部的功能布局。在满足工艺需求的基础上，建筑内部功能布局应合理划分生产与非生产、强热源和一般热源、强污染源和一般污染源、人员操作区与非人员操作区部位。对于大量散热的热源，宜放在生产厂房的外部并与生产辅助用房保持距离；对于生产厂房内的热源，宜采取隔热措施并宜采用远距离控制或自动控制。

2. 建筑设计

（1）优先采用被动式节能技术

根据气候条件，合理选择建筑的朝向、建筑的造型、控制窗墙面积比，对围护结构进行保温隔热处理，设置遮阳、天然采光、自然通风等措施，可减小环境对建筑节能的不利影响，降低建筑的供暖、空调、通风和照明系统的能耗，达到节能的目的。

（2）积极采用节能新技术、新材料、新工艺、新设备

应充分结合行业特征和特殊性，积极采用节能新技术、新材料、新工艺、新设备。

（3）能量就地回收与再利用

对于工业建筑在工艺流程和设备运行中散发出的废热、余热，可建立集中的能量回收设施，在辅助热水等方面得到再次利用，或服务于周边建筑。

（4）利用厂区植被、水面等自然条件改善生态环境

绿化对改善建筑周围的环境十分有利。水平绿化、垂直绿化、立体绿化在夏季可以对建

筑形成遮阴，避免建筑过热；冬季可以遮蔽寒风，降低风速，减少冷风渗透引起的能耗。

有条件的地区可设置水面，利用水的蒸发降低周围环境温度、平衡湿度，从而提高环境的舒适度。

改善厂区室外场地（如停车场、室外空地）的硬质地面，在能够满足强度和耐久性要求的前提下用透水铺装材料代替硬质铺装材料，可使雨水通过铺装下的渗水路径渗入到下部土壤，从而降低地表面温度，改善夏季室外热环境条件。

（5）严寒和寒冷地区一类工业建筑体形系数应符合表 17-50 的规定。

严寒和寒冷地区一类工业建筑体形系数　　　　　　　　　　　　表 17-50

单栋建筑面积 A（m²）	建筑体形系数
$A>3000$	$\leqslant 0.3$
$800<A\leqslant 3000$	$\leqslant 0.4$
$300<A\leqslant 800$	$\leqslant 0.5$

（6）一类工业建筑总窗墙面积比不应大于 0.50，当不能满足此规定时，必须进行权衡判断。

（7）一类工业建筑屋顶透光部分的面积与屋顶总面积之比不应大于 0.15，当不能满足此规定时，必须进行权衡判断。

3. 自然通风

（1）充分利用自然通风消除工业建筑余热和余湿

通常工业建筑要有外窗，通过组织有效的自然通风可消除工业建筑余热和余湿。利用自然通风时，应避免自然进风对室内环境的污染和无组织排放造成室外环境的污染。

（2）热压自然通风

1）进风口与排风口位置

应使进风口位置尽可能低，排风口位置尽可能高，以增加进、排风口的高度差，增强热压通风效果。当热源靠近厂房的一侧外墙布置，且外墙与热源之间无工作地点时，该侧外墙的进风口宜布置在热源的间断处，防止室外新鲜空气流经散热设备被加热和污染。

2）进、排风口面积

进、排风口面积尽量相等才能保证自然通风的效果。当受限时，可采用机械进、出风方式补充进、出风量。有条件时，可在地面设置进风口，利用地道作为热压通风进风方式。

（3）风压自然通风

以风压自然通风为主的工业建筑，其迎风面与夏季主导风向宜成 $60°\sim90°$，且不宜小于 $45°$。

（4）通风装置

尽量采用流量系数较大、阻力系数小、易于开关和维修的进、排风口或窗扇。如常用的门、洞、平开窗、上悬窗、中悬窗及隔板或垂直转动窗、板等排风口或窗扇。通风装置应随季节的变换进行调节。

4. 围护结构热工设计

（1）围护结构的传热系数

在进行工业建筑围护结构热工计算时，外墙和屋面的传热系数（K）应采用包括结构性热桥在内的平均传热系数（K_m）。工业建筑中常用的金属围护结构典型构造形式的传热系数见《工业建筑节能设计统一标准》的附录 B。

一类工业建筑围护结构的热工性能应根据气候分区分别符合《工业建筑节能设计统一标准》表 4.3.2-1～表 4.3.2-8 的规定。对严寒地区和寒冷地区仅规定了围护结构传热系数限值，对夏热冬冷和夏热冬暖地区，还增加了太阳得热系数限值。本条为强制性条文，必须严格执行。当不能满足本条规定时，必须进行权衡判断。

由于二类工业建筑是以通风作为环境控制的主要方式，因此，对二类工业建筑围护结构的热工性能标准只给出了严寒地区和寒冷地区传热系数的推荐值。

（2）门窗设计

1）外窗

外窗可开启面积不宜小于窗面积的 30%，否则，应加设通风装置。对外窗有保温隔热要求时，宜安装具有保温隔热性能的附框。外窗与墙体之间的缝隙应采用保温、密封构造，一定要采用防潮型保温材料。外窗的气密性等级应符合现行国家标准《建筑外门窗气密、水密、抗风压性能分级及检测方法》GB/T 7106 的有关规定。

2）天窗

若冬季要求保温，需采用自动或手动的控制方式关闭天窗，以减少通风换气的热量损失。

3）外门

设置门斗减少冷风渗透。严寒和寒冷地区有保温或隔热要求时，应采用防寒保温门或隔热门，外门与墙体之间应采取防水保温措施。

（3）屋顶隔热

夏热冬冷或夏热冬暖地区，当屋顶离地面平均高度小于或等于 8m 时，采用屋顶隔热措施。采用通风屋顶隔热时，其通风层长度不宜大于 10m，空气层高度宜为 0.2m。

（4）窗口遮阳

夏热冬暖、夏热冬冷、温和地区的工业建筑宜采取遮阳措施。东、西向宜设置活动外遮阳，南向宜设水平外遮阳。同时，注意处理好遮阳的构造、安装位置、材料与颜色等要素。

（5）构造设计

围护结构的构造设计应符合下列规定：采用外保温时，外墙和屋面宜减少挑构件、附墙构件和屋顶突出物，外墙与屋面的热桥部分应采取阻断热桥措施；变形缝应采取保温措施；严寒及寒冷地区地下室外墙及出入口应防止内表面结露并应设防水排潮措施。

（6）预制装配式围护结构金属围护系统

采用预制装配式围护结构或金属围护系统时，均应符合标准的有关规定。

5. 工业建筑围护结构热工性能的权衡判断

当标准规定的强制性条文不能满足时，需要进行围护结构热工性能权衡判断。

权衡判断的方法是分别计算参照建筑（建筑形状、大小、朝向以及内部的空间划分、使用功能等与设计建筑完全一致）和设计建筑的全年供暖和空调的总能耗，并依照这两个总能耗的比较结果做出判断。

权衡判断可以按照稳态计算方法进行。

四、建筑节能的检测、评价标准

为了规范居住建筑节能检测方法，住房和城乡建设部公布于 2010 年 7 月 1 日起实施《居住建筑节能检测标准》JGJ/T 132—2009，该标准适用于新建、改建和扩建的居住建筑的节能检测。

为了加强对公共建筑的节能监督与管理，规范建筑节能检测方法，于 2010 年 7 月 1 日起实施《公共建筑节能检测标准》JGJ/T 177—2009，该标准适用于公共建筑的节能检测。

2011 年 4 月，住房和城乡建设部发布公告，自 2012 年 5 月 1 日起实施《节能建筑评价标准》GB/T 50668—2011。它是在广泛调查研究，认真总结实践经验，参考有关国内标准、国外先进标准和大量征求意见的基础上制定的。该标准适用于新建、改建和扩建的居住建筑和公共建筑的节能评价，将规范节能建筑的评价。

五、有关绿色建筑评价标准的几个问题

《绿色建筑评价标准》GB/T 50378—2006 自 2006 年发布实施以来，期间曾有过一次修订（《绿色建筑评价标准》GB/T 50378—2014）。该标准的实施对评估建筑绿色程度、保障绿色建筑质量、规范和引导我国绿色建筑的健康发展发挥了重要的作用。为适应新时代绿色建筑实践及评价工作的需要，在 2014 版的基础上再次修订，并于 2019 年 3 月 13 日发布《绿色建筑评价标准》GB/T 50378—2019，2019 年 8 月 1 日正式实施。

1. 绿色建筑

在全寿命期内，节约资源、保护环境、减少污染，为人们提供健康、适用、高效的使用空间，最大限度地实现人与自然和谐共生的高质量建筑。

2. 标准适用范围

本标准适用于民用建筑绿色性能的评价。

3. 绿色建筑评价

（1）评价对象

绿色建筑评价应以单栋建筑或建筑群为评价对象。应在建筑工程竣工后进行。

（2）评价指标体系

绿色建筑评价指标体系应由安全耐久、健康舒适、生活便利、资源节约、环境宜居 5 类指标组成，且每类指标均包括控制项和评分项；评价指标体系还统一设置加分项。

其中，控制项为评为绿色建筑的必备条款；控制项的评定结果应为达标或不达标；评分项和加分项的评定结果应为分值。表 17-51 为绿色建筑评价分值。

绿色建筑评价分值 表 17-51

	控制项基础分值	评价指标评分项满分值					提高与创新加分项满分值
		安全耐久	健康舒适	生活便利	资源节约	环境宜居	
预评价分值	400	100	100	70	200	100	100
评价分值	400	100	100	100	200	100	100

标准按上述 5 类不同的评价指标，分别详细规定了每一类评价指标控制项对下属子项的要求、评分项各自下属子项的评价分值。最后，标准给出了提高与创新加分项的评价

分值。

例如，在"安全耐久"体系中，控制项有 8 个子项，其中第 2 子项要求："建筑结构应满足承载力和建筑使用功能要求。建筑外墙、屋面、门窗、幕墙及外保温等围护结构应满足安全、耐久和防护的要求"。

评分项有 9 个子项，其中第 2 子项为：

采取保障人员安全的防护措施，评价总分值为 15 分，并按下列规则分别评分并累计：

1　采取措施提高阳台、外窗、窗台、防护栏杆等安全防护水平，得 5 分；

2　建筑物出入口均设外墙饰面、门窗玻璃意外脱落的防护措施，并与人员通行区域的遮阳、遮风或挡雨措施结合，得 5 分；

3　利用场地或景观形成可降低坠物风险的缓冲区、隔离带，得 5 分。

绿色建筑评价的总得分 Q 应按下式进行计算：

$$Q = (Q_0 + Q_1 + Q_2 + Q_3 + Q_4 + Q_5 + Q_A)/10 \qquad (17\text{-}71)$$

式中　Q——总得分；

　　Q_0——控制项基础分值，当满足所有控制项的要求时取 400 分；

　$Q_1 \sim Q_5$——分别为评价指标体系 5 类指标（安全耐久、健康舒适、生活便利、资源节约、环境宜居）评分项得分；

　　Q_A——提高与创新加分项得分。

（3）等级划分

绿色建筑划分为基本级、一星级、二星级、三星级 4 个等级。其中：

1）基本级

满足全部控制项要求。

2）3 个星级等级（一星级、二星级、三星级）

① 3 个等级的绿色建筑均应满足本标准全部控制项的要求，且每类指标的评分项得分不应小于其评分项满分值的 30%；

② 3 个等级的绿色建筑均应进行全装修，全装修工程质量、选用材料及产品质量应符合国家现行有关标准的规定；

③ 满足①②要求，当总得分分别达到 60 分、70 分、85 分时，绿色建筑等级分别为一星级、二星级、三星级。

六、被动式太阳能建筑

1. 被动式太阳能建筑

被动式太阳能建筑是指利用太阳的辐射能量代替部分常规能源，使建筑物达到一定温度环境的一种建筑。具有节约常规能源和减少空气污染等独特的优点。

被动式太阳能建筑以不使用机械设备为前提，仅通过建筑设计、节点构造处理、建筑材料恰当选择等有效措施，一方面尽量减少通过围护结构及冷风渗透而造成热损失，利用充分收集、蓄存和分配太阳能热量实现冬季采暖；另一方面尽可能多地散热并减少吸收太阳能，完全依靠加强建筑物的遮挡功能和通风，达到夏季降温的目的。

利用被动式技术就是根据当地气象条件，在基本上不添置附加设备的情况下，经过设计有意识地利用通过墙、屋顶、窗等围护结构控制入射和吸收的太阳能，以自然热交换方式（辐射、对流、传导）使房屋具有冬暖夏凉的效果。如果获得的太阳能达到建筑采暖、空调所需能量的一半以上时，则称此建筑物为被动式太阳房。

目前，被动式太阳房主要用来解决冬季的采暖问题，经过多方试验并逐步过渡到实用阶段；而利用被动技术解决夏季的降温问题尚处于探索阶段。

2. 被动太阳能建筑的类型

按采集太阳能的方式区分，被动太阳建筑可以分为以下几类：

（1）直接受益式（图 17-18）

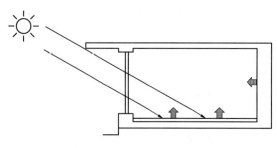

图 17-18　直接受益式太阳房

直接受益式太阳房是让太阳光通过透光材料直接进入室内的采暖形式。阳光直接照射至室内的地面墙壁和家具上，使其吸收大部分热量，一部分以辐射、对流方式在室内空间传递，一部分导入蓄热体内，然后逐渐释放出热量，使房间在晚上和阴天也能保持一定温度。

该类太阳房的优点是升温快、构造简单、造价且管理方便。但如果设计不当，很容易引起室温昼夜波动大且白天室内有眩光。

直接受益式太阳房的南窗面积较大，应配置保温窗帘，并要求窗扇的密封性能良好，以减少通过窗的热损失。窗应设置遮阳板，以遮挡夏季阳光进入室内。

（2）集热蓄热墙式（Trombe 墙）（图 17-19）

这种类型的太阳房主要是利用阳光照射到外面有玻璃罩的深色蓄热墙体上，加热透明玻璃和厚墙外表面之间的夹层空气，通过热压作用使空气流入室内向室内供热，同时墙体本身直接通过热传导向室内放热并储存部分能量，夜间墙体将储存的能量释放到室内。

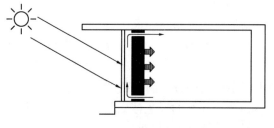

图 17-19　集热蓄热墙式太阳房

集热蓄热墙的外表面涂成黑色或某种深色，是为了有效地吸收阳光。构成集热蓄热墙的形式有：实体式集热蓄热墙、花格式集热蓄热墙、水墙式集热蓄热墙、相变材料集热蓄热墙等。

与直接受益式相比，集热蓄热墙式被动式太阳房室内温度波动小，居住舒适，但热效率较低，结构比较复杂，玻璃夹层中间积灰不好清理，影响集热效果，深色立面不太美观，推广有一定的局限性。

目前，集热蓄热墙式被动房的研究热点主要集中在如何增强和控制墙体的集热蓄热效果、改善外观上，出现了百叶式集热蓄热墙、多孔式集热蓄热墙、热管式集热蓄热墙等新的墙体形式。

（3）附加阳光间式（图 17-20）

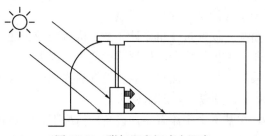

图 17-20　附加阳光间式太阳房

附加阳光间式太阳房是由直接受益式

和储热墙相结合的太阳房形式。阳光间附建在房屋南侧，全部或部分由玻璃等透光材料构成，通过储热墙与被加热的房间隔开。两个房间之间的储热墙上开有门、窗等孔洞。阳光间得到阳光照射被加热，其内部温度始终高于外环境温度。所以既可以在白天通过对流风口给房间供热，又可在夜间作为缓冲区，减少房间热损失。附加阳光间还可兼作白天休息、活动的场所；与直接受益式相比，采暖房间温度波动和眩光程度得到有效降低。这种太阳房适用于民用住宅，成为一种适合村镇地区建设的建筑形式。

与集热蓄热墙式相比，附加阳光间增加了地面作为集热、蓄热构件。

（4）屋顶集热蓄热式

1）屋顶池式（图17-21）

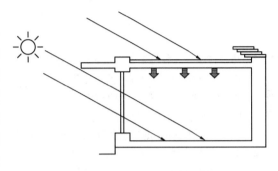

用充满水或相变储热材料的塑料袋作为储热体，置于屋顶顶棚之上，其上设置可水平推拉开闭的保温盖板。冬季白天晴天时，将保温板敞开，让水袋充分吸收太阳辐射热，水袋所储热量通过辐射和对流传至下面房间。夜间则关闭保温板，阻止向外的热损失。夏季保温盖板启闭情况则与冬季相反。白天关闭保温盖板，隔绝阳

图17-21　屋顶池式太阳房

光及室外热空气，同时用较凉的水袋吸收下面房间的热量，使室温下降；夜晚则打开保温盖板，让水袋冷却。保温盖板还可根据房间温度、水袋内水温和太阳辐射照度，进行自动调节启闭。

2）集热蓄热屋顶

集热蓄热屋顶是将平屋顶或坡屋顶的南向坡面做成集热蓄热墙形式，其主要结构由外到内依次为：玻璃盖板、空气夹层、涂有吸热材料且开有通风孔的重质屋顶。南向集热蓄热墙主要依靠热压作用带动空气循环流动加热室内空气。为增强热流流动，在出风口位置安装小型轴流风机，使夹层空气在玻璃盖板和重质屋顶之间以强迫对流的方式进行流动，提高供热效率。

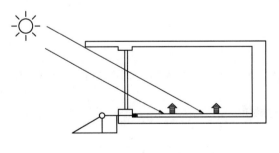

图17-22　对流环路式太阳房

（5）对流环路式（热虹吸式）（图17-22）

对流环路式是将集热器和采暖房间分开的一种太阳房。利用集热器（空气或水）收集、吸收太阳能后快速升温，再通过热虹吸作用进行加热循环。白天通过对流环路将一部分热量直接输送到室内供热，同时，将另一部分热量蓄存在地板或卵石床内；夜间，则让气流经过地板或卵石床被加热后继续为室内供热。

总之，被动式太阳房作为节能建筑的一种特殊形式，需要利用建筑学和太阳能方面的知识，通过合理设计有效解决绝热、集热、蓄热三方面的问题，使房屋满足人们冬暖夏凉居住舒适的需求。推广被动式太阳房完全符合目前提倡的绿色低碳循环的可持续发展路线。

例 17-18 （2021）建筑太阳能利用的方式中，属于主动式利用太阳能的是：

A 集热蓄热墙式 　　　　　B 对流环路式

C 附加阳光间式 　　　　　D 太阳能集热板通过泵把热量传递到各房间

解析： 集热蓄热墙式、对流环路式和附加阳光间式均属于被动式太阳房的类型。将太阳能集热板收集的热量通过泵传递到各房间则属于主动式利用太阳能。

答案： D

习　题

17-1 热量传递有三种基本方式，它们是导热、对流和辐射。关于热量传递下面哪个说法是不正确的？

A 存在着温差的地方，就发生热量传递

B 两个相互不直接接触的物体间，不可能发生热量传递

C 对流传热发生在流体中

D 密实的固体中的热量传递只有导热一种方式

17-2 关于太阳辐射，下述哪一项不正确？

A 太阳辐射的波长主要是短波辐射

B 到达地面的太阳辐射分为直射辐射和散射辐射

C 同一时刻，建筑物各表面的太阳辐射照度相同

D 太阳辐射在不同的波长下的单色辐射本领各不相同

17-3 下列材料的导热系数由小至大排列正确的是哪一个？

A 钢筋混凝土、重砂浆黏土砖砌体、水泥砂浆

B 岩棉板（密度<80kg/m³）、加气混凝土（密度 500kg/m³）、水泥砂浆

C 水泥砂浆、钢筋混凝土、重砂浆黏土砖砌体

D 加气混凝土（密度 700kg/m³）、保温砂浆、玻璃棉板（密度 80~200kg/m³）

17-4 有关材料层的导热热阻，下列叙述哪一种是正确的？

A 厚度不变，材料层的热阻随导热系数的减小而增大

B 温度升高，材料层的热阻随之增大

C 只有增加材料层的厚度，才能增大其热阻

D 材料层的热阻只与材料的导热系数有关

17-5 (2019)下列参数中，与热感度（PMV）指数无关的是：

A 室内空气温度　　B 露点温度　　　C 气流速度　　　D 空气湿度

17-6 《民用建筑热工设计规范》GB 50176—2016 将 5 个一级区划细分为 11 个二级区划，划分的主要依据是：

A 累年最冷月的平均温度和累年最热月的平均温度

B 以 26℃为基准的空调度日数 CDD26

C 以 18℃为基准的采暖度日数 HDD18

D 采暖度日数 HDD18 和空调度日数 CDD26

17-7 (2018)现行国家标准《民用建筑热工设计规范》中，根据 HDD18 和 CDD26 指标将全国建筑气候区细分为 11 个子分区，对不同子区提出了冬季保温和夏季防热的设计要求，其中"宜满足隔热设计要求"的子区是：

A 严寒 B 区（1B）　　　　　B 寒冷 B 区（2B）

C 温和 A 区（5A）　　　　　D 温和 B 区（5B）

17-8 在稳定传热中，通过多层平壁各材料层的热流强度：

A 沿热流方向逐渐增加   B 随时间逐渐减小

C 通过各材料层的热流强度不变   D 沿热流方向逐渐减少

17-9 (2019)某一建筑外围护结构墙体的热阻为 R 时，该外墙冬季的热传阻应为：

A "R"＋（外表面热阻）   B "R"＋（内、外表面热阻）

C "R"＋（内表面热阻）   D "R"值

17-10 (2018)某墙体材料的厚度为 100mm，导热系数为 0.04W/(m·K)，当其内、外表面换热阻分别为 0.11(m²·K)/W 和 0.04(m²·K)/W 时，冬季正确的传热阻值 W/(m·K)）是：

A $R_0=2.5$ B $R_0=2.55$ C $R_0=2.6$ D $R_0=2.65$

17-11 (2018)下列供暖房间保温墙体中温度分布曲线正确的是：

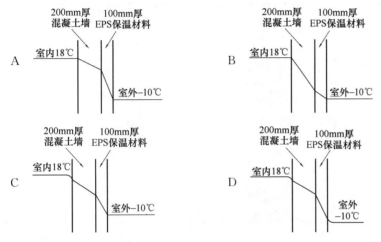

17-12 (2018)根据围护结构对室内热稳定性的影响，习惯上用热惰性指标 D 来界定重质围护结构和轻质围护结构，下列热惰性指标中，能准确判断重质围护结构的是：

A $D<2.5$ B $D=2.5$ C $D\geqslant2.5$ D $D>2.5$

17-13 封闭空气间层热阻的大小主要取决于：

A 间层中空气的温度和湿度

B 间层中空气对流传热的强弱

C 间层两侧内表面之间辐射传热的强弱

D 既取决于间层中空气对流传热的强弱，又取决于间层两侧内表面之间辐射传热的强弱

17-14 外墙某局部如下图所示，比较内表面温度 θ_1 和 θ_2，下列哪一个答案是正确的？

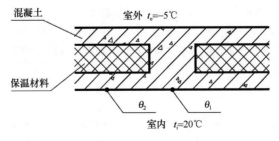

题 17-14 图

A $\theta_1>\theta_2$ B $\theta_1<\theta_2$

C $\theta_1=\theta_2$ D θ_1 和 θ_2 的关系不确定

17-15 **(2019)** 对于采暖房间达到基本热舒适度要求，墙体的内表面温度与空气温度的温差 Δt_w 应满足：

A $\Delta t_w \leqslant 3℃$ B $\Delta t_w \leqslant 3.5℃$ C $\Delta t_w \leqslant 4℃$ D $\Delta t_w \leqslant 4.5℃$

17-16 在围护结构内设置隔汽层的条件是：

A 围护结构内表面出现结露

B 保温材料层受潮以后的重量湿度增量超过允许湿度增量

C 围护结构内部出现冷凝

D 保温材料层内部温度低于室内空气的露点温度

17-17 **(2019)** 外墙外保温系统的隔汽层应设置在：

A 保温层的室外侧 B 外墙的室内侧

C 保温层的室内侧 D 保温层中间

17-18 **(2018)** 在恒温室对热工性能要求较高的房间，经常采用技术经济合理的混合型保温构造。题图中，隔汽用塑料薄膜应设置在哪个位置？

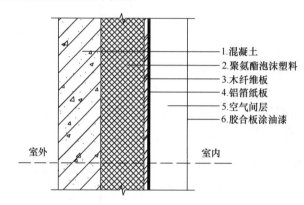

题 17-18 图 混合型保温构造图

A 1与2之间 B 2与3之间 C 3与4之间 D 4与5之间

17-19 **(2018)** 在夏热冬冷地区冬夏之交"梅雨"季节，夏热冬暖地区沿海地区初春季节"回南天"，外墙内表面、地面上产生结露现象（俗称泛潮），以下形成原因中哪一个不正确？

A 空气湿度太大 B 地面、外墙内表面温度过低

C 未设置防水（潮）层 D 房间通风与否不影响结露

17-20 关于夏季防热设计要考虑的"室外综合温度"，以下哪个说法是正确的？

A 一栋建筑只有一个室外综合温度

B 屋顶和四面外墙分别有各自的室外综合温度

C 屋顶一个，四面外墙一个，共有两个室外综合温度

D 屋顶一个，东西墙一个，南北墙一个，共有三个室外综合温度

17-21 **(2018)** 现行国家标准对热工计算基本参数室内空气温度平均值 t_i 和室外空气温度平均值 t_e 的取值作出了规定，下列夏季室内设计参数中错误的是：

A 非空调房间 $t_i = t_e + 1.5K$ B 空调房间 t_i 取 26℃

C 相对湿度宜为 50% D 相对湿度应取 60%

17-22 **(2018)** 在围护结构隔热设计中，当 t_i 为外墙内表面温度，t_e 为外墙外表面温度时，外墙内表面最高温度 $\theta_{i.max}$ （℃）的限值，下列哪一项不符合规定？

A $\leqslant t_i + 2$ B $\leqslant t_{e.max}$ C $\leqslant t_i + 3$ D $\leqslant t_i + 4$

17-23 **(2019)** 下列外墙的隔热措施中，错误的是：

A 涂刷热反射涂料 B 采用干挂通风幕墙

C 采用加厚墙体构造　　　　　　　　D 采用墙面垂直绿化

17-24 (2019)架空屋面能够有效降低屋面板室内侧表面温度，其隔热作用原理正确的是：

A 防止保温层受潮　　　　　　　　　B 减少屋面板传热系数

C 增加屋面热惰性　　　　　　　　　D 减少太阳辐射影响

17-25 (2018)工程中常用种植屋面的构造设计保证屋面的隔热效果。下列防热途径不属于种植屋面作用的是：

A 减少屋面存在的热桥

B 使屋面热应力均匀

C 植物蒸腾作用降低夏季屋顶表面温度

D 利用屋面架空通风层来防热

17-26 在建筑日照设计中，由下列哪一组因素可计算出太阳高度角？

A 地理经度、墙体方位角、时角　　　B 赤纬角、时角、墙体方位角

C 赤纬角、时角、地理纬度　　　　　D 地理经度、时角、赤纬角

17-27 (2019)根据现行国家标准《城市居住区规划设计规范》规定，作为特定情况，旧区改建的项目内新建住宅日照标准可酌情降低，但不应低于以下哪项规定？

A 大寒日日照 1h　　　　　　　　　B 大寒日日照 2h

C 冬至日日照 1h　　　　　　　　　D 冬至日日照 2h

17-28 根据《民用建筑热工设计规范》GB 50176—2016，在进行透光围护结构的隔热设计时，要求以下哪一项符合规范的限值？

A 透光围护结构太阳得热系数

B 透光围护结构遮阳系数

C 透光围护结构太阳得热系数和透光围护结构遮阳系数的乘积

D 透光围护结构太阳得热系数和夏季建筑遮阳系数的乘积

17-29 (2018)对建筑的东南、西南朝向外窗设置固定遮阳时，正确的遮阳形式是：

A 水平式　　　　　B 综合式　　　　　C 组合式　　　　　D 挡板式

17-30 (2019)下面为固定式建筑外遮阳的四种基本形式示意图，在北回归线以北地区的建筑，其南向及接近南向的窗口设置固定式遮阳，应选用哪一个？

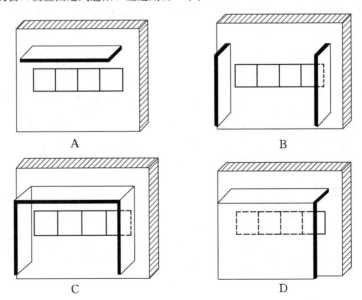

A　　　　　　　　　　　　　　　　B

C　　　　　　　　　　　　　　　　D

17-31 （2019）下列建筑防热措施中，较为有效的利用建筑构造的做法是：

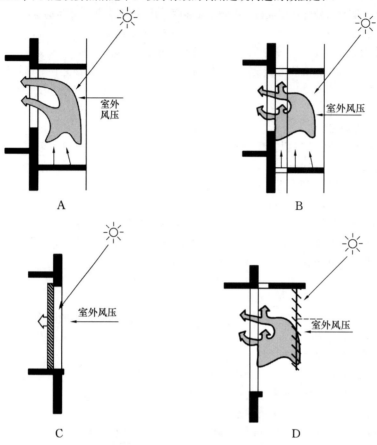

17-32 当风向投射角加大时，建筑物后面的旋涡区为：

A　加大　　　　　B　变小　　　　　C　不变　　　　　D　可能加大也可能变小

17-33 （2019）为改善夏季室内风环境质量，下图中不属于设置挡风板来改善室内自然通风状况的是：

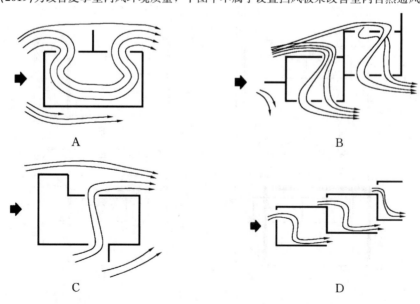

17-34 (2018)严寒和寒冷地区居住建筑节能与室内热环境设计指标中,下列指标哪一个是正确的?

    A 冬季采暖室内空气相对湿度为 50%   B 冬季采暖室内计算温度为 22℃

    C 冬季采暖室内换气次数为 0.5 次/h   D 冬季采暖室内空气流速为 0.5m/s

17-35 根据《严寒和寒冷地区居住建筑节能设计标准》,在严寒和寒冷地区居住建筑节能设计中,通过建筑热工和暖通设计,要求下列哪一个参数必须满足节能设计标准的要求?

    A 全年供暖能耗   B 采暖期的供暖能耗

    C 全年供暖、空调能耗   D 全年供暖、照明能耗

17-36 根据《严寒和寒冷地区居住建筑节能设计标准》中有关体形系数的规定,严寒地区一栋 6 层建筑的体形系数应该:

    A ≤0.30   B ≤0.33   C ≤0.45   D ≤0.55

17-37 根据《严寒和寒冷地区居住建筑节能设计标准》中有关窗墙面积比的规定,严寒、寒冷地区哪个朝向的窗墙面积比不应大于 0.25 和 0.30?

    A 北向   B 南向   C 东向   D 西向

17-38 在《夏热冬冷地区居住建筑节能设计标准》中,冬季采暖室内热环境设计指标要求卧室、起居室的室内设计温度为:

    A 18℃   B 16～18℃   C 16℃   D 18～20℃

17-39 在《夏热冬暖地区居住建筑节能设计标准》中规定,居住建筑东西向外窗的建筑外遮阳系数不得大于:

    A 0.6   B 0.7   C 0.8   D 0.9

17-40 在《夏热冬暖地区居住建筑节能设计标准》中,对该区居住建筑的节能设计提出什么要求?

    A 全区仅考虑夏季空调的节能设计

    B 全区既考虑夏季空调又考虑冬季采暖的节能设计

    C 北区既考虑夏季空调又考虑冬季采暖的节能设计,南区仅考虑夏季空调的节能设计

    D 南区仅考虑夏季空调、北区仅考虑冬季采暖的节能设计

17-41 《温和地区居住建筑节能设计标准》对于外窗综合遮阳系数的限值中,下列哪一个是错误的?

    A 温和 A 区冬季南向外窗综和遮阳系数≥0.50

    B 温和 B 区冬季南向外窗综和遮阳系数≥0.45

    C 温和 B 区夏季东、西向外窗综和遮阳系数≤0.40

    D 水平向天窗夏季外窗综和遮阳系数≤0.30

17-42 在《公共建筑节能设计标准》GB 50189—2015 中,将公共建筑分为甲、乙两类,下列哪一种属于甲类公共建筑?

    A 单栋建筑面积≤200m²

    B 单栋建筑面积≤300m²

    C 单栋建筑面积≤300m² 但总建筑面积>1000m² 的建筑群

    D 单栋建筑面积≤300m² 但总建筑面积>2000m² 的建筑群

17-43 (2019)在现行国家标准《公共建筑节能设计规范》GB 50189 中,对公共建筑体形系数提出规定的气候区是:

    A 严寒和寒冷地区   B 夏热冬冷地区

    C 夏热冬暖地区   D 温和地区

17-44 为满足自然通风的需要,《公共建筑节能设计标准》GB 50189—2015 中规定,甲类公共建筑外窗应设可开启窗扇,其有效通风换气面积:

    A 不宜小于所在房间外墙面积的 10%   B 不宜小于所在房间外墙面积的 30%

    C 不宜小于窗面积的 10%   D 不宜小于窗面积的 30%

17-45 根据《工业建筑节能设计统一标准》GB 51245—2017，工业建筑分为两类，以下哪一种说法是正确的？

    A 一类工业建筑冬季以供暖能耗为主，夏季以空调能耗为主

    B 二类工业建筑冬季以供暖能耗为主，夏季以通风能耗为主

    C 二类工业建筑冬季、夏季均以空调能耗为主，

    D 一类、二类工业建筑均以通风能耗为主

17-46 根据《绿色建筑评价标准》GB/T 50378—2019，下面关于绿色建筑评价指标体系和等级划分的说法哪一个是正确的？

    A 绿色建筑评价指标体系有5个，等级划分有4级

    B 绿色建筑评价指标体系有7个，等级划分有3级

    C 绿色建筑等级划分为：一星级、二星级、三星级、四星级

    D 绿色建筑5类评价指标体系是安全耐久、健康舒适、生活便利、资源节约、交通方便

17-47 (2018)在不同气候分区超低能耗建筑设计时，下列建筑年供暖需求能耗指标[单位：$kWh/(m^2 \cdot a)$]中错误的是：

    A 严寒地区≤18   B 寒冷地区≤15

    C 夏热冬冷地区≤10   D 夏热冬暖地区≤5

17-48 (2018)以下哪项不属于被动式防热节能技术？

    A 夜间房间的自然通风   B 采用冷风机降温

    C 采用种植屋面隔热   D 利用建筑外表面通过长波辐射向天空散热

17-49 (2019)被动式超低能耗建筑施工气密性处理过程中，电线盒部位正确的做法是

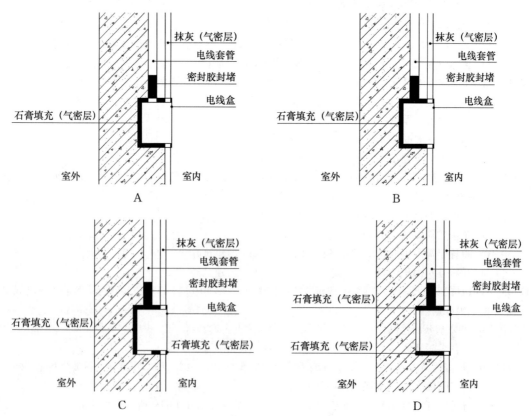

17-50 (2018)下列哪一项设计策略，不属于被动式建筑围护结构气密性能范畴？

A 檐口与墙体节点　　　　　　　B 楼板与墙体节点

C 地面与墙体节点　　　　　　　D 窗框与墙体节点

参考答案及解析

17-1 **解析**：以辐射方式进行传热的两个物体无需直接接触就能发生热量传递。

答案：B

17-2 **解析**：根据太阳辐射光谱的分析可以看到，太阳的辐射能主要集中在波长小于 $3\mu m$ 的紫外线、可见光和红外线的波段范围内，因此属于短波辐射，且各波长下的单色辐射本领各不相同。由于大气层的影响，太阳辐射直接到达地面的部分为直射辐射，受大气层内空气和悬浮物质的散射后，到达地面的部分为散射辐射，直射辐射有方向性，因此，各表面的太阳辐射照度不相同。

答案：C

17-3 **解析**：根据《民用建筑热工设计规范》GB 50176—2016 第 B.1 条的"常用建筑材料热物理性能计算参数"表，各种材料的导热系数[W/(m·k)]：钢筋混凝土 1.74；重砂浆砌筑黏土砖砌体 0.81；水泥砂浆 0.93；岩棉板 0.041；加气混凝土 0.14；玻璃棉板 0.035。

答案：B

17-4 **解析**：材料层的导热热阻 $R = \delta/\lambda$，它与材料的厚度 δ、导热系数 λ 有关。材料的导热系数 λ 随温度的升高而增加。

答案：A

17-5 **解析**：评价室内热环境的 PMV 指标与 4 个热环境物理量（室内空气温度、空气湿度、空气速度、壁面平均辐射温度）和 2 个人体因素（人体活动强度和衣服热阻）有关，与露点温度无关。

答案：B

17-6 **解析**：热工设计二级分区的提出是由于每个一级分区的区划面积太大，在同一分区中的不同地区往往出现温度差别很大，冷热持续时间差别也很大的情况，而用相同的设计标准要求显然不甚合理。为此，规范采用了"细分子区"的做法，以"采暖度日数 $HDD18$ 和空调度日数 $CDD26$"作为二级区划指标，将每个一级分区再细分为多个热工设计二级分区，这样划分既表征了该地气候寒冷和炎热的程度，又反映了寒冷和炎热持续时间的长短，可解决只进行一级分区出现的热工设计问题。

答案：D

17-7 **解析**：《民用建筑热工设计规范》GB 50176—2016 第 4.1.2 条规定，寒冷 B 区（2B）宜满足隔热设计要求。严寒 B 区（1B）不考虑防热设计；温和 A 区（5A）和温和 B 区（5B）可不考虑防热设计。

答案：B

17-8 **解析**：稳定传热的一个特征是，围护结构内部的温度不随时间变化，通过各材料层的热流强度处处相等。

答案：C

17-9 **解析**：根据稳定传热的理论，围护结构的传热阻 $R_0 = R_i + R + R_e$。其中，R 为外围护结构材料层的热阻，R_i、R_e 为冬季内、外表面换热阻。

答案：B

17-10 **解析**：根据稳定传热的理论，围护结构的传热阻 $R_0 = R_i + R + R_e$。其中，材料层导热热阻计算公式为 $R = \delta/\lambda$，δ 为材料层厚度（m），λ 为材料的导热系数[W/(m·K)]，R_i、R_e 为冬季内、外表面换热阻。所以该墙体传热阻值为：

$$R_0 = R_i + R + R_e = R_i + \delta/\lambda + R_e = 0.11 + 0.1/0.04 + 0.04 = 2.65$$

答案：D

17-11 **解析**：在稳定传热中，沿热流通过的方向，温度分布一定是逐渐下降的。热量从传到墙体内表面有内表面换热阻，内表面温度高于室内温度，热量从外表面传到室外有外表面换热阻，墙体外表面温度高于室外温度；多层平壁内每个材料层内的温度分布为直线，直线的斜率与该材料层的导热系数成反比，导热系数越小，温度分布线越倾斜。由于保温材料层的导热系数小于混凝土的导热系数，因此，保温材料内的温度分布线应比混凝土倾斜。

答案：D

17-12 **解析**：《民用建筑热工设计规范》GB 50176—2016 第 6.1 节规定，$D \geqslant 2.5$ 为重质围护结构，$D < 2.5$ 为轻质围护结构。

答案：C

17-13 **解析**：封闭空气间层的传热过程本质上是在一个有限空间内的两个表面之间进行热转移的过程，包括间层两个表面与空气的对流换热和两个表面之间的辐射换热，因此封闭空气间层的热阻既和间层表面与空气对流传热的强弱有关，也和间层两表面之间辐射传热的强弱有关。

答案：D

17-14 **解析**：热桥为围护结构中保温性能远低于主体部分的嵌入构件，如砖墙中的钢筋混凝土圈梁、门窗过梁等。热桥的热阻比围护结构主体部分的热阻小，热量容易通过热桥传递。由于热桥内表面失去的热量多，使得内表面温度低于室内主体部分的表面温度，而热桥外表面由于传到的热量比主体部分多，因此热桥外表面的温度高于主体部分的外表面温度。

答案：B

17-15 **解析**：《民用建筑热工设计规范》GB 50176—2016 第 5.1.1 条规定，采暖房间要达到基本热舒适要求，$\Delta t_w \leqslant 3\,℃$。

答案：A

17-16 **解析**：根据《民用建筑热工设计规范》GB 50176—2016 的防潮设计要求，只有在围护结构内部出现冷凝并且保温材料层的重量湿度增量超过允许湿度增量时才需要设置隔汽层。

答案：B

17-17 **解析**：隔汽层的作用是阻挡水蒸气进入保温层以防止其受潮，因此，隔汽层应放在沿水蒸气流入的一侧、进入保温层以前的材料层交界面上。冬季，水蒸气渗透的方向为室内流向室外，所以，隔汽层应放在保温层的室内侧才能防止保温层受潮。

答案：C

17-18 **解析**：隔汽层的作用是阻挡水蒸气进入保温层以防止其受潮。因此，隔汽层应放在沿水蒸气流入的一侧、进入保温层以前的材料层交界面上。按题图所示，水蒸气渗透的方向为室内流向室外，所以，隔汽层应放 2 与 3 之间才能防止保温层受潮。

答案：B

17-19 **解析**：当湿空气接触到的物体表面温度低于湿空气的露点温度时，就会在物体表面产生结露。在夏热冬冷地区冬夏之交"梅雨"季节，室外空气的温度和湿度骤然增加，有的甚至接近饱和，而室内墙体内表面和地表面的温度却因为本身热惰性的影响上升缓慢，以致物体表面温度滞后，在一段时间之内低于室外空气的露点温度。因此，当高温高湿的室外空气进入室内并流经这些低温表面时，必然会在物体表面结露，形成大量的冷凝水。设置防水（潮）层可增加地面的隔潮能力，降低因毛细管作用所导致的地面潮湿程度，房间的通风可利用室内空气的流动，加强地面水分的蒸发，有利于地面的干燥。

答案：D

17-20 **解析**：根据室外综合温度的定义，它与室外温度，所在朝向的太阳辐射照度，以及外饰面材料对太阳辐射吸收率有关。由于同一时刻屋顶和四面外墙上所接收到的太阳辐射照度不同，使得屋顶和四面外墙的室外综合温度都不相同，因此，屋顶和四面外墙分别有各自的室外综合温度。

答案：B

17-21 解析：《民用建筑热工设计规范》GB 50176—2016 第 3.3 节规定夏季室内设计参数如下。

非空调房间：空气温度平均值应取室外空气温度平均值＋1.5K，并将其逐时化。温度波幅应取室外空气温度波幅－1.5K，并将其逐时化。

空调房间：空气温度应取 26℃；相对湿度应取 60%。

答案：C

17-22 解析：《民用建筑热工设计规范》GB 50176—2016 第 6.1.1 条规定：

自然通风房间：外墙内表面最高温度 $\theta_{i.\max} \leqslant t_{e.\max}$；

空调房间：重质围护结构（$D \geqslant 2.5$）时，$\theta_{i.\max} \leqslant t_i + 2$；轻质围护结构（$D < 2.5$）时，$\theta_{i.\max} \leqslant t_i + 3$。

答案：D

17-23 解析：《民用建筑热工设计规范》GB 50176—2016 第 6.1.3 条关于外墙的隔热措施有：宜采用浅色外饰面、可采用干挂通风幕墙、采用墙面垂直绿化、宜提高围护结构的热惰性指标 D 值。涂刷热反射涂料是利用涂膜对光和热的高反射作用使太阳照射到涂膜上的大部分能量得到反射，而不是被涂膜吸收，同时，这类涂膜本身的导热系数小，阻止热量通过涂膜传导，有利于墙体隔热；干挂通风幕墙的基本特征是在双层幕墙中形成一个相对封闭的空间，空气可以从下部进风口进入这一空间，从上部排风口离开，流动的空气可及时散发传入此空间的热量，降低幕墙内表面温度，对提高幕墙的保温、隔热、隔声功能起到很大的作用；采用墙面垂直绿化可遮挡照射到墙体的太阳辐射，减少墙体得热。虽然从理论上说，加厚墙体构造能够增加墙体的热阻和热惰性指标，但必须增加一定的厚度才能见效，而墙体厚度的增加势必增加墙体的承重和建筑面积，权衡利弊可知加厚墙体构造是不可取的。

答案：C

17-24 解析：架空屋面是指覆盖在屋面防水层上并架设一定高度构成通风间层、能起到隔热作用的通风屋面。通风屋面隔热的原理是：一方面利用通风间层的上层遮挡阳光，避免太阳辐射直接作用在屋顶上，减少屋顶的太阳辐射得热；另一方面利用风压和热压的作用，尤其是自然通风，白天将间层上方表面传入间层的热量随间层内的气流及时带走，减少通过间层下表面传入屋顶的热量，降低屋顶内表面温度；夜间，从室内通过屋顶传入通风间层下表面热量也能够利用通风迅速排除，达到散热的目的。

答案：D

17-25 解析：在建筑屋面和地下工程顶板的防水层上铺以种植土，并种植植物，使其起到防水、保温、隔热和生态环保作用的屋面称为种植屋面。种植屋面的构造比普通屋面增加了耐根穿刺防水层、排（蓄）水层、种植土以及植被层，这些构造层不仅增加了屋顶的热阻和热惰性指标，而且使屋面的受热更加均匀，因而减少因温度差异产生的热应力；屋面热桥部位通常是指的屋面四周与外墙搭接角的区域范围及洞口位置，种植屋面的铺设可减少屋面存在的热桥；植物的遮阳与蒸腾作用又能降低夏季屋顶的表面温度。架空屋面是用烧结普通砖或混凝土的薄型制品，覆盖在屋面防水层上，并架设一定高度的空间，利用空气流动加快散热，起到隔热作用的屋面，防热途径不属于种植屋面作用。

答案：D

17-26 解析：根据太阳高度角计算公式 $\sinh_s = \sin\Phi \cdot \sin\delta + \cos\Phi \cdot \cos\delta \cdot \cos\Omega$ 判断。太阳高度角与地理纬度 Φ、赤纬角 δ 和时角 Ω 有关。

答案：C

17-27 解析：《城市居住区规划设计规范》GB 50180—2018 第 4.0.9 条规定，旧区改建项目新建住宅建筑日照标准不应低于大寒日日照时数 1h。

答案：A

17-28 解析：由于夏季通过透光围护结构进入室内的太阳辐射热导致室内过热，构成夏季室内空调的主要负荷，为减少室内太阳辐射得热，《民用建筑热工设计规范》GB 50176—2016第6.3.1条规定，透光围护结构太阳得热系数与夏季建筑遮阳系数的乘积宜小于规定的限值。

答案：D

17-29 解析：遮阳的形式主要有4种：

水平式：适合太阳高度角大，从窗口上方来的太阳辐射；

垂直式：适合太阳高度角较小，从窗口侧方来的太阳辐射；

组合式：适合太阳高度角中等，窗前斜方来的太阳辐射；

挡板式：适合太阳高度角较小，正射窗口的太阳辐射。

当建筑的东南、西南朝向外窗有太阳照射时，太阳高度角中等，并从窗前上方照射而来，所以正确的遮阳形式是组合式遮阳。

答案：C

17-30 解析：夏季，在北回归线以北地区的建筑，其南向及接近南向的窗口太阳辐射的高度角大，并且阳光从窗口的前上方照射而来，应选择水平式遮阳才能有效遮挡太阳辐射。

答案：A

17-31 解析：题图4种遮阳构造中，A、B属于水平式遮阳，可遮挡射向窗口的太阳辐射，但窗口周围墙体被阳光照射后，表面温度上升，加热了表面接触的空气，热空气在室外风压的作用下流入室内，B方案比A方案改进之处是在遮阳板和墙面之间留有空隙，可利用空气的向上流动带走热空气，减少流入室内的热空气。C、D为挡板式遮阳，从遮阳效果来说优于水平式遮阳，但C方案使用的挡板式遮阳在室内一侧，遮阳板吸收的太阳辐射热将主要散失到室内；D方案使用的挡板式遮阳在室外一侧，它所吸收的太阳辐射散发在室外，并且能通过上、下方形成的空气流动及时排除。综上所述，较为有效的利用建筑构造做法是D。

答案：D

17-32 解析：当风吹过建筑物时，建筑物后面的旋涡区随着风向投射角加大而变小。

答案：B

17-33 解析：风的形成是由于大气中的压力差。当风吹向建筑时，因受到建筑的阻挡，就会产生能量的转换，动压力转变为静压力，于是迎风面上产生正压，同时，气流绕过建筑的各个侧面及背面，会在相应位置产生负压力，正负压力差就是风压。由于经过建筑物而出现的风压促使空气从迎风面的开口和其他空隙流入室内，而室内空气则从背风面孔口排出，形成了自然通风。设置挡风板可在迎风面的开口处阻挡气流，产生正压，有利于导风入室，改善室内自然通风。D答案不属于设置挡风板来改善室内自然通风。

答案：D

17-34 解析：《严寒和寒冷地区居住建筑节能标准》JGJ 26—2018第4.3.6条规定：冬季采暖室内计算温度为18℃，室内换气次数为0.5次/h。对室内空气相对湿度和空气流速没有规定。

答案：C

17-35 解析：根据《严寒和寒冷地区居住建筑节能设计标准》JGJ 26—2018的规定，采暖居住建筑节能设计应该使建筑物的全年供暖能耗满足节能设计标准的要求。

答案：A

17-36 解析：根据《严寒和寒冷地区居住建筑节能设计标准》JGJ 26—2018第4.1.3条的规定，严寒地区≥4层居住建筑的体形系数应该≤0.30。

答案：A

17-37 解析：根据《严寒和寒冷地区居住建筑节能设计标准》第4.1.4条的规定，严寒地区北向的窗墙面积比不应大于 0.25，寒冷地区北向的窗墙面积比不应大于 0.30。

答案：A

17-38 解析：根据《夏热冬冷地区居住建筑节能设计标准》JGJ 134—2010 第 3.0.1 条规定，冬季采暖室内热环境设计指标要求卧室、起居室室内设计温度取 18℃。

答案：A

17-39 解析：根据《夏热冬暖地区居住建筑节能设计标准》JGJ 75—2012 第 4.0.10 条规定，居住建筑的东西向外窗必须采取外遮阳措施，建筑外遮阳系数不得大于 0.8。

答案：C

17-40 解析：根据《夏热冬暖地区居住建筑节能设计标准》JGJ 75—2012 第 3.0.1 条规定，夏热冬暖地区划分为南、北两个区：北区内建筑节能设计应主要考虑夏季空调，兼顾冬季采暖；南区内建筑节能设计应考虑夏季空调，可不考虑冬季采暖。

答案：C

17-41 解析：《温和地区居住建筑节能设计标准》JGJ 475—2019 第 4.4.3 条规定，温和 A 区冬季南向外窗综合遮阳系数≥0.50；温和 B 区夏季东、西向外窗综合遮阳系数≤0.40；水平向天窗夏季外窗综合遮阳系数≤0.30。对温和地区南向外窗综合遮阳系数无限定。

答案：B

17-42 解析：标准将公共建筑分为甲、乙两类。甲类公共建筑：单栋建筑面积大于 300m² 的建筑，或单栋建筑面积小于或等于 300m² 但总建筑面积大于 1000m² 的建筑群。乙类公共建筑：单栋建筑面积小于或等于 300m² 的建筑。

答案：C

17-43 解析：《公共建筑节能设计规范》GB 50189—2015 第 3.2.1 条规定，在严寒和寒冷地区，当单栋建筑面积 A（m²）：300<A≤800 时，建筑体形系数≤0.50；A>800 时，建筑体形系数≤0.40。

答案：A

17-44 解析：《公共建筑节能设计标准》第 3.2.8 条规定，单一立面外窗（包括透光幕墙）的有效通风换气面积应为开启扇面积和窗开启后的空气流通界面面积的较小值。甲类公共建筑：外窗应设可开启窗扇，其有效通风换气面积不宜小于所在房间外墙面积的 10%；当透光幕墙受条件限制无法设置可开启窗扇时，应设置通风换气装置。乙类公共建筑：外窗有效通风换气面积不宜小于窗面积的 30%。

答案：A

17-45 解析：根据《工业建筑节能设计统一标准》GB 51245—2017 第 3.1.1 条的规定，一类工业建筑冬季以供暖能耗为主，夏季以空调能耗为主；二类工业建筑以通风能耗为主。

答案：A

17-46 解析：《绿色建筑评价标准》GB/T 50378—2019 规定，绿色建筑评价指标体系由"安全耐久、健康舒适、生活便利、资源节约、环境宜居"5 类指标体系组成。每类指标体系又细分有多个下属子项，并规定了对下属子项的要求及该下属子项的评价分值，最后，标准给出了提高与创新加分项的评价分值。

绿色建筑划分为基本级、一星级、二星级、三星级 4 个等级。

答案：A

17-47 解析：住房和城乡建设部 2015 年 11 月 10 日印发的《被动式超低能耗绿色建筑技术导则（试行）（居住建筑）》中规定不同气候分区超低能耗建筑设计的年供暖需求[kWh/(m²·a)]为：严寒地区≤18；寒冷地区≤15；夏热冬冷地区、夏热冬暖地区和温和地区≤5。

答案：C

17-48 解析：被动式建筑节能技术是指以非机械电气设备干预手段实现建筑能耗降低的节能技术。主要通过合理选择建筑朝向、采取建筑围护结构的保温隔热措施、设置建筑遮阳和组织自然通风等设计，降低建筑需要的采暖、空调、通风等能耗。采用冷风机降温需要消耗设备能耗，不属于被动式防热节能技术。

答案：B

17-49 **解析：**被动式超低能耗建筑施工气密性处理过程中，要求电气接线盒安装在外墙上时，应先在孔洞内涂抹石膏或粘结砂浆，再将接线盒推入孔洞，石膏或粘结砂浆应将电气接线盒与外墙孔洞的缝隙密封严密。

答案：B

17-50 **解析：**气密性是被动房的关键指标之一，被动式建筑外围护结构是要建造一个包裹整栋建筑的围护结构气密层。其中，关键要选择气密性能良好的门窗，并强调对墙体与门窗洞口的连接之处、墙体与檐口、墙体与地面进行密封处理，从室内屋面板到外墙，再到楼板进行无断点的抹灰处理作为气密层。

答案：B

第十八章　建　筑　光　学

据统计，人类从外界得到的信息大约有 80% 来自视觉。对建筑师来说，良好的光环境在建筑功能和艺术上均是十分重要的。

建筑光学主要研究人眼睛的视觉特性，光和颜色的基本知识，光学材料的特性，天然采光和人工照明的特点、设计标准和设计方法，室内外环境照明对光和色的控制措施，了解照明节能的一般原则和措施。

概括来说，建筑光学研究并改善"发光体"（太阳、人工灯具）、"环境"（建筑室内为主）、"观察者"（人，光环境使用者）之间的关系。

近年的行业发展趋势为采光与照明的舒适性、节能性的提升，考试真题中该方向的考题比例近年也有所增加。

第一节　建筑光学基本知识

一、光的特性和视觉

（一）光的特性

（1）光是以电磁波形式传播的辐射能。波长为 380～780nm 的辐射是人的视觉可感知的，称为可见光（图18-1）。纳米（nm）也称毫微米，$1 \text{nm} = 10^{-9} \text{m}$。

（2）不同波长的光在视觉上形成不同的颜色。单色光是单一波长的光，如 700nm 的单色光呈红色；复合光是不同波长混合在一起的光。

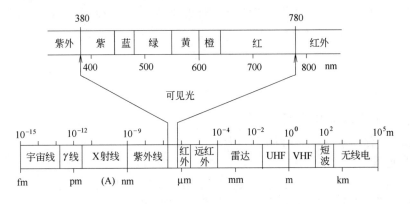

图 18-1　光的基本性质图

注：本章中《建筑照明设计标准》GB 50034—2013 均简称《照明标准》，《建筑采光设计标准》GB 50033—2013 均简称《采光标准》。

（二）视觉

（1）视觉范围（视野）：当头和眼睛不动时，人眼能看到的空间范围叫视野。人眼的水平面视野为180°，垂直面130°，其中向上为60°，向下为70°。中心视线往外30°的视觉范围内，看东西的清晰度比较好。

（2）人眼对不同波长的单色光敏感程度不同，在光亮环境中人眼对555nm的黄绿光最敏感（明视觉），在较暗的环境中对507nm的蓝绿光最敏感（暗视觉）。人眼的这种特性用光谱光视效率曲线表示（图18-2），这两条曲线又叫$V(\lambda)$（明视觉）和$V'(\lambda)$（暗视觉）曲线。建筑光学主要研究明视觉特性。

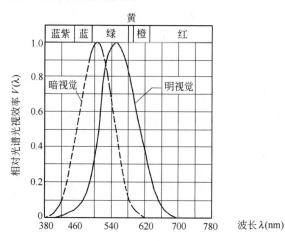

图 18-2　可见光光谱光视效率

> **例 18-1　（2014）** 下列颜色光中，明视觉的光谱光视效率$V(\lambda)$最低的是：
>
> A　蓝颜色　　　　B　绿颜色　　　　C　黄颜色　　　　D　橙颜色
>
> **解析：** 参照图18-2，可见蓝颜色光谱光视效率$V(\lambda)$约为0.1，绿颜色约为1，黄颜色约为0.7，橙颜色约为0.4。
>
> **答案：** A

二、基本光度单位及应用

常用光度量有光通量、发光强度、照度、亮度。

（一）光通量

光通量是根据辐射对标准光度观察者的作用导出的光度量，符号是Φ，单位是流明（lm）。光源在整个空间发出的光通量叫总光通量。对于明视觉：

$$\Phi = K_\mathrm{m} \sum \Phi_{\mathrm{e},\lambda} V(\lambda) \, (\mathrm{lm}) \tag{18-1}$$

式中　Φ——光通量（lm）；

　　　$\Phi_{\mathrm{e},\lambda}$——波长为$\lambda$的光谱辐射通量（W）；

　$V(\lambda)$——CIE光谱光视效率，无量纲（CIE——国际照明委员会）；

K_m——最大光谱光视效能，在明视觉（$\lambda = 555\text{nm}$）时，K_m 为 683lm/W，即 1 光瓦＝683lm。

40W 白炽灯的光通量约为 350lm，36W T8 型荧光灯光通量约为 3350lm，比白炽灯高 8 倍多。

（二）发光强度

1. 立体角

球面面积和球心 O 形成的角度叫立体角，符号 Ω，单位是球面度（sr）。

$$\Omega = \frac{A}{r^2}(\text{sr}) \tag{18-2}$$

式中　A——球面面积；

　　　r——球体半径。

球的外表面积 $S_{球}＝4\pi r^2$，所以整个球面形成的立体角 $\Omega_{球} = (4\pi r^2)/r^2 = 4\pi = 12.57\text{sr}$。

2. 发光强度

光源在给定方向上的发光强度是光源在这一方向立体角 $d\Omega$ 内传输的光通量 $d\Phi$ 与该立体角之比，符号为 I，单位是坎德拉（cd）。

$$I_\alpha = \frac{d\Phi}{d\Omega} \tag{18-3}$$

$$1\text{cd} = 1\text{lm/sr}$$

发光强度表征光源或灯具发出的光通量在空间的分布密度。比如，一个白炽灯泡点亮后向四周发出光通量，它的各个方向发光强度大致相等；如果加上一个向下反射的灯罩，向下的发光强度增加，向上的发光强度减少，从而使光能充分地被利用。例如一个 40W 的白炽灯平均发光强度为 350/4π＝28cd，加上一个搪瓷灯罩后，正下方发光强度增加到 70～80cd。

（三）照度

表面上一点的照度是入射在包括该点面元上的光通量 $d\Phi$ 和该面元面积 dA 之比，符号是 E，单位是勒克斯（lx 或 lux）。

$$E = \frac{d\Phi}{dA}(\text{lx}) \tag{18-4}$$

$$1\text{lx} = 1\text{lm/m}^2$$

照度是被照面单位面积上接受光通量的多少。夏季中午日光下，地平面上的照度可达 10^5lx。40W 白炽灯台灯下，桌面上平均照度约为 200～300lx。

在英制单位，照度单位是英尺烛光（fc），由于 $1\text{m}^2＝10.76\text{f}^2$，所以 1fc＝10.76lx。

照度是建筑光环境评价中重要的指标之一。

（四）发光强度和照度的关系

在灯下看书，离灯近一些看得清楚。在同一盏灯下，安装一个大功率的灯泡比一个小功率的灯泡看书要亮一些。

如果以球面为被照面，光线垂直于被照面时：

$$E = \frac{I}{r^2}(\text{lx}) \tag{18-5}$$

上式叫平方反比定律，即被照面上的照度与光源的发光强度成正比（灯越亮，被照面越亮），与距离的平方成反比（离灯越近，被照面越亮）（图18-3）。

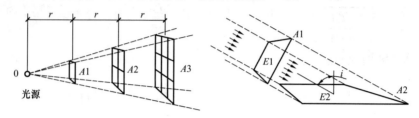

图 18-3　照度公式推导图示

光线和被照面不垂直时：

$$E = \frac{I_\alpha}{r^2} \cos i (\text{lx})　\qquad (18-6)$$

即被照面与光线越趋于垂直越亮。

（五）亮度

发光面或反光面在视线方向上单位面积上的发光强度，符号 L_α，单位是坎德拉每平方米（cd/m²）。

$$L_\alpha = \frac{I_\alpha}{A \cdot \cos\alpha} (\text{cd/m}^2)　\qquad (18-7)$$

式中　I_α——发光体朝视线方向的发光强度（cd）；

$A \cdot \cos\alpha$——发光体在视线方向的投影面积（m²）。

$$1\text{cd/m}^2 = \frac{1\text{lm}}{\text{m}^2 \text{sr}}$$

1 坎德拉每平方米也叫尼特（nt，nit）。

亮度的单位还有熙提（sb）、阿熙提（asb），它们的关系是：

$$1\text{sb} = 1\text{cd/cm}^2,\ 1\text{sb} = 10^4 \text{nt},\ 1\text{asb}/\pi = 1\text{nt}$$

太阳的亮度为 20 万 sb、白炽灯丝的亮度为 300～500sb，40W 荧光灯亮度为 0.8～0.9sb，无云蓝天的亮度为 0.2～2.0sb。

（六）照度和亮度的关系

$$E = L \cdot \Omega \cdot \cos i　\qquad (18-8)$$

$$\Omega = \frac{A \cdot \cos\alpha}{r^2}　\qquad (18-9)$$

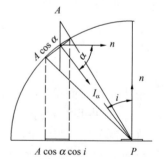

图 18-4　照度和亮度之间的关系

从上式可以看出，某发光面在被照面形成的照度和发光面的亮度成正比，与发光面在被照面上的立体角投影成正比，上式也叫立体角投影定律（图18-4）。

通过公式可见，发光强度、亮度与距离无关，照度与距离有关（此处距离指被照面与发光体间的距离）。

光基本量的定义、符号、单位、公式见表18-1。

光基本量的定义、符号、单位、公式　　　　　　　　　　　　　　　　表 18-1

名　称	定　义	符　号	单　位	公　式
光通量	光源发出光的总量	Φ	流明（lm）	$\Phi = K_m \sum \Phi_{e,\lambda} V(\lambda)$
发光强度	光源光通量在空间的分布密度	I_α	坎德拉 1cd＝1lm/sr	$I_\alpha = d\Phi/d\Omega$
照　度	被照面接收的光通量	E	勒克斯 1lx＝1lm/m²	$E = d\Phi/dA$
亮　度	光源或被照面的明亮程度	L_α	坎德拉每平方米（cd/m²），nt	$L_\alpha = I_\alpha/(A \cdot \cos\alpha)$

综上总结四个基本的建筑光学概念，光通量和发光强度是描述光源和灯具的物理量，照度是描述被照面的物理量，亮度是描述视觉（即观察者处）得光情况的物理量。其他条件不变的情况下，四个概念在数量关系上均互成正相关关系。

三、材料的光学性质

（一）反射比、透射比、吸收比

假设总的入射光能为 Φ，反射的光能为 Φ_ρ，吸收的光能为 Φ_α，透射的光能为 Φ_τ，见图 18-5，得到：

$$\rho = \frac{\Phi_\rho}{\Phi} \quad 反射比（反射系数、反光系数、反射率） \tag{18-10}$$

$$\alpha = \frac{\Phi_\alpha}{\Phi} \quad 吸收比（吸收系数、吸收率） \tag{18-11}$$

$$\tau = \frac{\Phi_\tau}{\Phi} \quad 透射比（透光系数、透射系数、透光率） \tag{18-12}$$

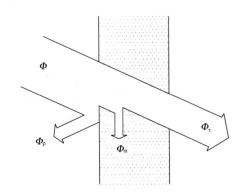

图 18-5　光线的反射、透射和吸收

各种材料在光线的入射角度不同时的反射比、吸收比和透光比是不同的。其入射角度是指光线和被照面的法线之间的夹角。光线垂直入射，即入射角小，反射的光线少，如果是透光材料，吸收的光线少，透过的光线多。

根据能量守恒定律，总的入射光能应当等于反射、吸收和透射光能之和，$\rho + \tau + \alpha = 1$。

石膏的反射比为 0.91，白乳胶漆表面反射比为 0.84，水泥砂浆抹面的反射比为 0.32（表 18-2）。3～6mm 厚的普通玻璃的透射比为 0.82～0.78，3～6mm 厚的磨砂玻璃的透射比为 0.6～0.55（表 18-3）。

饰面材料的光反射比 ρ 值　　　　　　　　　　表 18-2

材料名称	ρ 值	材料名称	ρ 值	材料名称	ρ 值
石膏	0.91	陶瓷锦砖		塑料贴面板	
大白粉刷	0.75	白色	0.59	浅黄色木纹	0.36
水泥砂浆抹面	0.32	浅蓝色	0.42	中黄色木纹	0.30
白水泥	0.75	浅咖啡色	0.31	深棕色木纹	0.12
白色乳胶漆	0.84	绿色	0.25	塑料墙纸	
调和漆		深咖啡色	0.20	黄白色	0.72
白色和米黄色	0.70	铝板		蓝白色	0.61
中黄色	0.57	白色抛光	0.83--0.87	浅粉白色	0.65
红砖	0.33	白色镜面	0.89～0.93	广漆地板	0.10
灰砖	0.23	金色	0.45	菱苦土地面	0.15
磁釉面砖		大理石		混凝土面	0.20
白色	0.80	白色	0.60	沥青地面	0.20
黄绿色	0.62	乳色间绿色	0.39	铸铁、钢板地面	0.15
粉色	0.65	红色	0.32	镀膜玻璃	
天蓝色	0.55	黑色	0.08	金色	0.23
黑色	0.08	水磨石		银色	0.30
无釉陶土地砖		白色	0.70	宝石蓝	0.17
土黄色	0.53	白色间灰黑色	0.52	宝石绿	0.37
朱砂	0.19	白色间绿色	0.66	茶色	0.21
浅色彩色涂料	0.75～0.82	黑灰色	0.10	彩色钢板	
不锈钢板	0.72	普通玻璃	0.08	红色	0.25
胶合板	0.58			深咖啡色	0.20

采光材料的光透射比 τ 值　　　　　　　　　　表 18-3

材料名称	颜色	厚度(mm)	τ 值	材料名称	颜色	厚度(mm)	τ 值
普通玻璃	无	3～6	0.78～0.82	聚碳酸酯板	无	3	0.74
钢化玻璃	无	5～6	0.78	聚酯玻璃钢板	本色	3～4 层布	0.73～0.77
磨砂玻璃（花纹深密）	无	3～6	0.55～0.60		绿	3～4 层布	0.62～0.67
压花玻璃（花纹深密）	无	3	0.57	小波玻璃钢板	绿	—	0.38
（花纹浅疏）	无	3	0.71	大波玻璃钢板	绿	—	0.48
夹丝玻璃	无	6	0.76	玻璃钢罩	本色	3～4 层布	0.72～0.74
压花夹丝玻璃（花纹浅疏）	无	6	0.66	钢窗纱	绿	—	0.70
夹层安全玻璃	无	3+3	0.78	镀锌铁丝网（孔 20×20mm²）		—	0.89
双层隔热玻璃（空气层5mm）	无	3+5+3	0.64	茶色玻璃	茶色	3～6	0.08～0.50
吸热玻璃	蓝	3～5	0.52～0.64	中空玻璃	无	3+3	0.81
乳白玻璃	乳白	1	0.60	安全玻璃	无	3+3	0.84
有机玻璃	无	2～6	0.85	镀膜玻璃	金色	5	0.10
乳白有机玻璃	乳白	3	0.20		银色	5	0.14
聚苯乙烯板	无	3	0.78		宝石蓝	5	0.20
聚氯乙烯板	本色	2	0.60		宝石绿	5	0.08
					茶色	5	0.14

注：τ 值应为漫射光条件下测定值。

（二）规则反射和透射

规则反射（定向反射）。光线照射到玻璃镜、磨光的金属等表面会产生规则反射。这时在反射角的方向能清楚地看到光源的影像，入射角等于反射角，入射光线、反射光线和法线共面。它主要用于把光线反射到需要的地方，如灯具；扩大空间，如卫生间、小房间、化妆台、地下建筑采光等。

规则透射（定向透射）。光线照射玻璃、有机玻璃等表面会产生规则透射，这时它遵循折射定律。用平板玻璃能透过视线采光；用凹凸不平的压花玻璃能隔断视线采光。

经规则反射和规则透射后光源的亮度和发光强度，比光源原有的亮度和发光强度有所降低。

$$L_\rho = L \times \rho \ \text{或} \ L_\tau = L \times \tau \tag{18-13}$$

$$I_\rho = I \times \rho \ \text{或} \ I_\tau = I \times \tau (\text{cd}) \tag{18-14}$$

式中　L_ρ、L_τ——经过反射或透射后的光源亮度；

　　　I_ρ、I_τ——经过反射或透射后的发光强度；

　　　L、I——光源原有亮度或发光强度；

　　　ρ、τ——材料的反射比或透射比。

（三）扩散反射和透射

1. 漫反射和漫透射

漫反射（均匀扩散反射）。光线照射到氧化镁、石膏、粉刷、砖墙、绘图纸等表面时，这些材料将光线向四面八方反射或扩散，各个角度亮度相同，看不见光源的影像。

漫透射（均匀扩散透射）。光线照射到乳白玻璃、乳白有机玻璃、半透明塑料等表面时，透过的光线各个角度亮度相同，看不见光源的影像。

经漫反射或漫透射后的亮度为（单位：cd/m²）：

$$L(\text{cd/m}^2) = E(\text{lx}) \times \rho / \pi \tag{18-15}$$

$$L(\text{cd/m}^2) = E(\text{lx}) \times \tau / \pi \tag{18-16}$$

如果用另一个亮度单位阿熙提（asb）表示，则：

$$L(\text{asb}) = E(\text{lx}) \times \rho \tag{18-17}$$

$$L(\text{asb}) = E(\text{lx}) \times \tau \tag{18-18}$$

$$1\text{asb}/\pi = 1\text{cd/m}^2$$

经漫反射或漫透射后，其最大发光强度在表面法线方向，其他方向的发光强度遵循朗伯余弦定律：

$$I_i = I_0 \times \cos i (\text{cd}) \tag{18-19}$$

式中　I_0——法线方向的发光强度；

　　　i——法线和所求方向的夹角。

例 18-2　下列说法，错误的是：

A　被照面上照度越高，相同方向上的反射光亮度也越大

B　光源与被照面的距离不同而照度不同

C　漫射材料被照面上不同方向的亮度相同

D　漫射材料被照面上不同方向的发光强度不同

解析：A 选项：确定反射比的被照面上照度越高，表示入射光越多，反射光也随之越多，相同反射方向上的亮度也越大；B 选项：光源与被照面之间距离与被照面上得到的照度呈平方反比关系，所以距离越远，照度越小；C、D 选项：见上文公式（18-15）至公式（18-19），漫射材料即漫反射材料，其反射光亮度仅与反射率有关，而反射光发光强度与法线和所求方向的夹角有关。

答案：D

2. 混合反射和混合透射

（1）混合反射。规则反射和漫反射材料如油漆表面、光滑的纸、粗糙金属表面等大部分材料，在反射方向能看到光源的大致影像。

（2）混合透射。规则透射和漫透射材料如毛玻璃等，透过它，可以看到光源的大致影像。

例 18-3　（2011）下列哪项材料具有漫反射特性？

A　镜面　　　　　　　　　　　　B　透明玻璃

C　粉刷墙面　　　　　　　　　　D　有机玻璃

解析：光线照射到氧化镁、石膏、粉刷、砖墙、绘图纸等表面时，这些材料将光线向四面八方反射或扩散，各个角度亮度相同，看不见光源的影像，这种材料叫漫反射材料。

答案：C

四、可见度及其影响因素

可见度就是人眼辨认物体存在或形状的难易程度，用来定量表示人眼看物体的清晰程度；可见度是视觉的基本特性。

（一）亮度

照度或亮度高，看得清楚。人们能看见的最低亮度阈为 10^{-5} asb。随着亮度的增大，可见度增大。$1500\sim3000$lx 可见度最好。当物体亮度超过 16sb 时，人们就感到刺眼。

光量效应。人眼感到房间照度变化差值和照度水平之比，它总是个常数，$\Delta E/E = K$（常数）。例如，照度为 10lx 的房间，增加 1lx 的照度就觉得照度变了；而在照度为 100lx 的房间，则要增加 10lx 照度才能觉察出照度发生变化，两者比率都是 0.1。

（二）物体的相对尺寸（视角）

物体的尺寸 d，眼睛至物体的距离 l 形成视角 α（单位为 $'$），其关系如下：

$$\alpha = \frac{d}{l} \cdot 3440(')\qquad(18\text{-}20)$$

在医学上识别细小物体的能力叫视力。它是所观看最小视角的倒数，即：视力 = $1/\alpha_{min}$。在 5m 远的距离看视力表上的视标，当视标为 1.46mm 时，视角正好为 1 分，医学上把能识别 1 分视角的视标的视力作为 1.0，识别 2 分视标的视力等于 0.5（1/2）。

需要注意物体的尺寸形状与可见度是无关的，物体的相对尺寸才影响可见度。

（三）亮度对比

观看对象的亮度与它的背景亮度（或颜色）的对比，对比大，即亮度或颜色差异越大，可见度越高。亮度对比系数 $C=$ 目标与背景的亮度差 ΔL/背景亮度 L_b。

物体亮度、视角大小和亮度对比对可见度的综合影响：

（1）观看对象在眼睛处形成的视角不变时，如果亮度对比下降，则需要增加照度才能保持相同的可见度。

（2）视角愈小，需要的照度愈高。

（3）天然光比人工光更有利于可见度的提高。

（四）识别时间

眼睛观看物体时，物体呈现时间愈短，愈需要更高的亮度才能引起视感觉。物体愈亮，察觉它的时间就愈短。

暗适应、明适应。人们从明亮环境到暗环境时，经过 $10\sim35$min 眼睛才能看到周围的物体，这个适应过程叫暗适应。由暗环境到明亮环境的适应叫明适应，明适应约需 $3\sim6$s。

（五）避免眩光

眩光是指在视野中由于亮度的分布或亮度范围不适宜，或存在着极度对比，以致引起不舒适感觉或降低观察细部与目标能力的视觉现象。根据眩光的影响级别分为失能眩光和不舒服眩光，根据眩光的产生方式分为直接眩光和反射眩光。

在采光和照明设计时，要尽量避免眩光的出现，若有眩光，也应把它限制在允许范围内。

1. 直接眩光的控制方法

直接眩光指发光体直接影响观察者的眩光。其控制方法主要包括：

（1）限制光源亮度。

（2）增加眩光源的背景亮度，减少二者之间的亮度对比。

（3）减小眩光源对观察者眼睛形成的立体角。

（4）尽可能增大眩光源的仰角，眩光光源或灯具的位置偏离视线的角度越大，眩光越小，仰角超过 $60°$ 后就无眩光作用，见图 18-6。

2. 反射眩光的控制方法

反射眩光指通过反射影响到观察者的眩光。其控制方法主要包括：

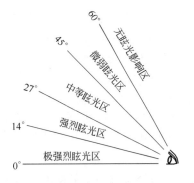

图 18-6　光源位置的眩光效应

（1）视觉作业的表面为无光泽表面。

（2）视觉作业避开和远离照明光源同人眼形成的规则反射区域。

（3）使用发光表面面积大、亮度低的光源。

（4）使引起规则反射的光源形成的照度在总照度中所占的比例减少。

关于眩光的讨论在后文中有提及。防止眩光影响是建筑光环境的重要方面之一，要掌握其定义、相关公式和各类空间中防眩光的主要措施。

五、颜色

（一）颜色的基本特性

1. 光源色

由各种光源发出的光，光波的长短、强弱、比例、性质不同，形成不同的色光，叫作光源色。光源色的三原色为红、绿、蓝。

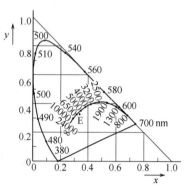

图 18-7　CIE 色度体系图（色品图）

2. 物体色

光被物体反射或透射后的颜色叫物体色。物体色取决于光源的光谱组成和物体对光谱的反射或透射情况。物体色的三原色为品红、黄、青（靛蓝）。

（二）颜色定量

1. CIE 1931 标准色度系统

国际照明委员会（CIE）1931 年推荐的色度系统见图 18-7。它把所有颜色用 x，y 两个坐标表示在一张色度图上。图上一点表示一种颜色。马蹄形曲线表示单一波长的光谱轨迹。400～700nm 称为紫红轨迹，它表示光谱轨迹上没有的由紫到红的颜色。图上中心点 E 是等能白光（白色），由三原色各占 1/3 组成，色坐标 $X_E=Y_E=Z_E=0.333$。

CIE 1931 标准色度系统比孟塞尔表色系统应用更广，它不但可表示光源色，也可表示物体色。图中的曲线表示光源的色温。例如，$X=0.425$，$Y=0.400$ 时光源的色温约为 3200K。

例 18-4　5R4/13 所表示的颜色是：

A　彩度为 5 明度为 4 的红色　　　B　彩度为 4 明度为 13 的红色

C　彩度为 5 明度为 13 的红色　　　D　明度为 4 彩度为 13 的红色

解析： 根据孟塞尔表色系统的描述方式可知，第一个数字和字母组合为色调，第二个数字为明度，"/"后数字为彩度。

答案： D

---

2. 孟塞尔（A. H. Munsell）表色系统

孟塞尔表色系统是按颜色三个基本属性：色调 H、明度 V 和彩度 C 对颜色进行分类与标定的体系，见图 18-8。

色调分为 R、Y、G、B、P 五个主色调和 YR、GY、BG、PB 和 RP 五个中间色调；中轴表示明度，理想黑为 0，理想白为 10，共 11 级；明度轴至色调的水平距离表示彩度的变化，离中轴越远，彩度越大。

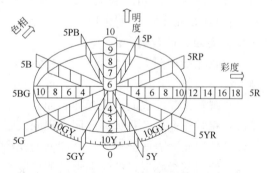

图 18-8　孟塞尔表色体系图（孟氏色立体图）

表色符号的排列是先写色调 H，再写明度 V，画一斜线，最后写彩度 C，即 HV/C。

例如，10Y8/12 的颜色表示色调为黄色与绿色的中间色，明度为 8，彩度为 12。无彩色用 N 表示，只写明度，不写色调和彩度。例如，N7/表示明度为 7 的中性色。

（三）光源的色温和显色性

1. 光源色温和相关色温

当光源的颜色和一完全辐射体（黑体）在某一温度下发出的光色相同时，完全辐射体的温度就叫作光源的色温，符号 T_c，单位为 K（绝对温度）。把某一种光源的色品与某一温度下的黑体的色品最接近时的黑体温度称为相关色温，符号 T_{sp}。太阳光和热辐射电光源可以用色温描述，而气体放电和固体发光光源则用相关色温描述。各类光源在本章第三节详细介绍。40W 白炽灯的色温为 2700K，40W 荧光灯的相关色温为 3000～7500K，普通高压钠灯的相关色温为 2000K，HID（高强度气体放电灯，如金卤灯等）的相关色温为 4000～6000K，白天太阳光的色温为 5300～5800K。

2. 光源的显色性

光源的显色性用显色指数表征，物体在待测光源下的颜色和它在参考标准光源下颜色相比的符合程度叫作光源显色指数，符号 R_a 和 R_i，R_a 为一般显色指数，R_i 为特殊显色指数。普通照明光源用 R_a 作为显色性的评价指标。R_a 的最大值为 100，100～80 为显色优良，79～50 为显色一般，小于 50 为显色较差。例如：500W 白炽灯 R_a 为 95～99，荧光灯为 50～93，400W 荧光高压汞灯为 40～50，1000W 镝灯为 85～95，高压钠灯为 20～60。

《照明标准》指出，照明设计应根据识别颜色要求和场所特点，选用相应显色指数的光源。长期工作或停留的房间或场所，照明光源的一般显色指数（R_a）不应小于 80。在灯具安装高度大于 8m 的工业建筑场所，R_a 可低于 80，但必须能够辨别安全色。当选用发光二极管灯光源（LED）时，在长期工作或停留的房间或场所，光源色温不宜高于 4000K，特殊显色指数 R_9 应大于 0。其中，R_9 是表征饱和红色的一个特殊显色指数。如果光谱中红色部分较为缺乏，会导致光源复现的色域大大减小，也会导致照明场景呆板、枯燥，从而影响照明环境质量。而这一问题对于蓝光激发黄光荧光粉发光的发光二极管灯问题尤为突出，所以针对性规定 R_9。

第二节 天 然 采 光

一、光气候和采光系数

天然光特性又称光气候特性。

（一）光气候

1. 天然光的组成和影响因素

（1）晴天：天空无云或很少云（云量为 0～3 级）。晴天天然光由直射阳光和天空扩散光两部分组成，直射阳光占 90%，天空扩散光占 10%。天空最亮处在太阳附近，太阳亮度达 20 万熙提（sb），天空亮度一般为 0.2～2.0sb，在与太阳呈 90°角处是最低值。

（2）阴天：天空云量很多或全云（云量为 8～10 级）。全云天时地面无直射阳光，只有天空扩散光。

国际照明委员会（CIE）对全云天空（也称全阴天空）的定义是：当天空全部被云遮挡，看不清太阳的位置，天空的亮度分布符合：

$$L_\theta = \frac{1 + 2\sin\theta}{3} \cdot L_z \qquad (18\text{-}21)$$

式中　L_z——天顶亮度，cd/cm^2，天顶亮度是接近地平线处天空亮度的 3 倍；

　　　L_θ——与地面呈 θ 角处的天空亮度，cd/cm^2。

采光设计与采光计算都假设天空为全云天空，计算起来比较简单。

在全阴天空下，地平面的照度用下式计算：

$$E_{地} = \frac{7}{9} \cdot \pi \cdot L_z(\text{lx}) \qquad (18\text{-}22)$$

式中　$E_{地}$——地面照度，lx；

　　　L_z——天顶亮度，cd/m^2。

影响天然光的因素有太阳高度角、云状、地面反射能力、大气透明度。

（3）多云天：多云天天然光也是由直射阳光和天空扩散光两部分组成，但两部分的比例和晴天不同。

2. 我国光气候概况

我国天然光最丰富的地区是西北和北部地区，向南逐步降低，四川盆地最低。

（二）光气候分区

根据室外天然光年平均总照度值（从日出后半小时到日落前半小时全年日平均值），将我国分为 Ⅰ～Ⅴ 类光气候区。用光气候系数与相应室外天然光设计照度值表示该区天然光的高低（表 18-4）。中国光气候分区参见《采光标准》中的附录 A；北京为 Ⅲ 类光气候区，重庆为 Ⅴ 类光气候区，北京的光气候系数是 1.0。要取得同样照度，Ⅰ 类光气候区开窗面积最小，Ⅴ 类光气候区开窗面积最大。

光气候系数 K 值与室外天然光设计照度值 E_s　　　　　　表 18-4

光气候区	Ⅰ	Ⅱ	Ⅲ	Ⅳ	Ⅴ
K 值	0.85	0.90	1.00	1.10	1.20
室外天然光设计照度值 E_s（lx）	18000	16500	15000	13500	12000

注：E_s 指室内全部利用天然光的室外天然光最低照度。

（三）采光系数

采光系数是在室内参考平面上的一点，由直接或间接地接收来自假定和已知天空亮度分布的天空漫射光而产生的照度与同一时刻该天空半球在室外无遮挡水平面上产生的天空漫射光照度之比。

$$C = \frac{E_n}{E_w} \cdot 100\% \qquad (18\text{-}23)$$

式中　C——采光系数，%；

　　　E_n——在全云天空漫射光照射下，室内给定平面上的某一点由天空漫射光所产生的照度，lx；

　　　E_w——在全云天空漫射光照射下，与室内某一点照度同一时间、同一地点，在室外无遮挡水平面上由天空漫射光所产生的室外照度，lx。

在采光设计中，需要参考采光系数标准值，即在规定的室外天然光设计照度下，满足视觉功能要求的采光系数值。由于同样的视觉功能对于室内照度的需求总是一致的，但室外光环境由于光气候分区不同而存在高低，所以，不同光气候区的同样功能的房间采光系数标准值实际上是不同的，其间的比例即为表 18-4 中的光气候系数 K，即室外自然光差的地方采光系数标准值要大些，室外自然光丰富的地区可小些，采光口的尺寸也相应需要变大或变小以满足室内照度达标的要求。

二、窗洞口

(一) 侧窗

侧窗构造简单，布置方便，造价低，光线的方向性好，有利于形成阴影，适于观看立体感强的物体，并可通过窗看到室外景观，扩大视野，在大量的民用建筑和工业建筑中得到广泛的应用。侧窗的主要缺点是照度分布不均匀，近窗处照度高，往里走，水平照度下降速度很快，到内墙处，照度很低，离内墙 1m 处照度最低。侧窗采光房间进深一般不要超过窗口上沿高度的 2 倍，否则需要人工照明补充。

当窗口面积相等且窗底标高相同时，正方形窗口的采光量（室内各点的照度总和）最大，竖长方形次之，横长方形最小；沿进深方向的照度均匀性，竖长方形最好，正方形次之，横长方形最差；沿宽度方向的照度均匀性，横长方形最好，正方形次之，竖长方形最差（表 18-5）。

侧窗分单侧窗、双侧窗和高侧窗三种。室内进深大，单侧窗无法将光引入室内深处的情况，可考虑双侧窗；高侧窗主要用于仓库和博览建筑，同样是出于进深大的考量，同时考虑到展览空间展品占用侧墙面积、观察者处有眩光等问题，也建议采用高侧窗代替普通侧窗。

侧窗采光特性简表 表 18-5

	正方形窗	竖长方形窗	横长方形窗
进光量	多	中	少
纵向均匀性	中	好	差
横向均匀性	中	差	好

例 18-5　在采光要求相同的条件下，上海地区的开窗面积比北京地区的开窗面积应：

A　增加 20%　　　　　　　　　　B　增加 10%
C　减少 20%　　　　　　　　　　D　减少 10%

解析：北京为Ⅲ类光气候区，上海为Ⅳ类光气候区，上海室外天然光较北京少，所以为达到同样的室内采光要求，上海地区开窗面积要比北京大。根据表 18-4，北京的 K 值为 1.0，上海的 K 值为 1.1，开窗尺寸也参考此比例，即上海地区开窗面积要比北京增加 10%。

答案：B

例 18-6　下列关于侧窗采光特性的说法，错误的是：

A　窗台标高一致且窗洞面积相等时，正方形侧窗采光量最多

B　高侧窗有利于提高房间深处的照度

C　竖长方形侧窗宜用于窄而深的房间

D　横长方形侧窗在房间宽度方向光线不均匀

解析：见表 18-5。

答案：D

在采光均匀性方面，窗口上下沿的高度不同，纵向采光均匀性也不一致。如竖长方形窗因高度高，房间深处采光量更多，进深方向（纵向）采光均匀性相对更好。窗口上下沿变化对采光效果的影响如图 18-9 所示。可见，窗上沿降低，近窗处和远窗处（尤其是远窗处）采光量均有所降低［图 18-9（a）］；窗台升高，近窗处下降明显并且采光量最高的点向内移动［图 18-9（b）］，远窗处变化不明显。

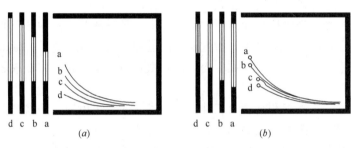

图 18-9　窗上下边沿高度变化对室内纵向方向采光量的影响
（a）窗上沿变化；（b）窗台变化

例 18-7　（2021）天然采光条件下的室内空间中，高侧窗具有以下哪个优点？

A　窗口进光量较大　　　　　　　　B　离窗近的地方照度提高

C　采光时间较长　　　　　　　　　D　离窗远的地方照度提高

解析：高侧窗与普通侧窗的不同之处在于，高侧窗位于净高高的房间墙体靠上的位置，斜射入室的阳光能够照射到更深处。窗口进光量只与窗洞口大小和形状有关；降低窗下沿高度能够增加离窗近的地方的采光；采光时间长短主要与自然光气候有关，与是否为高侧窗没有关系。

答案：D

（二）天窗

随着建筑物室内面积的增大，只用侧窗不能达到采光要求，需要天窗采光，多层建筑的顶层也可以用天窗采光。天窗分为以下几种类型：

1. 矩形天窗

（1）纵向矩形天窗：这种天窗的突出特点是采光比侧窗均匀，即工作面照度比较均匀，天窗位置较高，不易形成眩光，在大量的工业建筑，如需要通风的热加工车间和机加工车间应用普遍。为了避免直射阳光射入室内，天窗的玻璃最好朝向南北，这样阳光射入

的时间少，也易于遮挡。天窗宽度一般为跨度的一半左右，天窗下沿至工作面的高度为跨度的 0.35～0.7 倍。

梯形天窗室内采光量提高约 60%，但构造复杂，玻璃易积尘，阳光易射入室内，应慎重选用。

（2）横向天窗（横向矩形天窗）：这种天窗采光效果与矩形天窗相近，采光均匀性好，造价低，省去天窗架，能降低建筑高度。设计时，车间长轴应为南北向，即天窗玻璃朝向南北。

（3）井式天窗：采光系数较小，这种窗主要用于通风兼采光，适用于热处理车间。

矩形天窗一般使用在单层排架工业建筑的采光中。

2. 锯齿形天窗

这种天窗有倾斜的顶棚作反射面，增加了反射光的分量，采光效率比矩形天窗高 15%～20%。窗口一般朝北，以防止直射阳光进入室内，而不影响室内温度和湿度的调节。光线均匀，方向性强，不会产生直接眩光，在纺织厂大量使用这种天窗，轻工业厂房、超级市场、体育馆也常采用这种天窗。

3. 平天窗

这种天窗的特点是采光效率高，是矩形天窗的 2～3 倍。从照度和亮度之间的关系式 $E=L \cdot \Omega \cdot \cos i$ 看出，对计算点处于相同位置的矩形天窗和平天窗，如果面积相等，平天窗对计算点形成的立体角大，所以其照度值就高。另外平天窗采光均匀性好，布置灵活，不需要天窗架，能降低建筑高度，大面积车间和中庭常使用平天窗。设计时应注意采取防止污染、防止直射阳光影响和防止结露的措施。

在平、剖面相同时，天窗的采光效率：平天窗最大，其次为梯形天窗、锯齿形天窗，矩形天窗最差。

设计时，可用以上某一种采光窗，也可同时使用几种窗，即混合采光方式。

例 18-8　（2021）下列屋架形式最适合布置横向天窗的是：

A　上弦坡度较大的三角屋架　　　　B　边柱较高的梯形钢屋架

C　中式屋架　　　　　　　　　　　D　钢网架

解析：横向天窗是平行于建筑横轴方向依托屋架开设的矩形天窗。上弦坡度大，越接近三角形，开窗越不规整，可利用面积越小，A 选项不适合；边柱较高的屋架，屋架更方，上弦更平，能够更有效地提供开窗的面积，同时，钢屋架构件截面小，挡光少，也利于开窗，B 选项适合；中式屋架多为木质举架结构，梁柱多，构件截面大，不利于开窗，C 选项不适合；钢网架形式多样，网格密，不能提供大面积垂直面用来开矩形天窗，D 选项不适合。

答案：B

三、采光设计

（一）采光标准

1. 采光标准值

根据房间视觉工作的特征，《采光标准》将各类房间划分为五个采光等级（注意与前文五个光气候区是完全不同的概念）。

各采光等级参考平面上的采光标准值按表18-6（《采光标准》中的表3.0.3）选取。采光标准值包括室内天然光照度标准值（满足视觉工作的天然光照度下限）和采光系数标准值（即室内天然光照度标准值除室外天然光设计照度值）。采光的设计评价单元是房间，不是建筑。如一幢教学楼的教室和洗手间的采光等级不同，但教学楼洗手间和医院洗手间的采光等级是一样的。

各采光等级参考平面上的采光标准值   表 18-6

采光等级	侧面采光		顶部采光	
	采光系数标准值（%）	室内天然光照度标准值（lx）	采光系数标准值（%）	室内天然光照度标准值（lx）
Ⅰ	5	750	5	750
Ⅱ	4	600	3	450
Ⅲ	3	450	2	300
Ⅳ	2	300	1	150
Ⅴ	1	150	0.5	75

注：1. 工业建筑参考平面取距地面1m，民用建筑取距地面0.75m，公用场所取地面；

2. 表中所列采光系数标准值适用于我国Ⅲ类光气候区，采光系数标准值是按室外设计照度值15000lx制定的；

3. 采光标准的上限值不宜高于上一采光等级的级差，采光系数值不宜高于7%；

4. 对于Ⅰ、Ⅱ采光等级的侧面采光，当开窗面积受到限制时，其采光系数值可降低到Ⅲ级，所减少的天然光照度应采用人工照明补充；

5. 在建筑设计中应为窗户的清洁和维修创造便利条件；

6. 采光设计实际效果的检验，应按现行国家标准《采光测量方法》GB/T 5699的有关规定执行；

7. 无论侧面采光还是顶部采光，采光系数标准值统一取采光系数平均值。

《采光标准》中提出了四项强制性条文（其中的采光系数数值要求仍是以Ⅲ类光气候区为对象，其他光气候区需乘光气候系数）：

（1）住宅建筑的卧室、起居室（厅）、厨房应有直接采光。

（2）住宅建筑的卧室、起居室（厅）的采光不应低于采光等级Ⅳ级的采光标准值，侧面采光的采光系数不应低于**2.0%**，室内天然光照度不应低于**300lx**。

（3）教育建筑的普通教室的采光不应低于采光等级Ⅲ级的采光标准值，侧面采光的采光系数不应低于**3.0%**，室内天然光照度不应低于**450lx**。

（4）医疗建筑的一般病房的采光不应低于采光等级Ⅳ级的采光标准值，侧面采光的采光系数不应低于**2.0%**，室内天然光照度不应低于**300lx**。

这里的采光系数标准值是室内天然光照度标准值与室外天然光设计照度值 E_s 的比值，如北京地区（Ⅲ类光气候区，E_s 为 15000lx，见表18-4），普通教室室内天然光照度标准值为450lx，其采光系数标准值即为 $450/15000=3\%$。而在西藏地区（Ⅰ类光气候区，E_s 为 18000lx），普通教室室内天然光照度标准值为450lx（因为西藏学生和北京学生对教室光环境需求是一样的），其采光系数标准值即为 $450/18000=2.5\%$，此值也可以通过 3% 乘以光气候系数 K 值得到（如西藏地区采光系数标准值为3%乘以0.85，约等于2.5%）。在实际工程的采光设计中，设计采光系数值均应大于标准中规定的标准值（但不宜远大于此值，室内自然采光过量可能带来热工和眩光等问题）。

例 18-9 下列住宅建筑房间的采光中，不属于强制性直接采光的房间是：

A 卧室　　　　　　　　　　B 起居室（厅）

C 餐厅　　　　　　　　　　D 厨房

解析：根据《采光标准》所列强制执行条文内容，卧室、起居室（厅）、厨房应有直接采光。

答案：C

其他房间的采光系数标准值及室内天然光照度标准值见表18-7～表18-17：

住宅建筑的采光标准值　　　　　　　　　　　表18-7

采光等级	场所名称	侧面采光	
		采光系数标准值（%）	室内天然光照度标准值（lx）
Ⅳ	厨房	2.0	300
Ⅴ	卫生间、过道、餐厅、楼梯间	1.0	150

教育建筑的采光标准值　　　　　　　　　　　表18-8

采光等级	场所名称	侧面采光	
		采光系数标准值（%）	室内天然光照度标准值（lx）
Ⅲ	专用教室、实验室、阶梯教室、教师办公室	3.0	450
Ⅴ	走道、楼梯间、卫生间	1.0	150

医疗建筑的采光标准值　　　　　　　　　　　表18-9

采光等级	场所名称	侧面采光		顶部采光	
		采光系数标准值（%）	室内天然光照度标准值（lx）	采光系数标准值（%）	室内天然光照度标准值（lx）
Ⅲ	诊室、药房、治疗室、化验室	3.0	450	2.0	300
Ⅵ	医生办公室（护士室）候诊室、挂号处、综合大厅	2.0	300	1.0	150
Ⅴ	走道、楼梯间、卫生间	1.0	150	0.5	75

办公建筑的采光标准值　　　　　　　　　　　表18-10

采光等级	场所名称	侧面采光	
		采光系数标准值（%）	室内天然光照度标准值（lx）
Ⅱ	设计室、绘图室	4.0	600
Ⅲ	办公室、会议室	3.0	450
Ⅳ	复印室、档案室	2.0	300
Ⅴ	走道、楼梯间、卫生间	1.0	150

图书馆建筑的采光标准值 表 18-11

采光等级	场所名称	侧面采光		顶部采光	
		采光系数标准值（%）	室内天然光照度标准值（lx）	采光系数标准值（%）	室内天然光照度标准值（lx）
Ⅲ	阅览室、开架书库	3.0	450	2.0	300
Ⅳ	目录室	2.0	300	1.0	150
Ⅴ	书库、走道、楼梯间、卫生间	1.0	150	0.5	75

旅馆建筑的采光标准值 表 18-12

采光等级	场所名称	侧面采光		顶部采光	
		采光系数标准值（%）	室内天然光照度标准值（lx）	采光系数标准值（%）	室内天然光照度标准值（lx）
Ⅲ	会议室	3.0	450	2.0	300
Ⅳ	大堂、客房、餐厅、健身房	2.0	300	1.0	150
Ⅴ	走道、楼梯间、卫生间	1.0	150	0.5	75

博物馆建筑的采光标准值 表 18-13

采光等级	场所名称	侧面采光		顶部采光	
		采光系数标准值（%）	室内天然光照度标准值（lx）	采光系数标准值（%）	室内天然光照度标准值（lx）
Ⅲ	文物修复室*、标本制作室*、书画装裱室	3.0	450	2.0	300
Ⅳ	陈列室、展厅、门厅	2.0	300	1.0	150
Ⅴ	库房、走道、楼梯间、卫生间	1.0	150	0.5	75

注：1. *表示采光不足部分应补充人工照明，照度标准值为750lx；

2. 表中的陈列室、展厅是指对光不敏感的陈列室、展厅，如无特殊要求应根据展品的特征和使用要求优先采用天然采光；

3. 书画装裱室设置在建筑北侧，工作时一般仅用天然光照明。

展览建筑的采光标准值 表 18-14

采光等级	场所名称	侧面采光		顶部采光	
		采光系数标准值（%）	室内天然光照度标准值（lx）	采光系数标准值（%）	室内天然光照度标准值（lx）
Ⅲ	展厅（单层及顶层）	3.0	450	2.0	300
Ⅳ	登录厅、连接通道	2.0	300	1.0	150
Ⅴ	库房、楼梯间、卫生间	1.0	150	0.5	75

交通建筑的采光标准值

表 18-15

采光等级	场所名称	侧面采光		顶部采光	
		采光系数标准值（%）	室内天然光照度标准值（lx）	采光系数标准值（%）	室内天然光照度标准值（lx）
Ⅲ	进站厅、候机（车）厅	3.0	450	2.0	300
Ⅳ	出站厅、连接通道、自动扶梯	2.0	300	1.0	150
Ⅴ	站台、楼梯间、卫生间	1.0	150	0.5	75

体育建筑的采光标准值

表 18-16

采光等级	场所名称	侧面采光		顶部采光	
		采光系数标准值（%）	室内天然光照度标准值（lx）	采光系数标准值（%）	室内天然光照度标准值（lx）
Ⅳ	体育馆场地、观众入口大厅、休息厅、运动员休息室、治疗室、贵宾室、裁判用房	2.0	300	1.0	150
Ⅴ	浴室、楼梯间、卫生间	1.0	150	0.5	75

注：采光主要用于训练或娱乐活动。

工业建筑的采光标准值

表 18-17

采光等级	车间名称	侧面采光		顶部采光	
		采光系数标准值（%）	室内天然光照度标准值（lx）	采光系数标准值（%）	室内天然光照度标准值（lx）
Ⅰ	特精密机电产品加工、装配、检验、工艺品雕刻、刺绣、绘画	5.0	750	5.0	750
Ⅱ	精密机电产品加工、装配、检验、通信、网络、视听设备、电子元器件、电子零部件加工、抛光、复材加工、纺织品精纺、织造、印染、服装裁剪、缝纫及检验、精密理化实验室、计量室、测量室、主控制室、印刷品的排版、印刷、药品制剂	4.0	600	3.0	450
Ⅲ	机电产品加工、装配、检修、机库、一般控制室、木工、电镀、油漆、铸工、理化实验室、造纸、石化产品后处理、冶金产品冷轧、热轧、拉丝、粗炼	3.0	450	2.0	300
Ⅳ	焊接、钣金、冲压剪切、锻工、热处理、食品、烟酒加工和包装、饮料、日用化工产品、炼铁、炼钢、金属冶炼、水泥加工与包装、配变电所、橡胶加工、皮革加工、精细库房（及库房作业区）	2.0	300	1.0	150

采光等级	车间名称	侧面采光		顶部采光	
		采光系数标准值（%）	室内天然光照度标准值（lx）	采光系数标准值（%）	室内天然光照度标准值（lx）
V	发电厂主厂房、压缩机房、风机房、锅炉房、泵房、动力站房、（电石库、乙炔库、氧气瓶库、汽车库、大中件贮存库）一般库房、煤的加工、运输、选煤配料间、原料间、玻璃退火、熔制	1.0	150	0.5	75

2. 采光质量

（1）采光均匀度：为采光系数最低值与采光系数平均值之比，也是同一时刻，全云天条件下，室内最低照度值与室内平均照度值之比。Ⅰ~Ⅳ级顶部采光的采光均匀度不宜小于0.7。为此，相邻两天窗中线间的距离不宜大于工作面至天窗下沿高度的1.5倍。侧面采光不作规定。侧窗采光不要求均匀度，因侧窗无法满足进深方向的均匀性（如前文所述），但可通过设置反光板、扩散玻璃等手段，将光折射或二次反射到室内深处，提升均匀性。

（2）窗眩光：采光设计时，应采取措施减少窗眩光：作业区应减少或避免直射阳光照射，不宜以明亮的窗口作为视看背景，可采用室内外遮挡设施如遮阳、窗帘等降低窗亮度或减少对天空的视看立体角（遮阳手段以可调节的外遮阳为最佳），宜将窗结构的内表面或窗周围的内墙面做成浅色饰面。

（3）光反射比：室内各表面顶棚（0.6~0.9）、墙面（0.3~0.8）、桌面、工作台面、设备表面（0.2~0.6）、地面（0.1~0.5）光反射比依次降低。

注意光线的方向性；需要补充人工照明的场所，宜选用接近天然光色温的高色温光源；需识别颜色的场所，宜采用不改变天然光光色的采光材料。

（二）窗地面积比的估算

采光窗窗口面积一般先用表18-18（《采光标准》中的表6.0.1）提供的窗地面积比（A_c/A_d）和采光有效进深（b/h_s）（定义见本节第五部分）进行估算，表中内容为Ⅲ类光气候区的计算数值，其他光气候区的窗地面积比应乘表18-2中的光气候系数 K。对于侧面采光，窗口面积应为参考平面以上的窗洞口面积。要记住Ⅲ类光气候区下面几种主要建筑的窗地面积比（以侧窗为例）。

窗地面积比和采光有效进深　　　　　　　　　表 18-18

采光等级	侧面采光		顶部采光
	窗地面积比（A_c/A_d）	采光有效进深（b/h_s）	窗地面积比（A_c/A_d）
Ⅰ	1/3	1.8	1/6
Ⅱ	1/4	2.0	1/8
Ⅲ	1/5	2.5	1/10
Ⅳ	1/6	3.0	1/13
V	1/10	4.0	1/23

注：1. 窗地面积比计算条件：窗的总透射比 τ 取 0.6；室内各表面材料反射比的加权平均值：Ⅰ~Ⅲ级取 ρ_j = 0.5；Ⅳ级取 ρ_j = 0.4，V级取 ρ_j = 0.3；

2. 顶部采光指平天窗采光，锯齿形天窗和矩形天窗可分别按平天窗的1.5倍和2倍窗地面积比进行估算。

上表中侧窗采光的采光有效进深指可满足采光要求的房间进深，用房间进深与参考平面至窗上沿高度的比值来表示。此概念明确给出了建筑平面设计中采光达标的量化建议值。

（1）各类建筑走道、楼梯间、卫生间的窗地面积比为 1/10（采光系数最低值 1%，室内照度标准值 150lx）。

（2）住宅的卧室、起居室和厨房的窗地面积比为 1/6（采光系数最低值 2%，室内照度标准值 300lx）。

（3）综合医院的候诊室、一般病房、医生办公室、大厅窗地面积比为 1/6。

（4）图书馆的目录室窗地面积比为 1/6。

（5）旅馆的大堂、客房、餐厅的窗地面积比为 1/6。

（6）展览建筑的登录厅、连接通道，交通建筑的出站厅、连接通道、自动扶梯，体育建筑的体育馆场地、入口大厅、休息厅、休息室、贵宾室、裁判用房等窗地面积比均为 1/6。

（7）教育建筑的专用教室，办公建筑的办公室、会议室的窗地面积比为 1/5（采光系数标准值 3%，室内天然光照度标准值 450lx）。

（8）综合医院的诊室、药房窗地面积比为 1/5。

（9）图书馆的阅览室、开架书库的窗地面积比为 1/5。

（10）展览建筑的展厅（单层及顶层），交通建筑的进站厅、候机（车）厅等窗地面积比均为 1/5。

（11）办公建筑的设计室、绘图室的窗地面积比为 1/4（采光系数标准值 4%，室内天然光照度标准值 600lx）。

《民用建筑设计统一标准》GB 50352—2019 第 7.1.3 条 1 款规定，侧窗采光时，民用建筑采光口离地面高度 0.75m 以下的部分不应计入有效采光面积（《住宅设计规范》GB 50096—2011 第 7.1.7 条规定，采光窗下沿离楼面或地面高度低于 0.50m 的窗洞口面积不应计入采光面积内，窗洞口上沿距地面高度不宜低于 2.00m）；采光口上部有宽度超过 1m 以上的外廊、阳台等外挑遮挡物，其有效采光面积可按采光口面积的 70% 计算；用水平天窗采光时，其有效采光面积可按侧面采光口面积的 2.5 倍计算。

（三）各类场所采光设计要点

1. 博物馆、美术馆的展厅

（1）避免直接眩光：观看展品时，窗口应处在视野范围之外，从参观者的眼睛到画框边缘和窗口边缘的夹角要大于 14°，见图 18-10。

（2）避免一、二次反射眩光（映像）：对面高侧窗的中心和画面中心连线和水平线的夹角大于 50°，见图 18-11。

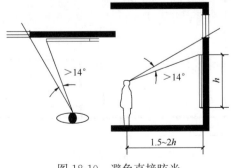

图 18-10 避免直接眩光

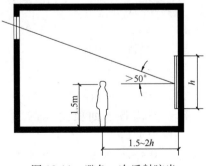

图 18-11 避免一次反射眩光

（3）墙面的色调应采用中性色，其反射比取 0.3 左右。

（4）对光不敏感的陈列室和展厅，如无特殊要求，应根据展品特性和使用要求优先采用天然采光。

（5）书画装裱室设置在建筑北侧，工作时一般仅用天然光照明。

结合上述采光要求，该类房间宜采用高侧窗或天窗采光，并控制采光口、展品与观赏者三者的位置关系，如倾斜展品表面等。同时，应让观赏者的位置处于暗处，避免二次反射眩光。

2. 学校建筑的普通教室

教室是各类型场所中对光要求最高的场所之一，因学生对课桌面、黑板面的照度、均匀性、稳定性均有较高的要求，需要合理地安排教室环境的光分布，消除眩光，保证正常的可见度，减少疲劳，提高学习效率。除了《采光标准》中规定的照度标准值要求以外，教室天然光环境还需要满足以下条件。

（1）均匀的照度分布：有条件的教室可以考虑天窗采光或者双侧窗采光，保障进深（纵向）方向采光均匀；天窗采光时，工作面采光均匀度不应小于 0.7。

（2）光线方向和阴影：光线方向最好从左侧上方射来，双侧采光时也应分主次，主要光线方向为左上方，以免在书写时手挡光线，产生阴影。

（3）避免眩光：选择采光口方向，从避免眩光角度来看，侧窗口宜为北向。室内顶棚和内墙是主要反光面，浅色装修能够产生更多的自上而下的反射光，同时窗间墙内墙面做浅色装修也能够缓解窗洞口因明暗变化而产生眩光的程度。黑板防眩光方法包括：可采用毛玻璃背面涂刷暗绿色油漆的做法，避免眩光，避免过度明暗变化，同时黑板墙及其附近不应开窗，避免视线方向出现窗口眩光源。

（4）教室剖面：教室应有足够的净高，保障窗口上沿尽量高，使在单侧采光的情况下，室内进深深处也能够有一定的采光；或者在窗洞口安装磨砂玻璃（散射），或者加装反光横档，将光线折射或反射到室内深处；也可以做倾斜顶棚，朝向采光口增加顶棚的反射光，也能够使室内进深深处的采光有所增加。

四、采光计算

（一）侧面采光

采光系数平均值（图 18-12）可按下式计算（对采光形式复杂的建筑，应利用计算机模拟软件或缩尺模型进行采光计算分析）。典型条件下的采光系数平均值可按《采光标准》附录 C 表 C.0.1 取值。

$$C_{av} = \frac{A_c \tau \theta}{A_z (1 - \rho_j^2)} \quad (18\text{-}24)$$

$$\tau = \tau_0 \cdot \tau_c \cdot \tau_w \quad (18\text{-}25)$$

式中　τ——窗的总透射比；

　　A_c——窗洞口面积（m^2）；

　　A_z——室内表面总面积（m^2）；

　　ρ_j——室内各表面反射比的加权平均值；

　　θ——从窗中心点计算的垂直

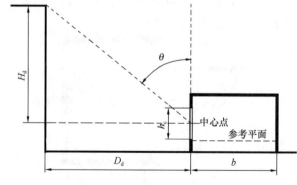

图 18-12　侧面采光示意图

可见天空的角度值，无室外遮挡 θ 为 90°；

τ_0——采光材料的透射比；

τ_c——窗结构的挡光折减系数；

τ_w——窗玻璃的污染折减系数。

例 18-10　（2014） 关于侧面采光系数平均值计算式中，与下列参数无直接关系的是：

A　窗洞口面积　　　　　　B　室内表面总面积

C　窗的总透射比　　　　　D　采光有效进深

解析： 由侧面采光系数平均值计算公式（18-24）和图 18-12 可知，侧面采光系数平均值与窗洞口面积（选项 A）、室内表面总面积（选项 B）和窗的总透射比（选项 C）均有直接关系，而与采光有效进深（选项 D）没有直接关系。

答案： D

（二）顶部采光

顶部采光（图 18-13）计算可按下列方法进行：

$$C_{av} = \tau \cdot CU \cdot A_c / A_d \quad (18\text{-}26)$$

式中　C_{av}——采光系数平均值（%）；

　　　τ——窗的总透射比；

　　　CU——利用系数；

　　　A_c / A_d——窗地面积比。

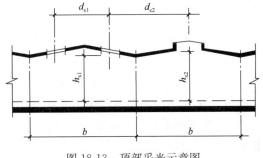

图 18-13　顶部采光示意图

（三）导光管系统采光

导光管系统采光设计时，宜按下列公式进行天然光照度计算：

$$E_{av} = \frac{n \cdot \Phi_u \cdot CU \cdot MF}{l \cdot b} \quad (18\text{-}27)$$

式中　E_{av}——平均水平照度（lx）；

　　　n——拟采用的导光管采光系统数量；

　　　CU——导光管采光系统的利用系数；

　　　MF——维护系数，导光管采光系统在使用一定周期后，在规定表面上的平均照度或平均亮度与该装置在相同条件下新装时在同一表面上所得到的平均照度或平均亮度之比；

　　　Φ_u——导光管采光系统漫射器的设计输出光通量（lm）。

五、关于《采光标准》的补充说明

建筑自然采光的重要标准《建筑采光设计标准》现行版本为 2013 版，其中部分术语、数值的变动尚未反映在 2013 年之前的相关教材中，同时标准加入了导光管的相关规定。为便于读者阅读，本部分针对现行《采光标准》中相关重要内容进行集中介绍如下。

（1）术语的增加

1）采光系数标准值 standard value of daylight factor

在规定的室外天然光设计照度下，满足视觉功能要求时的采光系数值。

2）室外天然光设计照度 design illuminance of exterior daylight

室内全部利用天然光时的室外天然光最低照度。符号为 E_s。

（此为重要的变更内容，与部分教材中"天然光临界照度值"的规定不一样，以标准中为准。）

3）室内天然光照度标准值 standard value of interior daylight illuminance

对应于规定的室外天然光设计照度值和相应的采光系数标准值的参考平面上的照度值。

4）室外天然光临界照度 critical illuminance of exterior daylight

室内需要全部开启人工照明时的室外天然光照度。符号为 E_1。

5）窗地面积比 ratio of glazing to floor area

窗洞口面积与地面面积之比。对于侧面采光，应为参考平面以上的窗洞口面积。

6）采光有效进深 depth of daylighting zone

侧面采光时，可满足采光要求的房间进深。新标准用房间进深与参考平面至窗上沿高度的比值来表示。

7）导光管采光系统 tubular daylighting system

一种将室外天然光采集，并经管道传输，用于室内天然光照明的采光系统，通常由集光器、导光管和漫射器组成。

8）导光管采光系统效率 efficiency of the tubular daylighting system

导光管采光系统的漫射器输出光通量与集光器输入光通量之比。符号为 η。

9）采光利用系数 daylight utilization factor

被照面接收到的光通量与天窗或集光器接收到来自天空的光通量之比。符号为 CU。

10）光热比 light to solar gain ratio

材料的可见光透射比与太阳能总透射比的比值。符号为 r。

11）透光折减系数 transmitting rebate factor

透射漫射光照度与漫射光照度之比，符号为 T_r。

（2）强制性条文的提出

新标准提出四条强制性条文，要求必须严格执行，是重要考点，见本节三（一）小节。

（3）原室内天然光临界照度值改为室内天然光设计照度值。

（4）将侧面采光的评价指标采光系数最低值改为采光系数平均值。

（5）增加了展览建筑、交通建筑和体育建筑的采光标准值，见本节三（一）小节。

（6）给出对应于采光系数平均值的计算方法，见本节四小节。

（7）"采光节能"内容

1）建筑采光设计时，应根据地区光气候特点，采取有效措施，综合考虑充分利用天然光，节约能源。

2）采光材料应符合下列要求：应综合考虑采光和热工的要求，按不同地区选择光热比合适的材料；导光管集光器材料的透射比不应低于 0.85，漫射器材料的透射比不应低于 0.8，导光管材料的反射比不应低于 0.95。

3）采光装置应满足以下规定：采光窗的透光折减系数 T_r 应大于 0.45；导光管采光系统在漫射光条件下的系统效率应大于 0.5。

4）采光设计时，应采取有效的节能措施：大跨度或大进深的建筑宜采用顶部采光或导光管系统采光；在地下空间，无外窗及有条件的场所，可采用导光管采光系统；侧面采光时，可加设反光板、棱镜玻璃或导光管系统，改善进深较大区域的采光。

5）采用遮阳设施时，宜采用外遮阳或可调节的遮阳设施。

6）采光与照明控制应符合下列规定：对于有天然采光的场所，宜采用与采光相关联的照明控制系统；控制系统应根据室外天然光照度变化调节人工照明，调节后的天然采光和人工照明的总照度不应低于各采光等级所规定的室内天然光照度值。

7）在建筑设计阶段评价采光节能效果时，宜进行采光节能计算。可节省的照明用电量宜按下列公式进行计算：

$$U_e = W_e/A \tag{18-28}$$

$$W_e = \Sigma(P_n \times t_D \times F_D + P_n \times t'_D \times F'_D)/1000 \tag{18-29}$$

式中　U_e——单位面积上可节省的年照明用电量（kWh/(m² · 年))；

A——照明的总面积（m²)；

W_e——可节省的年照明用电量（kWh/年)；

P_n——房间或区域的照明安装总功率（W)；

t_D——全部利用天然采光的时数（h），可按标准附录 E 中表 E.0.1 取值；

t'_D——部分利用天然采光的时数（h），可按标准附录 E 中表 E.0.2 取值；

F_D——全部利用天然采光时的采光依附系数，取 1；

F'_D——部分利用天然采光时的采光依附系数，在临界照度与设计照度之间的时段取 0.5。

第三节　建　筑　照　明

一、电光源的种类、特性与使用场所

（一）光源的种类

光源的种类见表 18-19。

光　源　的　种　类　　　　　　　　　　　　　　　　表 18-19

热辐射光源	气体放电光源	固体发光光源
白炽灯 卤钨灯	荧光灯、紧凑型荧光灯、荧光高压汞灯、金属卤化物灯、钠灯、氙灯、冷阴极荧光灯、高频无极感应灯等	发光二极管 （LED）

（二）光源的特性参数和使用场所

发光效能：光源发出的光通量与光源功率之比，简称光效，单位：lm/W。

光源的常用参数见表 18-20。

传统照明光源的基本参数和使用场所　　　　　　　　　　　表 18-20

光源名称	功率 （W）	光效 （lm/W）	寿命 （h）	色温 （K）	显色指教 （R_n）	使用场所
白炽灯	15～200	7～20	1000	2800	95～99	住宅、饭店、陈列室、应急照明

光源名称	功率 (W)	光效 (lm/W)	寿命 (h)	色温 (K)	显色指教 (R_a)	使用场所
卤钨灯	5～1000	12～21	2000	2850	95～99	陈列室、商店、工厂、车站、大面积投光照明
荧光灯 （三基色 荧光粉）	3～125	32～90	3000～10000	2700～6500	50～93	工厂、办公室、医院、商店、美术馆、饭店、公共场所
荧光 高压汞灯	50～1000	31～52	3500～12000	6000	40～50	广场、街道、工厂、码头、工地、车站等，限制使用
金属 卤化物灯	70～1000	70～110	6000～20000	4500～7000	60～95	广场、机场、港口、码头、体育场、工厂
高压钠灯	50～1000	44～120	8000～24000	≥2000	20、40、60	广场、街道、码头、工厂、车站
低压钠灯	18～180	100～175	3000	—	—	街道、高速公路、胡同

对表18-20要记住白炽灯、荧光灯（低压汞灯）、金属卤化物灯和高压钠灯的光效、寿命、显色指数以及它们的主要使用场所。白炽灯用于要求瞬时启动和连续调光，对防止电磁干扰要求严格、开关频繁、照度要求不高、照明时间较短的场所以及对装饰有特殊要求的场所。

实际上，迄今为止的大部分建筑照明新建工程中，绝大部分常规照明均已采用 LED 光源，其寿命、光效、体积、稳定性均具有非常明显的优势。作为理论上光效最高的光源，LED 已经逐渐取代其他光源，在室外道路、景观、建筑及室内大部分场所的照明中被广泛应用。

二、灯具

灯具是光源、灯罩和相应附件为一体的总称。

（一）灯具的光特性

1. 灯具的配光曲线和空间等照度曲线

配光曲线是按光源发出的光通量为 1000lm，以极坐标的形式将灯具在各个方向上的发光强度绘制在平面图上，灯具的配光曲线，见图 18-14。在应用时，当光源发出的光通量不是 1000lm 时应乘以修正系数 $\Phi/1000$。

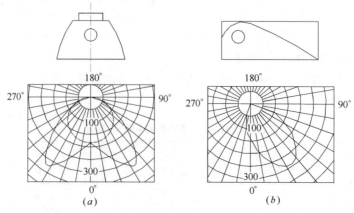

图 18-14 灯具的配光曲线

灯具的空间等照度曲线也是按灯具发出的光通量为 1000lm 绘制的，按灯到计算点的悬挂高度和灯到计算点的水平距离从图上查出相应的照度值，再乘以 $\Phi/1000$ 就得出计算点的照度值。但配光曲线是更加直观、常用的表达灯具空间光分布的方式。

2. 灯具的遮光角

遮光角的大小要满足限制眩光的要求（图 18-15）。

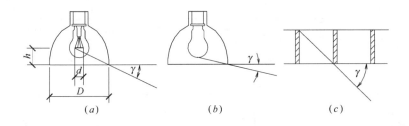

图 18-15　灯具的遮光角（γ）

（a）普通灯泡；（b）乳白灯泡；（c）挡光格片

灯具遮光角的余角称为截光角。所以灯具遮光角越大（截光角越小），光源直射的范围就越窄，形成眩光的可能性也越小。

3. 灯具效率

$$\eta = \frac{\Phi}{\Phi_a}$$
(18-30)

式中　η——灯具效率，%；

　　　Φ——灯具发出的光通量，lm；

　　　Φ_a——光源发出的光通量，lm。

对于 LED 灯具需用"灯具效能"的概念，即灯具发出的总光通量与其所输入的功率之比（lm/W）。因产品构造特征，LED 灯具只能测出灯具效能，无法获得其光源光效和灯具效率。需区分"发光效能""灯具效率""灯具效能"的概念。

《照明标准》中规定：在满足眩光限制和配光要求的条件下，应选用效率或效能高的灯具，并应符合下列规定（表 18-21～表 18-26）。

直管形荧光灯灯具的效率（%）
表 18-21

灯具出光口形式	开敞式	保护罩（玻璃或塑料）		格栅
		透明	棱镜	
灯具效率	75	70	55	65

紧凑型荧光灯筒灯灯具的效率（%） 表 18-22

灯具出光口形式	开敞式	保护罩	格栅
灯具效率	55	50	45

小功率金属卤化物灯筒灯灯具的效率（%） 表 18-23

灯具出光口形式	开敞式	保护罩	格栅
灯具效率	60	55	50

高强度气体放电灯灯具的效率（%） 表 18-24

灯具出光口形式	开敞式	格栅或透光罩
灯具效率	75	60

发光二极管筒灯灯具的效能（lm/W） 表 18-25

色 温	2700K		3000K		4000K	
灯具出光口形式	格栅	保护罩	格栅	保护罩	格栅	保护罩
灯具效能	55	60	60	65	65	70

发光二极管平面灯灯具的效能（lm/W） 表 18-26

色 温	2700K		3000K		4000K	
灯盘出光口形式	反射式	直射式	反射式	直射式	反射式	直射式
灯盘效能	60	65	65	70	70	75

例 18-12　（2014） 关于灯具光特性的说法，正确的是：

A　配光曲线上各点表示为光通量

B　灯具亮度越大，要求遮光角越小

C　截光角越大，眩光越大

D　灯具效率是大于 1 的数值

解析： A 选项中，配光曲线中各点值是发光强度。B 选项中，遮光角是指灯具出光口平面与刚好看不见发光体的视线之间的夹角；为避免眩光，亮度越大，遮光角应该也越大。C 选项中，截光角是指光源发光体最外沿的一点和灯具出光口边沿的连线与通过光源光中心的垂线之间的夹角；他与遮光角互为余角，截光角越大，遮光角越小，形成眩光的可能性越大。D 选项中，灯具效率是指在规定的使用条件下，灯具发出的总光通量与灯具内所有光源发出的总光通量之比（也称灯具光输出比），所以必然是小于 1 的数值。

答案： C

（二）灯具分类

灯具可分为装饰灯具（如花灯等）和功能灯具（如投光灯具等）两大类。当然，装饰灯具也要考虑功能，功能灯具也要考虑装饰性。

国际照明委员会按光通在空间上、下半球的分布把灯具划分为五类：

（1）直接型灯具。上半球的光通占 0～10%，下半球的光通占 100%～90%。其光照特性是灯具效率高、室内表面的反射比对照度影响小、设备投资少、维护使用费少；缺点是顶棚暗，易眩光，光线方向性强，阴影浓重。

直接型灯具的光强分布见图 18-16。工厂常用的深罩型灯具属于窄配光，灯具悬挂较高；室外广场和道路的照明常选用宽配光灯具，投光范围比较广阔；蝠翼型配光（宽配光的一种）灯具引起的光幕反射最小（见本节三、（二）2.），常用于教室照明，使课桌表面上的照度比较均匀，还用于垂直面照度要求较高的室内场所如计算机房以及低而宽房间的一般照明。

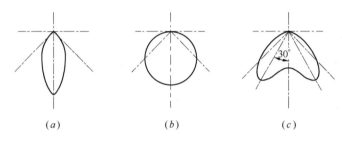

图 18-16　直接型灯具的光强分布
(a) 窄配光；*(b)* 中配光（余弦配光）；*(c)* 宽配光（蝠翼配光）

（2）半直接型灯具。上半球的光通占 10%～40%，下半球的光通占 90%～60%，由于将部分光线射向顶棚，室内亮度分布较好，阴影稍淡。

（3）漫射型（均匀扩散型）、直接间接型灯具。上半球的光通占 40%～60%，下半球的光通占 60%～40%，室内亮度分布均匀，光线柔和。

（4）半间接型灯具。上半球的光通占 60%～90%，下半球的光通占 40%～10%。

（5）间接型灯具。上半球的光通占 90%～100%，下半球的光通占 10%～0。室内光照特性和直接型灯具相反，室内亮度分布均匀，光线柔和，基本无阴影。常用作医院、餐厅和一些公共建筑的照明。但此种灯具光通利用率低，设备投资多，维护费用高。

要能分辨各种类型灯具的配光曲线。I_{max} 在 0°～40° 时是窄配光，I_{max} 在 50°～90° 时是宽配光，$I_\alpha = I_0 \cos\alpha$ 时是余弦配光。

例 18-13　（2012） 下列关于灯具的说法，错误的是：

A　直接型灯具在房间内不易产生阴影

B　半直接型灯具降低了房间上下部间的亮度对比差别

C　半间接型灯具使房间的照度降低

D　间接型灯具的房间无眩光作用

解析： 直接型灯具发出的光线为方向性强的直射光，在房间内容易产生明显的阴影。

答案： A

综合以上各类灯具特征可知，安装高度高，对装饰性、艺术性无特殊要求的场所宜选用直接型灯具，如篮球馆、候车厅等；需避免眩光，对舒适性要求高的场所宜考虑间接型灯具，如酒店。

三、室内照明

以满足视觉工作为主的照明称为工作照明，如教室、工厂照明；兼顾艺术效果的称为环境照明，如酒店、客房、门厅等的照明。

（一）照明方式和种类

1. 一般照明方式

用于对光的投射方向没有特殊要求，如候车（机、船）室；工作面上没有特别需要提高照度的工作点，如教室、办公室；工作地点很密或不固定的场所，如超级市场营业厅、仓库等，层高较低（4.5m以下）的工业车间等。

2. 分区一般照明方式

用于同一房间照度水平不一样的一般照明，如车间的工作区、过道、半成品区；开敞式办公室的办公区和休息区等。

3. 局部照明方式

用于照度要求高和对光线方向性有特殊要求的作业；除卧室、宾馆客房外，局部照明不单独使用。

4. 混合照明方式

既设有一般照明，又设有满足工作点的高照度和光方向的要求所用的一般照明加局部照明，如阅览室、车库等。在高照度时，这种照明最经济。

5. 重点照明方式

为提高指定区域或目标的照度，使其比周围区域突出的照明。重点照明照度分布类似局部照明，但出发点不一样。

照明方式如图18-17所示。

考试大纲要求的了解建筑内部视觉对光和色的控制就是按设计标准合理选用光源、灯具和照明方式，创造出照度和亮度分布合理、颜色满意的室内光环境，以满足视觉、功能

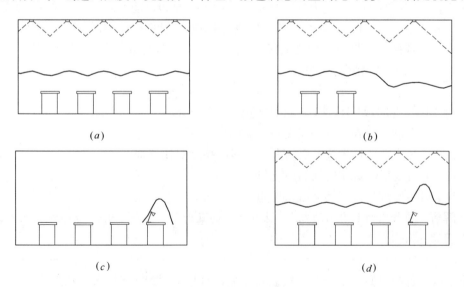

图 18-17　照明方式及照度分布

(a) 一般照明；(b) 分区一般照明；(c) 局部照明；(d) 混合照明

及室内装饰的要求。

照明种类方面，除常规照明外，还有疏散照明、安全照明、备用照明等应急照明种类。

照明种类的确定应符合下列规定。

（1）室内工作及相关辅助场所，均应设置正常照明。

（2）当下列场所正常照明电源失效时，应设置应急照明。

① 需确保正常工作或活动继续进行的场所，应设置备用照明；

② 需确保处于潜在危险之中的人员安全的场所，应设置安全照明；

③ 需确保人员安全疏散的出口和通道，应设置疏散照明。

（3）需在夜间非工作时间值守或巡视的场所应设置值班照明。

（4）需警戒的场所，应根据警戒范围的要求设置警卫照明。

（5）在危及航行安全的建筑物、构筑物上，应根据相关部门的规定设置障碍照明。

在此基础上，应急照明应选用能快速点亮的光源，如白炽灯、LED 灯，而金属卤化物灯和高压钠灯点亮过程长的光源不适用。

（二）照明标准

1. 照明数量

照明数量标准主要包括照度、均匀度、眩光（统一眩光值 UGR）、显色性、LPD（定义见后文）等几个指标，参考平面与采光标准相似，但有部分特殊参考面，如黑板照度面为黑板垂直表面，该照度标准值为垂直照度。如下表为办公建筑照明标准值（表 18-27）。

办公建筑照明标准值　　　　　　　　　　　　　表 18-27

房间或场所	参考平面及其高度	照度标准值（lx）	UGR	U_0	R_a
普通办公室	0.75m 水平面	300	19	0.60	80
高档办公室	0.75m 水平面	500	19	0.60	80
会议室	0.75m 水平面	300	19	0.60	80
视频会议室	0.75m 水平面	750	19	0.60	80
接待室、前台	0.75m 水平面	200	—	0.40	80
服务大厅、营业厅	0.75m 水平面	300	22	0.40	80
设计室	实际工作面	500	19	0.60	80
文件整理、复印、发行室	0.75m 水平面	300	—	0.40	80
资料、档案存放室	0.75m 水平面	200	—	0.40	80

注：此表适用于所有类型建筑的办公室和类似用途场所的照明。

（1）照度标准值是指工作或生活场所作业面或参考平面（又称工作面，与采光标准的工作面相似），如地面（走廊、厕所等公共空间）、0.75m 高的水平面（教室、办公室等民用建筑的主要房间）或指定表面上的维持平均照度值（在照明装置必须进行维护时，在规定表面上的平均照度）。在照明装置必须进行维护时，在规定表面上的平均照度可按条件（如亮度对比＜0.3）提高一级或降低一级。

（2）作业面邻近周围0.5m范围左右的照度比作业面照度低一个等级，作业面照度≤200lx时，邻近周围照度与作业面照度相同。

（3）室内外灯具每年至少擦洗2次，室内污染严重的场所每年至少擦洗3次。

（4）同时，不同于自然采光，电光源照明是耗费能源的，所以要求在满足照明数量基础上，达到能耗最小化的最优状态。《照明标准》对居住建筑、办公建筑、商业建筑、旅馆建筑、医院建筑、学校建筑以及工业建筑规定了照明功率密度值，简称 LPD，是单位面积上照明安装功率（包括光源、镇流器或变压器），单位：W/m^2。LPD 分为现行值和目标值，参看《照明标准》表6.3.1～表6.3.13，其中**对办公、商店、旅馆、医疗、教育、会展、交通、金融、工业建筑的照明要求是强制性的**。LPD 是照明部分非常重要的指标，它约束照明设计需要足够节能，但同时不可低于标准中对照度的要求。

（5）下列表为主要建筑室内照明标准值和 LPD 值（表18-28～表18-42）。

住宅建筑每户照明功率密度限值　　　　　　　　　　表 18-28

房间或场所	照度标准值（lx）	照明功率密度限值（W/m²）	
		现行值	目标值
起居室	100	≤6.0	≤5.0
卧室	75		
餐厅	150		
厨房	100		
卫生间	100		
职工宿舍	100	≤4.0	≤3.5
车库	30	≤2.0	≤1.8

图书馆建筑照明功率密度限值　　　　　　　　　　表 18-29

房间或场所	照度标准值（lx）	照明功率密度限值（W/m²）	
		现行值	目标值
一般阅览室、开放式阅览室	300	≤9.0	≤8.0
目录厅（室）、出纳室	300	≤11.0	≤10.0
多媒体阅览室	300	≤9.0	≤8.0
老年阅览室	500	≤15.0	≤13.5

办公建筑和其他类型建筑中具有办公用途场所照明功率密度限值　　表 18-30

房间或场所	照度标准值（lx）	照明功率密度限值（W/m²）	
		现行值	目标值
普通办公室	300	≤9.0	≤8.0
高档办公室、设计室	500	≤15.0	≤13.5
会议室	300	≤9.0	≤8.0
服务大厅	300	≤11.0	≤10.0

商店建筑照明功率密度限值 表 18-31

房间或场所	照度标准值（lx）	照明功率密度限值（W/m²）	
		现行值	目标值
一般商店营业厅	300	≤10.0	≤9.0
高档商店营业厅	500	≤16.0	≤14.5
一般超市营业厅	300	≤11.0	≤10.0
高档超市营业厅	500	≤17.0	≤15.5
专卖店营业厅	300	≤11.0	≤10.0
仓储超市	300	≤11.0	≤10.0

旅馆建筑照明功率密度限值 表 18-32

房间或场所	照度标准值（lx）	照明功率密度限值（W/m²）	
		现行值	目标值
客房	—	≤7.0	≤6.0
中餐厅	200	≤9.0	≤8.0
西餐厅	150	≤6.5	≤5.5
多功能厅	300	≤13.5	≤12.0
客房层走廊	50	≤4.0	≤3.5
大堂	200	≤9.0	≤8.0
会议室	300	≤9.0	≤8.0

医疗建筑照明功率密度限值 表 18-33

房间或场所	照度标准值（lx）	照明功率密度限值（W/m²）	
		现行值	目标值
治疗室、诊室	300	≤9.0	≤8.0
化验室	500	≤15.0	≤13.5
候诊室、挂号厅	200	≤6.5	≤5.5
病房	100	≤5.0	≤4.5
护士站	300	≤9.0	≤8.0
药房	500	≤15.0	≤13.5
走廊	100	≤4.5	≤4.0

教育建筑照明功率密度限值 表 18-34

房间或场所	照度标准值（lx）	照明功率密度限值（W/m²）	
		现行值	目标值
教室、阅览室	300	≤9.0	≤8.0
实验室	300	≤9.0	≤8.0
美术教室	500	≤15.0	≤13.5
多媒体教室	300	≤9.0	≤8.0
计算机教室、电子阅览室	500	≤15.0	≤13.5
学生宿舍	150	≤5.0	≤4.5

美术馆建筑照明功率密度限值 表 18-35

房间或场所	照度标准值（lx）	照明功率密度限值（W/m²）	
		现行值	目标值
会议报告厅	300	≤9.0	≤8.0
美术品售卖区	300	≤9.0	≤8.0
公共大厅	200	≤9.0	≤8.0
绘画展厅	100	≤5.0	≤4.5
雕塑展厅	150	≤6.5	≤5.5

科技馆建筑照明功率密度限值 表 18-36

房间或场所	照度标准值（lx）	照明功率密度限值（W/m²）	
		现行值	目标值
科普教室	300	≤9.0	≤8.0
会议报告厅	300	≤9.0	≤8.0
纪念品售卖区	300	≤9.0	≤8.0
儿童乐园	300	≤10.0	≤8.0
公共大厅	200	≤9.0	≤8.0
常设展厅	200	≤9.0	≤8.0

博物馆建筑其他场所照明功率密度限值 表 18-37

房间或场所	照度标准值（lx）	照明功率密度限值（W/m²）	
		现行值	目标值
会议报告厅	300	≤9.0	≤8.0
美术制作室	500	≤15.0	≤13.5
编目室	300	≤9.0	≤8.0
藏品库房	75	≤4.0	≤3.5
藏品提看室	150	≤5.0	≤4.5

会展建筑照明功率密度限值 表 18-38

房间或场所	照度标准值（lx）	照明功率密度限值（W/m²）	
		现行值	目标值
会议室、洽谈室	300	≤9.0	≤8.0
宴会厅、多功能厅	300	≤13.5	≤12.0
一般展厅	200	≤9.0	≤8.0
高档展厅	300	≤13.5	≤12.0

交通建筑照明功率密度限值　　　　　　　　　　　　表 18-39

房间或场所		照度标准值（lx）	照明功率密度限值（W/m²）	
			现行值	目标值
候车（机、船）室	普通	150	≤7.0	≤6.0
	高档	200	≤9.0	≤8.0
中央大厅、售票大厅		200	≤9.0	≤8.0
行李认领、到达大厅、出发大厅		200	≤9.0	≤8.0
地铁站厅	普通	100	≤5.0	≤4.5
	高档	200	≤9.0	≤8.0
地铁进出站门厅	普通	150	≤6.5	≤5.5
	高档	200	≤9.0	≤8.0

金融建筑照明功率密度限值　　　　　　　　　　　　表 18-40

房间或场所	照度标准值（lx）	照明功率密度限值（W/m²）	
		现行值	目标值
营业大厅	200	≤9.0	≤8.0
交易大厅	300	≤13.5	≤12.0

工业建筑非爆炸危险场所照明功率密度限值　　　　　表 18-41

房间或场所		照度标准值（lx）	照明功率密度限值（W/m²）	
			现行值	目标值
1　机、电工业				
机械加工	粗加工	200	≤7.5	≤6.5
	一般加工公差≥0.1mm	300	≤11.0	≤10.0
	精密加工公差<0.1mm	500	≤17.0	≤15.0
机电、仪表装配	大件	200	≤7.5	≤6.5
	一般件	300	≤11.0	≤10.0
	精密	500	≤17.0	≤15.0
	特精密	750	≤24.0	≤22.0
电线、电缆制造		300	≤11.0	≤10.0
线圈绕制	大线圈	300	≤11.0	≤10.0
	中等线圈	500	≤17.0	≤15.0
	精细线圈	750	≤24.0	≤22.0
线圈浇注		300	≤11.0	≤10.0
焊接	一般	200	≤7.5	≤6.5
	精密	300	≤11.0	≤10.0
钣金		300	≤11.0	≤10.0

房间或场所		照度标准值 (lx)	照明功率密度限值 (W/m²)	
			现行值	目标值
冲压、剪切		300	≤11.0	≤10.0
热处理		200	≤7.5	≤6.5
铸造	熔化、浇铸	200	≤9.0	≤8.0
	造型	300	≤13.0	≤12.0
精密铸造的制模、脱壳		500	≤17.0	≤15.0
锻工		200	≤8.0	≤7.0
电镀		300	≤13.0	≤12.0
酸洗、腐蚀、清洗		300	≤15.0	≤14.0
抛光	一般装饰性	300	≤12.0	≤11.0
	精细	500	≤18.0	≤16.0
复合材料加工、铺叠、装饰		500	≤17.0	≤15.0
机电修理	一般	200	≤7.5	≤6.5
	精密	300	≤11.0	≤10.0
2 电子工业				
整机类	整机厂	300	≤11.0	≤10.0
	装配厂房	300	≤11.0	≤10.0
元器件类	微电子产品及集成电路	500	≤18.0	≤16.0
	显示器件	500	≤18.0	≤16.0
	印制线路板	500	≤18.0	≤16.0
	光伏组件	300	≤11.0	≤10.0
	电真空器件、机电组件等	500	≤18.0	≤16.0
电子材料类	半导体材料	300	≤11.0	≤10.0
	光纤、光缆	300	≤11.0	≤10.0
酸、碱、药液及粉配制		300	≤13.0	≤12.0

公共和工业建筑非爆炸危险场所通用房间或场所照明功率密度限值 表 18-42

房间或场所		照度标准值 (lx)	照明功率密度限值 (W/m²)	
			现行值	目标值
走廊	一般	50	≤2.5	≤2.0
	高档	100	≤4.0	≤3.5
厕所	一般	75	≤3.5	≤3.0
	高档	150	≤6.0	≤5.0
试验室	一般	300	≤9.0	≤8.0
	精细	500	≤15.0	≤13.5

房间或场所		照度标准值 （lx）	照明功率密度限值 （W/m²）	
			现行值	目标值
检验	一般	300	≤9.0	≤8.0
	精细，有颜色要求	750	≤23.0	≤21.0
计量室、测量室		500	≤15.0	≤13.5
控制室	一般控制室	300	≤9.0	≤8.0
	主控制室	500	≤15.0	≤13.5
电话站、网络中心、计算机站		500	≤15.0	≤13.5
动力站	风机房、空调机房	100	≤4.0	≤3.5
	泵房	100	≤4.0	≤3.5
	冷冻站	150	≤6.0	≤5.0
	压缩空气站	150	≤6.0	≤5.0
	锅炉房、煤气站的操作层	100	≤5.0	≤4.5
仓库	大件库	50	≤2.5	≤2.0
	一般件库	100	≤4.0	≤3.5
	半成品库	150	≤6.0	≤5.0
	精细件库	200	≤7.0	≤6.0
公共车库		50	≤2.5	≤2.0
车辆加油站		100	≤5.0	≤4.5

（6）运动场地彩电转播时的照度标准分为国家比赛、国际比赛和重大国际比赛3个档次。对于有比赛电视转播要求的场所，除水平照度及均匀度、眩光、显色指数等要求外，还增加了垂直照明标准，以确保对运动员比赛过程的清晰拍摄。同时，显色性方面要求高清晰度电视（HDTV）转播场所 $R_9 > 0$。

例 18-14 下列医院建筑房间中，照明功率密度限值最大的是：

A 药房　　　　B 挂号厅　　　　C 病房　　　　D 诊室

解析： 根据医院建筑照明 LPD 限值的标准，可知药房 LPD 现行值限值为 15，挂号厅为 6.5，病房为 5，诊室为 9。一般来讲，照度要求高的场所，如此题中的药房，照明能耗会大一些，其照明功率密度 LPD 限值也会相应高一些。

答案： A

---

2. 照明质量

（1）眩光限制

1）直接型灯具的遮光角不应小于表 18-43（《照明标准》表 4.3.1）中的数值。

直接型灯具的遮光角　　　　　　　　　　　　　　　　表 18-43

光源平均亮度（kcd/m²）	遮光角（°）	光源平均亮度（kcd/m²）	遮光角（°）
1～20	10	50～500	20
20～50	15	≥500	30

2）公共建筑和工业建筑常用房间或场所的不舒适眩光采用统一眩光值（UGR）评价。UGR 与背景亮度、观察者方向每个灯具的亮度，每个灯具发光部分对观察者眼睛所形成的立体角以及每个单独灯具的位置指数有关，见《照明标准》附录 A。UGR 最大允许值为 19（临界值）的房间有阅览室、办公室、设计室、会议室、诊室、手术室、病房、教室、实验室、自助银行、绘画、展厅、雕塑展厅；UGR 最大允许值为 22（刚刚不舒适）的房间有营业厅、超市、观众厅、休息厅、餐厅、多功能厅、科技馆展厅、候诊室、候车（机、船）室、售票厅；UGR 最大允许值为 25（不舒适）的房间有大件、一般件仪表装配、锯木区、车库检修间。

3）体育场馆的眩光值 GR 与由灯具发出的光直接射向眼睛所产生的光幕亮度和由环境引起直接入射到眼睛的光所产生的光幕亮度以及观察者眼睛上的照度有关，见《照明标准》附录 B。

4）光幕反射：在视觉作业上规则反射与漫反射重叠出现，降低了作业与背景之间的亮度对比，致使部分或全部地看不清它的细节的现象。

减弱光幕反射的措施有：

①尽可能用无光纸和不闪光墨水使视觉作业和作业房间内的表面为无光泽的表面；
②提高照度以弥补亮度对比的损失；
③减少来自干扰区的光；
④尽量使光线从侧面来；
⑤采用合理的灯具配光。

5）有视觉显示终端的工作场所，在与灯具中垂线成 65°～90° 范围内的灯具，平均亮度限值应符合表 18-44 的规定。

灯具平均亮度限值（cd/m²）　　　　　　　　　　　　　表 18-44

屏幕分类	灯具平均亮度限值	
	屏幕亮度>200cd/m²	屏幕亮度≤200cd/m²
亮背景暗字体或图像	3000	1500
暗背景亮字体或图像	1500	1000

6）教室照明的布灯方法，灯管垂直于黑板面可减少眩光，灯具宜选用蝙翼型配光方式（图 18-16c）。

（2）光源颜色

1）色温。照明光源的色表分组按表 18-45 选取，对于 LED，长期工作或停留的场所，其色温不宜高于 4000K。

2）显色性。照明光源的一般显色指数 R_a 按表 18-46 的规定选取。一般来讲，人常停留的场所 R_a 应不小于 80，LED 光源的 R_9 大于零。

3）设计时，选用光源的颜色应与室内表面的配色相互协调，不要违背色彩调和的原则（可参考《建筑设计资料集 1》中的第 6 部分）。

光源色表特征及适用场所 表 18-45

色表特征	相关色温（K）	适 用 场 所
暖	<3300	客房、卧室、病房、酒吧
中间	3300～5300	商场、办公室、教室、阅览室、诊室、检验室、机加工车间、仪表装配、实验室、控制室
冷	>5300	热加工车间、高照度场所

光源显色指数分组与适用场所 表 18-46

一般显色指数（R_a）	适 用 场 所 举 例
≥90	美术教室、手术室、重症监护室、博物馆建筑辨色要求高的场所
≥80	长期工作或停留的房间或场所如居住、图书馆、办公、商业、影剧院、旅馆、医院、学校、博物馆建筑
≥60	机加工、机修、动力站、造纸、精细件和一般件仓库、车库及灯具安装高度>6m 的工业建筑场所、自动扶梯
≥40	炼铁
≥20	大件库、站台、装卸台

注：运动场地无彩电转播时 R_a≥65，有彩电转播时 R_a≥80，高清晰度电视（HDTV）转播时 R_a>80。

（3）照度均匀度

1）作业面背景区域一般照明的照度不宜低于作业面邻近周围照度的 1/3。

2）在有电视转播要求的体育场馆，其比赛时场地照明应符合下列规定：

①比赛场地水平照度最小值与最大值之比不应小于 0.5；

②比赛场地水平照度最小值与平均值之比不应小于 0.7；

③比赛场地主摄像机方向的垂直照度最小值与最大值之比不应小于 0.4；

④比赛场地主摄像机方向的垂直照度最小值与平均值之比不应小于 0.6；

⑤比赛场地平均水平照度宜为平均垂直照度的 0.75～2.0；

⑥观众席前排的垂直照度值不宜小于场地垂直照度的 0.25。

3）在无电视转播要求的体育场馆，其比赛时场地的照度均匀度应符合下列规定：

①业余比赛时，场地水平照度最小值与最大值之比不应小于 0.4，最小值与平均值之比不应小于 0.6；

②专业比赛时，场地水平照度最小值与最大值之比不应小于 0.5，最小值与平均值之比不应小于 0.7。

（4）反射比（表 18-47）

长时间工作房间内表面反射比 表 18-47

表面名称	反 射 比	表面名称	反 射 比
顶 棚	0.6～0.9	地 面	0.1～0.5
墙 面	0.3～0.8	作业面	0.2～0.6

（三）照明设计标准中应特别注意的问题

1. 光源的选择

（1）高度较低的房间，如办公室、教室、会议室及仪表、电子等生产车间宜采用细管径直管形三基色荧光灯。

（2）商店营业厅宜采用细管径直管形三基色荧光灯、紧凑型荧光灯或小功率陶瓷金属卤化物灯，重点照明宜采用小功率陶瓷金属卤化物灯、发光二极管灯。

（3）高度较高的工业厂房，应按照生产使用要求，采用金属卤化物灯或高压钠灯，亦可采用高频大功率细管径直管荧光灯。

（4）一般照明场所不宜采用荧光高压汞灯，不应采用自镇流荧光高压汞灯。

（5）一般情况下，室内外照明不应采用普通照明白炽灯；对电磁干扰要求严格且无其他替代光源时方可使用。

2. 灯具的选择

（1）在潮湿的场所，应采用相应防护等级的防水灯具或带防水灯头的开敞式灯具。

（2）在有腐蚀性气体或蒸汽的场所，宜采用防腐蚀密闭式灯具。若采用开敞式灯具，各部分应有防腐蚀或防水措施。

（3）在高温场所，宜采用散热性好、耐高温的灯具。

（4）在有尘埃的场所，应按防尘的相应防护等级选择适宜的灯具。

（5）在装有锻锤、大型桥式吊车等振动、摆动较大场所使用的灯具，应有防振和防脱落措施。

（6）在易受机械损伤、光源自行脱落可能造成人员伤害或财务损失的场所使用的灯具，应有防护措施。

（7）在有爆炸或火灾危险场所使用的灯具，应符合国家现行相关标准和规范的有关规定。

（8）在有洁净要求的场所，应采用不易积尘、易于擦拭的洁净灯具。

（9）在需防止紫外线照射的场所，应采用隔紫灯具或无紫外线光源。

（10）直接安装在可燃材料表面的灯具，应采用有 F 标志的灯具。

《住宅建筑规范》GB 50368—2005 中第 9.7.3 条规定，10 层及 10 层以上住宅建筑的楼梯间、电梯间及其前室应设置应急照明。

3. 应急照明的照度

（1）水平疏散通道疏散照明的照度值不宜低于 1lx。

（2）医院手术室安全照明应维持正常照明的 30％照度，其他场所安全照明的照度值不得低于该场所一般照明照度值的 10％，且不应低于 15lx。

（3）备用照明的照度值不宜低于该场所一般照明照度值的 10％，医院手术室、急诊抢救室、重症监护室应能维持正常照明。

4. 照明设计时对标准中以下几点应特别注意

（1）图书馆书库、博物馆陈列室照明，特别是存放珍贵资料处，应采用隔紫灯具或无紫光源；博物馆中不同光敏感程度的展品的照明需满足年曝光量限值（lx·h/a）的要求（表 18-48）。

博物馆建筑陈列室展品照度标准值及年曝光量限值 表 18-48

类　别	参考平面 及其高度	照度标准值 (lx)	年曝光量 (lx·h/a)
对光特别敏感的展品：纺织品、织绣品、绘画、纸质物品、彩绘、陶（石）器、染色皮革、动物标本等	展品面	≤50	≤50000
对光敏感的展品：油画、蛋清画、不染色皮革、角制品、骨制品、象牙制品、竹木制品和漆器等	展品面	≤150	≤360000
对光不敏感的展品：金属制品、石质器物、陶瓷器、宝玉石器、岩矿标本、玻璃制品、搪瓷制品、珐琅器等	展品面	≤300	不限制

注：1. 陈列室一般照明应按展品照度值的 20% ～ 30% 选取；

2. 陈列室一般照明 UGR 不宜大于 19；

3. 一般场所 R_a 不应低于 80，辨色要求高的场所，R_a 不应低于 90。

（2）住宅中卧室和餐厅的照明宜选用低色温光源。

（3）体育场馆照明需依运动性质选择眩光影响小的布灯位置设计指标较其他场所增加垂直照度、主（副）摄像方向垂直照度等。

（4）商店照明主要包括基本照明、重点照明、装饰照明。

（5）环境照明要结合建筑物的使用要求、空间尺度、结构形式等，对光的分布、明暗、构图、装修颜色等作出统一规划，形成舒适宜人的光环境。室内环境照明处理方法主要包括：①以灯具艺术装饰为主，如水晶灯、造型灯具等；②用灯具排列成有规律的图案，通过灯具和建筑的有机配合获得效果；③"建筑化"大面积照明艺术处理，如发光顶棚、光梁和光带、格片式发光顶棚等，其中格片式发光顶棚能够很好地控制眩光，有造型丰富、形式多样、施工简单等特点（图 18-18）。

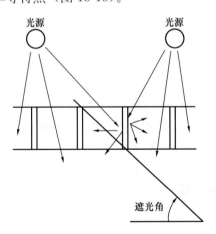

图 18-18　格片式发光顶棚构造简图

例 18-15　**（2021）**"建筑化"大面积照明艺术，最能避免眩光的是：

A　发光顶棚

B　嵌入式光带

C　一体化光梁

D　格片式发光顶

解析：中国建筑工业出版社出版的《建筑物理》教材第四版图9-49（图18-19）及大面积照明艺术章节中指出，当需要几百勒克斯以上工作面照度时，格片式发光顶棚相对于其他大面积照明屋顶样式，眩光影响最小。

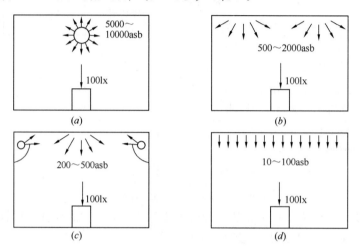

图18-19 几种照明形式的光源表面亮度对比

（a）乳白玻璃球形灯具；（b）扩散透光顶棚；（c）反光顶棚；（d）格片式发光顶棚

答案：D

四、照明计算

（一）利用系数

$$U = \frac{\Phi_{\mathrm{u}}}{N \cdot \Phi} \tag{18-31}$$

式中　U——利用系数，无量纲；

Φ_{u}——投射到工作面上的有用光通量，lm；

N——照明装置（灯具）数量；

Φ——一个照明装置（灯具）内光源发出的光通量，lm。

利用系数与灯具类型（直接型灯具下射光多）、灯具效率（开敞式灯具效率高）、房间尺寸（层高低，宽度小的房间好）及房间表面光反射比有关（光反射比越大越好）。

（二）照明计算（利用系数法）

$$\Phi = \frac{E_{\mathrm{av}} \cdot A}{N \cdot U \cdot K} \quad (\mathrm{lm}) \tag{18-32}$$

式中　Φ——一个照明设施（灯具）内光源发出的光通量，lm；

E_{av}——《照明标准》规定的照度标准值（参考平面上的平均照度值），lx；

A——工作面面积，m²，$A = L \cdot W$，其中 L 为房间的长度，W 为房间的宽度；

N——照明装置（灯具）数量；

U——利用系数，无量纲，查选用的灯具光度数据表；

K——维护系数，查《照明标准》中的表 4.1.6，如白炽灯、荧光灯用于卧室、办公室、餐厅、阅览室、绘图室时 $K=0.8$。

上式又可写成：

$$E_{av} = \frac{N \cdot \Phi \cdot U \cdot K}{A} \quad (lx) \tag{18-33}$$

五、照明设计节能的一般原则和方法

据统计，我国照明用电占总发电量的 10%～12%，照明节电意义重大。人工照明节能的前提是不能降低照明标准和质量。降低照明标准会导致工作效率的下降，交通事故的增多。

照明节能的措施：

(1) 选用高效长寿命光源（以 LED 光源为主）。

(2) 选用高效灯具，对于气体放电灯还要选用配套的高质量电子镇流器或节能电感镇流器。

(3) 选用配光合理的灯具。

(4) 根据视觉作业要求，确定合理的照度标准值，并选用合适的照明方式，同时需满足照明功率密度的要求。

(5) 室内顶棚、墙面、地面宜采用浅色装饰。

(6) 工业企业的车间、宿舍和住宅等场所的照明用电均应单独计量。

(7) 大面积使用普通镇流器的气体放电灯的场所，宜在灯具附近单独装设补偿电容器，使功率因数提高至 0.85 以上，并减少非线性电路元件——气体放电灯产生的高次谐波对电网的污染，改善电网波形。

(8) 室内照明线路宜分细一些，多设开关，位置适当，便于分区开关灯。

(9) 室外照明宜采用自动控制方式或智能照明控制方式等节电措施。

(10) 近窗的灯具应单设开关，并采用自动控制方式或智能照明控制方式。

(11) 设装饰性照明的场所，可将实际采用的装饰性灯具总功率的 50% 计入照明功率密度值的计算。

(12) 充分利用天然光，采用导光、反光引天然光入室，利用太阳能作为照明能源。

六、室外照明

《照明标准》主要规定了建筑室内环境的人工光环境要求。室外夜间人工光环境同样有一系列标准和规范。室外照明主要包括室外功能照明（道路照明、停车场照明等）和室外景观照明（建筑立面照明、公园广场照明等）。近年真题涉及《城市夜景照明设计规范》JGJ/T 163—2008，主要为室外照明中生态保护和光污染控制相关的内容。本部分结合往年真题的考点对该标准进行重点归纳。

(1) 室外照明方式主要包括：泛光照明（由投光灯来照射某一情景或目标）、轮廓照明（利用灯光直接勾画建筑物和构筑物的轮廓）、内透光照明（利用室内光线向室外透射的照明方式）等。根据亮度和光色在时间和空间位置上的不同，又分为动态照明和重点照明等方式。

（2）光污染的限制应遵循下列原则：

① 在保证照明效果的同时，应防止夜景照明产生的光污染；

② 限制夜景照明的光污染，应以防为主，避免出现先污染后治理的现象；

③ 对已出现光污染的城市，应同时做好防止和治理光污染工作；

④ 应做好夜景照明设施的运行与管理工作，防止设施在运行过程中产生光污染。

（3）光污染控制指标包括："居住建筑窗户外表面产生的垂直面照度最大允许值""夜景照明灯具朝居室方向的发光强度的最大允许值""居住区和步行区夜景照明灯具的眩光限制值""灯具的上射光通比的最大允许值""建筑立面和标识面产生的平均亮度最大允许值"。

（4）环境区域划分：该规范中将城市环境区域根据环境亮度和活动内容作如下划分，夜景照明的相关限制根据区域划分从高到低：E1 区为天然暗环境区，如国家公园、自然保护区和天文台所在地区等；E2 区为低亮度环境区，如乡村的工业或居住区等；E3 区为中等亮度环境区，如城郊工业或居住区等；E4 区为高亮度环境区，如城市中心和商业区等。

习　题

18-1　(2019)观察者与光源距离减小 1 倍后，下列关于光源发光强度的说法正确的是：

　　A　增加一倍　　　B　增加二倍　　　C　增加四倍　　　D　不变

18-2　(2019)根据辐射对标准光度观察者作用导出的光度量是：

　　A　照度　　　　　B　光通量　　　　C　亮度　　　　　D　发光强度

18-3　(2019)侧窗采光的教室，以下哪种措施不能有效提高采光照度均匀性？

　　A　将窗的横档在水平方向加宽并设在窗的中下方

　　B　增加窗间墙的宽度

　　C　窗横档以上使用扩散光玻璃

　　D　在走廊一侧开窗

18-4　(2019)下列采光房间中，采光系数标准值最大的是：

　　A　办公室　　　B　设计室　　　C　会议室　　　D　专用教室

18-5　(2019)下列场所中照度要求最高的是：

　　A　老年人阅览室　B　普通办公室　　C　病房　　　　D　教室

18-6　(2019)下列确定照明种类的说法，错误的是：

　　A　工作场所均应设置正常照明

　　B　工作场所均应设置值班照明

　　C　工作场所视不同要求设置应急照明

　　D　有警戒任务的场所，应设置警卫照明

18-7　(2019)以下不属于夜景照明光污染限制指标的是：

　　A　灯具的上射光通比

　　B　广告屏幕的对比度

　　C　建筑立面的平均亮度

　　D　居住建筑窗户外表面的垂直照度

18-8　(2019)建筑照明设计中，符合下列哪一项条件时，作业面的照度标准值不必提高一级？

　　A　识别移动对象

B 进行很短时间的作业

C 识别对象与背景辨认困难

D 视觉作业对操作安全有重要影响

18-9 (2019)办公空间中，当工作面上照度相同时，采用以下哪种类型灯具最不节能？

A 间接型灯具   B 半直接型灯具

C 漫射型灯具   D 直接型灯具

18-10 (2019)建筑物侧面采光时，以下哪个措施能够最有效地提高室内深处的照度？

A 降低窗上沿高度   B 降低窗台高度

C 提高窗台高度   D 提高窗上沿高度

18-11 (2019)以下哪种照明手法不应该出现在商店照明中？

A 基本照明   B 重点照明   C 轮廓照明   D 装饰照明

18-12 (2019)关于中小学校普通教室光环境，以下说法错误的是：

A 采光系数不应低于 3%

B 利用灯罩等形式避免灯具直射眩光

C 采用光源一般显色指数为 85 的 LED 灯具

D 教室黑板灯的最小水平照度不应低于 500lx

18-13 (2018)在明视觉的相同环境下，人眼对以下哪种颜色的光感觉最亮？

A 红色   B 橙色   C 蓝绿色   D 蓝色

18-14 (2018)可见度就是人眼辨认物体的难易程度，它不受下列哪个因素影响？

A 物体的亮度   B 物体的形状

C 物件的相对尺寸   D 识别时间

18-15 (2018)灯具配光曲线描述的是以下哪个物理量在空间的分布？

A 发光强度   B 光通量   C 亮度   D 照度

18-16 (2018)以下场所中采光系数标准值不属于强制性执行的是：

A 住宅起居室   B 普通教室

C 老年人阅览室   D 医院病房

18-17 (2018)计算侧面采光的采光系数时，以下哪个因素不参与计算？

A 窗洞口面积   B 顶棚饰面材料反射比

C 窗地面积比   D 窗对面遮挡物与窗的距离

18-18 (2018)以下哪个房间最适合用天窗采光？

A 旅馆中的会议室   B 办公建筑中的办公室

C 住宅建筑中的卧室   D 医院建筑中的普通病房

18-19 (2018)以下哪种措施不能减少由于天然光利用引起的眩光？

A 避免以窗口作为工作人员的视觉背景

B 采用遮阳措施

C 窗结构内表面采用深色饰面

D 工业车间长轴为南北向时，采用横向天窗或锯齿天窗

18-20 (2018)关于光源选择的说法，以下选项中错误的是：

A 长时间工作的室内办公场所选用一般显色指数不低于 80 的光源

B 选用同类光源的色容差不大于 5SDCM

C 对电磁干扰有严格要求的场所不应采用普通照明用白炽灯

D 应急照明选用快速点亮的光源

18-21 (2018)层高较高的工业厂房照明应选用以下哪种灯具？

A 扩散型灯具   B 半直接灯具

C 半间接灯具   D 直接型灯具

18-22 (2018)建筑夜景照明时，下列哪类区域中建筑立面不应设置夜景照明？

A E1 区   B E2 区   C E3 区   D E4 区

18-23 (2018)室内人工照明场所中，以下哪种措施不能有效降低直射眩光？

A 降低光源表面亮度   B 加大灯具的遮光角

C 增加灯具的背景亮度   D 降低光源的发光面积

18-24 (2018)以下哪种做法对照明节能最不利？

A 同类直管荧光灯选用单灯功率较大的灯具

B 居住建筑的走廊安装感应式自动控制 LED

C 在餐厅使用卤钨灯做照明

D 在篮球馆采用金属卤化物泛光灯做照明

18-25 (2018)以下选项中不属于室内照明节能措施的是：

A 采用合理的控制措施，进行照明分区控制

B 采用间接型灯具

C 合理的照度设计，控制照明功率密度

D 室内顶棚、墙面采用浅色装饰

18-26 (2018)美术馆采光设计中，以下哪种措施不能有效减小展品上的眩光？

A 采用高侧窗采光   B 降低观众区的照度

C 将展品画面稍加倾斜   D 在采光口上加装活动百叶

18-27 下列光度量单位中，哪个不是亮度单位？

A cd/m²   B asb   C sb   D lm

18-28 将一个灯由桌面竖直向上移动，在移动过程中，不发生变化的量是：

A 灯的光通量   B 桌面上的发光强度

C 桌面的水平照度   D 桌子表面亮度

18-29 下列哪种白色饰面材料的光反射比为最大？

A 大理石   B 石膏   C 调和漆   D 马赛克

18-30 下面的材料中，哪些是漫透射（均匀扩散透射）材料？

A 毛玻璃   B 乳白玻璃   C 压花玻璃   D 平玻璃

18-31 漫射（均匀扩散）材料的最大发光强度与材料表面法线所形成的角度为：

A 0°   B 30°   C 60°   D 90°

18-32 5R6/10 所表示的颜色是：

A 彩度为 5、明度为 6 的红色   B 彩度为 6、明度为 10 的红色

C 彩度为 5、明度为 10 的红色   D 明度为 6、彩度为 10 的红色

18-33 下列哪种光源的色表用相关色温来表征？

A 卤钨灯   B 溴钨灯   C 白炽灯   D 荧光灯

18-34 北京某工厂精密机电产品加工车间侧面采光工作面上天然光照度平均值为 600lx，其采光系数是：

A 5%   B 4%   C 2%   D 1%

18-35 在宽而浅的房间中，采用下列哪种侧窗的采光均匀性好？

A 正方形窗   B 横向带窗   C 竖长方形窗   D 圆形窗

18-36 下列天窗在采光系数相同条件下，天窗的开窗面积从低到高的排序，以下哪项正确？

A 矩形天窗、平天窗、梯形天窗、锯齿形天窗

B　梯形天窗、锯齿形天窗、平天窗、矩形天窗

C　平天窗、锯齿形天窗、矩形天窗、梯形天窗

D　平天窗、梯形天窗、锯齿形天窗、矩形天窗

18-37　医院病房的侧面采光系数标准值为:

A　0.5%　　　　B　1.0%　　　　C　2.0%　　　　D　3.0%

18-38　在北京普通教室采光时,其最小开窗面积应是教室地板面积的。

A　1/3　　　　B　1/5　　　　C　1/7　　　　D　1/10

18-39　博物馆采光设计不宜采取下列哪种措施?

A　限制天然光照度　　　　　　　B　消除紫外线辐射

C　防止产生反射眩光和映像　　　D　采用改变天然光光色的采光材料

18-40　下列哪种光源的光效最高?

A　白炽灯　　　　B　荧光灯　　　　C　卤钨灯　　　　D　白光发光二极管

18-41　一个直接型灯具,光源的平均亮度≥500kcd/m²,其遮光角不应小于:

A　10°　　　　B　15°　　　　C　20°　　　　D　30°

18-42　国家标准规定的直管荧光灯格栅灯具的灯具效率不应低于:

A　55%　　　　B　60%　　　　C　65%　　　　D　70%

18-43　在《照明标准》中规定的照度是指参考平面上的哪种照度?

A　房间各点的最小照度值　　　　B　房间各点的维持平均照度值

C　房间各点的最大照度值　　　　D　房间最差区域各点的维持平均照度值

18-44　标准规定的普通办公室的照明功率密度的现行值是:

A　14W/m²　　　B　13W/m²　　　C　12W/m²　　　D　9W/m²

18-45　下列哪种措施会造成更强烈的室内照明直接眩光?

A　采用遮光角大的灯具　　　　　B　提高灯具反射面的反射比

C　采用低亮度的光源　　　　　　D　提高灯具的悬挂高度

18-46　有视觉显示终端的工作场所应限制灯具中垂线以上哪个角度范围的亮度?

A　≥45°　　　　B　≥55°　　　　C　≥65°　　　　D　≥75°

18-47　下列哪个参数与统一眩光值(UGR)的计算式无关?

A　观察者方向每个灯具中光源的发光强度

B　背景亮度

C　观察者方向每个灯具的亮度

D　每个灯具的位置指数

18-48　为了减轻光幕反射,宜采用以下何种配光曲线的灯具?

A　具有余弦配光曲线的灯具　　　B　具有蝠翼配光曲线的灯具

C　具有均匀配光曲线的灯具　　　D　具有窄配光曲线的灯具

18-49　作业面背景区域一般照明的照度不宜低于作业面邻近周围照度的:

A　1/10　　　　B　1/5　　　　C　1/3　　　　D　1/2

18-50　疏散照明中的疏散通道地面水平照度不应低于:

A　0.5lx　　　　B　1.0lx　　　　C　1.5lx　　　　D　2.0lx

18-51　高度较低的办公房间宜采用下列哪种光源?

A　粗管径直管型荧光灯　　　　　B　细管径直管型荧光灯

C　紧凑型荧光灯　　　　　　　　D　小功率金属卤化物灯

18-52　采用利用系数法公式计算照度与下列哪个参数无直接关系?

A　光源的光通量　　B　灯具效率　　C　工作面面积　　D　灯具的数量

参考答案及解析

18-1 **解析：**《照明标准》中，对发光强度的定义为：发光体在给定方向上的发光强度是该发光体在该方向的立体角元 dΩ 内传输的光通量 dφ 除以该立体角元所得之商，即单位立体角的光通量。单位为坎德拉（cd），1cd=1lm/sr。发光强度表征灯具在空间中某个方向的光通量密度，是描述灯具（光源）本身发光特征的物理量，与观察者无关，与距离无关，故 D 选项正确。

与距离有关的物理量为照度（E），其定义为：入射在包含该点的面元上的光通量 dφ 除以该面元面积 dA 所得之商。单位为勒克斯（lx），1 lx=1 lm/m²。某被照面照度值与其距光源的距离成平方反比关系，即距离增大至原来的 2 倍，照度减小为原来的 1/4；距离减小至原来的 1/2，照度增大为原来的 4 倍（图 18-3）。

答案： D

18-2 **解析：**《照明标准》中光通量的定义为：根据辐射对标准光度观察者的作用导出的光度量。单位为流明（lm），1lm=1cd·1sr，故 B 选项正确。照度、发光强度的定义见 18-1 解析。亮度的物理含义是包括该点面元 dA 在该方向的发光强度 $I = dφ/dΩ$ 与面元在垂直于给定方向上的正投影面积 dA·cosθ 所得之商（标准编制组，《建筑照明设计标准实施指南》）。

答案： B

18-3 **解析：** 侧窗采光的教室，在进深方向上：近窗处自然光充足，远窗处（进深深处）自然光照射少，将窗的横档在水平方向加宽并设在窗的中下方（A 选项）能够将照射在近窗处的太阳光通过横档反射到顶棚上，进而二次反射到教室进深深处，提高采光均匀性；窗横档以上使用扩散光玻璃（C 选项）也是通过扩散光，将斜下入射的直射自然光折射到室内深处；在走廊一侧开窗（D 选项）可以更直接地将走廊的光线引入，提高教室远窗处工作面的照度。在开间方向上：采光照度均匀性主要与窗间墙有关，横向连贯的采光口，采光均匀性好；竖窄而分散的窗（即窗间墙很宽，B 选项）因墙遮挡，均匀性差。

答案： B

18-4 **解析：** 采光系数是衡量房间采光能力的重要指标，场所使用功能要求越高，说明视觉工作越重要，视觉作业需要识别对象的尺寸越小，该场所采光等级越高，采光系数也应该越高。《采光标准》中规定的采光系数标准值为：办公室 3%，设计室 4%，会议室 3%，专用教室 3%。

答案： B

18-5 **解析：**《照明标准》中规定，图书馆建筑老年人阅览室的照度标准值为 500lx，办公建筑普通办公室为 300lx，医院病房为 100lx，教育建筑教室为 300lx。老年人因视力衰退，对于同样的视觉作业，往往需要更高的照度才能完成。

答案： A

18-6 **解析：**《照明标准》第 3.1.2 条规定：

(1) 室内工作及相关辅助场所，均应设置正常照明（A 选项正确）。

(2) 当下列场所正常照明电源失效时，应设置应急照明（C 选项正确）：

　　① 需确保正常工作或活动继续进行的场所，应设置备用照明；

　　② 需确保处于潜在危险之中的人员安全的场所，应设置安全照明；

　　③ 需确保人员安全疏散的出口和通道，应设置疏散照明。

(3) 需在夜间非工作时间值守或巡视的场所应设置值班照明（B 选项不确切）。

(4) 需警戒的场所，应根据警戒范围的要求设置警卫照明（D 选项正确）。

……

可见"工作场所均应设置值班照明"（B 选项）是不确切的。

答案： B

18 - 7 解析：《城市夜景照明设计规范》JGJ/T 163—2008 第 7.0.2 条光污染限制条文中，分别对"居住建筑窗户外表面产生的垂直面照度最大允许值（D 选项）""夜景照明灯具朝居室方向的发光强度的最大允许值""居住区和步行区夜景照明灯具的眩光限制值""灯具的上射光通比的最大允许值（A 选项）""建筑立面和标识面产生的平均亮度最大允许值（C 选项）"作了明确量化规定。该标准同时规定："应合理设置夜景照明运行时段，及时关闭部分或全部夜景照明、广告照明和非重要景观区高层建筑的内透光照明。"并未提出对广告屏幕对比度的限制指标。

答案：B

18 - 8 解析：《照明标准》第 4.1.2 条规定：

符合下列一项或多项条件，作业面或参考平面的照度标准值可按本标准第 4.1.1 条的分级提高一级：

(1) 视觉要求高的精细作业场所，眼睛至识别对象的距离大于 500mm；

(2) 连续长时间紧张的视觉作业，对视觉器官有不良影响；

(3) 识别移动对象，要求识别时间短促而辨认困难（A 选项）；

(4) 视觉作业对操作安全有重要影响（D 选项）；

(5) 识别对象与背景辨认困难（C 选项）；

(6) 作业精度要求高，且产生差错造成很大损失；

(7) 视觉能力显著低于正常能力；

(8) 建筑等级和功能要求高。

因此，B 选项所述与上述条文有较大出入。

答案：B

18 - 9 解析：直接型灯具将 90% 以上光向下直接照射，效率最高；而间接型灯具将 90% 以上光向上投射到顶棚，不会形成眩光，但效率最低，节能性最差。

答案：A

18-10 解析：其他条件不变，窗台高度的变化会影响近窗处的采光量，对远窗处影响很小；窗上沿变化对近窗处、远窗处均会产生影响。影响关系的示意图如题 18-10 解图。

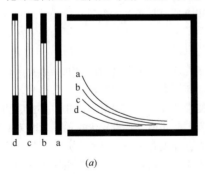 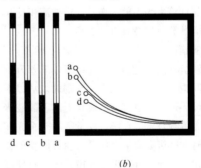

(a)　　　　　　　　　　　　　　(b)

题 18-10 解图

(a) 窗上沿高度的变化对室内采光的影响；(b) 窗台高度的变化对室内采光的影响

答案：D

18-11 解析：《商店建筑设计规范》JGJ 48—2014 第 7.3.2 条规定，平面和空间的照度、亮度宜配制恰当，一般照明、局部重点照明和装饰艺术照明应有机组合。《商店建筑电气设计规范》JGJ 392—2016 第 5.2.5 条规定，大、中型百货商店宜根据商店工艺需要设重点照明、局部照明和分区一般照明，各类商店、商场的修理台、货架柜等宜设局部照明。中国建筑工业出版社出版的《建筑物理》教材中明确指出，商店照明大致有基本照明、重点照明和装饰照明三种照明方式。而轮廓照明指利用灯光直接勾画建筑物和构筑物等被照对象轮廓的照明方式，属于室外照明方式，在上述参考中均未提及其是商店照明手法。

答案：C

18-12 解析：A选项，见本章表18-8，中小学校普通教室采光系数标准值为3%（第Ⅲ类光气候区）；B选项，灯罩能够形成遮光角，遮光角越大，灯具产生眩光影响的可能性越小，有效避免直射眩光；C选项，教室照明显色指数 R_a 的要求为80及以上，LED光源是当前理论上最节能的光源类型，显色指数为85的LED灯具适用于教室照明；D选项，教室黑板灯的目的是在黑板表面形成均匀的照度，《照明标准》中规定黑板面为500lx的混合照明照度，此照度为垂直照度，不是水平照度。

答案：D

18-13 解析：如本章图18-2光谱光视效率图所示，明视觉环境下，人眼最敏感的光色为黄绿色（555nm），蓝绿色相比红色、橙色、蓝色，相对光谱光视效率更高。

答案：C

18-14 解析：影响人眼可见度的因素包括：亮度、物体的相对尺寸、亮度对比、识别时间和眩光影响。同等其他条件下，物体的形状是"圆"是"方"，对其可见度没有直接影响。

答案：B

18-15 解析：用曲线或表格表示光源或灯具在空间各方向的发光强度值，称为该灯具的光强分布，也称配光，该曲线为该灯具的配光曲线，其表征的是发光强度的空间分布。

答案：A

18-16 解析：《采光标准》第4.0.2条、第4.0.4条、第4.0.6条针对住宅卧室、起居室（厅），教育建筑的普通教室，医疗建筑的一般病房提出了强制性执行的采光系数标准值，对老年人阅览室未提出强制执行规定。

答案：C

18-17 解析：参见本章公式（18-24），其中，窗洞口面积、包括顶棚饰面材料在内的室内各表面反射比、窗中心点计算的垂直可见天空角度（由窗对面遮挡物与窗距离及其高度之比决定）都是参与计算采光系数的变量。窗地面积比是建筑设计中方便直接的采光参考指标，但是与采光系数的计算过程没有直接关系。

答案：C

18-18 解析：同功能的空间设计可以千差万别，其实无法笼统地判定某种功能房间是否比其他功能房间更适合用天窗采光。本题可以从以下方面进行对比判断：天窗相对侧窗，具有采光效率高的优势，但却更容易形成自上向下的眩光，同时只能设置在单层或顶层房间中。卧室、病房的采光等级规定为Ⅳ级，视觉活动对采光要求相对较低，从功能上看设置天窗的需求相对较小，同时在躺卧姿势下更易受天窗方向直射光眩光影响，存在设置天窗的弊端；办公建筑普遍为多层建筑，无法普遍采用天窗采光，而且普通办公室进深一般均能满足采光有效进深的要求；而旅馆中会议室房间往往具有较大跨度，采光等级为Ⅲ级，设置天窗采光能够有效提升采光效率和均匀性。《采光标准》中也仅对本题四个选项中的旅馆会议室提出了顶部采光标准值的规定。

答案：A

18-19 解析：《采光标准》第5.0.2条规定：

采光设计时，应采取下列减小窗的不舒适眩光的措施：

（1）作业区应减少或避免直射阳光；

（2）工作人员的视觉背景不宜为窗口；

（3）可采用室内外遮挡设施；

（4）窗结构的内表面或窗周围的内墙面，宜采用浅色饰面。

可知 A、B 选项能够减少眩光；C 选项中窗结构内表面采用深色饰面，会更加凸显暗的窗框和亮的窗玻璃的对比，更易形成眩光；D 选项中，在长轴南北的工业车间屋顶设置南北向横向天窗或者北向锯齿天窗，能够避免太阳直射光入室形成眩光影响。

答案：C

18-20 解析：《照明标准》第 4.4.2 条规定，长期工作或停留的房间或场所，照明光源的显色指数（R_a）不应小于 80；第 4.4.3 条规定，选用同类光源的色容差不应大于 5SDCM；第 3.2.2 条规定，照明设计不应采用普通照明白炽灯，对电磁干扰有严格要求，且其他光源无法满足的特殊场所除外；第 3.2.3 条规定，应急照明应选用能快速点亮的光源。所以 C 选项说法是不确切的。

答案：C

18-21 解析：层高较高的房间，采用间接、半间接灯具，反射光路径过长，效率很低，所以应以提升照明整体效率为出发点，选择直接型灯具；同时工业厂房以功能照明为主，对照明环境的舒适性、艺术性（间接照明光线柔和，视觉舒适性最佳）要求不占主导地位，直接型灯具效率最高，故应选用。

答案：D

18-22 解析：《城市夜景照明设计规范》JGJ/T 163—2008 第 6.2.2 条规定：为保护 E1 区生态环境，建筑立面不应设置夜景照明。该规范将城市环境区域根据环境亮度和活动内容划分为：E1 区为天然暗环境区，如国家公园、自然保护区和天文台所在地区等；E2 区为低亮度环境区，如乡村的工业或居住区等；E3 区为中等亮度环境区，如城郊工业或居住区等；E4 区为高亮度环境区，如城市中心和商业区等。

答案：A

18-23 解析：根据统一眩光值 UGR 的定义和公式（《照明标准》附录 A，UGR 值越高，眩光感受越强烈）可知，眩光与背景亮度、每个灯具发光部分对观察者眼睛形成的立体角、灯具在观察者眼睛方向的亮度、位置指数等有关。降低光源表面亮度（A 选项）、增加灯具背景亮度（C 选项）均能够有效降低 UGR 值，进而降低眩光影响，而降低光源发光面积（D 选项）说法不确切，应是降低光源发光面积在观察者眼睛中成像的面积（即立体角）方能降低眩光；加大灯具遮光角（B 选项），定向投光，能够限制直接型灯具的投光方向，不产生溢散光造成眩光（《照明标准》第 4.3.1 条）。

$$UGR = 8\lg \frac{0.25}{L_b} \sum \frac{L_a^2 \cdot \omega}{P^2}$$

式中　L_b——背景亮度（cd/m^2）；

　　　ω——每个灯具发光部分对观察者眼睛所形成的立体角（sr）；

　　　L_a——灯具在观察者眼睛方向的亮度（cd/m^2）；

　　　P——每个单独灯具的位置指数。

答案：D

18-24 解析：《照明标准》第 3.2.2 条规定：灯具安装高度较高的场所，应按使用要求，采用金属卤化物灯、高压钠灯或高频大功率细管直管荧光灯，指出高频大功率节能性更高（A 选项），如篮球馆等灯具安装高度高的场所，宜用金属卤化物灯（D 选项）；居住建筑走廊的使用时间不连续，采用感应式自动控制的高光效光源（如 LED）是该场所最佳的照明节能方式（B 选项）；卤钨灯是热辐射光源，与白炽灯的基本原理相似，光源光效相比 LED 等光源过低，当今已不属于节能光源（C 选项）。

答案：C

18-25 解析："采用合理的控制措施，进行照明分区控制"能够根据空间使用需求实时开关灯，从控制上节能；"采用间接型灯具"能够避免眩光干扰，增加照明舒适性，但效率最低、最不节能；

"合理的照度设计，控制照明功率密度"指的是能够在满足照度需求的基础上，通过光源与灯具选择，达到最小的功率密度（W/m²），满足节能需求；室内顶棚、墙面是主要的反光面，浅色装饰可提高反射率，能够更好地实现反光效果。

答案：B

18-26 解析：美术馆采光设计中，需要避免在观看展品时明亮的窗口处于视看范围内，所以一般选择高侧窗或顶部采光；同时需要避免一次反射眩光，可将展品画稍加倾斜，使得光源处在观众视线与画面法线夹角对称位置之外；还需要避免二次反射眩光，可降低观察者处的照度，降低观众在展品表面看到自己的影子的可能性（出自中国建筑工业出版社出版的《建筑物理》教材）；而在采光口上加装活动百叶，能够部分降低眩光源的发光面积，但是眩光源依旧存在，设置不当依旧会产生直接眩光或者一、二次反射眩光，D选项所述内容确有规定，但并不是为了减小眩光，《采光标准》指出："博物馆和美术馆对光线的控制要求严格，利用窗口的遮光百叶等装置调节光线，以保证室内天然光的稳定……"

答案：D

18-27 解析：亮度的基本单位是 cd/m²，1 cd/m²=1nit=10^{-4}sb=1asb/π，而 lm 是光通量的基本单位。

答案：D

18-28 解析：一个灯由桌面竖直向上远离桌面，距离变大，灯发射的总光通量不变，灯本身的发光强度不变，而桌上由于获得光通量变小，所以桌子表面的照度变小，由于照度和发光强度、亮度均成正相关的关系，故桌子反射光的发光强度和其表面亮度均变小。

答案：A

18-29 解析：各类常见的材料中，石膏的反射率最高，约为 0.91。不同颜色质地的大理石、调和漆、马赛克反射率均不一样。

答案：B

18-30 解析：乳白玻璃是均匀透射（漫透射）材料，折射后光向各个方向的亮度一致，视觉性状即看不到玻璃另一面任何轮廓；而毛玻璃、压花玻璃属于混合透射，透过它仍可以看到光源的大致影像；平玻璃属于规则透射材料。

答案：B

18-31 解析：如本章公式（18-19），漫射材料表面法线方向的反射（透射）光发光强度最大。

答案：A

18-32 解析：根据孟塞尔表色体系的表达方法，5R6/10 表达的意思为：色调为 5R（红色）、明度为 6、彩度为 10 的色坐标。

答案：D

18-33 解析：卤钨灯、溴钨灯、白炽灯均为热辐射光源，以色温的概念来表征其色表。而荧光灯为气体放电光源，以相关色温来表征其色表。

答案：D

18-34 解析：采光系数指的是室内工作面照度值与同时同刻室外全阴天照度值的比值，室外照度值无法测量时，近似以室外天然光设计照度值代替（北京地区为15000lx），故答案为 600/15000＝4％

答案：B

18-35 解析：宽而浅的房间中，开间方向（横向）均匀性更加重要，见表18-5，可见横向带窗在开间方向均匀性最佳。

答案：B

18-36 解析：采光系数相同条件下，开窗面积越小代表天窗采光效率越高，根据天窗章节的讲述，采光效率最大的是平天窗，其次为梯形天窗、锯齿形天窗，矩形天窗最差。

答案：D

18-37 解析：根据《采光标准》第4.0.6条强制性条文规定，医院病房侧窗采光系数标准值为2%。相关的其他强制性采光达标的场所还包括住宅卧室、起居室（厅），教育建筑的普通教室。

答案：C

18-38 解析：普通教室属于第Ⅲ采光等级场所，根据本章表18-18所示，最小应取窗地比1/5。

答案：B

18-39 解析：在博物馆和美术馆中有特殊要求的场所，为了保护文物和展品不受损害，需要消除紫外辐射，限制天然光照度值和总曝光时间，限制直射阳光的进入。陈列室不应有直射阳光进入，见《采光标准》第5.0.8条。而作为需识别颜色的场所，应采用不改变天然光光色的采光材料，见《采光标准》第5.0.7条。

答案：D

18-40 解析：从光源发光机理上，LED的效能更高。实验室LED能达到200lm/W以上的效能。而普通白炽灯发光效能不到25lm/W；荧光灯的发光效能在100lm/W左右。

答案：D

18-41 解析：参见本章表18-43，光源平均亮度越大，其可能造成的眩光干扰就越强烈，灯具越应该采用更大的遮光角，避免眩光干扰。

答案：D

18-42 解析：参见本章表18-21。此处提出的灯具效率指的是灯具对其内光源发出的所有光的利用能力。

答案：C

18-43 解析：该标准规定的照度除标明外均应为作业面或参考平面上的维持平均照度。维持平均照度指的是：照明装置必须进行维护时，在规定表面上的平均照度，即参考面上各点的维持平均照度。

答案：B

18-44 解析：普通办公室照明功率密度值（LPD）现行值为9W/m² （本章表18-30所示），此为《照明标准》的强制性条文之一，功能相似的场所，如普通教室、诊室、一般阅览室等，LPD值与普通办公室规定是一致的。

答案：D

18-45 解析：采用大遮光角的灯具，能够更有效地限制出光方向，有利于限制眩光；提高灯具反射面的反射比，即增大发光口的亮度，从统一眩光值UGR的计算公式（见题18-23解析）可知眩光影响也会增大；采用低亮度的光源能够减弱眩光；提高灯具的悬挂高度，对于房间中平视的观察者来说，等于将光源远离视线方向，也能有效降低眩光影响。

答案：B

18-46 解析：有视觉显示终端的工作场所，在与灯具中垂线成65°～90°范围内的灯具平均亮度限值应符合本章表18-44的规定。

答案：C

18-47 解析：从习题18-23解析中的公式可知，背景亮度、每个灯具发光部分对观察者眼睛所形成的立体角、灯具在观察者方向的亮度、每个灯具的位置指数与眩光值有直接关系。而观察者方向每个灯具中光源的发光强度（A选项）与UGR统一眩光值的大小无直接关系。

答案：A

18-48 解析：以教室环境为代表的阅读工作空间，容易因光线照射到光亮纸张而在观察者眼睛里形成光幕反射，所以光线规则反射的出光方向不在观察者视野里是最好的配光形式，即光线斜着照射到桌面上，该种灯具的配光称为蝙蝠翼型配光。

答案：B

18-49 **解析**：《照明标准》第4.1.5条规定，作业面背景区域一般照明的照度不宜低于作业面邻近周围照度的1/3。

答案：C

18-50 **解析**：《照明标准》第5.5.4条规定，疏散照明的地面平均水平照度值应符合水平疏散通道不应低于1lx的要求。

答案：B

18-51 **解析**：《照明标准》第3.3.2条规定，灯具安装高度较低的房间宜采用细管径直管型三基色荧光灯。

答案：B

18-52 **解析**：见本章公式（18-33），灯具数量、维护系数、一个灯具内光源发出的光通量、利用系数、工作面面积与照度计算有直接关系，而灯具效率与利用系数法公式无直接关联。

答案：B

第十九章 建 筑 声 学

建筑声学主要研究使人们在室内空间对于想要听的声音听得好（即室内音质），使人们在建筑环境中免受噪声的干扰和危害（即建筑环境噪声控制），以及为达到上述目的所使用的建筑材料、构件和建筑空间的声学特性。

第一节 建筑声学基本知识

（一）声音的基本性质

1. 声音的产生与传播

声音来源于振动的物体，辐射声音振动的物体称为声源。声源发声后，其振动传递给周围的弹性介质，要经过弹性介质的振动不断向外传播，振动的传播称为声波。

在声波的传播过程中，这种介质质点的振动方向与波传播的方向相平行，称为纵波，声波是纵波；介质质点的振动方向与波传播的方向相垂直，称为横波，水波是横波。

2. 频率、波长与声速

（1）频率

声波的频率等于发出该波声源的频率。该频率等于单位时间内声源完成全振动的次数，也即一秒钟内振动的次数。符号：f，单位：Hz。人耳能听到的声波的频率范围是 $20\sim20000$Hz。通常认为 $500\sim1000$Hz 为中频，大于 1000Hz 为高频，小于 500Hz 为低频。

（2）周期

声源完成一次振动所经历的时间。符号：T，单位：s。周期是频率的倒数。

（3）波长

声波在传播途径上，两个相邻同相位质点间的距离。符号：λ，单位：m。声音的频率越高，波长越短；频率越低，波长越长。

（4）声速

声波在弹性介质中传播的速度。符号：c，单位：m/s。介质的密度愈大，声音传播的速度愈快。真空中的声速为 0；在 15℃时（或称常温下），空气中的声速 $c=340$m/s。

$$c=\lambda \cdot f \quad c=\frac{\lambda}{T} \text{（m）} \tag{19-1}$$

3. 频带

将可听频率范围的声音分段分割成一个一个的频率段，以中心频率作为某频段的名称，称为频带，可分为：

（1）倍频带（或称倍频程）

按 2 的倍数关系分割频率范围所得的频率段，即上一个倍频带的中心频率是下一个倍频带中心频率的 2 的整数倍，即：

$$f_2/f_1 = 2^n$$

n 为正整数或分数，f_1、f_2 为倍频带的中心频率，1 倍频带（或倍频程）的中心频率为：16，31.5，63，125，250，500，1000，2000，4000，8000，16000 Hz 共 11 个。倍频带在音调上相当于一个八度音。最常用的声音频带为 125，250，500，1000，2000，4000Hz 6 个倍频程。描述音乐用的频带可扩展到 8 个倍频程，即 63，125，250，500，1000，2000，4000，8000Hz。

（2）1/3 倍频带

将 1 倍频带或倍频程按下式规律分为 3 段：

$$f_2/f_1 = 2^{\frac{K}{3}}，\quad K \text{ 为 } 0，1，2，3\cdots$$

4. 声波的绕射、反射、散射和折射

（1）声绕射

声波通过障板上的孔洞时，能绕到障板的背后，改变原来的传播方向继续传播，这种现象称为绕射［图 19-1(a)］。声波在传播过程中，如果遇到比其波长小得多的坚实障板时也会发生绕射［图 19-1（b）］。遇到比波长大的障壁或构件时，在其背后会出现声影，声音绕过障壁边缘进入声影区的现象也叫绕射［图 19-1（c）、（d）］。低频声较高频声更容易绕射。改变原来的传播方向继续传播的绕射现象有时也叫衍射。

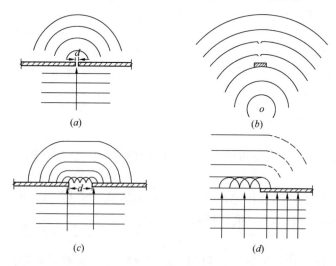

图 19-1　声音的绕射

(a) 小孔对波的影响；(b) 小障板对声传播的影响；(c) 大孔对前进波的影响；
(d) 大障板对声波的影响

（2）声反射（图 19-2）

声波在传播过程中，遇到一块其尺度比波长大得多的障板时会发生反射，它遵循反射定律（入射角等于反射角）。凹面使声波聚集，凸面使声波发散（或称扩散）。

（3）声扩散（或称声发散、声散射）

声波在传播过程中遇到障碍物的起伏尺寸与波长大小接近或更小时，会发生声扩散。

（4）声折射

声波在传播过程中由于介质温度等的改变引起声速的变化，会发生声折射。

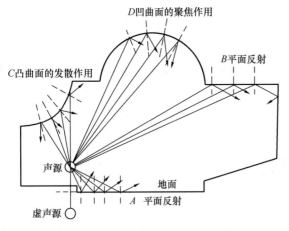

图 19-2　室内声音反射的几种典型情况

A，B——平面反射；C——凸曲面的发散作用（扩散作用）；

D——凹曲面的聚焦作用

（刘加平．建筑物理（第四版）．北京：中国建筑工业出版社，
2009：351.）

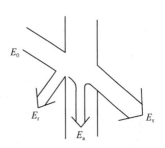

图 19-3　声波 E_0 入射到构建上

E——构件透射的声能；E——构件反射的
声能；E_a——构件吸收的声能

（刘加平．建筑物理（第四版）．北京：
中国建筑工业出版社，2009：351.）

5. 声波的透射与吸收

声波入射到构件上，一部分被吸收，一部分被反射，一部分透射（图 19-3）。

（1）透射系数 τ：

$$\tau = \frac{E_\tau}{E_0}，隔声材料的 \tau 较小 \tag{19-2}$$

（2）反射系数 γ：

$$\gamma = \frac{E_\gamma}{E_0}，吸声材料的 \gamma 较小 \tag{19-3}$$

（3）吸声系数 α：

$$\alpha = 1 - \gamma = 1 - \frac{E_\gamma}{E_0} = \frac{E_a + E_\tau}{E_0} \tag{19-4}$$

式中　E_0——总入射声能，J（焦耳）；

　　　E_τ——透射的声能，J（焦耳）；

　　　E_γ——反射的声能，J（焦耳）；

　　　E_α——吸收的声能，J（焦耳）。

吸声系数是吸声材料的重要特性指标，朝向自由声场的洞口吸声系数为 1。在剧院中，舞台口相当于一个大洞口，台口之后的天幕、侧幕、布景有吸声作用。根据实测，台口的吸声系数为 0.3～0.5。

注意，吸声系数不等于吸收系数：$\frac{E_\alpha}{E_0}$，它等于 1 减反射系数。

（二）声音的计量

1. 声功率、声强和声压

（1）声功率

声源在单位时间内向外辐射的声能；符号：W；单位：W、μW；$1\mu W = 10^{-6}$W。

（2）声强

在单位时间内，垂直于声波传播方向的单位面积所通过的声能。符号：I；单位：W/m^2。

在无反射的自由声场中，点声源形成一种球面波，其声强随距离的平方呈反比，遵循平方反比定律：

$$I = \frac{W}{4\pi r^2} \ (\text{W/m}^2) \tag{19-5}$$

平面波声强不随距离改变。

（3）声压

某瞬时，介质中的压强相对于无声波时介质静压强的改变量；符号：p；单位：N/m^2、Pa（帕）；1N/m^2=1Pa。

声压和声强的关系：

$$I = \frac{p^2}{\rho_0 c} \ (\text{W/m}^2) \tag{19-6}$$

式中　p——有效声压，N/m^2；

　　　ρ_0——空气密度，kg/m^3，一般取1.225kg/m^3；

　　　c——空气中的声速，340m/s；

　　　$\rho_0 c$——空气介质的特性阻抗，20℃时为415N·s/m^3。

（4）声能密度

单位体积内声能的强度，符号：D；单位：W·s/m^2、J/m^2。

$$D = \frac{I}{c} \ (\text{J/m}^2) \tag{19-7}$$

式中　D——声能密度，W·s/m^{2}或J/m^2；

　　　c——空气中的声速，340m/s。

2. 声压级、声强级、声功率级及其叠加

声强、声压虽然是声波的物理指标，但它们的变化范围非常大，与人耳的听力感觉不成线性关系，因此引入了级的概念（即采用对数对物理量进行压缩）。

（1）声压级

$$L_p = 20\lg\frac{p}{p_0} \ (\text{dB}) \tag{19-8}$$

式中　p_0——参考声压，$p_0 = 2\times10^{-5}$N/m^2，使人感到疼痛的上限声压为20N/m^2。

从式（19-8）可知，声压每增加一倍，声压级就增加6dB，$L_p = 20\lg\frac{2P}{P_0} = 20\lg\frac{P}{P_0} + 20\lg2 = 20\lg\frac{P}{P_0} + 6$（dB）；声压增加10倍，声压级增加20dB；声压增加100倍，声压级增加40dB；声压增加1000倍，声压级增加60dB。0dB相当于人耳刚刚能听到的最弱声音

的强度，人耳可以忍受的最大声压级为120dB。

（2）声强级

$$L_{\mathrm{I}} = 10\lg \frac{I}{I_0} \text{（dB）} \tag{19-9}$$

式中 I_0——参考声强，$I_0 = 10^{-12}\,\mathrm{W/m^2}$，使人感到疼痛感的上限声强为 $1\,\mathrm{W/m^2}$。

（3）声功率级

$$L_{\mathrm{W}} = 10\lg \frac{W}{W_0} \text{（dB）} \tag{19-10}$$

式中 W_0——参考声功率，$W_0 = 10^{-12}\,\mathrm{W}$，即 $1\,\mathrm{pW}$。

常用的是声压级。

（4）声级的叠加

几个相同声音的叠加：

$$L_{\mathrm{p}} = 20\lg \frac{p}{p_0} + 10\lg n = L_{\mathrm{p1}} + 10\lg n \text{（dB）} \tag{19-11}$$

两个声压级相等的声音叠加时，总声压级比一个声压级增加3dB，因为 $10\lg 2 = 3$。

多个声压级（L_{p1}、L_{p2}、…、L_{pn}）叠加的总声压级为：

$$L_{\mathrm{p}} = 10\lg (10^{\frac{L_{\mathrm{p1}}}{10}} + 10^{\frac{L_{\mathrm{p2}}}{10}} + \cdots + 10^{\frac{L_{\mathrm{pn}}}{10}}) \text{（dB）} \tag{19-12}$$

如果两个声音的声压级差超过10dB，附加值不超过大的声压级1dB，其总声压级等于最大声音的声压级。

例 19-1 在靠近一家工厂的住宅区，测量得该厂10台同样的机器运转时的噪声声压级为54dB，如果夜间允许最大噪声声压级为50dB，问夜间只能有几台机器同时运转？

解析： 根据式（19-11），$54 = L_{\mathrm{p1}} + 10\lg 10$，$L_{\mathrm{p1}} = 44\mathrm{dB}$，再代入式（19-11），$50 = 44 + 10\lg n$，解出 $n = 3.98$，取4。

答案： 夜间只能开4台机器。

---

3. 响度级、总声级

人耳听声音的响度大小不仅与声压级的大小有关，而且与声音的频率有关。频率相同时，声压级越大，声音越响；声压级相同时，人耳对高频声敏感，对低频声不敏感。

（1）响度级

如果某一声音与已定的1000Hz的纯音（即单一频率的声音）听起来一样响，这个1000Hz纯音的声压级就定义为待测声音的响度级，单位是方（Phon）。

人耳对2000~4000Hz的声音最敏感，1000Hz以下时，人耳的灵敏度随频率的降低而减弱；4000Hz以上时，人耳的灵敏度随频率的增高也呈减弱的趋势。纯音等响曲线表明了人耳的这一特性（图19-4）。

例 19-2 （2021） 下列不同频率的声音，声压级均为70dB，听起来最响的是：

A 4000Hz   B 1000Hz

C 200Hz   D 50Hz

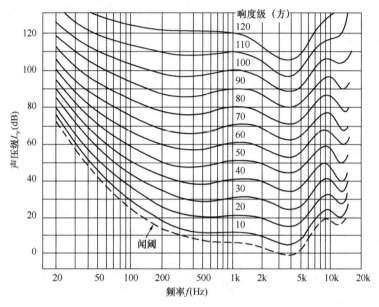

图 19-4　纯音的等响曲线

（刘加平. 建筑物理（第四版）. 北京：中国建筑工业出版社，2009；340.）

（2）计权网络

多种频率构成的复合声的总响度级用计权网络测量，即用声级计的 A、B、C、D 计权网络测量；记作 dB（A），dB（B），dB（C），dB（D）（图 19-5）。声压级每增加 10dB，人耳主观听闻的响度大约增加 1 倍。这些计权网络是复合声各频率的声压级，按一定规律叠加后的和，即复合声各频率的计权叠加。

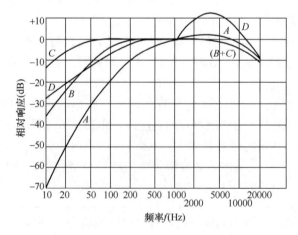

图 19-5　A、B、C、D 计权网络

人们常用 A 计权网络［或称 A 声级 dB（A）］计量复合频率声音（复合声）的响度

大小。A 声级与人耳的听觉特性非常吻合。A 声级是参考了 40 方的等响曲线，在各频率声压级进行叠加时，考虑到人耳对低频声不敏感的特性，对 500Hz 以下的声音作了较大衰减，再进行叠加后所得到的一种总响度级。

（三）声音的频谱和声源的指向性

1. 声音的频谱

声音的频谱是以频率为横坐标，各个频率的声压级为纵坐标绘制的频谱图表示。纯音的频谱图是一根在其频率标度处的声压级值竖线；由频率离散的若干个简谐分量复合而成的声音称为复音，其频谱图为每个简谐分量对应的一组竖线 [图 19-6(a)]。机器设备激发出的噪声的频谱图为连续谱 [图 19-6(b)]；连续谱的噪声，其强度用频带声压级表示。

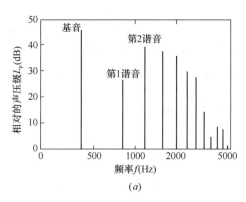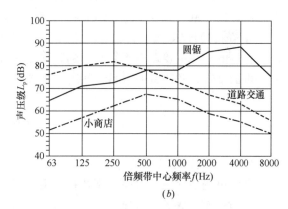

(a)   (b)

图 19-6　声音的频谱图

（柳孝图. 建筑物理. 3 版. 北京：中国建筑工业出版社，2010.）

（a）乐音的频谱；（b）噪声的频谱

2. 声源的指向性

当声源的尺度比波长小很多时，可以看成无方向性的点声源，在距声源中心等距离处的声压级相等。当声源的尺度与波长相当或大于波长时，声源具有指向性。声源的尺度比波长大得越多，指向性越强；频率越高，指向性越强。

（四）人的主观听觉特性

1. 哈斯（Hass）效应

听觉暂留：人耳的听觉暂留为 50ms，即 $\frac{1}{20}$s。如果直达声和反射声的时间差大于 50ms（即声程差大于 17m），就可能听到回声（声音听起来不连续，或者说听起来是断续的）。

2. 掩蔽（Mask）效应

人耳对一个声音的听觉灵敏度因另外一个声音的存在而降低的现象叫掩蔽效应。掩蔽的特点是频率相近的声音掩蔽较显著；掩蔽声的声压级越大，掩蔽效果越强。低频声对高频声掩蔽作用大；在噪声控制中，可以使用令人愉快的声音掩蔽那些令人烦恼的声音。

3. 听觉定位（双耳听闻效应、方位感）

由声源发出的声波到达两耳，会产生时间差、强度差和相位差，人们据此判断声源的方位和远近，进行声像定位。人耳对声源方位的辨别，在水平方向比垂直方向好。

（五）声音的三要素

声音的三要素是声音的强弱、音调的高低、音色的好坏。

1. 声音的强弱

声音的强弱由声音的能量大小和频率高低决定，能量大小用声压级、声强级、响度级描述。

2. 音调的高低

取决于声音的频率；频率越高，音调越高。把频率提高一个倍频程，在音乐中就提高了八度音程。

3. 音色的好坏

音色的好坏主要取决于复合声的频率、成分和强度，即由频谱决定。乐器因其发出的复合声的基音以及泛音的数目、频率和强度各不相同，而各具不同的音色。

第二节 室内声学原理

（一）自由声场

自由声场不存在反射面；声音在自由声场中只有直达声，没有反射声。

1. 点声源随距离的衰减

在自由声场中，点声源空间某点的声压级计算公式为：

$$L_{p} = L_{w} - 20 \lg r - 11 \, (dB) \tag{19-13}$$

式中　L_{p}——空间某点的声压级，dB；

　　　L_{w}——声源的声功率级，dB；

　　　r——测点和声源间的距离，m。

对于存在地面反射的情况，上式也可以改写为：

$$L_{p} = L_{w} - 20 \lg r - 8 \, (dB) \tag{19-14}$$

从式（19-13）可以看出，点声源观测点与声源的距离增加一倍，声压级降低 6dB，通过观测点的声压级 L_{p} 和声源到观测点的距离 r，还可以用上式计算声源的声功率。

例 19-3　（2014） 在开阔的混凝土平面上有一声源向空中发出球面声波，声波从声源传播 4m 后，声压级为 65dB，声波再传播 4m 后，声压级是：

A　65dB　　　　　B　62dB　　　　　C　59dB　　　　　D　56dB

解析： 在自由声场中，点声源空间某点的声压级计算公式为：$L_{p} = L_{w} - 20 \lg r - 11$，从式中可以看出，点声源的传播距离增加一倍，声压级降低 6dB。65dB 衰减 6dB 后为 59dB。

答案： C

---

2. 线声源随距离的衰减

无限长的线声源，在自由声场辐射的声波随距离衰减的规律是观测点与声源的距离每增加一倍，声压级降低 3dB。对于交通噪声，如高速公路上的车流噪声、列车噪声，如果观测点距声源较远，可以看成有限长线声源。观测点与声源的距离增加 1 倍，声压级降低约 4dB。

3. 面声源的声压级不随距离衰减

(二) 混响和混响时间计算公式

声源停止发声后，室内声音的衰减过程为混响过程。这一过程的长短对人们听音的清晰程度和丰满程度有很大影响。长期以来，不少人对这一过程的定量化进行了研究，提出用混响时间来衡量这一过程对音质的影响，得出了适用于实际工程的混响时间计算公式。

1. 混响时间的定义

当室内声场达到稳态，声源停止发声后，声音衰减 60dB（能量衰减到初始值的百万分之一或声压级衰减 60dB）所经历的时间叫混响时间；符号：T_{60}、RT；单位：s。

2. 赛宾公式

$$T_{60} = \frac{0.161V}{A} \text{(s)（成立条件：} \bar{\alpha} < 0.2)\tag{19-15}$$

式中　V——房间容积，m^3；

　　　A——室内总吸声量，m^2；

$$A = S \cdot \bar{\alpha}$$

　　　S——室内总表面积，m^2；

　　　$\bar{\alpha}$——室内平均吸声系数；

$$\bar{\alpha} = \frac{\alpha_1 S_1 + \alpha_2 S_2 + \cdots + \alpha_n S_n}{S_1 + S_2 + \cdots + S_n}\tag{19-16}$$

$\alpha_1, \alpha_2 \cdots \alpha_n$——不同材料的吸声系数；

$S_1, S_2 \cdots S_n$——室内不同材料的表面积，m^2。

例 19-4　(2021) 某房间长 20m、宽 10m、高 5m。地面为木地板，墙面为砖墙抹灰，顶面为矿棉板，地面、墙面、顶面的吸声系数分别为 0.05、0.02、0.5。该房间内的混响时间为：

　A　0.4s　　　　　　　　　　　B　1.0s
　C　1.4s　　　　　　　　　　　D　2.0s

解析： 房间容积：$V = 20 \times 10 \times 5 = 1000 m^3$

房间吸声量：$A = 20 \times 10 \times 0.05 + (20 \times 5 \times 2 + 10 \times 5 \times 2) \times 0.02 + 20 \times 10 \times 0.5 = 116 m^2$

房间总表面积：$S = 20 \times 10 + 20 \times 5 \times 2 + 10 \times 5 \times 2 + 20 \times 10 = 700 m^2$

房间平均吸声系数：$\alpha = A/S = 0.16 < 0.2$

因为房间平均吸声系数小于 0.2，故可用赛宾公式计算混响时间。

$$T_{60} = (0.161 \times V)/A = (0.161 \times 1000)/116 = 1.39 s$$

答案： C

3. 依林公式

$$T_{60} = \frac{0.161V}{-S \cdot \ln(1-\bar{\alpha})} \text{ (s)} \tag{19-17}$$

4. 依林—努特生公式

$$T_{60} = \frac{0.161V}{-S \cdot \ln(1-\bar{\alpha}) + 4mV} \text{ (s)} \tag{19-18}$$

式中　$4m$——空气吸收系数，空气中的水蒸气、灰尘的分子对波长较小（一般指 2000Hz 以上）的高频声音的吸收作用，查表 19-1，频率小于等于 1000Hz 时，此项为 0，即 $4m=0$。

空气吸收系数 4m 值（室内温度 20℃）　　　　　　　　表 19-1

频率（Hz）	2000	4000
空气相对湿度 50%	0.010	0.024
空气相对湿度 60%	0.009	0.022

依林—努特生公式全面考虑了混响时间的影响因素，常用于实际工程的计算。

例 19-5　（2011） 室内混响时间与下列哪项因素无关？

A　室内总表面积　　　　　　　　B　室内体积

C　室内声压级　　　　　　　　　D　声音频率

解析： 由依林-努特生公式（式 19-18）可知，混响时间受房间容积、室内总表面积空气吸收系数和室内平均吸声系数的直接影响，而吸声系数和空气吸收系数是与声音频率有关的物理量；故 A、B、D 均为混响时间的影响因素；C 选项是无关因素。

答案： C

（三）室内声压级计算与混响半径

室内声音由直达声和反射声组成，其声压级的大小也取决于直达声和反射声组合后的声压级大小。

1. 室内声压级的计算

$$L_p = L_w + 10\lg\left(\frac{Q}{4\pi r^2} + \frac{4}{R}\right) \text{ (dB)} \tag{19-19}$$

或写为

$$L_p = 10\lg W + 10\lg\left(\frac{Q}{4\pi r^2} + \frac{4}{R}\right) + 120 \text{ (dB)} \tag{19-20}$$

式中　W——声源的声功率，W；

　　　L_w——声源的声功率级，dB；

　　　r——测点和声源间的距离，m；

R——房间常数，$R = \dfrac{S \cdot \bar{\alpha}}{1 - \bar{\alpha}}$（m²）；

$\bar{\alpha}$——室内平均吸声系数；

S——室内总表面积，m²；

Q——声源的指向性因数，见表 19-2。

式中，$\dfrac{Q}{4\pi r^2}$ 反映了直达声能对声压级的影响，$\dfrac{4}{R}$ 反映了反射声能对声压级的影响。

声源的指向性因数   表 19-2

位　　置	Q 值
声源在房间正中	1
声源在一面墙的中心	2
声源在两面墙交角的中心	4
声源在房间的一角	8

2. 混响半径 （临界半径）

反射声能密度和直达声能密度相等的地方离开声源的距离；符号：r_0。

$$由 \frac{Q}{4\pi r^2} = \frac{4}{R} 得 r_0 = 0.14\sqrt{Q \cdot R} \ (\text{m}) \tag{19-21}$$

式中　Q、R 同式（19-20）。

在混响半径（临界半径）处，直达声能和反射声能密度相等，因此在大于混响半径（临界半径）的地方布置吸声材料才能有效地吸声（吸声材料吸掉的是反射声，而混响声和回声都是反射声，不能形成回声的反射声就是混响声）。

（四）房间共振和共振频率

1. 驻波

当两列频率相同的波在同一直线上反向传播叠加，形成某些点始终加强，某些点始终减弱，由此形成的合成波即为驻波。相距为 L 的两平行墙产生驻波的条件是：

$$L = n \cdot \frac{\lambda}{2} \ (\text{m}) \qquad n = 1, \ 2, \ 3 \cdots \infty \tag{19-22}$$

2. 矩形房间的共振 （驻波） 频率

一个房间平行墙面之间的尺寸只要满足上述条件就会产生驻波，因此房间中会有无穷个驻波，其驻波频率可按下列公式计算出来。

$$f_{nx,ny,nz} = \frac{c}{2}\sqrt{\left(\frac{n_x}{L_x}\right)^2 + \left(\frac{n_y}{L_y}\right)^2 + \left(\frac{n_z}{L_z}\right)^2} \ (\text{Hz}) \tag{19-23}$$

式中　L_x，L_y，L_z——房间的长、宽、高，m；

n_x，n_y，n_z——0～∞任意正整数（n_x，n_y，n_z 不同时为 0）。

在房间无数个驻波中，可能重复出现某些频率或某个频率的驻波。这种现象就是驻波频率的重叠。这种重叠现象称为简并。驻波频率的重叠现象（简并现象）也称为房间的共振。简并会引起声音的失真，产生所谓的声染色现象。在房间的长、宽、高尺寸相等或成整数比的房间容易形成声染色。避免其影响的方法是：①使房间的三方尺度不相等或不成整数倍；②做扩散处理，使房间变为不规则表面；③在房间中适当布置吸声材料。

第三节　材料和结构的声学特性

通常把声学材料和结构按其功能分为吸声材料、隔声材料和反射材料。

一、吸声材料和吸声结构

吸声材料和吸声结构主要用于提升室内音质、降低环境噪声。在学习或选用吸声材料和吸声结构时，需把握以下 4 个要点：

（1）吸声材料的构造特点。

（2）吸声原理。

（3）吸声的频率特性。

（4）影响吸声性能的因素。

（一）多孔吸声材料

多孔材料是应用最广泛的一类吸声材料。

1. 构造特点

多孔材料具有内外连通的小孔，如玻璃棉、超细玻璃棉、岩棉、矿棉（散状、毡片）、泡沫塑料、多孔吸声砖等。

加气混凝土、聚苯板内部的气泡是单个闭合、互不连通的，其吸声系数比多孔吸声材料少得多；是很好的保温材料，但不是多孔吸声材料。拉毛水泥墙面表面粗糙不平，但没有空隙，吸声效果差，不是吸声材料。其起伏不平的尺度和声波波长相比较小，也不能起扩散反射的作用。所以它不是一种声学处理，只是一种饰面做法。

2. 吸声原理

当声波入射到材料表面时，很快便顺着微孔进入材料内部，引起空隙间的空气振动；由于摩擦使一部分声能转化为热能而被吸收。

3. 吸声的频率特性

主要吸收中、高频，背后留有空气层的多孔吸声材料还能吸收低频。

4. 影响吸声性能的因素

（1）空气流阻：材料两边静压差和空气流动速度之比称为单位厚度材料流阻，或称为"比流阻"。比流阻过大或过小都会导致吸声性能下降，存在一个最佳比流阻。

（2）孔隙率：多孔吸声材料的孔隙率一般在 70% 以上，多数达到 90%。

但上两项测量不便，通常测出材料的厚度和表观密度。材料密度有一个最佳值。超细玻璃棉的表观密度为 $20\sim25\mathrm{kg/m^3}$，矿棉为 $120\mathrm{kg/m^3}$。

（3）厚度：材料的厚度增加，则中、低频范围的吸声系数增加，而高频的吸声系数变化不大。一般超细玻璃棉厚 5~15cm，矿渣棉厚 5~10cm。

（4）背后条件：后边留空气层与填充同样材料的效果近似，使中、低频（尤其是对低频）吸声系数增加。背后空气层厚度一般为 10~20cm。

（5）罩面材料：罩面材料应有良好的透气性，常用的罩面材料有金属网、窗纱、纺织品，厚度<0.05mm 的塑料薄膜，以及穿孔率>20% 的穿孔板。

例 19-6 （2006）在多孔吸声材料外包一层塑料薄膜，膜厚多少才不会影响它的吸声性能？

A　0.2mm

B　0.15mm

C　0.1mm

D　小于 0.05mm

解析： 多孔材料需要具有内外连通的空隙，才能让声波进入材料内部消耗声能吸声，因此饰面一般应具有良好的通气性。厚度小于 0.05mm 的极薄柔软塑料薄膜虽然不通气，但由于极薄，声波很容易推动薄膜振动，从而将声波的振动通过膜振动传入材料内部进行吸声。

答案： D

（二）空腔共振吸声结构

1. 亥姆霍兹共振器

（1）构造特点

共振吸声结构的构造如图 19-7 所示。

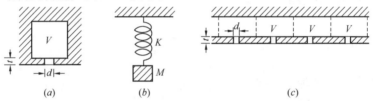

图 19-7　共振吸声结构及类比系统

（*a*）亥姆霍兹共振器；（*b*）机械类比系统；（*c*）穿孔板吸声结构

（2）吸声原理

当外界入射声波频率 f 和系统固有频率 f_0 相等时，孔径中的空气柱就由于共振而产生剧烈振动；在振动中，因空气柱和孔径侧壁产生摩擦而消耗声能。

（3）吸声的频率特性

系统存在一个吸声共振峰，即在共振频率附近吸声量最大。

亥姆霍兹共振频率的计算：

$$f_0 = \frac{c}{2\pi} \sqrt{\frac{s}{V(t+\delta)}} \text{ (Hz)} \qquad (19\text{-}24)$$

式中　c——声速，34000cm/s；

　　　s——颈口面积，cm²；

　　　V——空腔容积，cm³；

　　　t——孔颈深度（板厚），cm；

　　　δ——开口末端修正量，cm；直径为 d 的圆孔 $\delta=0.8d$。

（4）影响吸声性能的因素

从式（19-24）可知，影响亥姆霍兹共振器共振频率的因素有 s、V、t，其中影响最大的是 V。

2. 穿孔板

（1）构造特点

穿孔的胶合板、石棉水泥板、石膏板、硬质纤维板、金属板与结构之间形成一定的空腔，如图19-4(c)所示，相当于许多并列的亥姆赫兹共振器。

（2）吸声的频率特性

在共振频率附近吸收量最大，一般吸收中频；板后放多孔吸声材料能吸收中高频，其共振频率向低频转移。板后有大空腔（如吊顶）能增加低频吸收。

穿孔板共振频率的计算：

$$f_0 = \frac{c}{2\pi}\sqrt{\frac{P}{L(t+\delta)}} \text{ (Hz) } (P\leqslant 0.15,\ L\leqslant 20\text{cm}) \tag{19-25}$$

式中　L——板后空气层厚度，cm；

$\quad\quad t$——板厚，cm；

$\quad\quad P$——穿孔率，一般为 4%～16%；

$\quad\quad\quad$ 圆孔矩形排列：$P = \dfrac{\pi}{4}\left(\dfrac{d}{B}\right)^2$；

$\quad\quad\quad$ 圆孔等边三角形排列：$P = \dfrac{\pi}{2\sqrt{3}}\left(\dfrac{d}{B}\right)^2$；

$\quad\quad d$——孔径，一般为 4～8mm；

$\quad\quad B$——孔距，$B>2d$。

大空腔穿孔板共振频率的计算：

$$f_0 = \frac{c}{2\pi}\sqrt{\frac{P}{L(t+\delta)+PL^2/3}} \text{ (Hz) } (P>0.15,\ L>20\text{cm}) \tag{19-26}$$

穿孔率 $P>0.20$（20%）时，穿孔板应作为多孔吸声材料的罩面层，而不属于空腔共振吸声结构。

例 19-7　（2006）采取哪种措施，可有效降低穿孔板吸声结构的共振频率？

A　增大穿孔率　　　　　　B　增加板后空气层厚度

C　增大板厚　　　　　　　D　板材硬度

解析：穿孔板的共振频率由式（19-25）确定，式中 c 为声速，P 为穿孔率，L 为板后空气层厚度，t 为板厚。降低穿孔率、增加板后空气层厚度、增大板厚都降低穿孔板吸声结构的共振频率。但一般穿孔板后空气层的厚度可在几厘米到几十厘米之间变化，而穿孔板厚仅几毫米，可变化量很小；因此增加板后空气层厚度或降低穿孔率才能有效降低共振频率。

答案：B

---

3. 微孔板

一般用穿孔率1%～3%、孔径小于1mm的铝合金板制作。微孔板对低、中、高频均有较高的吸声系数，而且耐高温、耐潮湿；常用于游泳馆、矿井和高温环境。

（三）薄膜、薄板共振吸声结构

1. 薄膜

（1）构造特点：皮革、人造革、塑料薄膜、帆布等。具有不透气性、柔软、受张拉时有弹性等特点。这些薄膜材料可与其背后封闭的空气层形成共振系统。

（2）吸声的频率特性：主要吸收 $200 \sim 1000 \mathrm{Hz}$，中频。吸声系数 α 为 $0.3 \sim 0.4$。

薄膜共振频率的计算：

$$f_0 = \frac{600}{\sqrt{M_0 L}} \ (\mathrm{Hz}) \tag{19-27}$$

式中　M_0——膜的平均单位面积质量，$\mathrm{kg/m^2}$；

　　　L——膜与弹性壁间空气层厚度，cm。

2. 薄板

（1）构造特点：胶合板、硬质纤维板、石膏板、石棉水泥板、金属板等钉在构件龙骨上形成空腔结构，构成振动系统。

（2）吸声原理：薄板结构在声波的作用下本身产生振动，振动时板变形并与龙骨摩擦损耗，消耗声能。

（3）吸声的频率特性：主要吸收 $80 \sim 300 \mathrm{Hz}$，低频。吸声系数 α 为 $0.2 \sim 0.5$。

薄板共振频率的计算：

$$f_0 = \frac{1}{2\pi} \sqrt{\frac{\rho_0 c^2}{M_0 L} + \frac{K}{M_0}} \ (\mathrm{Hz}) \tag{19-28}$$

式中　ρ_0——空气密度，$\mathrm{kg/m^3}$；

　　　c——空气中的声速，$\mathrm{m/s}$；

　　　M_0——板的单位面积质量，$\mathrm{kg/m^2}$；

　　　L——膜与弹性壁间空气层厚度，m；

　　　K——结构的刚度因素，$\mathrm{kg/(m^2 \cdot s^2)}$，一般为 $1\times10^6 \sim 3\times10^6 [\mathrm{kg/(m^2 \cdot s^2)}]$。

（四）其他吸声结构

1. 空间吸声体

空间吸声体的上下、前后、左右都能吸收声音，所以它的吸声面积大于投影面积，吸声系数 α 可能大于1。空间吸声体常用单个吸声量表示。

2. 强吸声结构——吸声尖劈

吸声尖劈是消声室（无回声室）常用的强吸声结构，为了接近自由声场，$\alpha > 0.99$。

吸声尖劈的截止频率的计算：

$$f_0 = 0.2 \times \frac{c}{l} \ (\mathrm{Hz}) \tag{19-29}$$

式中　l——尖劈的尖部长度，m；尖劈的长度越长，吸收的起始频率越低。

吸声尖劈可用 $\phi 3.2 \sim 3.5 \mathrm{mm}$ 钢筋做成楔形框架，底部 $20\mathrm{cm} \times 60\mathrm{cm} \times 15\mathrm{cm}$，尖长 $125\mathrm{cm}$，外包玻璃布，内装玻璃棉毡等多孔吸声材料。

3. 帘幕

纺织品中除了帆布一类因流阻很大、透气性差而具有膜状材料的性质外，大多具有多孔材料的吸声性能。

吸声的频率特性：一般吸收中高频。

帘幕吸声峰值频率的计算：

$$f = (2n-1) \times \frac{c}{4L} \text{ (Hz)} \quad n=1, 2 \cdots \infty \tag{19-30}$$

式中　L——帘幕离刚性壁的距离，m。

4. 洞口

（1）朝向自由声场的洞口 $\alpha = 1$。

（2）不朝向自由声场，如过道、房间的洞口 $\alpha < 1$；舞台台口 $\alpha \approx 0.3 \sim 0.5$。

5. 人和家具

$$吸声量＝个体吸声量 \times 人（或家具）的数量，或者：$$
$$吸声量＝吸声系数 \times 观众席面积$$

二、隔声和构件的隔声特性

声音在建筑围护结构中的传播有下列几种形式：

（1）由空气声直接振动传播。

（2）由空气声推动围护结构的振动传播。

（3）固体的撞击或振动的直接作用。

前两种属于空气声传播，最后一种属于固体声传播。

（一）空气声的隔声量

在工程上常用构件隔声量 R 来表示构件对空气声的隔绝能力。

$$R = 10\lg \frac{1}{\tau} \text{ (dB)} \tag{19-31}$$

式中　R——隔声量，dB；

　　　　τ——声能透射系数，见式（19-2），所以：

$$\tau = 10^{-\frac{R}{10}} \tag{19-32}$$

R 越大，构件对空气声的隔绝能力越大、越好，构件的透射系数越大，即构件透过的声音能量越大，R 越小。

（二）隔声频率特性和计权隔声量

现行国家标准《建筑隔声评价标准》GB/T 50121—2005 规定了根据构件隔声频率特性确定的隔声单值评价量——计权隔声量 R_w（针对空气声）和计权标准化声压级差 $D_{nT,w}$（针对撞击声）的方法和步骤。其做法是将构件的 $100 \sim 3150$ Hz 16 个 1/3 倍频程隔声特性曲线绘制在坐标纸上，和参考曲线作比较，满足特定的要求后，以 500 Hz 频率的隔声量作为该墙体的单值评价量。

计权隔声量能很好地反映构件的隔声效果，使不同构件之间具有一定的可比性。

（三）单层匀质密实墙的空气声隔绝

1. 质量定律

声音无规入射时：

$$R = 20\lg m + 20\lg f - 48 \quad \text{(dB)} \tag{19-33}$$

式中 R——声音无规入射时墙体的隔声量，dB；

m——墙体的单位面积质量，kg/m^2；

f——入射声的频率，Hz。

从上式可以看出墙体单位面积的质量增大时，隔声量也随之加大；当墙体质量增加一倍，隔声量增加 6dB。24 砖墙，$m=480kg/m^2$，$R=52.6dB$（或 53dB）。同样，频率增加一倍，隔声量也增加 6dB。

例 19-8 **（2011）** 下列关于建筑隔声的论述中，哪项有误？

A 厚度相同时黏土砖墙的计权隔声量小于混凝土墙的计权隔声量

B 构件透射系数越小，隔声量越大

C 由空气间层附加的隔声量与空气间层的厚度有关

D 墙体材料密度越大，隔声量越大

解析：根据质量定律，墙体单位面积的质量越大，隔声量越大；而不是密度越大，隔声量越大（D 错误）。厚度相同的黏土砖墙的单位面积质量小于混凝土墙，故黏土砖墙的隔声量小于混凝土墙的隔声量（A 正确）。隔声量 R 和透射系数 τ 的关系为：$R=10\lg(1/\tau)$，故构件透射系数越小，隔声量越大（B 正确）。一般来说，空气层的隔声量随厚度的增加而增加（C 正确）。故选 D。

答案：D

---

2. 吻合效应

吻合效应将使墙体隔声性能大幅度下降。它与材料密度、构件厚度、材料的弹性模量有关。通常用硬而厚的板或软而薄的板使吻合效应的频率控制在人耳不太敏感的 $100\sim2500$ Hz 之外。对于双层墙和双层窗，可用以下做法来减弱吻合效应的影响，使双层墙和双层窗（或双层玻璃）：

（1）质量不等；

（2）厚度不等；

（3）两层墙或窗不平行。

（四）双层墙的空气声隔绝

双层墙或双层窗中间的空气层能够起到弹性减振的作用，因此空气层可以增加构件的隔声量。

当空气间层＞9cm 时，附加隔声量为 $8\sim12dB$；构筑时，应避免墙体或窗体之间的刚性连接，应避免双层墙系统的共振。其系统的共振频率为：

$$f_0 = \frac{600}{\sqrt{L}}\sqrt{\frac{1}{m_1} + \frac{1}{m_2}} (\text{Hz}) \tag{19-34}$$

式中 m_1、m_2——每层墙的单位面积质量，kg/m^2；

L——空气间层厚度，cm；一般取 $8\sim12$，最少为 5cm。

工程中一般控制 $f_0 < 70.7Hz$，以隔绝 100Hz 以上的噪声。

（五）轻型墙体隔声措施

根据质量定律，墙体越轻，单位面积质量越小，隔声性能越差。因此在使用轻型墙体时，应尽量想办法提高其隔声量，具体措施有：

（1）将多层密实板用多孔材料（如玻璃棉、岩棉、泡沫塑料等）分隔，做成夹层结构。

（2）使板材的吻合临界频率在100～2500Hz范围之外。

（3）轻型板材的墙做成分离式双层墙，空气间层>9cm，隔声量提高8～10dB，空气间层填充松散材料，隔声量又能增加2～8dB。双层墙两侧的墙板采用不同厚度，可使各自的吻合谷错开。

（4）板和龙骨间用弹性垫层。

（5）采用双层或多层薄板叠合。增加一层纸面石膏板，轻型板的隔声量提高3～6dB。

例如用75mm轻钢龙骨，间距600mm，每边双层石膏板，板与龙骨弹性连接，墙内填50mm厚超细玻璃棉毡，其重量相当砖墙的1/10（24砖墙的单位面积质量为530kg/m²），其隔声量相当于24砖墙的隔声量（53dB）。

（六）门窗隔声

门窗通常是建筑中隔声的薄弱环节，提高门窗的隔声性能主要从以下几个方面考虑：①提高门窗的密闭性能；②加强门窗自身的隔声性能；③避免吻合效应的影响。

1. 隔声门

隔声量30～45dB，常用弹性密封条，弹性压条装在门框或门下口，经常开启的门常做成声闸或用狭缝消声门。声闸的内表面作强吸声处理；内表面的吸声量越大，图19-8中两门的中点连线与门的法线间的夹角越大，隔声量越大。

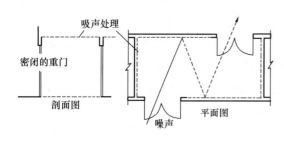

图19-8　声闸示意图

《民用建筑隔声设计规范》GB 50118—2010（以下简称：《隔声规范》）规定，户门的空气声隔声单值评价量与频谱修正量之和不应小于25dB，《电影院建筑设计规范》JGJ 58—2008规定，观众厅出入口宜设置声闸，观众厅隔声门的隔声量不应小于35dB。

2. 隔声窗

一般用两三层玻璃制作，两层玻璃间不平行。玻璃厚3～19mm，最好各层玻璃厚度不同。玻璃与框，框与框间密封。窗内墙面布置吸声材料。

《隔声规范》规定，外窗的空气声隔声单值评价量与频谱修正量之和不应小于30dB。

3. 组合墙的隔声

门窗是隔声的薄弱环节，组合墙的隔声设计通常采用"等透射量"原理，即使门、窗、墙的声透射量（声透射量为构件面积S与声透射系数τ的乘积）大致相等，通常门的面积大致为墙面积1/10～1/5，墙的隔声量只要比门或窗高出10dB左右即可。

（七）振动的隔离

振动来源于转动设备的振动和撞击振动。

1. 振动的危害

(1) 损坏建筑物。

(2) 影响仪表和设备的测试。

(3) 使人感到厌烦。

(4) 振动频率在可听范围内是噪声源。

2. 隔振原理

振动和机器叶轮不平衡而作用在楼板上的干扰力的频率为 f（机器设备的频率），机器与减振器所形成的减振系统的自振频率为 f_0，f/f_0 称为频率比 z。减振系统上的干扰力 F 与传递到楼板或基础上的力 F_1 之比为传递系数 T。传递系数与频率系数之比 f/f_0 以及阻尼比 r 有关：

当 $\dfrac{f}{f_0} < \sqrt{2}$ 时，传递系数恒大于 1，系统使干扰力放大，不起减振作用。

当 $\dfrac{f}{f_0} = 1$ 时，系统与干扰力发生共振，传递系数趋于极大值，振动加强，不起减振作用。

当 $\dfrac{f}{f_0} > \sqrt{2}$ 时，传递系数恒小于 1，是系统的减振作用区。

因此，要提高减振效率，需提高 f/f_0 的数值，f 是设备的工作频率，一般不能改变，只能降低 f_0，通常将设备安装在质量块 M 上，质量块由减振器支承。

隔振原理是使振动尽可能远大于共振频率的 $\sqrt{2}$ 倍，最好设计系统的固有频率低于振动频率的 5～10 倍以上。

(八) 撞击声的隔绝

人在楼板上的走路声、敲击声会通过楼板、墙体的振动，以固体传声的形式传入楼下，这些声音被称为撞击声。

1. 撞击声的计量

用一个国际标准化组织 ISO 规定的标准打击器敲打被测楼板，在楼板下面的测量室测定房间内的平均声压级 L_{p1}，按下式得出规范化撞击声级 L_{pn}：

$$L_{pn} = L_{p1} - 10\lg\frac{A_0}{A}(\mathrm{dB}) \tag{19-35}$$

式中　L_{pn}——规范化撞击声级，dB；

　　　L_{p1}——在楼板下的房间测出的平均声压级，dB；

　　　A_0——标准条件下的吸声量，规定为 $10\mathrm{m}^2$；

　　　A——接收室的吸声量，m^2。

测量按 100～3150Hz 十六个 1/3 倍频程做出楼板的规范化撞击声级频率特性。

2. 计权规范化撞击声级

根据国家标准《建筑隔声评价标准》GB/T 50121—2005，从 100～3150Hz 16 个隔声特性曲线绘制在坐标纸上，和参考曲线比较，满足特定的要求后，以 500Hz 频率的隔声量作为该墙体的单值评价量。求得计权规范化撞击声压级 $L_{n,w}$（实验室测量）和计权标准化撞击声压级 $L'_{nT,w}$（现场测量）。

计权规范化撞击声压级相当于楼板的隔声量，计权规范化撞击声级越大，其隔声效果越差，此值最大不应超过75dB；而空气声的计权隔声量越大，其隔声效果越好。

3. 撞击声的隔绝措施

（1）面层处理

在楼板表面直接铺设地毯、橡胶板、地漆布、塑料地面、软木地面等弹性材料，以降低楼板本身的振动，减弱撞击声的声能。这种做法对降低中高频声的效果最显著。

（2）浮筑式楼板

在楼板面层和结构层之间加一弹性垫层，如弹簧、玻璃棉、橡胶、聚乙烯泡沫等具有弹性减振作用的材料，构筑浮筑式楼板。

浮筑式楼板做法很多，如住宅可用2.5cm厚、表观密度为$96 \sim 150 kg/m^3$的离心玻璃棉做垫层，上铺一层塑料布或1mm聚乙烯泡沫做防水层，再灌注4cm厚的混凝土形成浮筑式楼板。在有楼板隔声要求的公共建筑中，可用5cm厚、表观密度为$150 \sim 200 kg/m^3$的离心玻璃棉做垫层，上铺一层塑料布或1mm聚乙烯泡沫做防水层，再灌注$8 \sim 10 cm$厚的混凝土形成浮筑楼板。

（3）弹性隔声吊顶

楼板的撞击声通过楼板振动辐射到楼下的空气中传入人耳；可根据空气声隔声原理在楼板下加设吊顶，通过减弱楼板下空气声的传播达到隔绝撞击声的目的。吊顶要用弹性连接，吊顶内铺设玻璃棉等吸声材料有利于隔绝撞击声。

（4）房中房

在房间中再建一个房间，内部房间建在弹簧或其他减振设备上，房间之间形成空气层。这种结构空气声标准计权隔声量可以达到70dB，撞击声标准计权隔声量（计权规范化撞击声压级）可低于35dB。

（5）柔性连接

在设备的接口处使用帆布、软木或橡胶片做柔性连接。柔性连接不但要满足减振的要求，还要具有抗压、密封、抗老化等特性。

（九）隔振器及隔振元件

（1）金属弹簧隔振器：常用作隔振设备的减振支撑，有时用于浮筑式楼板中。优点是价格便宜，性能稳定，耐高低温，耐油，耐腐蚀，耐老化，寿命长，可预压，也可做成悬吊型使用；缺点是阻尼性能差，高频隔振效果差。在高频，弹簧逐渐呈刚性，弹性变差，隔振效果变差，被称为"高频失效"。

（2）橡胶隔振器：将橡胶固化，剪切成型，可做成各式各样的橡胶隔振器。优点是在轴向、回转方向均有隔振性能，高频隔振效果好，安装方便，容易与金属牢固粘接，体积小，重量轻，价格低；缺点是在空气中易老化，特别是在阳光直射下会加速老化，一般寿命为$5 \sim 10$年。

（3）橡胶隔振垫：橡胶隔振垫是一块橡胶板，可大面积垫在振动设备与基础之间，具有持久的高弹性，良好的隔振、隔冲、隔声性能；缺点是容易受温度、油质、日光及化学试剂的腐蚀而老化，一般寿命为$5 \sim 10$年。

（4）玻璃棉板和岩棉板：对机器或建筑物基础都能起减振作用。最佳厚度为$10 \sim 15cm$。其优点是防火，耐腐蚀，耐高低温；缺点是受潮后变形。

三、反射和反射体

当声波从一个介质传到另一个介质时，在两种介质的分界面上会发生反射。如果反射面（一般是平面）的尺度比声波波长大得多，则会发生定向反射；如果反射面是无规则随机起伏或有一定规则的起伏，并且起伏的尺度和入射声波波长相当，就可以起到扩散反射的作用，扩散反射，即无论声波从哪个方向入射到界面上，反射声波均可向各个方向反射。在古典剧院中墙面上起伏的雕刻、柱饰、包厢就起到了扩散反射的作用。

近年来，学者们按照数论算法，提出了"二次剩余扩散面"和 MLS 扩散体，这些扩散面可以在较宽的频率范围内进行有效的扩散反射（图 19-9）。

反射体要求吸声系数小，厚重。顶棚反射面和悬挂的可移动反射体可采用金属结构或木结构框架，外面罩以密实面层；对于面层较薄的结构，可在背面设置阻尼层；反射板也可采用有机玻璃。

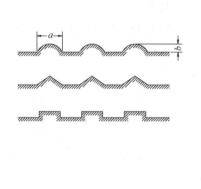

(a)

(b)

图 19-9　普通扩散体和数论扩散体

（a）普通扩散体；（b）数论扩散体

第四节　室 内 音 质 设 计

一、音质的主观评价与客观评价指标

（一）主观评价指标

1. 合适的响度

语言 60～70 方，音乐 50～85 方。

2. 较高的清晰度和明晰度

$$音节清晰度 = \frac{正确听到的音节数}{发出的全部音节数} \times 100\% \tag{19-36}$$

音节清晰度与听音感觉：

＜65％，不满意；65％～75％，勉强可以；7％～85％，良好；＞85％，优良。

对音乐，要求能区别每种声源音色，能听清每个音符；对语言，主要要求足够的清晰度。

3. 足够的丰满度

足够的丰满度能使音乐或语言听起来坚实饱满，音色浑厚，余音悠扬。这些因素与混响时间的长短、近次反射声的强弱有关。

(1) 余音悠扬（活跃）：每座容积大，硬表面多，混响时间长。

(2) 坚实饱满（亲切）：直达声后 20～35ms 内有较强的反射声。

(3) 音色浑厚（温暖）：小于 250Hz 的低频声混响时间长。

4. 良好的空间感

方向感，距离感，亲切感，围绕感。

5. 没有声缺陷和噪声干扰

声缺陷是指一些干扰正常听闻，使原声音失真的现象，如回声、声聚焦、声影、颤动回声等。噪声的存在对室内音质有破坏作用。

(二) 客观指标

(1) 声压级与混响时间：声压级用响度级 dB（A）计量。

(2) 反射声的时间与空间分布：35～50ms 以内的反射声有加强直达声响度和提高声音清晰度的作用。

(3) 噪声级：大厅噪声级应达到相关标准规范的要求。

(三) 声学实验常用声音信号

(1) 白噪声：在很宽的频率范围内频谱连续且能量分布均匀的噪声，其单位带宽能量与频率无关。

(2) 脉冲声：用发令枪、爆竹、气球（压爆发声）、电火花发生器等发出的短促的声音信号，常用作混响时间测量的声源。

(3) 啭音：调频的正弦信号，调制频率约为 10Hz，常用作厅堂音质测量的信号源。

(4) 粉红噪声：在很宽的频率范围内，频谱连续且单位带宽能量与频率成反比的噪声信号，每倍频程内能量恒定，又称典型噪声。粉红噪声是建筑声学中常用的测试信号。

二、音质设计的方法与步骤

音质设计的主要内容包括：

(1) 大厅容积的确定。

(2) 大厅体形的设计。

(3) 大厅混响时间的设计（包括最佳混响时间和频率特性的确定，吸声材料和吸声结构的选择）。

(4) 大厅噪声的控制。

(一) 大厅容积的确定

容积大小直接影响大厅室内声音的响度大小和混响时间长短，因此确定容积的原则是保证厅内有足够的响度和适当的混响时间。

1. 保证厅内有足够的响度

为保证房间声音的合适响度应根据房间用途控制房间容积，不同用途房间的容积大小建议值如下：

讲演：2000～3000m³；

话剧：6000m³；

独唱、独奏：10000m³；

大型交响：20000m³。

2. 保证厅内有适当混响时间

容积是影响混响时间的重要因素；在厅堂音质设计时可用每座容积控制容积的大小，进而控制混响时间。每座容积的建议值如下：

音乐厅：8～10m³/座；

歌剧、舞剧院：4.5～7.5m³/座（引自《剧场、电影院和多用途厅堂建筑声学设计规范》GB/T 50356—2005）；

话剧及戏曲剧场：4.0～6.0m³/座（同上）；

多用途厅堂：3.5～5.0m³/座（同上）；

电影院：6.0～8.0m³/座（同上）。

例 19-9　（2021） 为了获得最合适的混响时间，每座容积最大的是：

A　歌剧院　　　　　B　音乐厅　　　　　C　多用途礼堂　　　D　报告厅

解析： 每座容积的大小应根据厅堂的用途来确定，一般来说，音乐厅的每座容积＞歌剧院＞多功能厅＞报告厅；音乐厅的每座容积可取8～10m³/座。

答案： B

（二）大厅体形设计的原则和方法

1. 保证直达声能够到达每个观众

（1）减小直达声的传播距离（在平面上，语言自然声≤30m，观众多时可以设置一层或多层楼座）。

（2）观众席最好在声源的140°范围内。

（3）防止前面的观众对后面观众的遮挡，在小型讲演厅，可设讲台以提高声源；在较大的观众厅，地面应从前到后逐渐升高。地面升起应按视线要求设计，视线升高差 c 值应取 12cm；一般前后座位对齐时，后排比前排视线升高 12cm；前后座位错开时，后排应比前排视线升高 6cm。

2. 保证近次反射声均匀分布于观众席

近次反射声又称前次反射声或早期反射声（直达声和反射声的声程差小于17m，时间差小于50ms。）。在观众席应尽量多地争取近次反射声，并使其均匀分布于观众席，具体可通过下列方法获得。

（1）控制厅堂平、剖面形状，调整顶棚反射面和侧墙反射面的倾角，侧墙和观众厅中轴线间的夹角不大于8°～10°，后墙作扩散处理或设置间隔布置的吸声材料。

（2）减小一次反射面至声源的距离，如控制观众厅层高和长度，设观众席矮墙等。

3. 防止产生回声和其他声学缺陷

（1）回声

观众席前部的观众最容易听到回声；来自后墙、后部顶棚的反射声最容易形成回声。

消除回声的方法是：调整反射面的角度，控制反射面到声源的距离，对反射面做扩散处理或布置吸声材料。颤动回声容易发生在平行反射面之间，避免的方法是使反射面不平行或作扩散、吸声处理。

（2）声聚焦

内凹弧形墙面或屋顶容易形成声聚焦。防止声聚焦的办法是：避免使用弧形墙面或屋顶，控制厅堂高度≥2R（曲面半径），以及在弧形墙面或屋顶上作扩散、吸声处理。

对于回声、声聚焦、声染色这样的音质缺陷都可采用吸声或扩散处理。

扩散体的尺寸应与其扩散反射声波的波长相接近；太小起不到扩散作用，而比波长大得多，又会在扩散体本身的表面上产生定向反射。一般设计成不同尺寸、不同形状的扩散体，组合使用以取得更宽频带的扩散效果。声音的频率越低，声波的波长越大，要求扩散体的尺寸越大。为了使尺寸不致过大，许多演出建筑（如剧场），扩散声频率的下限可定为 200Hz；也可使用"二次剩余扩散面"或 MLS 扩散体（如国家大剧院）。

（3）声影

声影（声音无法到达）容易在眺台楼座下形成，因此应避免楼座眺台出挑过深。可通过采用合适的楼座眺台高度与深度之比来控制；如音乐厅的高深比为 1∶1，剧院为 1∶1.2。此外，楼座下的顶棚应有利于将声音反射或扩散到楼座下的观众区。

（4）舞台反射板

舞台反射板在全频带都是反射性的，不要产生过度的低频吸收。材料一般选用 1cm以上的厚木板或木夹板，并衬以阻尼材料；背后用型钢骨架。舞台反射板所围绕的空间应使反射声的延时在 17～35ms，以利于台上演员的听闻。

（三）大厅的混响设计

1. 最佳混响时间及其频率特性的确定

最佳混响时间以 500Hz 为基准。其大小可参照《剧场、电影院和多用途厅堂建筑声学设计规范》GB 50356—2005 取值，也可按图 19-10 取值。

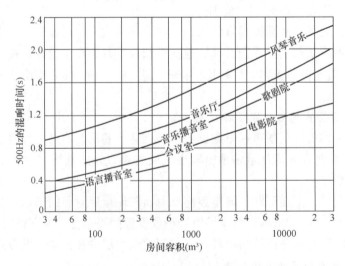

图 19-10　各种用途房间的最佳混响时间

最佳混响时间依房间的用途和容积而定。图 19-10 为各种用途的房间最佳混响时间曲线，音乐厅为 1.7～2.1s，其他房间见表 19-3，其频率特性见图 19-11。

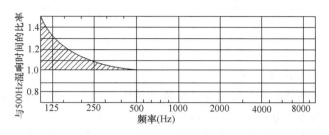

图 19-11　最佳混响时间的频率特性

文娱建筑观众厅频率为 500～1000Hz 满场混响时间范围　　　　表 19-3

建筑类别	混响时间（s，中值）	适用容积	说　明
歌剧、舞剧剧场	1.1～1.6	1500～15000	选自《剧场、电影院和多用途厅堂建筑声学设计规范》GB/T 50356—2005
话剧、戏曲剧场	0.9～1.3	1000～10000	
会堂、报告厅、多用途礼堂	0.8～1.4	500～20000	
普通电影院	0.7～1.0	500～10000	
立体声电影院	0.5～0.8	500～10000	
歌舞厅	0.6～0.9（下限） 0.7～1.2（上限）		选自《歌舞厅扩声系统的声学特性指标与测量方法》WH01－93

上表是 500Hz 频率的混响时间，其他频率的混响时间（即频率特性）取值为：音乐用房间 125Hz、250Hz 的混响时间是 500Hz 的 1.2～1.3 倍，高频和中频与 500Hz 一样。语言用房间各频率混响时间相同。文娱建筑观众厅的频率特性见表 19-4。

文娱建筑观众厅各频率混响时间相对于 500～1000Hz 的比值　　　表 19-4

建筑类别	125Hz	250Hz	2000Hz	4000Hz
歌剧	1.0～1.3	1.0～1.15	0.9～1.0	0.8～1.0
话剧、戏曲	1.0～1.2	1.0～1.1		
会堂、报告厅、多用途礼堂	1.0～1.3	1.0～1.15		
普通电影院、立体声电影院	1.0～1.2	1.0～1.1		
歌舞厅	1.0～1.4	1.0～1.2	0.8～1.0	0.7～1.0

2. 混响计算

（1）根据设计的体形，求出厅的容积 V 和内表面积 S。

（2）根据厅的使用要求，确定混响时间及其频率特性的设计值，参照图 19-10、图 19-11，表 19-3、表 19-4。

（3）按照依林—努特生混响时间公式（19-18），求出大厅的平均吸声系数 $\bar{a}$。

（4）计算大厅内需要的总吸声量 A，扣除固定的吸声量，如观众人数、家具、孔洞等，就是要增加的吸声量。

（5）选择适当的吸声材料、面积或吸声构造。一般要反复计算，选择满意方案。在建设过程中还需测定、调整，最后固定。计算频率一般为 125、250、500、1000、2000、4000（Hz）。

3. 室内装修材料的选择与布置

对低频、中频、高频吸声材料和构造应搭配使用，以取得比较理想的频率特性。

混响计算所用的吸声系数，应采用混响室法测量的吸声系数。

观众厅、舞台口周围的墙面、顶棚应当主要布置反射材料；吸声系数较大的材料或构造，应尽量布置在侧墙上部、中部及后墙等有可能产生回声的部位。

4. 改造旧建筑时的混响设计

一般采用吸声处理，首先对后墙进行处理，然后对侧墙中后部进行处理。

（四）大厅的噪声控制

厅室的噪声来自两个方面，一个是设备噪声，如空调、舞台设备等，另一个来自室外，如交通噪声、施工噪声、生活及人员活动噪声等。对于第一种噪声，主要是做好专门的设备降噪和减振设计。对于第二种噪声，主要是做好墙、门、窗、楼板的隔声。具体的降噪减振设计请参见后面的噪声控制章节。

三、室内电声设计

1. 扩声与重放系统

电声系统要有足够的功率输出：语言用的声压级要达到 70~80dB；有较宽的频率响应。语言用 300~8000Hz，音乐用 40~10000Hz。在布置电声系统时要使各座位的声压级差≤6~8dB，扬声器和话筒布置不要出现声反馈现象（也称啸叫）。

2. 扬声器的布置形式

（1）集中式：如把声柱布置在舞台的上前方，声柱中心线指向观众席纵向长度的 2/3~3/4 处。要求不高的厅堂也可用普通扬声器。

（2）分散式：如分区布置或在座椅后布置扬声器。

（3）集中分散并用方式。

3. 扩声控制室的设计

（1）面积不小于 12~15m²。

（2）位置在观众席的后部或耳光室附近，通过观察窗能看到全部舞台和部分观众席。

（3）顶棚、墙面应作吸声处理，地面采用绝缘地板，并留有布线沟，室内应有空调。

四、各类建筑的声学设计

（一）音乐厅

（1）每座容积 8~10m³/座，尽量少用或不用吸声材料；混响时间为 1.7~2.1s。

（2）充分利用近次反射声，顶棚除向观众席提供反射声，还需向演奏席提供反射声。为避免声影，楼座下眺台的出挑深度 D 宜小于或等于楼座下开口净高度 H。

（3）保证厅内有良好的扩散，在新式大厅中，需专门设计、布置扩散体。

（4）噪声评价指数可选用 $N20$ 以下，选址应远离噪声较高的地区，做好内部隔声、通风系统消声、隔振等处理。

（二）剧院

（1）以自然声为主的话剧场、戏曲剧场不宜超过 1000 座，歌舞剧场不宜超过 1400 座；以扩声为主的剧场，座位数不受此限制。

（2）歌剧、舞剧场每座容积 $4.5\sim7.5\mathrm{m^3}$/座，话剧场、戏曲剧场每座容积 $4.0\sim6.0\mathrm{m^3}$/座；歌剧、舞剧剧场混响时间 $1.1\sim1.6\mathrm{s}$，话剧场、戏曲剧场混响时间 $0.9\sim1.3\mathrm{s}$。

（3）《剧场、电影院和多用途厅堂建筑声学设计规范》GB/T 50356—2005 规定，以自然声演出为主的观众厅设有楼座时，眺台的出挑深度 D 宜小于楼座下开口净高度 H 的 1.2 倍；以扩声演出为主的观众厅，眺台出挑深度 D 可放宽至楼座开口净高度 H 的 1.5 倍。

（4）允许噪声级可采用 $N20$ 或 $N25$。

（三）电影院

（1）最佳混响时间：普通电影院 $0.7\sim1.0\mathrm{s}$，立体声电影院 $0.5\sim0.8\mathrm{s}$。从银幕后面扬声器发出的直达声，与任何反射面的第一次反射声达到观众席的时差都不应超过 40ms，相当于直达声和反射声的声程差为 13.6m。

（2）电影院每座容积 $6.0\sim8.0\mathrm{m^3}$/座。

（3）观众厅地面要有坡度，单声道影院每排座位升起高度宜为 6cm，立体声影院宜大于 10cm。

（4）为使影视同步，较小影院观众厅的长度一般取 $18\sim25\mathrm{m}$；大型电影院观众厅的长度不宜大于 30m。电影院观众厅不宜设置楼座，其长度与宽度的比例宜为 $(1.5\pm0.2):1$，以获得良好的听音条件。

（5）银幕背后空间的所有界面，必须作表面为暗色的强吸声处理或加以分隔，以避免长延时反射。观众厅的后墙应采取防止回声的措施。

（6）避免音质缺陷和噪声的影响，放映室要作吸声、防火处理；放映孔、观察窗应采用双层、厚度不同的玻璃，窗框要做好密封处理。

（7）观众厅允许噪声级可采用 $N25$ 或 $N30$，立体声影院 $\leqslant N25$。

（四）演播室

（1）合适的房间尺寸和比例

当 $V<2000\mathrm{m^3}$ 时， $\qquad V=21n+55$（$\mathrm{m^3}$）

当 $V>2000\mathrm{m^3}$ 时， $\qquad n=0.125V^{\frac{2}{3}}\cdot\lg V$ （19-37）

式中　n——"等效人数"；一位合唱队员 $n=1$；二胡、小提琴 $n=2$；小号 $n=3$；钢琴 $n=12$。如果有很多乐器时，"等效人数"为各单个乐器的总和。

小于 $3\sim4$ 人的语言播音室，容积可为 $43\sim114\mathrm{m^3}$。

对于容积较小的矩形房间，为使在较低频率范围内不产生共振频率简并现象，可参考表 19-5 的房间尺寸比例；注意房间的长、宽、高不用简单整数比。

（2）混响时间和频率特性：语言 $0.3\sim0.4\mathrm{s}$；独唱、独奏 $0.6\mathrm{s}$；通用房间 $0.9\mathrm{s}$。

（3）扩散处理：采用扩散表面，均匀分布扩散表面和材料，墙面不平行等。

（4）噪声控制：噪声可取 $N20\sim N25$。

演播室（播音室）参考房间尺寸比例　　　　　表 19-5

演播室规模	高	宽	长
小演播室	1	1.25	1.60
中型演播室	1	1.50	2.50
顶棚较低时	1	2.50	3.20
房间长度相对宽度过大时	1	1.25	5.20

（五）多用途厅堂

（1）观众厅的每座容积 $3.5\sim5.0\mathrm{m}^3$/座。

（2）选择适中的混响时间；可根据厅堂不同功能的混响时间，选取一个折中值进行设计。

（3）观众厅设有楼座时，眺台的出挑深度 D 宜小于楼座下开口净高度 H 的 1.5 倍。

（4）采用混响时间可变的声学处理：如帘幕隔断或可变吸声墙体。

（5）采用电声处理：如声柱、人工混响器、混响室等。

（六）体育馆

1. 控制混响时间

根据《体育馆声学设计及测量规程》JGJ/T 131—2012 的相关规定，体育馆的混响时间应根据比赛大厅的容积和用途确定（见该规程第 2.2.1 条、第 2.2.2 条）。

2. 防止多重反射

体形用壳体时，把弧面的曲率半径加大，或在顶棚布置吸声材料、空间吸声体、空间扩散体，以消除声聚焦。

3. 电声

用强指向性声柱，声源分区布置。

4. 允许噪声级

文艺演出时可取 $N35$，体育比赛时可取 $N45$。

（七）体育场

《体育场建筑声学技术规范》GB/T 50948—2013 的规定如下：

1. 体育场的声衰变时间控制措施

注：声衰变时间为在体育场内，声源停止发声后，给定频带的声波声压级降低 60dB 所需要的时间，单位为 s（衰变时间相当于混响时间）。

（1）体育场空场时，可开合屋面全封闭时，声衰变时间不宜大于 6s。

（2）观众席上罩棚面积多于观众席面积 1/3 的体育场，声衰变时间不宜大于 6s。

（3）观众席上无罩棚或罩棚面积少于观众席面积 1/3 的体育场，不需要声衰变时间的指标。

2. 体育场观众席、比赛场地应具有良好的语言可懂度

（1）应采取措施控制背景噪声的干扰。

（2）应避免建筑面引起的回声干扰并减小多个声源的长时延声干扰。

3. 反射与吸声处理

（1）体育场围护墙体的内墙面宜作声学处理。

（2）主席台后面的墙面应作吸声处理。

（3）比赛场地周围的围护墙体宜作倾斜设置，或作吸声处理。

（4）比赛场地入口通道两侧墙宜设置为非平行面或作吸声处理。

（5）观众席各个出入门洞与外面相通的半封闭休息厅应作吸声处理。

（6）观众疏散平台顶部宜作吸声处理。

（7）看台座席宜选用有吸声功能的座椅。

（8）包厢、评论员室、体育展示室、播音室、声控室、灯光控制室等房间，面向场内的建筑面宜作倾斜设置，或作扩散、吸声处理。

4. 建筑声学材料的选用

罩棚、可开合屋面和围护墙体所选用的建筑声学材料，除应符合声学性能的设计要求外，还应符合其他功能和现行国家标准的要求（如防火、有害物质限量等）。

5. 噪声控制

（1）体育场选址时应对拟建的基地进行噪声测量。

（2）基地上不应受到出现概率较大并且有规律性的强度较大的噪声干扰。

（3）体育场内的噪声控制设计应从体育场总体设计阶段开始。

（4）应采取措施防止场外的各类噪声对体育场内的干扰。

（5）高噪声设施不宜设置在观众席附近。

（6）对可开合屋面和罩棚结构，宜作减少雨致噪声的处理。

（7）体育场内的背景噪声不宜超过 50dB（A）。

（八）审判庭

（1）较高的语言可懂度

混响时间短，无回声干扰，要有高质量的扩声和录音设备。

（2）每座容积为 2.3～4.3m³/座，尽量压缩室内容积；设计时应严格控制体形，防止后墙反射或弧线形墙体引起的声聚焦。

（3）顶棚作反射和扩散处理，后墙与侧墙布置吸声材料，选择吸声量较大的沙发式座椅，座位以外的区域铺设地毯。

（4）抬高声源，地面起坡。

第五节 噪 声 控 制

所谓噪声就是紊乱断续或统计上随机的声振动或不需要的声音，即在一定频段中任何不需要的干扰；超过国家法规或业界标准限值的声音。

一、环境噪声的来源和危害

我国的城市噪声主要来源于交通噪声，其次，施工噪声、社会生活噪声扰民的事情也不能忽视，工业噪声的影响已大大降低。

噪声对听觉器官的损害：噪声大于 90dB 时，能造成临时性听阈偏移；大于 140～

150dB时，能造成耳急性外伤。最新的研究表明，噪声对视觉有损害，还能引起心血管系统等多种疾病。噪声对人的正常生活的影响：噪声＞45dB（A）影响睡眠；＞55dB（A）使人不适；＞75dB（A）使人心烦意乱，工作效率降低。

二、噪声评价

1. A声级 L_A （或 L_{PA}）

由声级计上的 A 网络直接读出，单位是 dB（A）。A 声级反映了人耳对不同频率声音响度的计权，其计权特性见本章第一节中 A 声级的定义。A 声级适宜测量稳态噪声。

2. 等效连续 A 声级 L_{eq} （或 L_{Aeq}）

等效连续 A 声级简称等效声级，是用单值表示一个连续起伏的噪声。它是按在一段时间内能量平均的方法计算的，用积分声级计可以直接测量。L_{eq} 适于测量声级随时间变化的噪声，它被广泛应用于各种噪声环境的评价。其单位是 dB（A）。

3. 昼夜等效声级 L_{dn}

人们对夜间的噪声一般比较敏感，因此所有在夜间（22：00～7：00）出现的噪声级均以比实际值高出 10dB 来处理，这样就得到一个对夜间有 10dB 补偿的昼夜等效声级 L_{dn}。

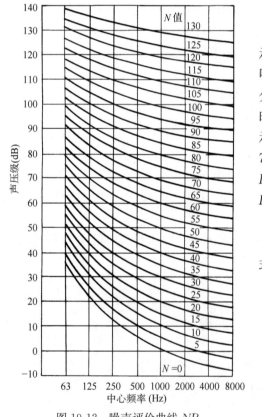

图 19-12 噪声评价曲线 NR

4. 累计分布声级 L_n

累计分布声级用声级出现的累积概率表示随时间起伏的随机噪声的大小，比如交通噪声可以用 L_{eq}，还可用累计分布声级。累计分布声级 L_n 表示测量的时间内有百分之 n 的时间噪声值超过 L_n 声级。例如 L_{10}＝70dB 表示测量时间内有 10% 的时间声压级超过 70dB。通常在噪声评价中多用 L_{10}、L_{50}、L_{90}。L_{10} 表示起伏噪声的峰值，L_{50} 表示中值，L_{90} 表示背景噪声。其单位是 dB（A）。

5. 噪声冲击指数 NII

$$NII = \sum W_i P_i / \sum P_i \qquad (19\text{-}38)$$

式中 $\sum W_i P_i$——总计权人口数；

W_i——某干扰声级的计权因子；

P_i——某干扰声级环境中的人口数；

$\sum P_i$——区域总人口数。

理想的噪声环境 $NII<0.1$。

6. 噪声评价曲线 NR 和噪声评价数 N

噪声评价曲线（NR 曲线）是国际标准化组织 ISO 规定的一组评价曲线，见图 19-12。图中每一条曲线用一个 N（或 NR）值表示，确定了 31.5～8000Hz 9 个倍频带声压级值 L_p。在每一条曲线上中心频率为 1000Hz 的倍频带声压级等于噪声评价数 N。该曲线可用来制定标准或评价室内环境噪声。

三、噪声的允许标准

（一）城市区域环境噪声标准

《声环境质量标准》GB 3096—2008 规定的各类声环境功能区的环境噪声限值见表 19-6。

各类声环境功能区环境噪声限值 $[L_{eq} dB (A)]$ 表 19-6

声环境功能区类别	适 用 区 域	昼 间 (6：00～22：00)	夜 间 (22：00～6：00)
0	康复疗养区等特别需要安静的区域	50	40
1	居民住宅、医疗卫生、文化教育、科研设计、行政办公为主要功能，需要保持安静的区域	55	45
2	商业金融、集市贸易为主要功能，或者居住、商业、工业混杂，需要维护住宅安静的区域	60	50
3	工业生产、仓储物流为主要功能，需要防止工业噪声对周围环境产生严重影响的区域	65	55
4a	高速公路、一级公路、二级公路、城市快速路、城市主干路、城市次干路、城市轨道交通（地面段）、内河航道两侧区域	70	55
4b	铁路干线两侧区域	70	60

注：1. 本表的数值和《工业企业厂界噪声排放标准》GB 12348—2008 相同。测量点选在工业企业厂界外 1.0m。高度 1.2m 以上。当厂界有围墙且周围有受影响的噪声敏感建筑物时，测点应选在厂界外 1m，高于围墙 0.5m 以上的位置。

    2. 夜间偶发噪声的最大声级超过限值的幅度不得高于 15dB（A）。

（二）民用建筑噪声允许标准

《民用建筑隔声设计规范》GB 50118—2010 对住宅、学校、医院、旅馆、办公、商业建筑室内允许噪声级的规定见表 19-7。

民用建筑室内允许噪声级 dB（A）   表 19-7

建筑类别	房 间 名 称	时间	高要求标准	低限标准
住 宅	卧室	昼间 夜间	≤40 ≤30	≤45 ≤37
	起居室（厅）		≤40	≤45
学 校	语言教室、阅览室		≤40	
	普通教室、实验室、计算机房；音乐教室、琴房；教师办公室、休息室、会议室		≤45	
	舞蹈教室；健身房；教学楼中封闭的走廊、楼梯间		≤50	
医 院	听力测听室		—	≤25
	化验室、分析实验室；人工生殖中心净化区		—	≤40
	各类重症监护室；病房、医护人员休息室	昼间 夜间	≤40 ≤35	≤45 ≤40
	诊室；手术室、分娩室		≤40	≤45
	洁净手术室		—	≤50
	候诊厅、入口大厅		≤50	≤55

建筑类别	房 间 名 称	时间	高要求标准	低限标准
办公建筑	单人办公室；电视电话会议室		≤35	≤40
	多人办公室；普通会议室		≤40	≤45
商业建筑	员工休息室		≤40	≤45
	餐厅		≤45	≤55
	商场、商店、购物中心、会展中心		≤50	≤55
	走廊		≤50	≤60

建筑类别	房 间 名 称	时间	特级	一级	二级
旅馆	客房	昼间	≤35	≤40	≤45
		夜间	≤30	≤35	≤40
	办公室、会议室		≤40	≤45	≤45
	多用途厅		≤40	≤45	≤50
	餐厅、宴会厅		≤45	≤50	≤55

注：声学指标等级与旅馆建筑等级的对应关系：特级——五星级以上旅游饭店及同档次旅馆建筑；一级——三、四星级旅游饭店及同档次旅馆建筑；二级——其他档次的旅馆建筑。

允许噪声级测点应选在房间中央，与各反射面（如墙壁）的距离应大于 1.0m，测点高度 1.2～1.6m，室内允许噪声级采用 A 声级作为评价量，应为关窗状态下昼间（6：00～22：00）和夜间（22：00～6：00）时间段的标准值。

表 19-8 中列出了不同建筑的室内允许噪声值，这些数据是不同的学者提出的建议值，不是法定的标准，可供噪声控制评价和设计时的参考。

各种建筑室内允许噪声值　　　　　　　　　　　　　　表 19-8

房 间 名 称	允许的噪声评价数 N	允许的 A 声级 dB（A）
广播录音室	10～20	20～30
音乐厅、剧院的观众厅	15～25	25～35
电视演播室	20～25	30～35
电影院观众厅	25～30	35～40
图书馆阅览室、个人办公室	30～35	40～45
会议室	30～40	40～50
体育馆	35～45	45～55
开敞式办公室	40～45	50～55

例 19-10　（2011）旅馆中同等级的各类房间如按允许噪声级别由大至小排列，下列哪组正确？

　　A　客房、会议室、办公室、餐厅　　　　B　客房、办公室、会议室、餐厅

　　C　餐厅、会议室、办公室、客房　　　　D　餐厅、多用途厅、会议室、客房

（三）墙和楼板空气声隔声标准

《民用建筑隔声设计规范》GB 50118—2010 规定的民用建筑构件各部位的空气声隔声标准见表 19-9。从表中看出，构件的隔声量越大，标准越高。

民用建筑构件各部位的空气声隔声标准 表 19-9

建筑类别	隔墙和楼板部位	空气声隔声单值评价量＋频谱修正量（dB）	
		高要求标准	低限标准
住宅	分户墙、分户楼板	$R_w+C>50$	$R_w+C>45$
	分隔住宅和非居住用途空间的楼板	—	$R_w+C_{tr}>51$
	卧室、起居室（厅）与邻户房间之间	$D_{nT,w}+C≥50$	$D_{nT,w}+C≥45$
	住宅和非居住用途空间分隔楼板上下的房间之间	—	$D_{nT,w}+C_{tr}≥51$
	相邻两户的卫生间之间	$D_{nT,w}+C≥45$	—
	外墙	$R_w+C_{tr}≥45$	
住宅	户（套）门	$R_w+C≥25$	
	户内卧室墙	$R_w+C≥35$	
	户内其他分室墙	$R_w+C≥30$	
	交通干道两侧的卧室、起居室（厅）的窗	$R_w+C_{tr}≥30$	
	其他窗	$R_w+C_{tr}≥25$	
学校	语言教室、阅览室的隔墙与楼板	$R_w+C>50$	
	普通教室与各种产生噪声的房间之间的隔墙、楼板	$R_w+C>50$	
	普通教室之间的隔墙与楼板	$R_w+C>45$	
	音乐教室、琴房之间的隔墙与楼板	$R_w+C>45$	
	外墙	$R_w+C_{tr}≥45$	
	临交通干线的外窗	$R_w+C_{tr}≥30$	
	其他外窗	$R_w+C_{tr}≥25$	
	产生噪声房间的门	$R_w+C_{tr}≥25$	
	其他门	$R_w+C≥20$	
	语言教室、阅览室与相邻房间之间	$D_{nT,w}+C≥50$	
	普通教室与各种产生噪声的房间之间	$D_{nT,w}+C≥50$	
	普通教室之间	$D_{nT,w}+C≥45$	
	音乐教室、琴房之间	$D_{nT,w}+C≥45$	

建筑类别	隔墙和楼板部位	空气声隔声单值评价量＋频谱修正量（dB）	
		高要求标准	低限标准
医院	病房与产生噪声的房间之间的隔墙、楼板	$R_w+C_{tr}>55$	$R_w+C_{tr}>50$
	手术室与产生噪声的房间之间的隔墙、楼板	$R_w+C_{tr}>50$	$R_w+C_{tr}>45$
	病房之间及病房、手术室与普通房间之间的隔墙、楼板	$R_w+C>50$	$R_w+C>45$
	诊室之间的隔墙、楼板	$R_w+C>45$	$R_w+C>40$
	听力测听室的隔墙、楼板	—	$R_w+C>50$
	体外震波碎石室、核磁共振室的隔墙、楼板	—	$R_w+C_{tr}>50$
	外墙	$R_w+C_{tr}\geqslant45$	
	外窗	$R_w+C_{tr}\geqslant30$（临街一侧病房）	
		$R_w+C_{tr}\geqslant25$（其他）	
	门	$R_w+C\geqslant30$（听力测听室）	
		$R_w+C\geqslant20$（其他）	
	病房与产生噪声的房间之间	$D_{nT,w}+C_{tr}\geqslant55$	$D_{nT,w}+C_{tr}\geqslant50$
	手术室与产生噪声的房间之间	$D_{nT,w}+C_{tr}\geqslant50$	$D_{nT,w}+C_{tr}\geqslant45$
	病房之间及手术室、病房与普通房间之间	$D_{nT,w}+C\geqslant50$	$D_{nT,w}+C\geqslant45$
	诊室之间	$D_{nT,w}+C\geqslant45$	$D_{nT,w}+C\geqslant40$
	听力测听室与毗邻房间之间	—	$D_{nT,w}+C\geqslant50$
	体外震波碎石室、核磁共振室与毗邻房间之间	—	$D_{nT,w}+C_{tr}\geqslant50$
办公建筑	办公室、会议室与产生噪声的房间之间的隔墙、楼板	$R_w+C_{tr}>50$	$R_w+C_{tr}>45$
	办公室、会议室与普通房间之间的隔墙、楼板	$R_w+C>50$	$R_w+C>45$
	外墙	$R_w+C_{tr}\geqslant45$	
	临交通干道的办公室、会议室外窗	$R_w+C_{tr}\geqslant30$	
	其他外窗	$R_w+C_{tr}\geqslant25$	
	门	$R_w+C\geqslant20$	
	办公室、会议室与产生噪声的房间之间	$D_{nT,w}+C_{tr}\geqslant50$	$D_{nT,w}+C_{tr}\geqslant45$
	办公室、会议室与普通房间之间	$D_{nT,w}+C\geqslant50$	$D_{nT,w}+C\geqslant45$
商业建筑	健身中心、娱乐场所等与噪声敏感房间之间的隔墙、楼板	$R_w+C_{tr}>60$	$R_w+C_{tr}>55$
	购物中心、餐厅、会展中心等与噪声敏感房间之间的隔墙、楼板	$R_w+C_{tr}>50$	$R_w+C_{tr}>45$
	健身中心、娱乐场所等与噪声敏感房间之间	$D_{nT,w}+C_{tr}\geqslant60$	$D_{nT,w}+C_{tr}\geqslant55$
	购物中心、餐厅、会展中心等与噪声敏感房间之间	$D_{nT,w}+C_{tr}\geqslant50$	$D_{nT,w}+C_{tr}\geqslant45$

建筑类别	隔墙和楼板部位	空气声隔声单值评价量＋频谱修正量（dB）		
		高要求标准		低限标准
		特级	一级	二级
旅馆	客房之间的隔墙、楼板	$R_w+C>50$	$R_w+C>45$	$R_w+C>40$
	客房与走廊之间的隔墙	$R_w+C>45$	$R_w+C>45$	$R_w+C>40$
	客房外墙（含窗）	$R_w+C_{tr}>40$	$R_w+C_{tr}>35$	$R_w+C_{tr}>30$
	客房外窗	$R_w+C_{tr}\geqslant35$	$R_w+C_{tr}\geqslant30$	$R_w+C_{tr}\geqslant25$
	客房门	$R_w+C\geqslant30$	$R_w+C\geqslant25$	$R_w+C\geqslant20$
	客房之间	$D_{nT,w}+C\geqslant50$	$D_{nT,w}+C\geqslant45$	$D_{nT,w}+C\geqslant40$
	走廊与客房之间	$D_{nT,w}+C\geqslant40$	$D_{nT,w}+C\geqslant40$	$D_{nT,w}+C\geqslant35$
	室外与客房	$D_{nT,w}+C_{tr}\geqslant40$	$D_{nT,w}+C_{tr}\geqslant35$	$D_{nT,w}+C_{tr}\geqslant30$

注：声学指标等级与旅馆建筑等级的对应关系：特级——五星级以上旅游饭店及同档次旅馆建筑；一级——三、四星级旅游饭店及同档次旅馆建筑；二级——其他档次的旅馆建筑。

《民用建筑隔声设计规范》GB 50118—2008 第 7.3.3 条，设有活动隔断的会议室、多功能大厅，其活动隔断的空气声隔声性能 $R_w+C\geqslant35$dB。

《电影院建筑设计规范》JGJ 58—2008 规定，观众厅与放映机房之间隔墙隔声量不宜小于 45dB，相邻观众厅之间隔声量为低频不应小于 50dB，中高频不应小于 60dB。

（四）楼板撞击声隔声标准

《民用建筑隔声设计规范》GB 50118—2010 规定的建筑楼板撞击声隔声标准见表 19-10。撞击声隔声标准和空气声隔声标准正好相反，计权规范化撞击声压级 $L_{n,w}$ 和计权标准化撞击声压级 $L'_{nT,w}$ 越小，标准越高，隔声效果越好；空气声的计权隔声量越大，隔声标准越高，隔声效果越好。

《民用建筑隔声设计标准》即将出版，该标准较原隔声设计规范有较大变化，如果出版，请一定关注。

民用建筑楼板撞击声隔声标准 表 19-10

建筑类别	隔墙和楼板部位	撞击声隔声单值评价量（dB）	
		高要求标准	低限标准
住宅	卧室、起居室（厅）的分户楼板	$L_{n,w}<65$ $L'_{nT,w}\leqslant65$	$L_{n,w}<75$ $L'_{nT,w}\leqslant75$
学校	语言教室、阅览室与上层房间之间的楼板	$L_{n,w}<65$, $L'_{nT,w}\leqslant65$	
	普通教室、实验室、计算机房与上层产生噪声的房间之间的楼板	$L_{n,w}<65$, $L'_{nT,w}\leqslant65$	
	琴房、音乐教室之间的楼板	$L_{n,w}<65$, $L'_{nT,w}\leqslant65$	
	普通教室之间的楼板	$L_{n,w}<75$, $L'_{nT,w}\leqslant75$	
医院	病房、手术室与上层房间之间的楼板	$L_{n,w}<65$ $L'_{nT,w}\leqslant65$	$L_{n,w}<75$ $L'_{nT,w}\leqslant75$
	听力测听室与上层房间之间的楼板	—	$L'_{nT,w}\leqslant60$

建筑类别	隔墙和楼板部位	撞击声隔声单值评价量（dB）		
		高要求标准	低限标准	
办公建筑	办公室、会议室顶部的楼板	$L_{n,w}<65$ $L'_{nT,w}\leqslant65$	$L_{n,w}<75$ $L'_{nT,w}\leqslant75$	
商业建筑	健身中心、娱乐场所等与噪声敏感房间之间的楼板	$L_{n,w}<45$ $L'_{nT,w}\leqslant45$	$L_{n,w}<50$ $L'_{nT,w}\leqslant50$	
旅馆		特级	一级	二级
	客房与上层房间之间的楼板	$L_{n,w}<55$ $L'_{nT,w}\leqslant55$	$L_{n,w}<65$ $L'_{nT,w}\leqslant65$	$L_{n,w}<75$ $L'_{nT,w}\leqslant75$

注：1. 声学指标等级与旅馆建筑等级的对应关系：特级——五星级以上旅游饭店及同档次旅馆建筑；一级——三、四星级旅游饭店及同档次旅馆建筑；二级——其他档次的旅馆建筑。

2. $L_{n,w}$——计权规范化撞击声压级（实验室测量）；$L'_{nT,w}$——计权标准化撞击声压级（现场测量）。

（五）工业企业允许环境噪声标准

《工作场所有害因素职业接触限值第 2 部分：物理因素》GBZ2.2—2007 规定，工作场所噪声职业接触限值，每周工作 5d，每天工作 8h，稳态噪声限值为 85dB（A），非稳态噪声等效声级的限值为 85dB（A）；每周工作 5d，每天工作时间不等于 8h，需计算 8h 等效声级，限值为 85dB（A）；每周工作不是 5d，需计算 40h 等效声级，限值为 85dB（A）。

（六）工业企业噪声控制设计规范 GB/T 50087—2013

1. 工业企业内各类工作场所噪声限值

工业企业内各类工作场所噪声限值应符合表 19-11 的规定。

工业企业内各类工作场所噪声限值   表 19-11

工作场所	噪声限值 dB（A）
生产车间	85
车间内值班室、观察室、休息室、办公室、实验室、设计室室内背景噪声级	70
正常工作状态下精密装配线、精密加工车间、计算机房	70
主控室、集中控制室、通信室、电话总机房、消防值班室、一般办公室、会议室、设计室、实验室室内背景噪声级	60
医务室、教室、值班宿舍室内背景噪声级	55

注：1. 生产车间噪声限值为每周工作 5d，每天工作 8h 等效声级；对于每周工作 5d，每天工作时间不是 8h，需计算 8h 等效声级；对于每周工作日不是 5 天，需计算 40h 等效声级。

2. 室内背景噪声级指室外传入室内的噪声级。

2. 工业企业脉冲噪声 C 声级峰值

工业企业脉冲噪声 C 声级峰值不得超过 140dB。

四、噪声控制的原则与方法

1. 噪声控制的原则

（1）在声源处控制：如把气锤式打桩机改为水压式，用压延代替锻造，用焊接代替铆接，更换老旧车辆，使用噪声水平低的车辆等。

（2）在声的传播途径中控制：如房屋和设备的隔声隔振，建筑内的吸声与通风设备的消声；建筑外部区域和内部区域的合理规划设计，做好动静分区。

（3）个人防护：如耳塞、防声棉、耳罩、头盔等。

2. 各种噪声控制的效果

将机械传动部分的普通齿轮改为有弹性轴套的齿轮，可降低噪声 15～20dB；把铆接改为焊接；把锻打改为摩擦压力加工等，一般可降低噪声 30～40dB；采用吸声处理可降低 6～10dB；采用隔声处理可降低 20～50dB；采用隔声罩可降低 15～30dB；采用消声器可降低噪声 15～40dB；合理的规划设计可降低 10～40dB。

室外环境噪声是通过开启的窗户传到室内，室内噪声级比室外噪声级低 10dB 左右。

五、城市噪声控制

（一）城市噪声来源

1. 交通噪声

道路交通噪声、铁路噪声、飞机噪声、船舶噪声等。道路交通噪声和车辆本身有关，与车速有关；车速增加一倍，噪声级将增加 9dB。交通噪声是城市的主要噪声源。

2. 工厂噪声

工厂噪声，公共建筑中的通风机、冷却塔、变压器等设备噪声及居住区中的锅炉房、水泵房、变电站等公用设施产生的噪声。工厂噪声的平均声压级超过 65dB（A），就会引起附近居民的强烈反响。

3. 施工噪声

建筑工程、市政工程施工产生的噪声。

4. 社会生活噪声

商业、娱乐、文体、宣传、集会等社会活动及家庭娱乐、室内整修产生的噪声。多数城市的户外平均噪声级是 55～60dB（A）。

（二）城市噪声控制

1. 城市噪声管理与噪声控制法规

制定噪声控制法规，做好交通噪声、工业噪声、建筑施工噪声的管理；离开施工作业场地边界 30m 处，噪声不许超过 75dB，冲击噪声最大声级不得超过 90dB。生活噪声成为城市中重要的噪声源，应对其加强管理并做好设计规划。

2. 城市规划

控制城市人口；做好动静功能分区。

3. 道路交通噪声控制

改善道路和车辆设施；加强道路交通管理，保障道路畅通。交通噪声的衰减为距离增加一倍，噪声减少约 4dB。

（三）居住区规划中的噪声控制

（1）对道路的功能与性质进行明确的分类、分级。

（2）道路两侧的建筑应考虑防噪平面布局，或设隔声窗、减噪门廊，或将建筑后退。

（3）居住区内道路布局与设计有助于保持低的车流量和车速，如尽端式、风车式、曲折形道路以及 T 形路口；慢车道与人行道分行，道路设计为必要的最小宽度。

（4）对锅炉房、变电站等采取消声减噪措施，中、小学的操场、运动场应适当隔离。

（5）L_{eq}声级低于60dB（A）及无其他污染的工厂，允许布置在居住区内靠近道路处；有噪声污染的工业区需用防护地带与居住区分开并布置在主导风向的下方。

（6）对居住区或附近产生高噪声或振动的机械，必须限制作业时间，以减少对居民休息、睡眠的干扰。

六、建筑中的吸声降噪设计

（一）吸声降噪原理

在车间里，人们听到的不只是由设备发出的直达声，还听到大量的从各个界面反射来的混响声。如果在车间内的顶棚或墙面上布置吸声材料，使反射声减弱，这时，操作人员主要听到的是由机器设备发出的直达声，而那种被噪声包围的感觉将明显减弱，这种方法叫"吸声降噪"。

（二）吸声降噪量的计算

空间某点的声压级大小：

$$L_p = L_w + 10\lg\left(\frac{Q}{4\pi r^2} + \frac{4}{R}\right)(\text{dB}) \tag{19-39}$$

式中　L_w——声源声功率级，dB；

其他符号同式（19-20）的说明。

采取吸声措施后室内的噪声降低值：

$$\Delta L_p = 10\lg\frac{\bar{\alpha}_2}{\bar{\alpha}_1} = 10\lg\frac{A_2}{A_1} = 10\lg\frac{T_1}{T_2}(\text{dB}) \tag{19-40}$$

式中　ΔL_p——室内噪声降低值，dB；

$\bar{\alpha}_2$——吸声减噪处理后的平均吸声系数；

$\bar{\alpha}_1$——吸声减噪处理前的平均吸声系数；

A_2——吸声减噪处理后的室内总吸声量，m²，$A_后 = S\bar{\alpha}_后 = S_1\alpha_1 + S_2\alpha_2 + \cdots + S_n\alpha_n$；

A_1——吸声减噪处理前的室内总吸声量，m²，$A_前 = S\bar{\alpha}_前 = S_1\alpha_1' + S_2\alpha_2' + \cdots + S_n\alpha_n'$；

T_2——吸声减噪处理后的混响时间，s；

T_1——吸声减噪处理前的混响时间，s。

从上式可以得出，吸声减噪处理后的平均吸声系数增加一半，或室内总吸声量增加一倍，或混响时间减少一半，室内噪声降低 3dB。

吸声减噪不能降低直达声，只能降低反射声。通过吸声减噪处理可以使房间室内平均声压级降低 6～10dB，低于 5dB 不值得做，降低 10dB 以上几乎不可能。

例 19-11　（2012） 在建筑室内采用"吸声降噪"的方法，可以得到以下哪种效果？

A　减少声源的噪声辐射　　　　　B　减少直达声

C　减少混响声　　　　　　　　　D　同时减少直达声、混响声

解析： 吸声降噪只能吸掉反射声能，不能吸掉直达声（故 B、D 错误），更不能改变声源的辐射能量（故 A 错误）。混响声是反射声的一种（故 C 正确）。

答案： C

七、组合墙的隔声

由墙、门、窗构成的墙称为组合墙。

1. 组合隔声构件的综合隔声量

$$\tau_z = \frac{S_w\tau_w + S_d\tau_d + S_c\tau_c}{S_w + S_d + S_c} \qquad (19\text{-}41)$$

$$R_z = 10\lg\frac{1}{\tau_c}(\text{dB}) \qquad (19\text{-}42)$$

式中 τ_z——组合墙的透射系数；

S_w——墙的面积，m^2，不包括门洞或窗洞面积；

S_d——门洞的面积，m^2；

S_c——窗的面积，m^2；

τ_w——墙的透射系数；

τ_d——门的透射系数；

τ_c——窗的透射系数；

R_z——组合墙的隔声量，dB。

如果组合墙上是窗户或其他孔洞，用它代替门的那项计算。通常门的面积大致为墙面积的 $1/10\sim1/5$，墙的隔声量只要比门或窗高出 10dB 即可。

2. 隔声降噪

两房间之间隔墙的隔声可通过下式计算。

房间的噪声降低值

$$D = L_{p1} - L_{p2}(\text{dB}) \qquad (19\text{-}43)$$

$$D = R + 10\lg\frac{A}{S_{隔}}(\text{dB}) \qquad (19\text{-}44)$$

式中 D——两房间噪声级差，dB；

L_{p1}——发声室噪声级，dB；

L_{p2}——接收室噪声级，dB；

R——两房间隔墙的隔声量，dB；

A——接收室吸声量，m^2，$A = S \cdot \bar{\alpha}$；

$S_{隔}$——隔墙面积，m^2。

3. 隔声间

隔声间的空间尺寸，应符合工作需要的最小空间。隔声间常用封闭式、三边式和迷宫式。观察窗可用单层、双层或三层玻璃。隔声间的墙体可采用砖墙、混凝土预制板、薄金属板或纸面石膏板等材料。隔声间内表面应铺放吸声系数高的材料，如 $5\sim7\text{cm}$ 厚的超细玻璃棉或矿棉，外表面覆盖恰当的罩面层。隔声间内也可悬吊空间吸声体。

4. 隔声屏障

隔声屏障常用于减少高速公路、街道两侧噪声的干扰，有时也用在车间或办公室内。在隔声屏障对声音的反射和吸声作用下，其高频减噪量一般为 $15\sim24\text{dB}$（A）。如果隔声屏障表面能够吸收声音，可有助于提高减噪效果。由于声音的绕射作用，屏隔声的范围是有限的，如测点与声屏障的距离超过300m，隔声屏障将失去减噪作用。隔声屏障用钢板、钢筋混凝土板或吸声板等制作，高度一般为3～6m，面密度不小于20kg/m²。隔声屏障对降低高频声最有效。室内设置隔声屏障时，应在室内安装吸声体；隔声屏障的设置应靠近声源或接受者。

5. 隔声罩

隔声罩用来隔绝机器设备向外辐射的噪声，可兼有隔声、吸声、阻尼、隔振和通风、消声功能。隔声罩可用全封闭式，也可留有必要的开口、活门或观察孔。隔声罩外层常用1.5～2mm的钢板制成，在钢板里面涂一层阻尼层。阻尼层可用特制的阻尼漆，或用沥青加纤维织物、纤维材料。为了提高降噪效果，在阻尼层外，可再铺设一层超细玻璃棉或泡沫塑料，在吸声材料外面覆盖一层穿孔板、钢丝网或玻璃布。外壳也可用胶合板、纸面石膏板或铝板制作。在罩与机器之间，要留出5cm以上的空隙，并在罩与基础之间垫以橡胶垫层以隔振。需要散热的设备，应在隔声罩上设置具有一定消声功能的通风管道。

衡量一个罩的降噪效果，通常用插入损失 IL 来表示。它表示在罩外空间某点，加罩前后的声压级差值，这就是隔声罩实际的降噪效果。插入损失的计算公式为：

$$IL = 10\lg(\alpha/\tau) = R + 10\lg\alpha \qquad (19\text{-}45)$$

式中　α——罩内表面的平均吸声系数；

　　　τ——罩的平均透射系数；

　　　R——罩体的隔声量。

当 $\alpha = \tau$ 时，IL 为0，内表面吸声系数过小的罩子，降噪效果很差。

许多设备如球磨机、空气压缩机、发电机、电动机等都可以采用隔声罩降低其噪声的干扰。

八、消声设计

根据消声原理，消声器可分为阻性、抗性和阻抗复合式消声器。

阻性消声器是利用装置在通风管道内壁的吸声材料使沿管道传播的噪声随与声源距离的增加而衰减，从而降低了噪声级。抗性消声器是利用管道截面的突然扩张或收缩，或借助于旁接共振腔，使沿管道传播的噪声在突变处向声源反射回去而达到消声目的。在建筑中阻性消声器用得较多。

直管式阻性消声器的消声量与吸声系数、消声器的有效长度和气流通道的有效断面周长与气流通道的断面面积之比（P/S）呈正比。气流通道断面面积增大，隔绝波长较小的高频声的效果会降低，这种现象叫高频失效。

片式阻性消声器的消声量与消声系数、消声器的有效长度呈正比，而与气流通道的宽度呈反比。气流通道的宽度越小，消声量越大。

阻性消声器对中高频噪声有显著的消声效果。气流通道的有效断面周长越大，消声的效果越好，所以如果两个消声器的长度和截面尺寸相同，片式阻性消声器要比直管式阻性消声器消声效果好。

抗性消声器常用于消除中低频噪声。

九、建筑室内降噪设计

1. 室内噪声的来源和种类

建筑室内噪声来源于建筑外部噪声和建筑内部噪声。外部噪声主要有交通噪声、社会生活噪声、施工噪声、工业设备噪声。内部噪声有人生活噪声：如说话声、走路声、洗漱声、餐厨声等；设备噪声：如空调、电脑、冰箱等设备噪声；施工噪声：如装修等。

这些噪声又根据噪声源的形式不同和传播途径不同分为空气声噪声和撞击声。它们的隔绝原理和方法均不同。

2. 室内降噪设计的原则和方法

（1）充分了解噪声源的种类、传播途径。

（2）对于外部噪声尽量通过规划措施避开。

（3）如避不开，则尽量采取隔声措施，如邻马路的建筑，应加强围护结构的隔声性能，特别是加强门窗的隔声性能。对于邻铁路、地铁的建筑还应考虑减少火车所带来的大地振动对建筑的影响。对于这种低频振动，可采用挖减振沟、修减振墙等措施。

（4）对于建筑内部的噪声源，应认真分析噪声源的特点，有针对性地采取降噪措施。

当噪声源和噪声接收者处于同一个空间的时候，如果不能直接降低噪声源的声级，则吸声处理往往是最有效的降噪措施，如食堂就餐大厅、大教室、机器车间等。但吸声材料或吸声结构必须根据噪声的频率特点来选取。如食堂就餐大厅，噪声主要是人说话声，人说话的频率主要是中高频，这时，室内适合布置多孔吸声材料或穿孔板背后加多孔吸声材料。

对于像电梯或工厂设备这样的机器振动噪声，最有效的方法是降低设备本身的振动，即想办法进行设备减振。对于独立的噪声机器，可以采用隔声罩。隔声罩要进行专门的降噪设计，通过计算插入损失计算降噪效果。

（5）对于建筑内部噪声控制，同样需要做好室内空间的动静分区，如电梯井不要邻卧室等。

（6）减少室内噪声直线传播的可能。如两房间门不直接相对，可在一定程度上减少声音的直线传播。

（7）加强室内墙体和楼板的隔声，提高室内门的隔声性能。

（8）对于一些公共建筑，如学校、医院、办公楼、车站、体育馆等的公共空间，其走道、大厅等一定要做吸声处理，将吸声材料布置在顶棚或墙面。

建筑室内声环境质量直接影响人的身体健康，室内降噪设计是不能忽视的内容。

习　题

19-1　**(2019)** 关于声音的说法，错误的是：

A　声音在障碍物表面会产生反射　　　　B　声波会绕过障碍物传播

C　声波在空气中的传播速度与频率有关　D　声波传播速度不同于质点的振动速度

19-2　**(2019)** 有两个声音，第一个声音的声压级为80dB，第二个声音的声压级为60dB，则第一个声音的声压是第二个声音的多少倍？

A　10 倍　　　　　B　20 倍　　　　　C　30 倍　　　　　D　40 倍

19-3　**(2019)** 住宅楼中，表示两户相邻房间的空气隔声性能应该用：

A 计权隔声量

B 计权表观隔声量

C 计权隔声量＋交通噪声频谱修正量

D 计权标准化声压级差＋粉红噪声频谱修正量

19-4 **(2019)** 作为空调机房的墙，空气声隔声效果最好的是：

A 200 厚混凝土墙

B 200 厚加气混凝土墙

C 200 厚空心砖墙

D 100 轻钢龙骨，两面双层 12 厚石膏板墙（两面的石膏板之间填充岩棉，墙总厚 150）

19-5 **(2019)** 电梯运行时，电梯周围的房间内可能有电梯噪声感染，降低此噪声的最有效措施是：

A 增加电梯井壁的厚度   B 在电梯井道墙面安置多孔吸声材料

C 在电梯机房墙面安置多孔吸声材料   D 在电梯机房的曳引机下安置隔振材料

19-6 **(2019)** 多孔吸声材料具有良好吸声性能的原因是：

A 粗糙的表面   B 松软的材质

C 良好的通气性   D 众多互不相通的孔洞

19-7 **(2019)** 对某车间采取吸声降噪措施后，有明显降噪效果的是：

A 临界半径之内的区域   B 临界半径之外的区域

C 临界半径内、外的区域   D 临界半径处

19-8 **(2019)** 对振动进行控制时，可以获得较好效果的是：

A 选择固有频率较高的隔振器   B 使振动频率为固有频率的 $\sqrt{2}$ 倍

C 使振动频率大于固有频率的 4 倍以上   D 使固有频率尽量接近振动频率

19-9 **(2019)** 建筑师设计音乐厅时，应该全面关注音乐厅的声学因素是：

A 容积、体形、混响时间、背景噪声级

B 体形、混响时间、最大声压级、背景噪声级

C 容积、体形、混响时间、最大声压级

D 容积、体形、最大声压级、背景噪声级

19-10 **(2019)** 房间内有一声源连续稳定地发出声音，房间内的混响声与以下哪个因素有关？

A 声源的指向性因素   B 离开声源的距离

C 室内平均吸声系数   D 声音的速度

19-11 **(2019)** 下列厅堂音质主观评价指标中，与早期/后期反射声声能比无关的是：

A 响度   B 清晰度   C 丰满度   D 混响感

19-12 **(2019)** 不能通过厅堂体形设计获得的是：

A 保证每个听众席获得直达声

B 使厅堂中的前次反射声合理分布

C 防止能产生的回声及其他声学缺陷

D 使厅堂具有均匀的混响时间频率特性

19-13 **(2018)** 下列名词中，表示声源发声能力的是：

A 声压   B 声功率   C 声强   D 声能密度

19-14 **(2018)** 两台相同的机器，每台单独工作时在某位置上的声压级均为 93dB，则两台一起工作时该位置的声压级是：

A 93dB   B 95dB   C 96dB   D 186dB

19-15 **(2018)** 在空旷平整的地面上，有一个点声源稳定发声。当接收点与声源的距离加倍，则声压级降低：

A 8dB B 6dB C 3dB D 2dB

19-16 (2018) 房间中一声源稳定，此时房间中央的声压级大小为90dB，当声源停止发声0.5s后声压级降为70dB，则该房间的混响时间是：

A 0.5s B 1.0s C 1.5s D 2.0s

19-17 (2018) 关于多孔材料吸声性能的说法，正确的是：

A 吸声机理是表面粗糙

B 流阻越高吸声性能越好

C 高频吸声性能随材料厚度增加而提高

D 低频吸声性能随材料厚度增加而提高

19-18 (2018) 对于穿孔板吸声结构，穿孔板背后的空腔中填充多孔吸声材料的作用是：

A 提高共振频率

B 提高整个吸声频率范围内的吸声系数

C 降低高频吸声系数

D 降低共振时的吸声系数

19-19 (2018) 单层均质密实墙在一定的频率范围内其隔声量符合质量定律，与隔声量无关的是：

A 墙的面积 B 墙的厚度

C 墙的密度 D 入射声波的波长

19-20 (2018) 关于楼板撞击声的隔声，下列哪种措施的隔声效果最差？

A 采用浮筑楼板 B 楼板上铺设地毯

C 楼板下设置隔声吊顶 D 增加楼板的厚度

19-21 (2018) 风机和基座组成弹性隔振系统，其固有频率为5Hz，则风机转速高于多少时该系统才开始具有隔振作用？

A 212转/分钟 B 300转/分钟

C 425转/分钟 D 850转/分钟

19-22 (2018) 隔声罩某频带的隔声量为30dB，罩内该频带的吸声系数为0.1，则其降噪效果用插入损失 *IL* 表示为：

A 10dB B 20dB C 30dB D 40dB

19-23 (2018) 厅堂体形与音质密切相关。下列哪项不能通过厅堂体形设计而获得？

A 每个观众席能得到直达声 B 前次反射声在观众席上均匀分布

C 防止产生回声 D 改善混响时间的频率特性

19-24 (2018) 教室、讲堂的主要音质指标是：

A 空间感 B 亲切感 C 语言清晰度 D 丰满度

19-25 (2018) 为降低小房间中频率简并及声染色现象对音质的不利影响，下列矩形录音室的长、宽、高比例中最合适的是：

A 1:1:1 B 2:1:1 C 3:2:1 D 1.6:1.25:1

19-26 (2018) 房间内通过吸声降噪处理可降低：

A 混响声声能 B 直达声声能

C 直达声声压级 D 混响声和直达声声压级

19-27 关于声源指向性，下列中哪一项不正确？

A 点声源无方向性

B 声源方向性与声源大小有关

C 频率越高，声源指向性越强

D 声源尺寸比波长越大，指向性越强

19-28 声波遇到其尺寸比波长小很多的障板时，会产生：

A 反射   B 干涉   C 扩散   D 绕射

19-29 第一个声音的声压是第二个声音的2倍，如果第二个声音的声压级是70dB，第一个声音的声压级是：

A 70dB   B 73dB   C 76dB   D 140dB

19-30 声压级为0dB的两个声音，叠加以后的声压级为：

A 没有声音   B 0dB   C 3dB   D 6dB

19-31 有两个机器发出声音的声压级分别为85dB和67dB，如果这两个机器同时工作，这时的声压级为（   ）。

A 70dB   B 85dB   C 88dB   D 152dB

19-32 两个声音传至人耳的时间差为多少毫秒（ms）时，人们就会分辨出它们是断续的？

A 25ms   B 35ms   C 45ms   D 55ms

19-33 下列声压级相同的几个声音中，哪个声音人耳的主观听闻的响度最小？

A 100Hz   B 500Hz   C 1000Hz   D 2000Hz

19-34 在室外点声源的情况下，接收点与声源的距离增加一倍，声压级降低：

A 1dB   B 2dB   C 3dB   D 6dB

19-35 在室外线声源的情况下，接收点与声源的距离增加一倍，声压级降低：

A 6dB   B 3dB   C 2dB   D 1dB

19-36 在一自由声场中，距离面声源2m处的直达声声压级为65dB，则距离面声源4m处的声压级为：

A 65dB   B 62dB   C 61dB   D 59dB

19-37 在用伊林—努特生公式计算混响时间时，哪个频段的声音需要考虑空气吸收的影响？

A 低频   B 中、低频   C 中频   D 高频

19-38 吸声量的单位是：

A m²   B ％   C 小数   D 无量纲

19-39 下面四个房间（长×宽×高，单位为m）中，哪个房间的音质最好？

A 6×5×3.6   B 6×3.6×3.6   C 5×5×3.6   D 3.6×3.6×3.6

19-40 在多孔性吸声材料外包一层塑料薄膜，膜厚多少才不会影响它的吸声性能？

A 0.2mm   B 0.15mm   C 0.1mm   D 小于0.05mm

19-41 采取下列哪种措施，可有效提高穿孔板吸声结构的共振频率？

A 减小穿孔率   B 减小板后空气层厚度

C 减小板厚   D 减小板材硬度

19-42 在穿孔板吸声结构内填充多孔材料会使共振频率向下列哪种频段方向移动？

A 低频   B 中频   C 中高频   D 高频

19-43 微穿孔板吸声构造在较宽的频率范围内有较高的吸声系数，其孔径应控制在：

A 5mm   B 3mm   C 2mm   D 小于1mm

19-44 下面吸声材料和吸声结构，哪些属于低频吸声？

A 50mm厚玻璃棉   B 玻璃布包50mm厚岩棉外罩钢板网

C 人造革固定在龙骨框架上   D 纸面石膏板吊顶

19-45 吸声尖劈常用于哪种场合？

A 消声室   B 教室   C 厂房   D 剧院

19-46 朝向自由声场的洞口其吸声系数为：

A 0.0   B 0.4   C 0.5   D 1.0

19-47 下列同样厚度的不同墙体，哪种隔声量最大？

A 空心砖墙   B 实心砖墙

C 泡沫混凝土砌块墙   D 陶粒混凝土墙

19-48 有一堵 240mm 厚砖墙隔声量为 52dB，如果做成 120mm 厚砖墙，其隔声量为多少？

A 52dB   B 49dB   C 46dB   D 42dB

19-49 要使观众席上某计算点没有回声，此点的直达声和反射声的声程差不能大于：

A 10m   B 17m   C 20m   D 34m

19-50 下列室内声学现象中，不属于声学缺陷的是：

A 回声   B 声聚焦   C 声扩散   D 声影

19-51 噪声评价数 N 等于哪个倍频带声压级？

A 125Hz   B 250Hz   C 500Hz   D 1000Hz

19-52 以居住、文教机关为主的区域，其昼、夜间环境噪声限值分别为多少 dB（A）？

A 50，40   B 55，45   C 60，50   D 65，55

19-53 以下为不同住宅楼楼板的规范化撞击声压级值 L_n，哪种隔声效果最好？

A 甲住宅 65dB   B 乙住宅 50dB   C 丙住宅 55dB   D 丁住宅 60dB

19-54 在车间内，工人每周工作 5 天，每天工作 8 小时，噪声标准的限值 L_{eq} 是下列哪个数值？

A 85dB   B 95dB   C 115dB   D 120dB

19-55 组合墙（即带有门或窗的隔墙）中，墙的隔声量应比门或窗的隔声量高多少合适？

A 3dB   B 6dB   C 8dB   D 10dB

19-56 与房间的噪声降低值无关的是：

A 隔墙的隔声量   B 接收室的吸声量

C 发声室的吸声量   D 隔墙的面积

参考答案及解析

19-1 **解析**：当声波在传播的过程中遇到一块尺寸比波长大得多的障板时，声波将被反射，如果遇到尺寸比波长小的障板，声波将发生绕射。A 选项错误。

声波如果遇到尺寸比波长小的障碍物，会绕过障碍物传播，发生绕射现象。B 选项正确。

声波在空气中的传播速度与频率 T 和波长 λ 有关，$C = \lambda / T$。C 选项正确。

声波是在由质点构成的介质中传播，与单个质点的振动不同。D 选项正确。

答案：A

19-2 **解析**：设第一个声音的声压级为 L_p，声压为 P_1，第二个声音的声压级为 L_{p2}，声压为 P_2，参考声压为 P_0

根据声压级的计算公式

$$L_{p2} = 20\lg(P_2/P_0) = 60$$

$$\because \quad L_{p1} = 20\lg(P_1/P_0) = 80$$

$$= 20 + 60 = 20 + L_{p2}$$

$$= 20 + 20\lg(P_2/P_0)$$

$$= 20\lg 10 + 20\lg(P_2/P_0)$$

$$= 20\lg[(10P_2)/P_0]$$

$$\therefore \quad p_1 = 10P_2$$

当第一个声音的声压为第二个声音的声压的 10 倍时，声压级增加 20dB。

答案：A

19-3 **解析**：根据《民用建筑隔声设计规范》GB 50118—2010 第 4.2.2 条表 4.2.2 规定，相邻两户之间卧室、起居室（厅）与邻户房间之间其计权标准化声压级差＋粉红噪声频谱修正量应大于等于 45dB。

答案：D

19-4　**解析**：根据质量定律，墙体单位面积的质量越大，隔声效果越好，A、B、C选项三种墙体相比，混凝土墙单位面积的质量最大，故其隔声效果最好。D选项墙体属于轻质墙体，轻质墙体隔绝像空调机房这样的低频噪声效果较差。故正确答案为A。

答案：A

19-5　**解析**：电梯运行发出的噪声主要是由于设备运行过程中产生的振动引起的噪声，因此降低设备运行的振动是降噪的主要手段。A、B、C选项的措施对于降低高频噪声有一定的效果，对降低低频噪声作用甚微。故正确答案是D。

答案：D

19-6　**解析**：多孔材料具有内外连通的微孔，入射到多孔材料上，能顺着微孔进入材料内部，引起空隙中空气振动摩擦，使声能转化为热能消耗掉。故C选项正确。

答案：C

19-7　**解析**：房间内的声音由直达声和反射声构成，吸声降噪仅能吸掉反射声，降低反射声能，直达声不会被吸掉。临界半径（混响半径）以内的区域，声音的直达声能大于反射声能，吸声的效果不好，临界半径（混响半径）以外的区域反射声能大于直达声能，吸声效果好。等于临界半径（混响半径）处直达声能等于反射声能，吸声有一定的效果。

答案：B

19-8　**解析**：当设备振动频率 f 大于系统固有频率 f_0 的 $\sqrt{2}$ 倍时，即当 $f/f_0 > \sqrt{2}$ 时（$\sqrt{2} = 1.414$），设备的振动才会衰减，f 与 f_0 的比值越大，设备振动衰减的越多，隔振效果越好，因此 f 比 f_0 的倍数越大，减振效果越好。另外，当振动频率等于固有频率时会发生共振。

答案：C

19-9　**解析**：建筑师在设计音乐厅的音质时，其声学因素应考虑体形设计（包括容积和体形的确定）、混响设计和噪声控制（涉及背景噪声级），在这个设计过程中自始之终没有涉及最大声压级。故正确答案是A。

答案：A

19-10　**解析**：根据室内声压级计算公式：

$$L_p = L_w + 10\lg\left(\frac{Q}{4\pi r^2} + \frac{4}{R}\right)$$

$$R = \frac{S \times \bar{\alpha}}{1 - \bar{\alpha}}$$

其中，L_w 为声源的声功率，r 为离开声源的距离，R 为房间常数，Q 为声源指向性因素。

房间的声音由直达声和混响声构成，房间声压级的大小取决于声功率的大小，以及直达声和混响声的大小。在上式中，L_w 反映了声源声功率的影响，对数中的第一项反映了直达声的影响，第二项反映了混响声的影响，从中看出混响声与室内的吸声系数和吸声面积有关。故正确答案是C。

答案：C

19-11　**解析**：响度主要取决于直达声和反射声加起来的声压级大小，同时与频率也有一定的关系。早期反射声和后期反射声的声能比比较高时，清晰度比较高。后期反射声声能占比比较高时，即早期反射声和后期反射声的声能比比较低时，丰满度比较好，混响感比较强。故正确答案为A。

答案：A

19-12　**解析**：1. 厅堂体型设计的主要内容是：保证每个听众席获得直达声，使厅堂中的前次反射声合理分布到观众席中，防止产生的回声及其他声学缺陷。

2. 使厅堂具有均匀的混响时间频率特性是混响时间设计内容，而且是以语言用途为主的厅堂对混响时间频率特性的要求，设计要达到均匀的混响时间频率特性，需要平衡设计吸声材料的面积大小，合理选择吸声材料的种类及材料的吸声系数。

答案：D

19-13 解析：声压、声强、声能密度都是声波在传播介质中的物理量。声功率是声源发声能力的物理量。

答案：B

19-14 解析：几个相同声音叠加后的声压级为：

$L_p = L_{p1} + 10 \lg n$ （dB）；

两个相同声压级叠加后的声压级：

$L_p = L_{p1} + 10 \lg 2$ （dB）$= 93 + 3 = 96$ （dB）。

答案：C

19-15 解析：点声源观测点与声源的距离增加一倍，声压级降低 6dB：

设原声压级：$L_{p1} = L_w - 20 \lg r - 11$

距离增加一倍后的声压级：

$L_{p2} = L_w - 20 \lg (2r) - 11 = L_w - 6 - 20 \lg r - 11 = L_{p1} - 6$。

答案：B

19-16 解析：对一个稳定声场，当声源停止发声后声能密度衰减 60dB 即声压级衰减 60dB 所需的时间为混响时间，且这是一线性衰减过程。本题中声压级从 90dB 衰减到 70dB，即衰减 20dB 需要 0.5s，则衰减 60dB 需要 $0.5 \times 3 = 1.5s$。

答案：C

19-17 解析：多孔材料吸声机理是表面有内外连通的孔，不需要表面粗糙；多孔材料有一个最佳流阻；材料的厚度对高频声的吸收影响较小；低频吸声性能随材料厚度增加而提高。故 D 选项正确。

答案：D

19-18 解析：穿孔板背后的空腔中填充多孔吸声材料，可以降低共振频率，增大吸声频率范围，在较宽的频率范围提高吸声系数。

答案：B

19-19 解析：根据质量定律：

$$R = 20 \lg m + 20 \lg f - 48$$

墙体单位面积的质量越大，隔声量越大；频率越高，波长越短，隔声量越大。墙体的厚度会影响单位面积的质量，厚度越大，单位面积的质量越大，隔声量越大。密度越大，单位面积的质量越大，隔声量越大。隔声量与面积无关。

答案：A

19-20 解析：降低楼板撞击声隔声量的有效措施是：采用浮筑楼板，楼板上铺设地毯，楼板下设置隔声吊顶。增加楼板的厚度对隔绝空气声比较有效，但对隔绝楼板的撞击声作用甚微。

答案：D

19-21 解析：将风机转速转换为频率：

A 选项 $f_A = 212$ 转/分钟 $= 3.53$ 转/秒 $= 3.53 Hz$

B 选项 $f_B = 300$ 转/分钟 $= 5$ 转/秒 $= 5 Hz$

C 选项 $f_C = 425$ 转/分钟 $= 7.08$ 转/秒 $= 7.08 Hz$

D 选项 $f_D = 850$ 转/分钟 $= 14.17$ 转/秒 $= 14.17 Hz$

当设备（风机）频率 f 大于系统固有频率（5Hz）f_0 的 $\sqrt{2}$ 倍时，该系统才开始具有隔振作用，$\sqrt{2}$ 等于 1.414。

7.08/5 $=$1.416$>$1.414。

答案：C

19-22 解析：隔声罩的插入损失：

$$IL=R+10\lg\alpha$$

式中 R——隔声罩的隔声量；

α——罩内表面的平均吸声系数。

本题中：$IL=R+10\lg\alpha=30+10\lg 0.1=20$。

答案：B

19-23 解析：厅堂体形设计的主要内容有：保证每个听众席获得直达声，使厅堂中的前次反射声在观众席上均匀分布，防止能产生的回声及其他声学缺陷。

厅堂音质设计除体形设计外，还有一个重要内容就是混响设计，混响设计涉及最佳混响时间的确定、混响时间频率特性的设计，以及吸声材料的选择和运用。

答案：D

19-24 解析：教室和讲堂主要用来讲课和演讲，音质设计的目的是保证人们能听清讲课和演讲内容，要保证足够的语言清晰度、一定的亲切感和适度的丰满感。丰满感过强会影响清晰度，过低会导致语言干瘪无力，影响听觉效果。在以语言用途为主的厅堂中对空间感没有特殊要求。

答案：C

19-25 解析：为降低小房间中频率简并及声染色现象对音质的不利影响，房间的三方尺寸不应成简单的整数比。

答案：D

19-26 解析：吸声降噪只能吸掉反射声能，不能吸掉直达声能。混响声是一种不会产生回声的反射声。

答案：A

19-27 解析：声源指向性取决于声源尺寸和声波波长的相对大小，声源尺寸比波长小得多，可看成无指向性点声源；反之声源尺寸比波长大得多时，指向性就强。B选项"声源方向性与声源大小有关"没有考虑声源尺寸和声波波长的相对大小。故B选项错误。

答案：B

19-28 解析：声波遇到其尺寸比波长小很多的障板时，会产生绕射。

答案：D

19-29 解析：设第二个声音的声压为 P，第二个声音的声压级为：

$L_2=20\lg（P/P_0）$；

第一个声音的声压级为：

$L_1=20\lg（2P/P_0）=20\lg2+20\lg（P/P_0）=6+L_2=6+70=76$。

答案：C

19-30 解析：声压级为0的声音，声压不为0，两个相同声压级的声音叠加，声压级增加3dB。

答案：C

19-31 解析：大的声音可以盖过小的声音，当一个声音的声压级超过一个声音10dB时，其小的声音可以忽略不计。

答案：B

19-32 解析：两个声音传到人耳的时间差大于50毫秒（ms）时，人们就能分辨出它们是断续的。

答案：D

19-33 解析：人耳对高频声敏感，对低频声不敏感，声压级相同的声音，敏感的声音听起来响度高，不敏感的声音听起来响度低。

答案：A

19-34 解析：在室外点声源的情况下，接收点与声源的距离增加一倍，声压级降低 6dB。
　　　答案：D

19-35 解析：在室外线声源的情况下，接收点与声源的距离增加一倍，声压级降低 3dB。
　　　答案：B

19-36 解析：面声源观测点与声源的距离增加，声压级不衰减。
　　　答案：A

19-37 解析：用伊林—努特生公式计算混响时间时，高频段的声音需要考虑空气声的影响。
　　　答案：D

19-38 解析：吸声量 A 等于吸声面积 S 乘以吸声系数 α：

$$A = S \times \alpha \ （m^2）$$

　　　吸声系数是一个没有量纲的物理量，故吸声系数的单位就是面积的单位 m^2。
　　　答案：A

19-39 解析：为避免房间的声染色（简并）现象，房间的尺寸不应成简单的整数比。
　　　答案：A

19-40 解析：多孔材料需要具有内外连通的孔隙才能很好地吸声，因此饰面应具有良好的通气性，厚度小于 0.05mm 的极薄柔软塑料薄膜对多孔材料表面的通气性影响较小。
　　　答案：D

19-41 解析：穿孔板的共振频率由下式计算：

$$f_0 = \frac{c}{2\pi}\sqrt{\frac{P}{L(t+\delta)}}$$

　　　式中 c 为声速，P 为穿孔率，L 为板后空气层厚度，t 为板厚，δ 为空口末端修正量。一般穿孔板后空气层的厚度可在几厘米到几十厘米之间变化，而穿孔板厚仅几毫米，可变化量很小，因此提高穿孔率、减少板后空气层厚度才能有效提高共振频率。
　　　答案：B

19-42 解析：在穿孔板吸声结构内填充多孔材料会使共振频率向低频段方向移动。
　　　答案：A

19-43 解析：小于 1mm 的穿孔板称为微穿孔板。
　　　答案：D

19-44 解析：A、B 选项为多孔材料，主要吸收中、高频。C 选项为膜状吸声结构，主要吸收中频。D 选项为板状吸声结构，主要吸收低频。
　　　答案：D

19-45 解析：吸声尖劈常用于消声室。
　　　答案：A

19-46 解析：朝向自由声场的洞口其吸声系数为1。
　　　答案：D

19-47 解析：墙体单位面积的质量越大，其隔声量越大。四个选项中，实心砖墙单位面积的质量最大。
　　　答案：B

19-48 解析：墙体厚度减少了一半，单位面积的质量减少了一半。
　　　根据质量定律：

$$R = 20\lg m + 20\lg f - 48 = 20\lg(mf) - 48$$
$$= 20\lg[(m/2)f] - 48 = 20\lg(mf) - 48 - 20\lg 2 = 52 - 6 = 46dB。$$

　　　答案：C

19-49 解析：当到达人耳的直达声和反射声的时间差大于 50ms（换算成声程时，即差为 17m）时，人耳就有可能听到回声。

答案：B

19-50 **解析：**室内声学缺陷有回声、声聚焦、声影、声染色。声扩散不是声学缺陷。

答案：C

19-51 **解析：**噪声评价数 N 等于 1000Hz 倍频带的声压级。

答案：D

19-52 **解析：**根据《声环境质量标准》GB 3096—2008，以居住、文教机关为主的区域，其昼间环境噪声限值为 55dB（A），夜间环境噪声限值为 45dB。

答案：B

19-53 **解析：**用一个国际标准化组织 ISO 规定的标准打击器敲打被测楼板，在楼板下面的测量室测定房间内的平均声压级 L_{p1}，按公式计算得出规范化撞击声压级 L_{pn}，因此，规范化撞击声压级值 L_{pn} 越小，隔声量越大，隔声效果越好。

答案：B

19-54 **解析：**根据《工业企业噪声控制设计规范》GB/T 50087—2013，在车间内，工人每周工作 5 天，每天工作 8 小时，噪声标准限值为 85dB。

答案：A

19-55 **解析：**组合墙中，一般墙的隔声量比门或窗的隔声量高 10dB 即可。

答案：D

19-56 **解析：**房间的降噪量与发声室的吸声量无关。

答案：C

第二十章　建筑给水排水

第一节　建筑给水系统

一、任务

建筑给水系统是将城镇（或自备水源）供水管网的水引入室内，输送至卫生器具、装置和设备等用水点，并满足生活用水对水质、水量、水压、安全供水以及消防给水要求的冷水供应系统。

城镇供水管网通常为低压系统，供水压力一般为 $0.2\sim0.4MPa$（$2\sim4kgf/cm^2$）。

二、分类

根据用水性质不同，有3种基本的给水系统。

1. 生活给水系统

供给人们在日常生活中饮用、烹调、盥洗、淋浴、洗衣、冲厕等生活用途的用水。

根据水质的不同，生活给水系统可以分为生活饮用水系统、直饮水系统、杂用水系统等。其中，杂用水是指冲厕、道路清扫、城市绿化、洗车等非饮用水；直饮水是指经深度净化后，可以直接饮用的水。

2. 生产给水系统

供给生产过程生产设备的冷却、原料和产品的洗涤、锅炉给水及某些工业的原料用水等。由于工艺和设备不同，生产给水系统种类繁多，对水质、水量、水压以及安全等方面的要求有较大的差异。

3. 消防给水系统

供消防设施灭火和控火的用水，主要包括消火栓给水系统、自动喷水灭火系统、消防水炮灭火系统等设施的用水。消防用水对水质要求不高，但必须保证有足够的水量和水压。

上述3种基本给水系统，可根据建筑物的用途和性质，以及设计标准和规范的要求，设置独立系统或组合系统。组合系统包括生活—生产给水系统、生活—消防给水系统、生产—消防给水系统、生活—生产—消防给水系统等。

高层建筑的室内消防给水系统应与生活、生产给水系统分开，独立设置。

小区给水系统设计应综合利用各种水资源，重复利用再生水、雨水等非传统水源；优先采用循环和重复利用给水系统。

三、组成

建筑给水系统一般由引入管、给水管道、给水附件、配水设施、增压和贮水设备、计量仪表等组成。

（1）引入管是指将水从室外引入室内的管段。引入管上设置的水表及其前后的阀门、泄水装置，总称为水表节点。

（2）给水管道主要包括干管、立管、支管和分支管，其作用是将水输送和分配至各个用水点。

（3）给水附件是指用于调节水量、水压，控制水流方向，改善水质，以及关断水流，便于管道、仪表和设备检修的各类阀门及设施。主要包括减压阀、止回阀、安全阀、泄压阀、水锤消除（吸纳）器、多功能水泵控制阀、过滤器、减压孔板、倒流防止器、真空破除器等。

（4）配水设施是指管道末端用于取水的各类设施，如水龙头、淋浴器、消火栓等。

（5）增压和贮水设备是指用于升压、稳压、贮存和调节水量的设备。主要包括水泵、水池、水箱、吸水井、气压给水设备、叠压给水设备等。

（6）计量仪表主要用于计量水量、压力或温度等，如水表、压力表、温度计等。

四、给水方式

给水方式是指建筑给水系统的供水方案。

（一）基本给水方式

1. 直接给水方式

直接利用室外给水管网水压供水的方式。直接给水方式的优点是系统简单，投资少，安装维修简单，节约资源、水质可靠、无二次污染；缺点是外网停水时内部立即停水。此方式适用于室外给水管网的流量、压力始终能满足室内用水要求的建筑。

2. 单设水箱的给水方式

屋顶设置高位水箱，直接利用室外给水管网水压将水输入高位水箱，由高位水箱向用户供水的方式。适用于室外给水管网供水压力周期性不足、压力偏高或不稳定的建筑。

3. 单设水泵的给水方式

设有水泵，利用水泵升压向用户供水的方式。适用于室外给水管网供水压力经常性不足的建筑。根据水泵运行工况的不同，分为恒速泵和变频泵给水。根据水泵与外网的连接方式的不同，分为直接连接和间接连接。

4. 设水泵和水箱的给水方式

设有水泵和高位水箱，利用水泵升压向高位水箱供水，再由高位水箱向用户供水的方式。适用于室外给水管网供水压力经常性不足且室内用水不均匀的建筑。

5. 气压给水方式

设有气压给水设备，利用密闭贮罐内空气的可压缩性实现升压供水的方式。气压水罐是压力容器，作用相当于高位水箱，但位置可以根据需要放置在高处或低处。适用于室外给水管网供水压力经常性不足、室内用水不均匀且不宜设置高位水箱的建筑。

6. 叠压给水方式

设有叠压供水设备，利用室外管网供水余压直接抽水增压的方式。适用于室外给水管网供水流量满足要求，但供水压力不足且设备运行后不会对其他用户产生不利影响的建筑。当叠压供水设备直接从城镇给水管网吸水时，应经当地供水行政部门及供水部门批准。

（二）竖向分区供水

整栋高层建筑若采用同一给水系统供水，则垂直方向管线过长，下层管道中的静水压力很大，必然带来噪声、水流喷溅、漏水、附件易损等一系列弊端。为克服这一问题，保证供水安全，高层建筑应采取竖向分区供水；即在建筑物的垂直方向按层分段，各段为一区，分别组成各自的给水系统。

竖向分区供水包括垂直分区串联式、减压式、并联式和室外高低压管网直接供水四种基本形式。串联式如图 20-1 所示，并联式如图 20-2 所示。

建筑高度不超过 100m 时，宜采用垂直分区并联式或分区减压式；当建筑高度超过100m，宜采用垂直分区串联式。

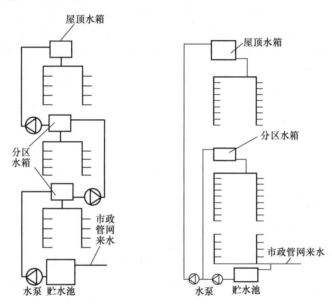

图 20-1　垂直串联式给水方式　　图 20-2　垂直并联式给水方式

五、所需水量和水压

（一）水量

小区给水设计用水量应包括：①居民生活用水量；②公共建筑用水量；③绿化用水量；④水景、娱乐设施用水量；⑤道路、广场用水量；⑥公用设施用水量；⑦未预见用水量及管网漏失水量；⑧消防用水量。其中，消防用水量仅用于校核管网计算，不计入正常用水量。

上述主要生活用水量应根据其最高日生活用水定额、小时变化系数和用水单位数，按式（20-1）～式（20-3）计算：

$$Q_d = m \cdot q_d \tag{20-1}$$

$$Q_p = Q_d / T \tag{20-2}$$

$$Q_h = Q_p \cdot K_h \tag{20-3}$$

式中　Q_d——最高日用水量，L/d；

m——用水单位数，通常为人或床位数等；

q_d——最高日生活用水定额，L/（人·d）、L/（床·d）或L/（人·班）；

Q_p——最高日平均小时用水量，L/h；

T——建筑物的用水时间，h；

Q_h——最高日最大小时用水量，L/h；

K_h——小时变化系数。

（1）住宅的最高日生活用水定额及小时变化系数，可根据住宅类别、建筑标准、卫生器具的设置标准按表 20-1 确定。

住宅生活用水定额及小时变化系数 表 20-1

住宅类别	卫生器具设置标准	最高日用水定额 [L/（人·d）]	平均日用水定额 [L/（人·d）]	最高日小时变化系数 K_h
普通住宅	有大便器、洗脸盆、洗涤盆、洗衣机、热水器和沐浴设备	130～300	50～200	2.8～2.3
	有大便器、洗脸盆、洗涤盆、洗衣机、集中热水供应（或家用热水机组）和沐浴设备	180～320	60～230	2.5～2.0
别墅	有大便器、洗脸盆、洗涤盆、洗衣机、洒水栓，家用热水机组和沐浴设备	200～350	70～250	2.3～1.8

注：1. 当地主管部门对住宅生活用水定额有具体规定时，应按当地规定执行。

2. 别墅生活用水定额中含庭院绿化用水和汽车抹车用水，不含游泳池补充水。

（2）公共建筑的用水定额及小时变化系数，根据卫生器具的完善程度、区域条件和使用要求，按表 20-2 确定。

公共建筑生活用水定额及小时变化系数 表 20-2

序号	建筑物名称		单位	生活用水定额（L）		使用时数（h）	最高日小时变化系数 K_h
				最高日	平均日		
1	宿舍	居室内设卫生间	每人每日	150～200	130～160	24	3.0～2.5
		设公用盥洗卫生间		100～150	90～120		6.0～3.0
2	招待所、培训中心、普通旅馆	设公用卫生间、盥洗室	每人每日	50～100	40～80	24	3.0～2.5
		设公用卫生间、盥洗室、淋浴室		80～130	70～100		
		设公用卫生间、盥洗室、淋浴室、洗衣室		100～150	90～120		
		设单独卫生间、公用洗衣室		120～200	110～160		
3	酒店式公寓		每人每日	200～300	180～240	24	2.5～2.0
4	宾馆客房	旅客	每床位每日	250～400	220～320	24	2.5～2.0
		员工	每人每日	80～100	70～80	8～10	2.5～2.0

序号	建筑物名称		单位	生活用水定额(L)		使用时数(h)	最高日小时变化系数 K_h
				最高日	平均日		
5	医院住院部	设公用卫生间、盥洗室	每床位每日	100～200	90～160	24	2.5～2.0
		设公用卫生间、盥洗室、淋浴室		150～250	130～200		
		设单独卫生间		250～400	220～320		
		医务人员	每人每班	150～250	130～200	8	2.0～1.5
	门诊部、诊疗所	病人	每病人每次	10～15	6～12	8～12	1.5～1.2
		医务人员	每人每班	80～100	60～80	8	2.5～2.0
	疗养院、休养所住房部		每床位每日	200～300	180～240	24	2.0～1.5
6	养老院、托老所	全托	每人每日	100～150	90～120	24	2.5～2.0
		日托		50～80	40～60	10	2.0
7	幼儿园、托儿所	有住宿	每儿童每日	50～100	40～80	24	3.0～2.5
		无住宿		30～50	25～40	10	2.0
8	公共浴室	淋浴	每顾客每次	100	70～90	12	2.0～1.5
		浴盆、淋浴		120～150	120～150		
		桑拿浴（淋浴、按摩池）		150～200	130～160		
9	理发室、美容院		每顾客每次	40～100	35～80	12	2.0～1.5
10	洗衣房		每千克干衣	40～80	40～80	8	1.5～1.2
11	餐饮业	中餐酒楼	每顾客每次	40～60	35～50	10～12	1.5～1.2
		快餐店、职工及学生食堂		20～25	15～20	12～16	
		酒吧、咖啡馆、茶座、卡拉OK房		5～15	5～10	8～18	
12	商场	员工及顾客	每平方米营业厅面积每日	5～8	4～6	12	1.5～1.2
13	办公	坐班制办公	每人每班	30～50	25～40	8～10	1.5～1.2
		公寓式办公	每人每日	130～300	120～250	10～24	2.5～1.8
		酒店式办公		250～400	220～320	24	2.0
14	科研楼	化学	每工作人员每日	460	370	8～10	2.0～1.5
		生物		310	250		
		物理		125	100		
		药剂调制		310	250		
15	图书馆	阅览者	每座位每次	20～30	15～25	8～10	1.2～1.5
		员工	每人每日	50	40		

序号	建筑物名称		单位	生活用水定额（L）		使用时数（h）	最高日小时变化系数 K_h
				最高日	平均日		
16	书店	顾客	每平方米营业厅每日	3～6	3～5	8～12	1.5～1.2
		员工	每人每班	30～50	27～40		
17	教学、实验楼	中小学校	每学生每日	20～40	15～35	8～9	1.5～1.2
		高等院校		40～50	35～40		
18	电影院、剧院	观众	每观众每场	3~5	3~5	3	1.5～1.2
		演职员	每人每场	40	35	4～6	2.5～2.0
19	健身中心		每人每次	30～50	25～40	8～12	1.5～1.2
20	体育场（馆）	运动员淋浴	每人每次	30～40	25～40	4	3.0～2.0
		观众	每人每场	3	3		1.2
21	会议厅		每座位每次	6～8	6～8	4	1.5～1.2
22	会展中心（展览馆、博物馆）	观众	每平方米展厅每日	3～5	3～5	8～16	1.5～1.2
		员工	每人每班	30～50	27～40		
23	航站楼、客运站旅客		每人次	3～6	3～6	8～16	1.5～1.2
24	菜市场地面冲洗及保鲜用水		每平方米每日	10～20	8～15	8～10	2.5～2.0
25	停车库地面冲洗水		每平方米每次	2～3	2～3	6～8	1.0

注：1. 中等院校、兵营等宿舍设置公用卫生间和盥洗室，当用水时段集中时，最高日小时变化系数 K_h 宜取高值6.0～4.0；其他类型宿舍设置公用卫生间和盥洗室时，最高日小时变化系数 K_h 宜取低值3.5～3.0。
2. 除注明外，均不含员工生活用水，员工最高日用水定额为每人每班40～60L，平均日用水定额为每人每班30～45L。
3. 大型超市的生鲜食品区按菜市场用水。
4. 医疗建筑用水中已含医疗用水。
5. 空调用水应另计。

表 20-2 中，旅馆、医院的用水定额不包含专业洗衣房用水量，实际项目若设置了专业洗衣房，用水量应按该表第10项计算。表中没有的建筑物可参照建筑类型、使用功能相近的建筑物，如音乐厅可参照剧院，美术馆可参照博物馆，公寓式酒店可参照酒店，西餐厅可参照中餐厅下限值考虑。

（3）汽车冲洗用水定额，应根据所采用的冲洗方式、车辆用途、道路路面等级和汽车沾污程度等按表 20-3 确定。

汽车冲洗最高日用水定额   表 20-3

冲洗方式	高压水枪冲洗 [L/（辆·次）]	循环用水冲洗补水 [L/（辆·次）]	抹车、微水冲洗 [L/（辆·次）]	蒸汽冲洗 [L/（辆·次）]
轿车	40～60	20～30	10～15	3～5
公共汽车 载重汽车	80～120	40～60	15～30	—

注：1. 汽车冲洗台自动冲洗设备用水定额有特殊要求时，其值应按产品要求确定。
2. 在水泥和沥青路面行驶的汽车，宜选用下限值；路面等级较低时，宜选用上限值。

（4）绿化浇灌用水定额应根据气候条件、植物种类、土壤理化性状、浇灌方式和管理制度等因素综合确定。当无相关资料时，小区绿化浇灌用水定额可按浇灌面积 $1.0\sim3.0L/(m^2 \cdot d)$ 计算，干旱地区可酌情增加。

（5）小区道路、广场的浇洒最高日用水定额可按浇洒面积 $2.0\sim3.0L/(m^2 \cdot d)$ 计算。

（6）给水管网漏失水量和未预见水量应按计算确定，当没有相关资料时，二者之和可按最高日用水量的 $8\%\sim12\%$ 计算。

（7）建筑给水排水当量与流量的换算关系为：$1.0N$ 给水当量 $=0.2L/s$；$1.0N$ 排水当量 $=0.33L/s$。

例 20-1 （2014 修改） 养老院用水定额中不含下列哪类用水？

A　空调用水　　　B　厕所用水　　　C　盥洗用水　　　D　食堂用水

解析： 根据《建筑给水排水设计标准》GB 50015—2019 第 3.2.2 条，公共建筑的生活用水定额及小时变化系数，可根据卫生器具完善程度、区域条件和使用要求按表 3.2.2（本教材表 20-2）确定。其中表 3.2.2 的注规定：

1. 中等院校、兵营等宿舍设置公用卫生间和盥洗室，当用水时段集中时，最高日小时变化系数 K_h 宜取高值 $6.0\sim4.0$；其他类型宿舍设置公用卫生间和盥洗室时，最高日小时变化系数 K_h 宜取低值 $3.5\sim3.0$。

2. 除注明外，均不含员工生活用水，员工最高日用水定额为每人每班 $40\sim60L$，平均日用水定额为每人每班 $30\sim45L$。

3. 大型超市的生鲜食品区按菜市场用水。

4. 医疗建筑用水中已含医疗用水。

5. 空调用水应另计。

答案：A

（二）水压

设计水压应保证配水最不利点具有足够的流出水头（最低工作压力）。建筑内部最不利配水点所需压力如图 20-3 所示，可按式（20-4）计算。

$$H = H_1 + H_2 + H_3 + H_4 \qquad (20\text{-}4)$$

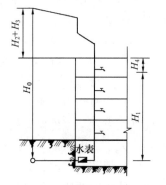

图 20-3　建筑内部给水系统压力计算示意图

式中　H——建筑内部给水系统所需水压，kPa；

　　　H_1——最不利点与室外引入管中心之间的位置水头，kPa；

　　　H_2——计算管路的沿程与局部水头损失，kPa；

　　　H_3——水流通过水表的水头损失，kPa；

　　　H_4——最不利点的最低工作压力，kPa。

关于生活给水系统压力的具体要求如下：

（1）水压估算

在初步确定给水方式时，对层高不超过 3.5m 的民用建筑，给水系统所需压力（从地面算起）可以用经验法估算：1层需100kPa，2层需120kPa；超过2层，每增加1层，增加40kPa。

（2）单位换算

$$9.807 \times 10^4 Pa \approx 0.1MPa = 100kPa = 10mH_2O = 1kgf/cm^2$$

（3）卫生器具给水配件承受的最大工作压力不得大于0.6MPa。

（4）住宅入户管的给水压力不应大于0.35MPa；非住宅类居住建筑入户管的给水压力不宜大于0.35MPa。生活给水系统用水点处供水压力不宜大于0.2MPa，并应满足卫生器具工作压力的要求。

（5）当生活给水系统分区供水时，分区的静水压力不宜大于0.45MPa；当设有集中供热系统时，分区静水压力不宜大于0.55MPa。

六、增压与贮水设备

（一）贮水池

贮水池是贮存和调节水量的构筑物，根据用途不同可分为消防贮水池、生产贮水池、生活贮水池，以及上述不同用途的合用水池。

1. 设置条件

（1）当室外水源不可靠或只能定时供水时。

（2）当室外只有一根供水管，且存在下列情况时：

1）建筑小区或建筑物不能停水时，需设置生活贮水池；

2）室外消火栓设计流量大于20L/s或建筑高度大于50m，需设消防贮水池；

3）市政给水管网、进水管或天然水源不能满足建筑小区或建筑物所需的用水量。

2. 有效容积的确定

（1）合用水池：应根据生活（生产）调节水量、消防储备水量和生产事故备用水量确定。

（2）生活贮水池：应按进水量与用水量变化曲线经计算确定。当资料不足时，建筑物的调节水量可按最高日用水量的20%～25%计；居住小区的调节水量可按最高日用水量的15%～20%计。

（3）消防贮水池：按火灾延续时间内所需消防用水总量计。一般情况下，消火栓的火灾延续时间为2～3h，特殊时达3～6h，自动喷水系统为1h。

3. 设置要点

（1）建筑物内的水池（箱）应设置在专用房间内，房间应无污染、不结冻、通风良好并应维修方便；室外设置的水池（箱）及管道应采取防冻、隔热措施。当水池（箱）的有效容积大于50m³时，宜分成容积基本相等、能独立运行的两格。

（2）消防贮水池：总容量超过500m³时，应分格设置；总容量超过1000m³时，应设置独立使用的两座消防水池；供消防车取水的消防水池（作为室外消防水源时），应设取水口或取水井；取水井或取水口的保护半径应不大于150m，距建筑物的距离（水泵房除外）不应小于15m。

（3）供单体建筑使用的生活饮用水池（箱）应与其他用水的水池（箱）分开设置。

（4）当小区的生活贮水量大于消防贮水量，水质更新周期在48h以内，二者可以合并设置；合用的贮水池应采取消防用水不被挪作他用的措施，详见本章第四节。

210

（5）贮水池应设置进水管、出水管、溢流管、泄水管、通气管和水位信号装置。进、出水管应布置在相对位置，并采取防止短路的措施；溢流管上不得设阀门，且管径宜比进水管管径大一级；泄水管应设在最低处，一般可按 2h 泄完池水确定；溢流管、泄水管的排水应间接排水，并应符合本章第五节的要求。

（6）水池（箱）内穿池壁、池底的各种管道均应设置带防水翼环的刚性或柔性防水套管。

（7）水池（箱）的材料一般为钢筋混凝土、玻璃钢、钢板等，防水内衬、防腐涂料必须无毒无害，不影响水质；外墙不能做池（箱）壁。

（8）水池（箱）与水池（箱）之间，水池（箱）与墙面之间的净距不宜小于 0.7m；安装有管道的侧面与墙面净距不宜小于 1.0m，且管道外壁与建筑本体墙面之间的通道宽度不宜小于 0.6m；设有人孔时，水池（箱）顶与建筑结构最低点的净距不得小于 0.8m；水池（箱）周围应有不小于 0.7m 的检修通道。

（9）建筑内的水池（箱）不应毗邻配变电所或在其上方，不宜毗邻居住用房或在其下方。

（二）吸水井

无调节要求的加压给水系统可设置吸水井。吸水井的有效容积不应小于最大 1 台水泵 3min 的设计流量，且满足吸水管的布置、安装、检修和防止水深过浅水泵进气等正常工作要求。

（三）水箱（高位水箱、屋顶水箱）

水箱可以起到保证水压和贮存、调节水量的作用。根据用途不同可分为消防水箱、生产水箱、生活水箱以及合用水箱。

1. 设置条件

（1）城市自来水周期性压力不足，多层建筑生活给水系统采用单设水箱的给水方式时。

（2）高层民用建筑、总建筑面积大于 10000m² 且层数超过 2 层的公共建筑和其他重要建筑，必须设置消防水箱。

（3）高层建筑的生活和消防系统采用水箱进行竖向分区时。

2. 有效容积的确定

（1）生活水箱：理论上应根据室外给水管网或水泵向水箱供水和水箱向建筑内给水系统供水的曲线，经分析后确定。

实际工程中，因为以上曲线不易获得，可按水箱进水的不同情况按经验法计算：当外网夜间进水时，宜按用水人数和最高日用水量确定有效容积；由水泵联动提升进水时，有效容积不宜大于最高日最大小时用水量的 50%。

（2）消防水箱：根据消防规范的要求设置，详见本章第四节。

3. 设置要点

（1）设置高度应满足最不利用水点的最低工作压力。当达不到要求时，宜采用局部增压措施。

（2）水箱间要留有设置饮用水消毒设备、消火栓及自动喷水灭火系统的加压稳压泵以及楼门表的位置。

（3）其他要求与贮水池类似，详见贮水池部分的内容。

（四）水泵

水泵是给水系统的主要升压设备，通常采用离心式水泵。水泵的主要设计参数是流量和扬程。生活加压给水系统的水泵机组应设备用泵，备用泵的供水能力不应小于最大一台运行水泵的供水能力。水泵宜自动切换，交替运行。

小区的加压给水系统，应根据小区的规模、建筑高度、建筑物的分布和物业管理等因素确定加压站的数量、规模和水压。二次供水加压设施服务半径应符合当地供水主管部门的要求，并不宜大于500m，且不宜穿越市政道路。

1. 流量

有高位水箱时，水泵的出水量不应小于最高日最大小时用水量；水泵直接供水时，水泵的出水量应按设计秒流量计算。

2. 水泵的扬程

应按能满足最不利用水点的水压确定。

3. 水泵房的布置

（1）泵房建筑的耐火等级应为一、二级。

（2）泵房应有充足的光线和良好的通风，并保证在冬季设备不发生冻结。泵房净高：当采用固定吊钩或移动支架时，不小于3.0m；当采用固定吊车时，起吊物底部与超过的物体顶部之间应有0.5m以上的净距。

（3）选泵时，应采用低噪声水泵，在有防振或安静要求的房间的上下和毗邻的房间内不得设置水泵。水泵机组的基础应设隔振装置，吸水管和出水管上应设置隔振减噪装置。管道支架、吊架和管道穿墙、楼板处，应采取防固体传声措施。必要时可在泵房的墙壁和顶棚上采取隔声吸声措施。

（4）泵房内应有地面排水措施，地面坡向排水沟，排水沟坡向集水坑。

（5）泵房大门应保证能使搬运的水泵机件进入，且应比最大件宽0.5m。

（6）泵房供暖温度一般为16℃，无人值班的泵房为5℃；每小时换气次数不少于6次。

（7）水泵应采用自灌式充水，出水管设阀门、止回阀和压力表，每台水泵宜设置单独吸水管，吸水管应设过滤器及阀门。

（8）采用吸水总管时，应设置2条及以上的引水管。与水泵吸水管采用管顶平接或高出管顶连接。

（9）水泵机组布置应符合表20-4的要求。

水泵机组外轮廓面与墙和相邻机组间的间距　　　　　　表20-4

电动机额定功率 （kW）	水泵机组外轮廓面与墙面 之间的最小间距（m）	相邻水泵机组外轮廓面之间的 最小距离（m）
≤22	0.8	0.4
>22，<55	1.0	0.8
≥55，≤160	1.2	1.2

注：1. 水泵侧面有管道时，外轮廓面计至管道外壁面。

　　2. 水泵机组是指水泵与电动机的联合体，或已安装在金属座架上的多台水泵组合体。

（五）气压给水设备

依据波义耳-马略特定律，利用密闭罐中压缩空气的压力变化，调节和压送水量的供水设备，主要由水泵机组、气压水罐、电控系统、管路系统等部分组成。

（六）叠压供水设备

从有压的供水管网中直接吸水增压的供水设备，通常由水泵机组、真空抑制器、稳流补偿器、电控系统、管路系统等部分组成。

七、管道布置与敷设

（一）基本原则

（1）确保供水安全和良好的水力条件，力求经济合理。

（2）保护管道不受损坏。

埋地敷设的给水管道应避免布置在可能受重物压坏处。管道不得穿越生产设备基础；在特殊情况下必须穿越时，应采取有效的保护措施。

给水管道不得敷设在烟道、风道、电梯井、排水沟内，给水管道不得穿过大便槽和小便槽，且立管离大、小便槽端部不得小于0.5m。

给水管道不宜穿越伸缩缝、沉降缝、变形缝。如果必须穿越时，应设置补偿管道伸缩和剪切变形的装置，如橡胶管、波纹管、补偿器等。

（3）不影响生产安全和建筑物的使用。

室内给水管道的布置，不得妨碍生产操作、交通运输和建筑物的使用。给水管道不宜穿越橱窗、壁柜。

室内给水管道不应穿越变配电房、电梯机房、通信机房、大中型计算机房、计算机网络中心、音像库房等遇水会损坏设备和引发事故的房间，不得在生产设备、配电柜上方通过。不得布置在遇水会引起燃烧、爆炸的原料、产品和设备的上面。

（4）给水管道的布置应便于安装维修；室内给水管道上的各种阀门宜装设在便于检修和便于操作的位置。

（二）管网布置

按照横向配水干管的敷设位置和供水方向，可以分为下行上给式、上行下给式和环状中分式；按照供水的安全程度，可以分为枝状管网和环状管网。室内生活给水管道可布置成枝状管网。由城镇管网直接供水的小区室外给水管网应布置成环状网，或与城镇给水管连接成环状网。环状给水管网与城镇给水管的连接管不应少于2条。

（三）管道敷设

（1）室内给水管道一般宜明装敷设；当暗装敷设时，应符合下列要求：

1）不得直接敷设在建筑物结构层内。

2）干管和立管应敷设在吊顶、管井、管窿内，支管宜敷设在楼（地）面的垫层内或沿墙敷设在管槽内。

3）敷设在垫层或墙体管槽内的给水支管的外径不宜大于25mm。

4）敷设在垫层或墙体管槽内的给水管管材宜采用塑料、金属与塑料复合管材或耐腐蚀的金属管材。

5）敷设在垫层或墙体管槽内的管材，不得有卡套式或卡环式接口，柔性管材宜采用分水器向各卫生器具配水，中途不得有连接配件，两端接口应明露。

（2）塑料管在室内宜暗装敷设；明设时立管应布置在不易受撞击处。当不能避免明设时，应在管外加保护措施。塑料给水管道布置应符合下列规定：

① 不得布置在灶台上边缘；明设的塑料给水立管距灶台边缘不得小于 0.4m，距燃气热水器边缘不宜小于 0.2m；当不能满足上述要求时，应采取保护措施；

② 不得与水加热器或热水炉直接连接，应有不小于 0.4m 的金属管段过渡。

（3）室外明设的给水管道，应避免受阳光直接照射，塑料给水管还应有有效保护措施；在结冻地区应做绝热层，绝热层的外壳应密封防渗。

（四）其他要求

（1）埋深

1）地下室的地面下不得埋设给水管道，应设专用的管沟；

2）室外给水管道的覆土深度，应根据土壤冰冻深度、车辆荷载、管道材质及管道交叉等因素确定；管顶最小覆土深度不得小于土壤冰冻线以下 0.15m，行车道下的管线覆土深度不宜小于 0.70m。

（2）敷设在室外综合管廊（沟）内的给水管道，宜在热水、热力管道下方，冷冻管和排水管的上方。给水管道与各种管道之间的净距，应满足安装操作的需要，且不宜小于 0.3m。生活给水管道不应与输送易燃、可燃或有害的液体或气体的管道同管廊（沟）敷设。

（3）室内冷、热水管上、下平行敷设时，冷水管应在热水管下方。卫生器具的冷水连接管，应在热水连接管的右侧。建筑物内埋地敷设的生活给水管与排水管之间的最小净距，平行埋设时不宜小于 0.50m；交叉埋设时不应小于 0.15m，且给水管应在排水管的上面。

（4）需要泄空的给水管道，其横管宜设有 0.002～0.005 的坡度坡向泄水装置。

（5）穿地下室或地下构筑物外墙时，预留孔洞应加设防水套管。

（6）管道穿过承重墙、楼板或基础处应预留孔洞；管顶上部净空不得小于建筑物的沉降量，一般不小于 0.1m。

（7）根据地点和需求，应分别采取防腐、防冻、防结露等措施。

（8）管道井的尺寸，应根据管道数量、管径大小、排列方式、维修条件，结合建筑平面和结构形式等合理确定。需进人维修管道的管井，其维修人员的工作通道净宽度不宜小于 0.6m。管道井应每层设外开检修门。管道井的井壁及检修门的耐火极限和管道井的竖向防火隔断，应符合消防规范的规定。

八、管材、附件与水表

（1）给水系统采用的管材和管件及连接方式，应符合国家现行标准的有关规定。管材和管件及连接方式的工作压力不得大于国家现行标准中公称压力或标称的允许工作压力。

（2）小区室外埋地给水管道采用的管材，应具有耐腐蚀和能承受相应地面荷载的能力。可采用塑料给水管、有衬里的铸铁给水管、经可靠防腐处理的钢管。

（3）室内的给水管道，应选用耐腐蚀和安装连接方便可靠的管材，可采用不锈钢管、铜管、塑料给水管、金属塑料复合管及经可靠防腐处理的钢管。高层建筑给水立管不宜采用塑料管。

（4）给水管道的下列部位应设置管道过滤器：①减压阀、泄压阀、自动水位控制阀、温度调节阀等阀件前应设置；②水加热器的进水管上，换热装置的循环冷却水进水管上宜设置。过滤器的滤网应采用耐腐蚀材料，滤网网孔尺寸应按使用要求确定。

（5）当给水管网存在短时超压工况，且短时超压会引起使用不安全时，应设置泄压阀。泄压阀前应设置阀门。

（6）安全阀阀前、阀后不得设置阀门。

（7）减压阀前应设阀门和过滤器；需拆卸阀体才能检修的减压阀后，应设管道伸缩器；检修时阀后水会倒流时，阀后应设阀门；减压阀节点处的前后应装设压力表。

（8）水表应装设在观察方便、不冻结、不被任何液体及杂质所淹没和不易受损处。

九、特殊给水系统

（一）水景

（1）水景用水应循环使用，循环系统的补充水量应根据蒸发、飘失、渗漏、排污等损失确定，室内工程宜取循环水流量的 $1\%\sim3\%$；室外工程宜取循环水流量的 $3\%\sim5\%$。对于非循环式供水的镜湖、珠泉等静水景观，宜根据水质情况，周期性排空放水。

（2）当水景水池采用生活饮用水作为补充水时，应采取防止回流污染的措施，补水管上应设置用水计量装置。

（3）水景水池周围宜设排水设施。为维持一定的水池水位和进行表面排污、保持水面清洁，应设置溢水口；为了便于清扫、检修和防止停用时水池水质腐败或结冰，应设置泄水口。

（4）水景补充水水质应安全可靠。对于非亲水性水景，如静止镜面水景、流水型平流壁流等，因其不产生漂粒、水雾，补充水水质达到现行国家标准《地表水环境质量标准》GB 3838 中的Ⅳ类标准要求即可；但对于亲水性水景，人体器官与手足有可能接触水体的水景，以及产生的漂粒、水雾会被吸入人体的动态水景，如冷雾喷、干泉、趣味喷泉（游乐喷泉或戏水喷泉）等，补充水水质应符合现行国家标准《生活饮用水卫生标准》GB 5749 的要求。

（二）循环冷却水及冷却塔

空调循环水冷却系统中，冷却塔一般设于高层建筑的顶层或屋顶，循环水泵设于冷冻机房，冷水池设于地下或设于冷却塔底部与集水盘结合。民用建筑空调循环冷却水系统的补充水量，应根据气候条件、冷却塔形式、浓缩倍数等因素确定。建筑物空调、制冷设备冷却塔的补充水量一般按循环水量的 $1\%\sim2\%$ 计算。冷却塔有横流式、逆流式两种，选用时除满足水量要求时，噪声不能超过规定标准。

（1）当可能有冻结危险时，冬季运行的冷却塔应采取防冻措施。

（2）冷却塔应设置在专用的基础上，不得直接设置在楼板或屋面上。

（3）冷却塔应布置在建筑物的最小频率风向的上风侧；不应布置在热源、废气和烟气排放口附近，不宜布置在高大建筑物中间的狭长地带上。

（4）环境对噪声要求较高时，冷却塔可采取下列措施：①冷却塔的位置宜远离对噪声敏感的区域；②应采用低噪声型或超低噪声型冷却塔；③进水管、出水管、补充水管上应设置隔振防噪装置；④冷却塔基础应设置隔振装置；⑤建筑上应采取隔声吸声屏障。

例 20-2 （2015）根据室外给水管线埋设深度的要求，以下图中哪个是错误的？

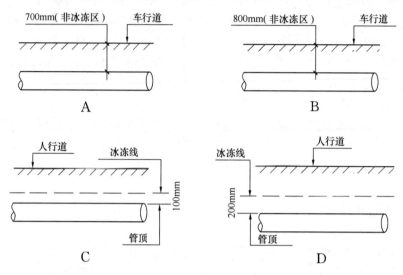

解析：根据《建筑给水排水设计标准》GB 50015—2019 第 3.13.19 条，室外给水管道的覆土深度，应根据土壤冰冻深度、车辆荷载、管道材质及管道交叉等因素确定。管顶最小覆土深度不得小于土壤冰冻线以下 0.15m，行车道下的管线覆土深度不宜小于 0.70m。

答案：C

第二节　建筑内部热水供应系统

一、组成

典型的集中热水供应系统主要由热媒系统、热水供水系统和附件三部分构成。

（1）热媒系统，也称为第一循环系统，由热源、水加热器和热媒管网组成。

（2）热水供水系统，也称为第二循环系统，由热水配水管网和回水管网组成。

（3）附件包括蒸汽、热水的控制附件以及管道的连接附件，如温度自动调节装置、减压阀、安全阀、自动排气阀、膨胀罐、管道伸缩器、检修阀、水嘴等。

二、分类

根据供水范围可分为局部热水供应系统、集中热水供应系统和区域热水供应系统。

1. 局部热水供应系统

采用小型加热器就地加热，供局部范围内一个或几个用水点使用。适用于热水用水量小且分散的建筑，如小型饮食店、理发馆、诊所、一般的单元式居住建筑等。

2. 集中热水供应系统

在锅炉房、热交换站或加热间，将水集中加热后，通过热水管网输送到整幢或几幢建筑的热水供应系统。适用于热水用水量大，用水点多且较为集中的建筑，如旅馆、医院、公共浴室等。

3. 区域热水供应系统

在热电厂、区域锅炉房或热交换站，将水集中加热后，通过市政热力管网输送至建筑群、集中居住区或大型工业企业的热水供应系统。适用于建筑布置较为集中、热水用量较大的城市和工业企业。

热水供应系统选择应依据如下原则：①宾馆、公寓、医院、养老院等公共建筑及有使用集中供应热水要求的居住小区，宜采用集中热水供应系统；②小区集中热水供应应根据建筑物的分布情况等采用小区共用系统、多栋建筑共用系统或每幢建筑单设系统，共用系统水加热站室的服务半径不应大于500m；③普通住宅、无集中沐浴设施的办公楼及用水点分散、日用水量（按60℃计）小于5m³的建筑宜采用局部热水供应系统；④当普通住宅、宿舍、普通旅馆、招待所等组成的小区或单栋建筑如设集中热水供应时，宜采用定时集中热水供应系统；⑤全日集中热水供应系统中的较大型公共浴室、洗衣房、厨房等耗热量较大且用水时段固定的用水部位，宜设单独的热水管网定时供应热水或另设局部热水供应系统。

三、热源的选择

1. 集中热水供应系统

集中热水供应系统的热源，可按下列顺序选择：

（1）采用具有稳定、可靠的余热、废热、地热，当以地热为热源时，应按地热水的水温、水质和水压，采取相应的技术措施处理满足使用要求。

当采用废气、烟气、高温无毒废液等废热作为热媒时，应符合下列规定：①加热设备应防腐，其构造应便于清理水垢和杂物；②应采取措施防止热媒管道渗漏而污染水质；③应采取措施消除废气压力波动或除油。

（2）当日照时数大于1400h/年且年太阳辐射量大于4200MJ/m²及年极端最低气温不低于−45℃的地区，采用太阳能。

（3）具备可再生低温能源的下列地区可采用热泵热水供应系统：

1）在夏热冬暖、夏热冬冷地区，采用空气源热泵；

2）在地下水源充沛、水文地质条件适宜，并能保证回灌的地区，采用地下水源热泵；

3）在沿江、沿海、沿湖，地表水源充足，水文地质条件适宜，及有条件利用城市污水、再生水的地区，采用地表水源热泵；当采用地下水源和地表水源时，应经当地水务主管部门批准，必要时应进行生态环境、水质卫生方面的评估。

（4）采用能保证全年供热的热力管网。

（5）采用区域性锅炉房或附近的锅炉房供给蒸汽或高温水。

（6）采用燃油、燃气热水机组、低谷电蓄热设备制备的热水。

2. 局部热水供应系统

局部热水供应系统的热源宜按下列顺序选择：

（1）当日照时数大于1400h/年且年太阳辐射量大于4200MJ/m²及年极端最低气温不低于−45℃的地区，采用太阳能；

（2）在夏热冬暖、夏热冬冷地区宜采用空气源热泵；

（3）采用燃气、电能作为热源或作为辅助热源；

（4）在有蒸汽供给的地方，可采用蒸汽作为热源。

3. 其他事项

太阳能热水系统应设辅助热源及加热设施。辅助热源宜因地制宜选择，分散集热、分散供热太阳能热水系统和集中集热、分散供热太阳能热水系统宜采用燃气、电；集中集热、集中供热太阳能热水系统宜采用城市热力管网、燃气、燃油、热泵等。

升温后的冷却水，当其水质符合要求时，可作为生活用热水。

例 20-3 **（2012）** 以下哪项是集中热水供应系统应首先选用的热源？

A 稳定可靠的工业余热、废热　　　　B 热力管网

C 太阳能　　　　　　　　　　　　　D 电能、燃油热水锅炉

答案：A

四、加热设备

按加热方式的不同，可分为直接加热和间接加热。常用的加热设备有：

1. 局部加热设备

用于局部热水供应系统，主要包括燃气热水器、电热水器、太阳能热水器。

燃气热水器是采用天然气、焦炉煤气、液化石油气和混合煤气加热冷水的设备。常见的直流快速式燃气热水器，一般安装在用水点就地加热，可随时点燃并可立即取得热水。

电热水器是把电能通过电阻丝变成热能加热冷水的设备。常见的是容积式电热水器，具有 10～100L 贮水容积，在使用前需预先加热。

太阳能热水器是将太阳能转换成热能并将水加热的装置。其优点是节省燃料、运行费用低；缺点是受天气、季节、地理位置等的影响较大，占地面积也较大。通常太阳能热水器都设有辅助加热设备。

2. 集中加热设备

用于集中热水供应系统，主要包括：

（1）热水锅炉

适用于用水量均匀、耗热量不大（一般小于 380kW）的浴室、饮食店、理发馆等，有燃煤、燃气、燃油 3 种。燃煤锅炉因污染问题，许多城市已限制使用。

（2）水加热器

均为间接加热设备，主要包括如下四种类型：

1）容积式换热器

具有较大的储存和调节能力，水头损失小，出水水温较为稳定等优点；缺点是占地面积大、热交换效率较低，局部区域存在一定的微生物风险。适用于水量、水温可靠性要求较高，有安静要求的用户。

2）快速式加热器（即热式）

具有热效率高、体积小、安装搬运方便的优点；缺点是不能贮存热水，水头损失较大，在热媒或被加热水压力不稳定时，出水水温波动较大。适用于冷水硬度低、耗热量大且较为均匀的用户。

3）半容积式加热器

兼具容积式和快速式加热器的优点，具有体积小（较容积式加热器减小 2/3）、加热快、换热充分、出水水温较为稳定等优点；但构造上也较容积式和快速式加热器复杂。

4）半即热式加热器

带有超强控制，通过自动化运行实现出水水温稳定的目的；造价较高。

（3）加热水箱

通过在水箱中安装蒸汽多孔管、蒸汽喷射器或电加热管等方式，实现加热冷水目的的简单加热设备。

（4）热泵

热泵是指从自然界的空气、水或土壤中获取低品位热能，经过电力做功，生产可被利用的高品位热能的设备，主要包括水源热泵、空气源热泵、地源热泵等。

水加热设备应根据使用特点、耗热量、热源、维护管理及卫生防菌等因素选择，并应符合下列规定：①热效率高，换热效果好，节能，节省设备用房；②生活热水侧阻力损失小，有利于整个系统冷、热水压力的平衡；③设备应留有人孔等方便维护检修的装置，并应按要求配置控温、泄压等安全阀件。

五、供水方式

按管网的循环方式不同，可分为全循环、半循环、无循环三种方式；按管网的压力工况不同，可分为开式和闭式两种方式；按管网的运行方式不同，可分为全日制和定时制；按管网的循环动力不同，可分为机械循环（强制循环）和自然循环；按循环管道布置方式的不同，可分为同程式和异程式。

（1）全循环是指热水干管、热水立管和热水支管都设置相应的循环管道，保持热水循环，各配水嘴随时打开均能提供符合设计水温要求的方式。适用于对热水供应要求比较高的建筑，如高级宾馆、饭店、高级住宅等。

（2）半循环又有立管循环和干管循环之分；其中立管循环是指热水干管和热水立管均设置循环管道，保持热水循环，打开配水嘴时只需放掉热水支管中少量的存水，就能获得规定水温的热水，如图 20-4 所示；多用于高层建筑。干管循环是指仅热水干管设置循环管道，保持热水循环，打开配水嘴时需要放掉热水立管和支管中的冷水，才能获得规定水温的热水，如图 20-5 所示；多用于规模较小的定时热水供应系统。

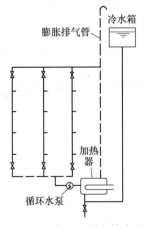

图 20-4　立管循环热水供应系统

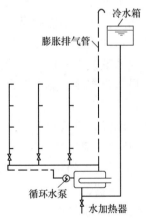

图 20-5　干管循环热水供应系统

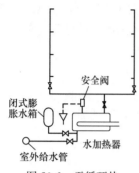

图 20-6 无循环热
    水供应系统

（3）无循环是指在热水管网中不设任何循环管道，打开配水嘴时需放掉热水干管、热水立管、热水支管中的存水，才能获得规定水温的热水，如图 20-6 所示。多用于热水供应系统较小、使用要求不高的定时热水供应系统；如公共浴室、洗衣房等。

（4）开式方式是指在所有配水点关闭后，系统内的水仍与大气相通；而闭式方式是指在所有配水点关闭后，整个系统与大气隔绝，形成密闭系统。

（5）循环流量通过各循环管路的流程相当时，这种布置方式被称为同程式，否则为异程式。

六、设置的具体要求

（1）集中热水供应系统应设热水循环系统，其设置应符合下列要求：

1）热水配水点保证出水温度不低于 45℃ 的时间，居住建筑不应大于 15s，公共建筑不应大于 10s。采用干管和立管循环时，若不能满足上述要求，则应采取下列措施：支管应设自调控电伴热保温；不设分户水表的支管应设支管循环系统。

2）应合理布置循环管道，减少能耗。

3）对使用水温要求不高且不多于 3 个的非沐浴用水点，当其热水供水管长度大于 15m 时，可不设热水回水管。

（2）单栋建筑的集中热水供应系统应设热水回水管和循环水泵，保证干管和立管中的热水循环。

（3）集中热水供应系统的热水循环管道宜采用同程布置；当采用异程布置时，应采取倒流循环管件、温度控制或流量控制等措施，保证干管和立管循环效果。

（4）设有集中热水供应系统的建筑物中，用水量较大的浴室、洗衣房、厨房等，宜设单独的热水管网。热水为定时供应且个别用户对热水供应时间有特殊要求时，宜设置单独的热水管网或局部加热设备。

（5）高层建筑热水系统的分区，应遵循如下原则：应与给水系统的分区一致；闭式热水供应系统的各区水加热器、贮水罐的进水均应由同区的给水系统专管供应；当热水箱和热水供水泵联合供水的热水供水泵扬程应与相应供水范围的给水泵压力协调，保证系统冷热水压力平衡；当上述条件不能满足时，应采取保证系统冷、热水压力平衡的措施。

（6）当给水管道的水压变化较大且用水点要求水压稳定时，宜采用设高位水箱重力供水的开式热水供应系统或采取稳压措施。

（7）当卫生设备设有冷、热水混合器或混合龙头时，冷、热水供应系统在配水点处应有相近的水压。

（8）公共浴室淋浴器出水水温应稳定，并宜采取下列措施：

1）采用开式热水供应系统；

2）给水额定流量较大的用水设备的管道，应与淋浴配水管道分开；

3）多于 3 个淋浴器的配水管道，宜布置成环形；

4）成组淋浴器的配水管的沿程水头损失，当淋浴器少于或等于 6 个时，可采用每米不大于 300Pa；当淋浴器多于 6 个时，可采用每米不大于 350Pa；配水管不宜变径且其最小管径不得小于 25mm；

5）公共淋浴室，宜采用单管热水供应系统或采用带定温混和阀的双管热水供应系统。单管热水供应系统应采取保证热水水温稳定的技术措施。当采用公用浴池沐浴时，应设循环水处理系统及消毒设备。

（9）除了满足给（冷）水管网敷设的要求外，热水管网的布置与敷设还应注意因温度升高带来的水的体积膨胀、管道的热胀冷缩以及保温、排气等问题，主要措施如下：

1）热水管道应选用耐腐蚀和安装连接方便可靠的管材，可采用薄壁不锈钢管、薄壁铜管、塑料热水管、复合热水管等。塑料热水管宜暗设，明设时立管宜布置在不受撞击处，当不能避免时，应在管外加保护措施。但设备机房内的管道，不应采用塑料热水管。

2）热水管道系统，应有补偿管道热胀冷缩的措施。

3）热水横管的敷设坡度上行下给式系统不宜小于 0.005，下行上给式系统不宜小于 0.003；上行下给式系统配水干管最高点应设排气装置；下行上给式配水系统，可利用最高配水点放气。系统最低点应设泄水装置。

（10）医院建筑应采用无冷温水滞水区的水加热设备。

（11）燃气热水器、电热水器必须带有保证使用安全的装置。严禁在浴室内安装直接排气式燃气热水器等在使用空间内积聚有害气体的加热设备。

（12）太阳能热水系统应根据集热器构造、冷水水质硬度及冷热水压力平衡要求等经比较确定采用直接或间接的太阳能热水系统；应根据集热器类型及其承压能力、集热系统布置方式、运行管理条件等经比较采用闭式或开式的太阳能集热系统。

（13）太阳能集热系统应设防过热、防爆、防冰冻、防倒热循环及防雷击等安全设施。

（14）水加热设备机房的设置宜符合下列规定：

1）宜与给水加压泵房相近设置；

2）宜靠近耗热量最大或设有集中热水供应的最高建筑；

3）宜位于系统的中部；

4）集中热水供应系统当设有专用热源站时，水加热设备机房与热源站宜相邻设置。

七、热水用水水质、定额与水温

生活热水的原水水质，应符合现行国家标准《生活饮用水卫生标准》GB 5749 的规定。生活热水的水质应符合现行行业标准《生活热水水质标准》CJ/T 521 的规定。生活热水水质中的常规指标及限值、消毒剂余量及要求如表 20-5、表 20-6 所示。

生活热水常规指标及限值　　　　　　　　　　　　　　　　表 20-5

	项目	限值	备注
常规指标	水温（℃）	≥46	
	总硬度（以 $CaCO_3$ 计）（mg/L）	≤300	
	浑浊度（NTU）	≤2	
	耗氧量（COD_{Ma}）（mg/L）	≤3	
	溶解氧 *（DO）（mg/L）	≤8	
	总有机碳 *（TOC）（mg/L）	≤4	
	氧化物 *（mg/L）	≤200	
	稳定指数 *（Ryznar Stability Index，R. S. J）	6.0<R. S. I≤7.0	需检测：水温、溶解性总固体、钙硬度、总碱度、pH 值

项目		限值	备注
微生物指标	菌落总数（CFU/mL）	≤100	
	异养菌数*（HPC）（CFU/mL）	≤500	
	总大肠菌群（MPN/100mL 或 CFU/100mL）	不得检出	
	嗜肺军团菌	不得检出	采样量 500mL

注：稳定指数用于判断水质的腐蚀或结垢趋势，计算方法参见《生活热水水质标准》CJ/T 521；
　　＊指标为试行。试行指标于 2019 年 1 月 1 日起正式实施。

消毒剂余量及要求　　　　　　　　　　　　表 20-6

消毒剂指标	管网末梢水中余量
游离余氯（采用氯消毒时测定）（mg/L）	≥0.05
二氧化氯（采用二氧化氯消毒时测定）（mg/L）	≥0.02
银离子（采用银离子消毒时）（mg/L）	≤0.05

由于水加热后，水中钙、镁离子会受热析出，附着在设备和管道表面形成水垢，降低管道输水能力和设备的导热系数；因此当集中热水供应系统的原水总硬度超过 300mg/L 时，应结合用水性质与水量需求等因素，采取相应的水质软化或阻垢处理。

生活用热水定额，应根据建筑的使用性质、热水水温、卫生器具的完善程度、热水供应时间、当地气候条件和生活习惯等因素合理确定。

各种卫生器具的使用温度，应符合规范要求。其中淋浴器使用水温，应根据气候条件、使用对象和使用习惯确定；幼儿园、托儿所浴盆和淋浴器的使用水温为 35℃，其他建筑则为 37～40℃；同时，老年人照料设施，安定医院、幼儿园、监狱等建筑中为特殊人群提供淋浴热水的设施应有防烫伤措施。

八、饮水供应

（1）当中小学校、体育场馆等公共建筑设饮水器时，应满足下列要求：① 以温水或自来水为原水的直饮水，应进行过滤和消毒处理；② 应设循环管道，循环回水应经消毒处理；③ 饮水器的喷嘴应倾斜安装并设防护装置，喷嘴孔的高度应保证排水管堵塞时不被淹没；④ 应使同组喷嘴压力一致；⑤ 饮水器应采用不锈钢、铜镀铬或瓷质、搪瓷制品，其表面应光洁、易于清洗。阀门、水表、管道连接件、密封材料、配水水嘴等选用材质均应符合食品级卫生要求，并与管材匹配。

（2）管道直饮水系统应满足下列要求：①一般均以城镇供水为原水，经过深度处理方法制备而成，其水质应符合现行行业标准《饮用净水水质标准》CJ 94 的要求；②系统必须独立设置；③宜采用调速泵组直接供水或处理设备置于屋顶的水箱重力式供水方式；④应设循环管道，其供、回水管网应同程布置，循环管网内水的停留时间不应超过 12h；⑤从立管接至配水龙头的支管管段长度不宜大于 3m；⑥ 管道直饮水系统管道应选用耐腐蚀、内表面光滑，符合食品级卫生、温度要求的薄壁不锈钢管、薄壁铜管、优质塑料管；开水管道金属管材的许用工作温度应大于 100℃。

（3）饮水供应点的设置，应符合下列要求：①不得设在易污染的地点，对于经常产生有害气体或粉尘的车间，应设在不受污染的生活间或小室内；②位置应便于取用、检修和清扫，并应保证良好的通风和照明。

第三节　水污染的防治及抗震措施

从城镇给水管网或自备水源引入建筑物的自来水水质，应符合现行国家标准《生活饮用水卫生标准》GB 5749 的要求。若建筑内部的给水系统设计、施工或维护不当，都可能出现水质被污染的现象，致使疾病传播，直接危害人民的健康和生命。因此，必须加强水质防护，确保供水安全。

一、水质污染的现象及原因

（1）若贮水池（箱）的制作材料或防腐涂料选择不当，含有有毒物质，逐渐溶于水中，将直接污染水质。

（2）水在贮水池（箱）中停留时间过长，当水中余氯消耗尽后，随着有害微生物的生长繁殖，会使贮水池（箱）中的水腐败变质。

（3）贮水池（箱）管理不当，如水池（箱）人孔不严密，通气管或溢流管口敞开设置，尘土、蚊蝇、鼠、雀等均可能通过以上孔、口进入水中造成水质污染。

（4）回流污染，即非饮用水或其他液体、混合物进入生活给水系统产生的污染。

形成回流污染的主要原因是：

1）埋地管道或阀门等附件连接不严密，平时渗漏，当饮用水断流，管道中出现负压时，被污染的地下水或阀门井中的积水会通过渗漏处进入给水系统。

2）器具附件安装不当，出水口设在卫生器具或用水设备溢流水位以下，或溢流管堵塞，而器具或设备中留有污水，室外给水管网又因事故而供水压力下降；当开启放水附件时，污水就会在负压作用下，吸入给水管道，如图 20-7 所示。

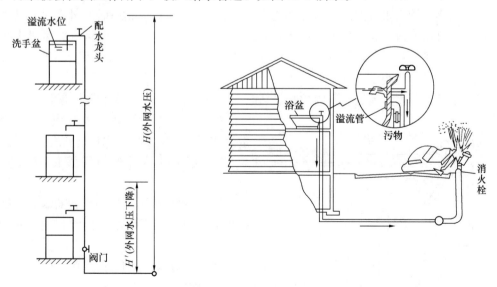

图 20-7　回流污染示意图

3）饮用水管与大便器（槽）连接不当，如给水管与大便器（槽）的冲洗管直接连接，并用普通阀门控制冲洗；当给水系统压力下降时，开启阀门也会出现回流污染现象；饮用水与非饮用水管道直接连接，当非饮用水压力大于饮用水压力且连接管中的止回阀或阀门密闭性差，则非饮用水会渗入饮用水管道，从而造成水质污染。

二、防止水质污染的措施

（1）饮用水管道与贮水池（箱）不得布置在易受污染处，非饮用水管道不得从贮水设备中穿过。建筑物内的生活饮用水水池（箱）及生活给水设施，不应设置于与厕所、垃圾间、污（废）水泵房、污（废）水处理机房及其他污染源毗邻的房间内；其上层不应有上述用房及浴室、盥洗室、厨房、洗衣房和其他产生污染源的房间。埋地式生活饮用水贮水池周围 10m 以内，不得有化粪池、污水处理构筑物、渗水井、垃圾堆放点等污染源；周围 2m 以内不得有污水管和污染物。

（2）建筑物内的生活饮用水水池（箱）体，应采用独立结构形式，不得利用建筑物的本体结构作为水池（箱）的壁板、底板及顶盖。生活饮用水水池（箱）与消防用水水池（箱）并列设置时，应有各自独立的池（箱）壁。

（3）水池（箱）材质、衬砌材料和内壁涂料，不得影响水质。贮水池（箱）若需防腐，应采用无毒涂料；若采用玻璃钢制作时，应选用食品级玻璃钢为原料。

（4）生活饮用水贮水池（箱）的泄水管和溢流管不得与污、废水管道系统直接连接，应采取间接排水的方式。通气管和溢流管口要设钢丝或钢丝网罩，以防污物、蚊蝇等进入。

（5）生活饮用水水池（箱）进水管口的最低点高出溢流边缘的空气间隙应等于进水管管径，但最小不应小于 25mm，最大不可大于 150mm。当进水管从最高水位以上进入水池（箱），管口为淹没出流时应采取真空破坏器等防虹吸回流措施。不存在虹吸回流的低位生活饮用水贮水池，其进水管不受本条限制，但进水管仍宜从最高水面以上进入水池。

（6）从生活饮用水管网向消防等其他非供生活饮用水的贮水池（箱）补水时，其进水管口最低点高出溢流边缘的空气间隙不应小于 150mm；向中水、雨水回用水等回用水系统的贮水池（箱）补水时，其进水管口最低点高出溢流边缘的空气间隙不应小于进水管管径的 2.5 倍，且不应小于 150mm。

（7）生活饮用水水池（箱）内贮水更新时间不宜超过 48h，且应设置消毒装置。

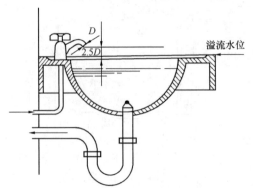

图 20-8　洗脸盆出水口的空气间隙示意图

（8）卫生器具和用水设备、构筑物等的生活饮用水管配水件出水口应符合下列规定：

1）出水口不得被任何液体或杂质所淹没；

2）出水口高出承接用水容器溢流边缘的最小空气间隙，不得小于出水口直径的 2.5 倍，如图 20-8 所示。

（9）自备水源的供水管道严禁与城镇给水管道直接连接。严禁生活饮用水管道与大便器（槽）、小便斗（槽）采用非专用冲洗阀直接连接冲洗。中水、回用雨水等非生活饮用水管道严禁与生活饮用水管道连接。

（10）为防止因倒流产生水质污染，生活饮用水应设有防止管道内产生虹吸回流、背压回流等污染的措施，如在下部位设置倒流防止器或真空破坏器：①有可能发生水倒流入城镇给水管网的部位，如从城镇生活给水管网直接抽水的生活供水加压设备进水管上；②消防用水或游泳池、水景池、绿地喷灌系统等非饮用水倒流入生活饮用水管网的部位，如从小区或建筑物内的生活饮用水管道上直接接出消防（软管）卷盘、轻便消防水龙时；③接至含有对健康有危害物质等有害、有毒场所或设备的部位，如化工贮存池（罐）、装置、设备的连接管上。

（11）生活饮用水管道应避开毒物污染区，当受条件限制不能避开时，应采取防护措施。在非饮用水管道上接出水嘴或取水短管时，应采取防止误饮误用的措施。

例 20-4　（2007）为防止埋地生活饮用贮水池不受污染，以下哪条错误？

A　10m 以内不得有化粪池

B　满足不了间距要求时，可提高水池底标高使其高于化粪池顶标高

C　周围 2m 以内不得有污水管和污染物

D　采用双层水池池壁结构时也必须满足与化粪池的间距要求

答案：D

三、抗震措施

由于我国某些地区处于地壳地震断裂带附近，由此引发的大小地震会对给水排水设施产生负面影响，因此在给水排水系统的设计、施工中需要采取一定的抗震措施，设计应符合现行国家标准《建筑机电工程抗震设计规范》GB 50981 和《室外给水排水和燃气热力工程抗震设计规范》GB 50032 中的有关规定。

《建筑机电工程抗震设计规范》GB 50981 适用于抗震设防烈度为 6 度至 9 度的建筑机电工程抗震设计，不适用于抗震设防烈度大于 9 度或有特殊要求的建筑机电工程抗震设计。

抗震设防烈度为 6 度及 6 度以上地区的建筑机电工程必须进行抗震设计。对位于抗震设防烈度为 6 度地区且除甲类建筑以外的建筑机电工程，可不进行地震作用计算。

（一）室内给水排水

1. 管材的选择

8 度及 8 度以下地区的多层建筑，应按现行国家标准《建筑给水排水设计标准》GB 50015 规定的材质选用生活给水、热水以及重力流污废水管。

对于高层建筑及 9 度地区建筑：①生活给水、热水立管，应采用铜管、不锈钢管、金属复合管等强度高且具有较好延性的管道，连接方式可采用管件连接或焊接，入户管阀门之后应设软接头；②重力流污废水管，应采用柔性接口的机制排水铸铁管；③消防给水管、气体灭火输送管，其管材和连接方式应根据系统工作压力，按国家现行标准中有关消防的规定选用。

2. 管道的布置与敷设

（1）8 度、9 度地区高层建筑的给水、排水立管直线长度大于 50m 时，宜采取抗震动

措施；直线长度大于 100m 时，应采取抗震动措施。

（2）8 度、9 度地区高层建筑的生活给水系统，不宜采用同一供水主管串联两组或多组减压阀分区供水的方式。

（3）需要设防的室内给水、热水以及消防管道管径大于或等于 DN65 的水平管道，当其采用吊架、支架或托架固定时，应按规范要求设置抗震支承。室内自动喷水灭火系统和气体灭火系统等消防系统还应按相关施工及验收规范的要求设置防晃支架；管段设置抗震支架与防晃支架重合处，可只设抗震支承。

（4）管道不应穿过抗震缝。当给水管道必须穿越抗震缝时，宜靠近建筑物的下部穿越，且应在抗震缝两边各装一个柔性管接头或在通过抗震缝处安装门形弯头或设置伸缩节。

（5）管道穿过内墙或楼板时，应设置套管；套管与管道间的缝隙，应采用柔性防火材料封堵。

（6）当 8 度、9 度地区建筑物给水引入管和排水出户管穿越地下室外墙时，应设防水套管。穿越基础时，基础与管道间应留有一定空隙，并宜在管道穿越地下室外墙或基础处的室外部位设置波纹管伸缩节。

3. 室内设备、构筑物、设施的选型、布置与固定

（1）生活、消防用金属水箱和玻璃钢水箱，宜采用应力分布均匀的圆形或方形水箱。

（2）建筑物内的生活用低位贮水池（箱）、消防贮水池及相应的低区给水泵房、高区转输泵房、低区热交换间等，宜布置在建筑结构地震反应较小的地下室或底层。

（3）高层建筑的中间水箱（池）、高位水箱（池），应靠建筑物中心部位布置；水泵房、热交换间等，宜靠近建筑物中心部位布置。

（4）应保证设备、设施、构筑物有足够的检修空间。

（5）运行时不产生振动的给水水箱、水加热器、太阳能集热设备、冷却塔、开水炉等设备、设施，应与主体结构牢固连接，与其连接的管道应采用金属管道；8 度、9 度地区建筑物的生活、消防给水箱（池）的配水管、水泵吸水管，应设软管接头。

（6）8 度、9 度地区建筑物中的给水泵等设备，应设防振基础，且应在基础四周设限位器固定，限位器应经计算确定。

（二）建筑小区、单体建筑室外给水排水

建筑小区、单体建筑的室外给水排水的抗震设计除应满足本节的要求外，尚应符合现行国家标准《室外给水排水和燃气热力工程抗震设计规范》GB 50032 的有关规定。

1. 管材的选择

（1）生活给水管，宜采用球墨铸铁管、双面防腐钢管、塑料和金属复合管、PE 管等具有延性的管道；当采用球墨铸铁管时，应采用柔性接口连接。

（2）热水管，宜采用不锈钢管、双面防腐钢管、塑料和金属复合管。

（3）消防给水管，宜采用球墨铸铁管、焊接钢管、热浸镀锌钢管。

（4）排水管材宜采用 PVC 和 PE 双壁波纹管、钢筋混凝土管或其他类型的化学管材，排水管的接口应采用柔性接口；不得采用陶土管、石棉水泥管；8 度的 Ⅲ 类、Ⅳ 类场地或 9 度的地区，管材应采用承插式连接，其接口处填料应采用柔性材料。

（5）7 度、8 度且地基土为可液化地段或 9 度的地区，室外埋地给水、排水管道均不得采用塑料管。管网上的闸门、检查井等附属构筑物不宜采用砖砌体结构和塑料制品。

2. 管道的布置与敷设

(1) 生活给水、消防给水管道：①宜埋地敷设或管沟敷设；②应避免敷设在高坎、深坑、崩塌、滑坡地段；③采用市政供水管网供水的建筑、建筑小区，宜采用两路供水；不能断水的重要建筑，应采用两路供水，或设两条引入管；④干管应成环状布置，并应在环管上合理设置阀门井。

(2) 热水管道：①宜采用直埋敷设或管沟敷设，9 度地区宜采用管沟敷设；②应避免敷设在高坎、深坑、崩塌、滑坡地段；③应结合防止热水管道的伸缩变形采取抗震防变形措施；④保温材料应具有良好的柔性。

(3) 排水管道：①大型建筑小区的排水管道，宜采用分段布置，就近处理和分散排出；有条件时，应适当增设连通管或设置事故排出口；②接入城市市政排水管网时，宜设有一定防止水流倒灌的跌水高度；③应避免敷设在高坎、深坑、崩塌、滑坡地段。

3. 水池的设置

(1) 生活、消防贮水水池宜采用地下式，平面形状宜为圆形或方形，并应采用钢筋混凝土结构。

(2) 水池的进、出水管道应分设，管材宜采用双面防腐钢管，进、出水管道上均应设置控制阀门。

(3) 穿越水池池体的配管宜预埋柔性套管，在水池壁（底）外应设置柔性接口。

4. 水塔的设置

(1) 水塔宜用钢筋混凝土倒锥壳水塔的构造形式。

(2) 水塔的进、出水管，溢水及泄水均应采用双面防腐钢管，进、出水管道上均应设置控制阀门，托架或支架应牢固，弯头、三通、阀门等配件前后应设柔性接头，埋地管道宜采用柔性接口的给水铸铁管或 PE 管。

(3) 水塔距其他建筑物的距离不应小于水塔高度的 1.5 倍。

5. 水泵房的设置

(1) 室外给水排水泵房宜毗邻水池设在地下室内。

(2) 泵房内的管道应有牢靠的侧向抗震支撑，沿墙敷设管道应设支架和托架。

(3) 独立消防水泵房的抗震应满足当地地震要求，且宜按本地区抗震设防烈度提高 1 度采取抗震措施，但不宜做提高 1 度的抗震计算。

6. 其他要求

(1) 地下直埋圆形排水管道应符合下列要求：

1) 设防烈度为 8 度以下及 8 度Ⅰ、Ⅱ类场地，当采用钢筋混凝土平口管时，应设置混凝土管基，并应沿管线每隔 26～30m 设置变形缝，缝宽不小于 20mm，缝内填充柔性材料；

2) 设防烈度为 8 度Ⅲ、Ⅳ类场地或 9 度时，不应采用钢筋混凝土平口连接管；应采用柔性连接管，接口采用橡胶圈或其他柔性材料密封。

(2) 架空管道不得设在设防标准低于其设计烈度的建筑物上，其活动支架上应设置侧向挡板。

(3) 地下直埋承插式圆形管道和矩形管道，在地基土质突变处以及承插式管道的三通、四通、大于45°的弯头等附件与直线管段连接处，应设置柔性接头及变形缝。附件支墩的设计应符合该处设置柔性连接的受力条件。

（三）抗震支吊架

在地震中，抗震支吊架应对建筑机电工程设施给予可靠保护，承受来自任意水平方向的地震作用。组成抗震支吊架的所有构件应采用成品构件，连接紧固件的构造应便于安装。保温管道的抗震支吊架限位应按管道保温后的尺寸设计，且不应限制管线热胀冷缩产生的位移。抗震支吊架应根据其承受的荷载进行抗震验算。

例 20-5　（2021）关于给水排水管道的建筑机电抗震设计的说法，正确的是：

A　高层建筑及9度地区建筑的干管、立管应采用塑料管道

B　高层建筑及9度地区建筑的入户管阀门之后应设软接头

C　高层建筑及9度地区建筑宜采用塑料排水管道

D　7度地区的建筑机电工程可不进行抗震设计

解析：根据《建筑机电工程抗震设计规范》GB 50981—2014 第1.0.4条，抗震设防烈度为6度及6度以上地区的建筑机电工程必须进行抗震设计。

根据《建筑机电工程抗震设计规范》GB 50981—2014 第4.1.1条，高层建筑及9度地区建筑生活给水和热水的干管、立管应采用铜管、不锈钢管、金属复合管等强度高且具有较好延性的管道；高层建筑及9度地区建筑重力流排水的污、废水管宜采用柔性接口的机制排水铸铁管。

答案：B

第四节　建筑消防系统

建筑消防系统根据灭火剂不同，可分为水、气体、泡沫、干粉等灭火系统。与其他灭火剂相比，水具有使用方便、灭火效果好、来源广泛、价格便宜、器材简单等优点，是目前世界各地广泛使用的主要灭火剂。值得注意的是，为保护大气臭氧层和人类生态环境，卤代烷灭火剂的生产和使用已受到限制。

市政给水、消防水池、天然水源等可作为消防水源，宜采用市政给水；雨水清水池、中水清水池、水景和游泳池可作为备用消防水源。

建筑消防系统包括室内和室外两部分。其中，室外主要采用消火栓给水系统；室内则包括灭火器以及消火栓、自动喷水、气体等灭火系统。一起火灾灭火所需消防用水的设计流量应按建筑的室外消火栓系统、室内消火栓系统、自动喷水灭火系统、泡沫灭火系统、水喷雾灭火系统、固定消防炮灭火系统、固定冷却水系统等需要同时作用的各种水灭火系统的流量来设计。

建筑消防系统根据压力情况，可分为高压消防给水系统、临时高压消防给水系统和低压消防给水系统。

（1）高压消防给水系统是指管网内经常保持足够的压力和消防供水量的系统。

（2）临时高压消防给水系统是指平时水压、水量不能满足消防要求，但系统中设有消

防泵房，接火警后，即启动消防水泵，系统转化为高压消防给水系统，满足灭火的要求。

（3）低压消防给水系统是指平时管网中水压较低（仅满足室外低压消防给水系统向消防车供水，该系统平时最小水压不应低于 $10mH_2O$），灭火时由消防车或其他移动式消防泵加压供水的系统。

一、民用建筑类型

民用建筑分类如表 20-7 所示。

对于高层建筑，受消防车供水压力的限制，发生火灾时建筑的高层部分有可能无法依靠室外消防设施协助救火；因此，高层建筑消防给水设计应立足"自救"，即立足于室内消防设施扑救火灾。一般高度在 24m 以下的裙房在"外救"的能力范围内，应以"外救"为主；高度为 24～50m 的部位，室外消防设施仍可通过水泵接合器升压供水，应立足"自救"并借助"外救"，二者同时发挥作用；50m 以上的部位，已超过了室外消防设施的供水能力，则完全依靠"自救"灭火。

民用建筑分类表 表 20-7

名称	高层民用建筑		单、多层民用建筑
	一类	二类	
住宅建筑	建筑高度大于 54m 的住宅建筑（包括设置商业服务网点的住宅建筑）	建筑高度大于27m，但不大于 54m 的住宅建筑（包括设置商业服务网点的住宅建筑）	建筑高度不大于 27m 的住宅建筑（包括设置商业服务网点的住宅建筑）
公共建筑	1. 建筑高度大于 50m 的公共建筑； 2. 建筑高度 24m 以上、部分任一楼层建筑面积大于 $1000m^2$ 的商店、展览、电信、邮政、财贸、金融建筑和其他多种功能组合的建筑； 3. 医疗建筑、重要公共建筑； 4. 省级及以上的广播电视和防灾指挥调度建筑、网局级和省级电力调度建筑； 5. 藏书超过 100 万册的图书馆、书库	除一类高层公共建筑外的其他高层公共建筑	1. 建筑高度大于 24m 的单层公共建筑； 2. 建筑高度不大于 24m 的其他公共建筑

二、室外消火栓给水系统

城镇应沿可通行消防车的街道设置市政消火栓系统；民用建筑周围以及用于消防救援和消防车停靠的屋面上，应设置建筑室外消火栓给水系统。

市政消防给水设计流量，应根据当地火灾统计资料、火灾扑救用水量统计资料、灭火用水量保证率、建筑的组成和市政给水管网运行合理性等因素综合分析计算确定。

建筑物室外消火栓设计流量，应根据建筑物的用途功能、体积、耐火等级、火灾危险性等因素综合分析确定。

市政和建筑物室外消火栓给水系统的设置要求如下：

（1）市政消火栓和建筑物室外消火栓应采用湿式消火栓系统。

（2）市政和建筑物室外消火栓宜采用地上式消火栓；在严寒、寒冷等冬季结冰地区宜采用干式地上式室外消火栓；严寒地区宜增设消防水鹤。地下式消火栓应有明显的永久性标志。

（3）市政消火栓应沿道路一侧设置，并宜靠近十字路口；但当市政道路宽度大于60m时，应在道路两侧交叉错落设置市政消火栓。市政桥桥头和城市交通隧道出入口等市政公用设施处，应设置市政消火栓。

（4）建筑物室外消火栓的数量应根据室外消火栓设计流量和保护半径经计算确定。建筑物室外消火栓宜沿建筑周围均匀布置，且不宜集中布置在建筑一侧；建筑消防扑救面一侧的室外消火栓数量不宜少于2个。人防工程、地下工程等建筑物应在出入口附近设置建筑物室外消火栓，且距出入口的距离不宜小于5m，并不宜大于40m。停车场的室外消火栓宜沿停车场周边布置，且与最近一排汽车的距离不宜小于7m，距加油站或油库不宜小于15m。

（5）甲、乙、丙类液体储罐区和液化烃罐罐区等构筑物的室外消火栓，应设在防火堤或防护墙外，数量应根据计算确定，但距罐壁15m范围内的消火栓，不应计算在该罐可使用的数量内。工艺装置区等采用高压或临时高压消防给水系统的场所，其周围应设置室外消火栓，数量应根据设计流量经计算确定，且间距不应大于60m。当工艺装置区宽度大于120m时，宜在该装置区的路边设置室外消火栓。

（6）市政和建筑物室外消火栓的保护半径不应超过150m，间距不应大于120m。

（7）市政和建筑物室外消火栓应布置在消防车易于接近的人行道和绿地等地点，且不应妨碍交通，并应符合下列规定：

1）消火栓距路边不宜小于0.5m，并不应大于2.0m；距建筑外墙或外墙边缘不宜小于5.0m；

2）消火栓应避免设置在机械易撞击的地点；确有困难时，应采取防撞措施。

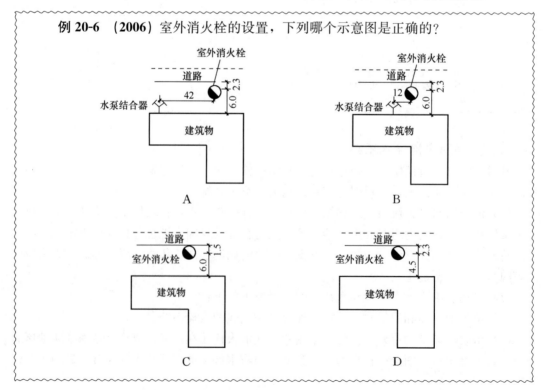

例20-6　（2006）室外消火栓的设置，下列哪个示意图是正确的？

三、室内消火栓给水系统

(一) 设置场所

根据《建筑设计防火规范》GB 50016—2014 (2018 年版) 第 8.2.1 条,下列建筑或场所应设置室内消火栓给水系统:

(1) 建筑占地面积大于 $300m^2$ 的厂房和仓库。

(2) 高层公共建筑和建筑高度大于 21m 的住宅建筑。

注:建筑高度不大于 27m 的住宅建筑,设置室内消火栓系统确有困难时,可只设置干式消防竖管和不带消火栓箱的 DN65 的室内消火栓。

(3) 体积大于 $5000m^3$ 的车站、码头、机场的候车 (船、机) 建筑、展览建筑、商店建筑、旅馆建筑、医疗建筑和图书馆建筑等单、多层建筑。

(4) 特等、甲等剧场,超过 800 个座位的其他等级的剧场和电影院等以及超过 1200 个座位的礼堂、体育馆等单、多层建筑。

(5) 建筑高度大于 15m 或体积大于 $10000m^3$ 的办公建筑、教学建筑和其他单、多层民用建筑。

(6) 国家级文物保护单位的重点砖木或木结构的古建筑,宜设置室内消火栓系统。

根据《建筑设计防火规范》GB 50016—2014 (2018 年版) 第 8.2.2 条,上述未规定的建筑或场所,或者符合上述规定的下列建筑或场所,可不设置室内消火栓给水系统,但宜设置消防软管卷盘或轻便消防水龙:

1) 耐火等级为一、二级且可燃物较少的单层、多层丁、戊类厂房 (仓库);

2) 耐火等级为三、四级且建筑体积不大于 $3000m^3$ 的丁类厂房;耐火等级为三、四级且建筑体积不大于 $5000m^3$ 的戊类厂房 (仓库);

3) 粮食仓库、金库、远离城镇且无人值班的独立建筑;

4) 存有与水接触能引起燃烧爆炸的物品的建筑;

5) 室内无生产、生活给水管道,室外消防用水取自储水池且建筑体积不大于 $5000m^3$ 的其他建筑。

(二) 系统组成

室内消火栓给水系统一般由消火栓设备、消防管道及附件、消防增压贮水设备、水泵接合器等组成。其中,消火栓设备由消火栓、水枪、水龙带组成,均安装于消火栓箱内。消防增压贮水设备主要包括消防水泵、消防水池和高位消防水箱。水泵接合器是连接消防车向室内消防给水系统加压供水的装置,有地下式、地上式、墙壁式三种类型。

建筑物室内消火栓设计流量，应根据建筑物的用途功能、体积、高度、耐火等级、火灾危险性等因素综合确定。消防软管卷盘、轻便消防水龙及多层住宅楼梯间中的干式消防竖管的流量，可不计入室内消防给水设计流量。

（三）设置要求

1. 消火栓设备

设有室内消火栓的建筑，包括设备层在内的各层均应设置消火栓。室内消火栓的选型应根据使用者、火灾危险性、火灾类型和不同灭火功能等因素综合确定。

屋顶设有直升机停机坪的建筑，应在停机坪出入口处或非电器设备机房处设置消火栓，且距停机坪机位边缘的距离不应小于5.0m。

消防电梯前室应设置室内消火栓，并应计入消火栓使用的数量。

建筑物内消火栓的设置位置应满足火灾扑救要求，且符合下列规定：室内消火栓应设置在楼梯间及其休息平台和前室、走道等明显易于取用，以及便于火灾扑救的位置；汽车库内消火栓的设置不应影响汽车的通行和车位的设置，并应确保消火栓的开启；同一楼梯间及其附近不同层设置的消火栓，其平面位置宜相同；冷库的室内消火栓应设置在常温穿堂或楼梯间内。

建筑室内消火栓栓口的安装高度应便于消防水龙带的连接和使用，其距地面高度宜为1.1m，其出水方向宜与设置消火栓的墙面成90°角或向下。

室内消火栓的布置应满足同一平面有2支消防水枪的2股充实水柱同时达到任何部位的要求，但建筑高度小于或等于24.0m且体积小于或等于5000m³的多层仓库、建筑高度小于或等于54m且每单元设置一部疏散楼梯的住宅，以及《消防给水及消火栓系统技术规范》GB 50974—2014规定可采用1支消防水枪的场所，可采用1支消防水枪的1股充实水柱到达室内任何部位。消火栓的布置间距不应大于30m；消火栓按1支水枪的1股充实水柱布置的建筑物，消火栓的布置间距不应大于50m。

2. 消防管道及阀门

室内消火栓系统管网应连成环状，当室外消火栓设计流量不大于20L/s，且室内消火栓不超过10个时，可布置成枝状。向环状管网供水的输水干管不应少于两条，当其中一条发生故障时，其余的输水干管应仍能满足消防给水设计流量。

室内消火栓竖管管径应根据竖管最低流量经计算确定，但不应小于100mm。

室内消火栓环状给水管道检修时应符合下列规定：检修时，关闭停用的消防竖管不超过1根，当竖管超过4根时，可关闭不相邻的两根；每根竖管与供水横干管连接处应设置阀门；同一层横干管上的消火栓，应采用阀门分成若干独立段，每段内室内消火栓的个数不应超过5个。

3. 消防水泵

消防给水系统一般应设置备用水泵，但对于建筑高度小于54m的住宅、室外消防给水设计流量小于等于25L/s的建筑、室内消防用水量小于10L/s的建筑，可不设备用泵。

消防水泵应确保从接到启泵信号到正常运转的自动启动时间不大于2min。

消防水泵房中，应设置起重设施；主要通道宽度不应小于1.2m；应至少有一个可以搬运最大设备的门。此外，消防水泵房还应根据具体情况设计相应的供暖、通风和排水设施：①严寒、寒冷等冬季结冰地区采暖温度不应低于10℃，但当无人值守时不应低于

5℃；②通风宜按 6 次/h 设计；③应设置排水设施。

消防水泵不宜设在有防振或有安静要求房间的上一层、下一层和毗邻位置，当必须时，应采取下列降噪减振措施：①应采用低噪声水泵；②水泵机组应设隔振装置；③水泵吸水管和出水管上应设隔振装置；④泵房内的管道支架和管道穿墙及穿楼板处，应采取防止固体传声的措施；⑤泵房内墙应采取隔声吸声的技术措施。

消防水泵房应采取防水淹没的技术措施。

独立建造的消防水泵房，其耐火等级不应低于二级。附设在建筑物内的消防水泵房，不应设置在地下三层及以下，或室内地面与室外出入口地坪高差大于 10m 的地下楼层。附设在建筑内的消防水泵房，应采用耐火极限不低于 2.0h 的隔墙和 1.50h 的楼板与其他部位隔开，其疏散门应直通安全出口，且开向疏散走道的门应采用甲级防火门。

当采用柴油机消防水泵时宜设置独立消防水泵房，并应设置满足柴油机运行的通风、排烟和阻火设施。

4. 高位消防水箱

高位消防水箱的有效容积应满足初期火灾消防用水量的要求，并应符合下列规定：

（1）一类高层公共建筑，不应小于 36m³，但当建筑高度大于 100m 时，不应小于 50m³，当建筑高度大于 150m 时，不应小于 100m³。

（2）多层公共建筑、二类高层公共建筑和一类高层住宅，不应小于 18m³；当一类高层住宅建筑高度超过 100m 时，不应小于 36m³。

（3）二类高层住宅，不应小于 12m³。

（4）建筑高度大于 21m 的多层住宅，不应小于 6m³。

高位消防水箱的设置位置应高于其所服务的灭火设施，且最低有效水位应满足水灭火设施最不利点处的静水压力，并应按下列规定确定：

（1）一类高层公共建筑，不应低于 0.1MPa，但当建筑高度超过 100m 时，不应低于 0.15MPa。

（2）高层住宅、二类高层公共建筑、多层公共建筑，不应低于 0.07MPa，多层住宅不宜低于 0.07MPa。

（3）工业建筑不应低于 0.10MPa，当建筑体积小于 20000m³ 时，不宜低于 0.07MPa。

（4）自动喷水灭火系统应根据喷头灭火所需压力确定，但最小不应小于 0.1MPa。

5. 消防水池

当室外消防水源供给能力不足或不可靠时，需设置消防水池以贮存火灾延续时间内的室内外消防用水量。当室外给水管网能保证室外消防用水量时，仅贮存火灾延续时间内的室内消防用水量；当室外管网不能保证室外消防用水量时，除了贮存火灾延续时间内的室内消防用水量之外，还应贮存室外消防用水量不足部分的水量。

消防水池有效容积及设置要求如本章第一节所示；此外，消防水池补水时间不宜超过 48h。消防用水与生产、生活用水合并水池，应采取确保消防用水不作他用的技术措施，如图 20-9 所示。

消防水池的出水、排水和水位应符合下列规定：

（1）消防水池的出水管应保证消防水池的有效容积能被全部利用。

（2）消防水池应设置就地水位显示装置，并应在消防控制中心或值班室等地点设置显

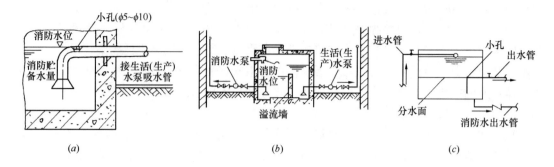

图 20-9　消防、生产、生活合用水池的水质水量保护措施

(a) 在生产（生活）水泵吸水管上开小孔形成虹吸出流；(b) 在贮水池中设溢流墙，生活（生产）
用水经消防用水贮存部分出流；(c) 在水箱出水管上设小孔形成虹吸出流

示消防水池水位的装置，同时应有最高和最低报警水位。

（3）消防水池应设置溢流水管和排水设施，并应采用间接排水。

6. 水泵接合器

下列场所的室内消火栓给水系统应设置消防水泵接合器：

（1）高层民用建筑。

（2）设有消防给水的住宅、超过 5 层的其他多层民用建筑。

（3）超过 2 层或建筑面积大于 10000m² 的地下或半地下建筑（室）、室内消火栓设计流量大于 10L/s 平战结合的人防工程。

（4）高层工业建筑和超过 4 层的多层工业建筑。

（5）城市交通隧道。

自动喷水灭火系统、水喷雾灭火系统、泡沫灭火系统和固定消防炮灭火系统等水灭火系统，均应设置消防水泵接合器。

水泵接合器应设在室外便于消防车使用的地点，且距室外消火栓或消防水池的距离不宜小于 15m，并不宜大于 40m。

> **例 20-7　（2006）**水泵接合器应设在室外便于消防车使用的地点，距室外消火栓或消防水池的距离宜为：
>
> A　50m　　　　B　15～40m　　　　C　10m　　　　D　5m
>
> **解析：**《消防给水及消火栓系统技术规范》GB 50974—2014 第 5.4.7 条，水泵接合器应设在室外便于消防车使用的地点，且距室外消火栓或消防水池的距离不宜小于 15m，并不宜大于 40m。
>
> **答案：**B
>
> **例 20-8　（2021）**消防水泵房应满足以下规定：
>
> A　冬季结冰地区采暖温度不应低于 16℃
>
> B　建筑物内的消防水泵房可以设置在地下三层
>
> C　单独建造时，耐火等级不低于一级

D 水泵房设置防水淹的措施

解析：根据《消防给水及消火栓系统技术规范》GB 50974—2014 第 5.5.9 条，严寒、寒冷等冬季结冰地区的消防水泵房，供暖温度不应低于 10℃，但当无人值守时不应低于 5℃。

第 5.5.12 条，独立建造的消防水泵房耐火等级不应低于二级；附设在建筑物内的消防水泵房，不应设置在地下三层及以下；

第 5.5.14 条，消防水泵房应采取防水淹没的技术措施。

答案：D

四、自动喷水灭火系统

（一）设置场所及要求

在人员密集、不易疏散、外部增援灭火与救生较困难、性质重要或火灾危害性较大的场所，应采用自动喷水灭火系统，其具体要求如下。

《建筑设计防火规范》GB 50016—2014（2018 年版）的相关规定：

下列建筑或场所除不宜用水保护或灭火者外，宜设置自动喷水灭火系统：

1. 厂房或生产部位

（1）不小于 50000 纱锭的棉纺厂的开包、清花车间，不小于 5000 锭的麻纺厂的分级、梳麻车间，火柴厂的烤梗、筛选部位。

（2）占地面积大于 1500m² 或总建筑面积大于 3000m² 的单、多层制鞋、制衣、玩具及电子等类似用途的厂房。

（3）占地面积大于 1500m² 的木器厂房。

（4）泡沫塑料厂的预发、成型、切片、压花部位。

（5）高层乙、丙类厂房。

（6）建筑面积大于 500m² 的地下或半地下丙类厂房。

2. 高层民用建筑

（1）一类高层公共建筑（除游泳池、溜冰场外）及其地下、半地下室。

（2）二类高层公共建筑及其地下、半地下室的公共活动用房、走道、办公室和旅馆的客房、可燃物品库房、自动扶梯底部。

（3）高层民用建筑内的歌舞娱乐放映游艺场所。

（4）建筑高度大于 100m 的住宅建筑。

3. 单、多层民用建筑

（1）特等、甲等剧场，超过 1500 个座位的其他等级的剧场，超过 2000 个座位的会堂或礼堂，超过 3000 个座位的体育馆，超过 5000 人的体育场的室内人员休息室与器材间等。

（2）任一层建筑面积大于 1500m² 或总建筑面积大于 3000m² 的展览、商店、餐饮和旅馆建筑以及医院中同样建筑规模的病房楼、门诊楼和手术部。

（3）设置送回风道（管）的集中空气调节系统且总建筑面积大于 3000m² 的办公建

筑等。

（4）藏书量超过 50 万册的图书馆。

（5）大、中型幼儿园的儿童用房等场所，总建筑面积大于 $500m^2$ 的老年人建筑。

（6）总建筑面积大于 $500m^2$ 的地下或半地下商店。

（7）设置在地下或半地下或地上四层及以上楼层的歌舞娱乐放映游艺场所（除游泳场所外），设置在首层、二层和三层且任一层建筑面积大于 $300m^2$ 的地上歌舞娱乐放映游艺场所（除游泳场所外）。

《汽车库、修车库、停车场设计防火规范》GB 50067—2014 的相关规定：

Ⅰ、Ⅱ、Ⅲ类地上汽车库；停车数大于 10 辆的地下汽车库、半地下汽车库；机械式汽车库；采用汽车专用升降梯作汽车疏散出口的汽车库；Ⅰ类修车库；均应设置自动灭火系统。

下列场所宜采用水喷雾灭火系统：

（1）单台容量在 40MVA 及以上的厂矿企业油浸电力变压器，单台容量在 90MVA 及以上的电厂油浸电力变压器，单台容量在 125MVA 及以上的独立变电所油浸电力变压器。

（2）飞机发动机试验台的试车部位。

（3）充可燃油并设置在高层民用建筑内的高压电容器和多油开关室。

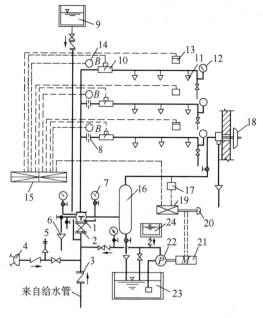

图 20-10　闭式自动喷水灭火系统示意（湿式）

1—湿式报警阀；2—闸阀；3—止回阀；4—水泵接合器；5—安全阀；6—排水漏斗；7—压力表；8—节流孔板；9—高位水箱；10—水流指示器；11—闭式喷头；12—压力表；13—感烟探测器；14—火灾报警装置；15—火灾收信机；16—延迟器；17—压力继电器；18—水力警铃；19—电气自控箱；20—按钮；21—电动机；22—水泵；23—蓄水池；24—水泵灌水箱

（二）系统分类及组成

根据喷头的开闭形式，可分为闭式系统和开式系统。常用的闭式系统有湿式、干式和预作用式；开式系统有雨淋系统和水幕系统。

1. 湿式自动喷水灭火系统

一般由湿式报警阀组、闭式喷头、供水管道、增压贮水设备、水泵接合器等组成，如图 20-10 所示。管网中充满有压水，当建筑物发生火灾，火点温度达到开启闭式喷头时，喷头出水灭火。该系统具有灭火及时，扑救效率高的优点；但由于管网中充有有压水，当渗漏时会损坏建筑装饰，影响建筑的正常使用。该系统适用于环境温度 $4℃<t<70℃$ 的建筑物。

2. 干式自动喷水灭火系统

一般由干式报警阀组、闭式喷头、供水管道、增压贮水设备、水泵接合器等组成。管网中平时不充水，充有有压空气（或氮气）。当建筑物发生火灾，火点温度达到开启闭式喷头时，喷头开启，排气、充水、灭火。该系统灭火不如湿式系统及时；但由于管网中平时不充水，对建筑装饰无影响，对环境温度也无要求。该系统适用于 $t \leqslant 4℃$ 或 $t > 70℃$ 的建筑物。

3. 预作用式自动喷水灭火系统

一般由预作用阀、火灾探测系统、闭式喷头、供水管道、增压贮水设备、水泵接合器等组成。管网中平时不充水（无压），当建筑物发生火灾时，火灾探测器报警后，自动控制系统控制阀门排气充水，由干式变为湿式系统。只有当着火点温度达到开启闭式喷头时，才开始喷水灭火。该系统弥补了干式和湿式两种系统的缺点，适用于对建筑装饰要求高，要求灭火及时的建筑物。

4. 雨淋喷水灭火系统

一般由雨淋阀、火灾探测系统、开式喷头、供水管道、增压贮水设备、水泵接合器等组成；是喷头常开的灭火系统。当建筑物发生火灾时，由自动控制装置打开雨淋阀，使保护区域的所有喷头喷水灭火。具有出水量大，灭火及时的优点。适用于火灾蔓延快、危险性大的建筑或部位。

5. 水幕系统

一般由雨淋阀、火灾探测系统、水幕喷头、供水管道、增压贮水设备、水泵接合器等组成，是喷头常开的灭火系统。发生火灾时主要起阻火、冷却、隔离作用。防护冷却水幕应直接将水喷向被保护对象；防火分隔水幕不宜用于尺寸超过 15m（宽）×8m（高）的开口（舞台口除外）。

（三）一般规定

自动喷水系统选型应根据设置场所的建筑特征、环境条件和火灾特点等选择相应的开式或闭式系统。露天场所不宜采用闭式系统。

自动喷水灭火系统的用水应无污染、无腐蚀、无悬浮物。

设置自动喷水灭火系统场所的火灾危险等级，应划分为轻危险级、中危险级（Ⅰ级、Ⅱ级）、严重危险级（Ⅰ级、Ⅱ级）和仓库危险级（Ⅰ级、Ⅱ级、Ⅲ级）。设置场所危险等级的划分，应根据设置场所的用途、容纳物品的火灾荷载及室内空间条件等因素，在分析火灾特点和热气流驱动洒水喷头开放及喷水到位的难易程度后确定。民用建筑和厂房采用湿式系统的设计基本参数如表 20-8、表 20-9 所示。

民用建筑和厂房采用湿式系统的设计基本参数　　　　　　　表 20-8

火灾危险等级		最大净空高度 h（m）	喷水强度 [L/（min·m²）]	作用面积（m²）
轻危险级			4	
中危险级	Ⅰ级	$h \leqslant 8$	6	160
	Ⅱ级		8	
严重危险级	Ⅰ级		12	260
	Ⅱ级		16	

注：系统最不利点处洒水喷头的工作压力不应低于 0.05MPa。

自动喷水灭火系统的喷头，根据产品安装方式不同，可分为普通型、下垂型、直立型、边墙型、吊顶隐蔽型；根据响应时间不同，可分为标准响应型、快速响应型。同一隔间内应采用热敏性能相同的喷头。

民用建筑和厂房高大空间场所采用湿式系统的设计基本参数　　　表 20-9

适用场所		最大净空高度 h（m）	喷水强度 $[L/(min \cdot m^2)]$	作用面积（m^2）	喷头间距 S（m）
民用建筑	中庭、体育馆、航站楼等	$8<h\leqslant12$	12		
		$12<h\leqslant18$	15		
厂房	影剧院、音乐厅、会展中心等	$8<h\leqslant12$	15	160	$1.8\leqslant S\leqslant3.0$
		$12<h\leqslant18$	20		
	制衣制鞋、玩具、木器、电子生产车间等	$8<h\leqslant12$	15		
	棉纺厂、麻纺厂、泡沫塑料生产车间等		20		

注：1. 表中未列入的场所，应根据本表规定场所的火灾危险性类比确定；
    2. 当民用建筑高大空间场所的最大净空高度为 $12m<h\leqslant18m$ 时，应采用非仓库型特殊应用喷头。

干式系统、预作用系统应采用直立型或干式下垂型。

下列场所宜采用快速响应喷头：①公共娱乐场所、中庭环廊；②医院、疗养院的病房及治疗区域，老年、少儿、残疾人的集体活动场所；③超出消防水泵接合器供水高度的楼层；④地下商业场所。

报警阀组宜设在安全及易于操作的地点，报警阀距地面的高度宜为 1.2m。设置报警阀组的部位应设有排水设施。

五、消防排水

（1）下列建筑物和场所应采取消防排水措施：①消防水泵房；②设有消防给水系统的地下室；③消防电梯的井底；④仓库。

消防电梯井底的排水井容量不应小于 $2m^3$，排水泵的排水量不应小于 10L/s。消防电梯间前室的门口宜设置挡水设施。消防电梯井、机房与相邻电梯井、机房之间应设置耐火极限不低于 2.00h 的防火隔墙，隔墙上的门应采用甲级防火门。

（2）室内消防排水宜排入室外雨水管道，地下式的消防排水设施宜与地下室其他地面废水排水设施共用。

例 20-9　（2005） 自动喷水灭火系统水源水质的要求，以下哪条错误？

A　无污染　　　　B　无细菌　　　　C　无腐蚀　　　　D　无悬浮物

解析：根据《自动喷水灭火系统设计规范》GB 50084—2017 第 10.1.1 条，自动喷水灭火系统的用水应无污染、无腐蚀、无悬浮物。

答案：B

第五节　建　筑　排　水　系　统

建筑排水系统分为生活排水系统、工业废水排水系统和雨水排水系统。其中，生活排水系统用于排除人们生活过程中产生的污水和废水；工业废水排水系统用于排除生产过程中产生的污水和废水；雨水排水系统用于排除屋面和室外地面的雨雪水。生活污水是指大便器（槽）、小便器（槽）等排放的粪便水；生活废水是指洗脸盆、洗衣机、浴盆、淋浴器、洗涤盆等排水，与粪便水相比，水质污染程度较轻。生活排水应与雨水分流排出。

一、生活排水系统

生活排水系统应具有如下功能：使污、废水迅速安全地排出室外；减少管道内部气压波动，防止系统中的水封被破坏；防止有毒有害气体进入室内。

（一）组成与排水体制

生活排水系统一般由卫生器具和生产设备受水器、排水管道、通气管道、清通设施、提升设备、污水局部处理构筑物等部分构成。

排水体制应考虑室内污水性质、污染程度、污水量，室外排水系统体制、处理要求以及有利于综合利用。

（1）在下列情况下，建筑物内宜采用生活污水与生活废水分流的排水系统：

1）当政府有关部门要求污水、废水分流且生活污水需经化粪池处理后才能排入城镇排水管道时。

2）生活废水需回收利用时。

（2）消防排水、生活水池（箱）排水、游泳池放空排水、空调冷凝排水、室内水景排水、无洗车的车库和无机修的机房地面排水等宜与生活废水分流，单独设置废水管道排入室外雨水管道。

（3）下列建筑排水应单独排水至水处理或回收构筑物：

1）职工食堂、营业餐厅的厨房含有大量油脂的废水。

2）洗车冲洗水。

3）含有致病菌、放射性元素等超过排放标准的医疗、科研机构的污水。

4）水温超过 40℃的锅炉排污水。

5）用作中水水源的生活排水。

6）实验室有害有毒废水。

（二）排水定额与最小管径

住宅和公共建筑生活排水定额和小时变化系数应与其相应公共建筑生活给水用水定额和小时变化系数相同。小区室外生活排水的最大小时排水流量，应按住宅生活给水最大小时流量与公共建筑生活给水最大小时流量之和的 85％～95％确定。

当公共食堂厨房内的污水采用管道排除时，其管径应比计算管径大一级，但干管管径不得小于 100mm，支管管径不得小于 75mm；大便器排水管最小管径不得小于 100mm。建筑物内排出管最小管径不得小于 50mm。多层住宅厨房间的立管管径不宜小于 75mm。

小便槽或连接 3 个及 3 个以上的小便器，其污水支管管径不宜小于 75mm；医院污物洗涤盆（池）和污水盆（池）的排水管管径，不得小于 75mm。单根排水立管的排出管宜与排水立管管径相同；公共浴池的泄水管不宜小于 100mm。

（三）排水管道的布置与敷设

排水管道的布置与敷设在保证排水通畅、安全可靠的前提下，还应兼顾经济、施工、管理、美观等因素。

1. 排水通畅、水力条件好

（1）排水支管不宜太长，尽量少转弯，连接的卫生器具不宜太多。

（2）立管宜靠近外墙，靠近排水量大、水中杂质多的卫生器具。

（3）排水管以最短距离排至室外，尽量避免在室内转弯。

（4）在选择管件时，应选用顺水三通、顺水四通等。

2. 保护排水管道不受损坏

（1）排水管道不得穿过变形缝、烟道和风道。

（2）埋地管道不得布置在可能受重物压坏处或穿越生产设备基础。

（3）排水管道应避免布置在易受机械撞击处。塑料排水管不应布置在热源附近；当不能避免且管道表面受热温度大于 60℃ 时，应采取隔热措施。塑料排水立管与家用灶具边净距不得小于 0.4m。

（4）小区生活排水管道宜与道路和建筑物的周边平行布置，且在人行道或草地下；管道中心线据建筑物外墙的距离不宜小于 3m，管道不应布置在乔木下面；管道与道路交叉时，宜垂直于道路中心线；干管应靠近主要排水建筑物，并布置在连接支管较多的路边侧。

（5）小区排水管道最小覆土深度应根据道路的行车等级、管材的受压强度、地基承载力等因素经计算确定，并应符合下列要求：

1）小区干道和小区组团道路下的生活排水管道，其覆土深度不宜小于 0.70m；

2）生活排水管道埋设深度不得高于土壤冰冻线以上 0.15m，且覆土深度不宜小于 0.30m。当采用埋地塑料管道时，排出管埋设深度可不高于土壤冰冻线以上 0.50m。

3. 保证设有排水管道的房间或场所能正常使用

（1）排水管道不得穿越下列场所：

1）卧室、客房、病房和宿舍等人员居住的房间；

2）生活饮用水池（箱）上方；

3）遇水会引起燃烧、爆炸的原料、产品和设备的上面；

4）食堂厨房和饮食业厨房的主副食操作、烹调和备餐的上方。

（2）排水管道不得敷设在食品和贵重商品仓库、通风小室、电气机房和电梯机房内。

（3）排水管道不宜穿越橱窗、壁柜，不得穿越贮藏室。

（4）排水管、通气管不得穿越住宅客厅、餐厅，排水立管不宜靠近与卧室相邻的内墙。

（5）在有设备和地面排水的场所，应设置地漏，具体包括：

1）卫生间、盥洗室、淋浴间、开水间；

2）在洗衣机、直饮水设备、开水器等设备的附近；

3）食堂、餐饮业厨房间。

（6）地漏应设置在易溅水的器具或冲洗水嘴附近，且应在地面的最低处。地漏的类型应根据排水的性质合理确定：

1）食堂、厨房和公共浴室等排水宜设置网筐式地漏；
2）不经常排水的场所设置地漏时，应采用密闭地漏；
3）事故排水地漏不宜设水封，连接地漏的排水管道应采用间接排水；
4）设备排水应采用直通式地漏；
5）地下车库如有消防排水时，宜设置大流量专用地漏。

4. 室内环境卫生条件好

住宅厨房的废水不得与卫生间的污水合用一根立管。当卫生间的排水支管要求不得穿越楼板进入下层用户时，应设置成同层排水。排水立管最低排水横支管与立管连接处距排水立管管底的垂直距离不得小于规定要求，如表 20-10 所示。

最低排水横支管与立管连接处至立管管底的最小垂直距离　　　　表 20-10

立管连接卫生器具的层数	垂直距离（m）	
	仅设伸顶通气	设通气立管
≤4	0.45	按配件最小安装尺寸确定
5~6	0.75	
7~12	1.20	
13~19	底层单独排出	0.75
≥20		1.20

当构造内无存水弯的卫生器具或无水封的地漏、其他设备的排水口或排水沟的排水口与生活污水管道或其他可能产生有害气体的排水管道连接时，必须在排水口以下设置存水弯。室内排水沟与室外排水管道连接处，应设水封装置。存水弯的水封深度不得小于50mm。严禁采用活动机械活瓣替代水封；严禁采用钟罩式结构地漏。医疗卫生机构内门诊、病房、化验室、实验室等不在同一房间内的卫生器具不得共用存水弯。卫生器具排水管段上不得重复设置水封。

当排水管道外表面可能结露时，应根据建筑物性质和使用要求，采取防结露措施等。

下列构筑物和设备的排水管与生活排水管道系统连接，应采取间接排水的方式：

（1）生活饮用水贮水箱（池）的泄水管和溢流管。
（2）开水器、热水器排水。
（3）医疗灭菌消毒设备的排水。
（4）蒸发式冷却器、空调设备冷凝水的排水。
（5）贮存食品或饮料的冷藏库房的地面排水和冷风机融霜水盘的排水。

5. 施工安装、维护管理方便

排水管道宜在地下或楼板垫层中埋设或在地面上、楼板下明设。当建筑有要求时，可在管槽、管道井、管廊、管沟或吊顶、架空层内暗设；但应便于安装和检修。在气温较高、全年不结冻的地区，可沿建筑物外墙敷设。管道不应敷设在楼层结构层或结构柱内。

在生活排水管道上，应按规定设置检查口和清扫口。室外生活排水管道应在下列位置设置检查井：在管道转弯和连接处；在管道的管径、坡度改变、跌水处；当检查井井距过长时，在井距中间处。

室内生活废水在下列情况下，宜采用有盖的排水沟排除：

(1) 废水中含有大量悬浮物或沉淀物，需经常冲洗。

(2) 设备排水支管很多，用管道连接有困难。

(3) 设备排水点的位置不固定。

(4) 地面需经常冲洗。

6. 占地面积小、 总管线短、 工程造价低

排水管材选择应符合下列要求：

(1) 室内生活排水管道应采用建筑排水塑料管材、柔性接口机制排水铸铁管及相应管件；通气管材宜与排水管管材一致；

(2) 当连续排水温度大于 40℃时，应采用金属排水管或耐热塑料排水管；

(3) 压力排水管道可采用耐压塑料管、金属管或钢塑复合管。

例 20-10　（2012） 下列有关排水管敷设要求的说法中，错误的是：

A　不得穿越卧室　　　　　　B　不得穿越餐厅

C　暗装时可穿越客厅　　　　D　不宜穿越橱窗

解析： 根据《建筑给水排水设计标准》GB 50015—2019 第 4.4.1 条，建筑内排水管道布置应符合下列规定：

1　自卫生器具排至室外检查井的距离应最短，管道转弯应最少；

2　排水立管宜靠近排水量最大或水质最差的排水点；

3　排水管道不得敷设在食品和贵重商品仓库、通风小室、电气机房和电梯机房内；

4　排水管道不得穿过变形缝、烟道和风道；当排水管道必须穿过变形缝时，应采取相应技术措施；

5　排水埋地管道不得布置在可能受重物压坏处或穿越生产设备基础；

6　排水管、通气管不得穿越住户客厅、餐厅，排水立管不宜靠近与卧室相邻的内墙；

7　排水管道不宜穿越橱窗、壁柜，不得穿越贮藏室；

8　排水管道不应布置在易受机械撞击处；当不能避免时，应采取保护措施；

9　塑料排水管不应布置在热源附近；当不能避免，并导致管道表面受热温度大于 60℃时，应采取隔热措施；塑料排水立管与家用灶具边净距不得小于 0.4m；

10　当排水管道外表面可能结露时，应根据建筑物性质和使用要求，采取防结露措施。

答案：C

(四) 通气管道布置与敷设

建筑内部通气管的主要作用是：

(1) 排出有毒有害气体，增大排水能力。

(2) 引进新鲜空气，防止管道腐蚀。

(3) 减小压力波动，防止水封破坏。

（4）减小排水系统的噪声。

通气管道的主要类型有：普通伸顶通气管、专用通气管、环行通气管、器具通气管、主通气管、副通气管、自循环通气管等。通气管与排水管的典型连接模式如图 20-11 所示。

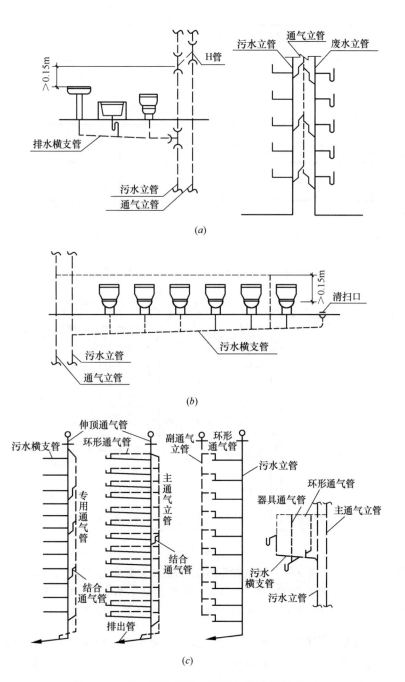

图 20-11　通气管的种类、设置和连接模式（一）

（a）H 管与通气管和排水管的连接模式；（b）环形通气管与排水管及连接模式；

（c）专用通气管、主副通气管、器具通气管与排水管的连接模式

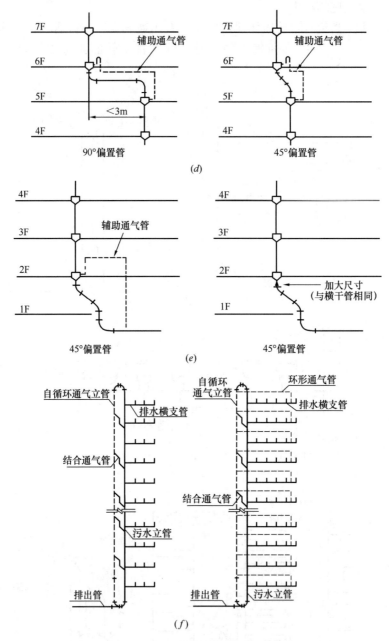

图 20-11　通气管的种类、设置和连接模式（二）

(d) 偏置管设置辅助通气管模式；(e) 最底层的偏置管设置辅助通气管模式；

(f) 自循环通气模式（左侧：专用通气自循环；右侧：环形通气自循环）

生活排水管道系统应根据排水系统的类型，管道布置、长度，卫生器设置数量等因素设置通气管。当底层生活排水管道单独排出且符合下列条件时，可不设通气管：

（1）住宅排水管以户排出时；

（2）公共建筑无通气的底层生活排水支管单独排出的最大卫生器具数量符合表 20-11 的规定时；

（3）排水横管长度不应大于12m。

公共建筑无通气的底层生活排水支管单独排出的最大卫生器具数量　　　表 20-11

排水横支管管径（mm）	卫生器具	数量
50	排水管径≤50mm	1
75	排水管径≤75mm	1
	排水管径≤50mm	3
100	大便器	5

注：1. 排水横支管连接地漏时，地漏可不计数量。

2. DN100 管道除连接大便器外，还可连接该卫生间配置的小便器及洗涤设备。

生活排水管道的立管顶端应设置伸顶通气管。当伸顶通气管无法伸出屋面时，可结合具体情况和标准要求，采用侧墙通气、自循环通气、吸气阀等措施。伸顶通气管高出屋面不得小于 0.3m，且应大于当地最大积雪厚度；在通气管的顶端应装设风帽或网罩。在经常有人停留的平屋面上，通气管口应高出屋面 2m。当伸顶通气管为金属管材时，应根据防雷要求设置防雷装置。在通气管口周围 4m 以内有门窗时，通气管口应高出窗顶 0.6m 或引向无门窗一侧。通气管口不宜设在建筑物挑出部分（如屋檐檐口、阳台和雨篷等）的下面。在全年不结冻的地区，可在室外设吸气阀替代伸顶通气管，吸气阀设在屋面隐蔽处。

伸顶通气管不允许或不可能单独伸出屋面时，可设置汇合通气管。通气立管不得接纳器具污水、废水和雨水，不得与风道和烟道连接。在建筑物内不得设置吸气阀替代器具通气管和环形通气管。

（五）污废水提升与局部处理

1. 集水池与污水泵

建筑物室内地面低于室外地面时，应设置污水集水池、污水泵或成品污水提升装置。

（1）地下停车库应按停车层设置地面排水系统，地面冲洗排水宜排入小区雨水系统；库内如设有洗车站时，应单独设集水井和污水泵，洗车水应排入小区生活污水系统。

（2）当生活污水集水池设置在室内地下室时，池盖应密封，且应设置在独立设备间内并设通风、通气管道系统。成品污水提升装置可设置在卫生间或敞开室间内，地面宜考虑排水措施。生活排水集水池设计应符合下列规定：

1）生活排水集水池有效容积不宜小于最大一台污水泵 5min 的出水量，且污水泵每小时启动次数不宜超过 6 次；成品污水提升装置的污水泵每小时启动次数应满足其产品技术要求；

2）集水池除满足有效容积外，还应满足水泵设置、水位控制器、格栅等安装、检查要求；

3）集水池设计最低水位，应满足水泵吸水要求；

4）集水池应设检修盖板；池底宜有不小于 0.05 坡度坡向泵位；集水坑的深度及平面尺寸，应按水泵类型而定；

5）污水集水池底宜设置池底冲洗管；

6）集水池应设置水位指示装置，必要时应设置超警戒水位报警装置，并将信号引至物业管理中心。

（3）生活排水集水池中排水泵应设置一台备用泵；当地下室、车库冲洗地面的排水，有2台及2台以上排水泵时，可不设备用泵；地下室设备机房的集水池当接纳设备排水、水箱排水、事故溢水时，根据排水量除应设置工作泵外，还应设置备用泵。

2. 化粪池

化粪池是一种利用沉淀和厌氧发酵原理，去除生活污水中悬浮性有机物的处理设施。

（1）化粪池的设置应符合下列要求：

1）化粪池距离地下取水构筑物的净距不得小于30m；

2）化粪池宜设置在接户管的下游端、便于机动车清掏的位置；

3）化粪池池外壁距建筑物外墙不宜小于5m，并不得影响建筑物基础。化粪池应设通气管，通气管排出口设置应满足安全环保要求。

（2）化粪池的构造，应符合下列要求：

1）化粪池的长度与深度、宽度的比例应按污水中悬浮物的沉降条件和积存数量，经水力计算确定；但深度（水面至池底）不得小于1.30m，宽度不得小于0.75m，长度不得小于1.00m，圆形化粪池直径不得小于1.00m；

2）双格化粪池第一格的容量宜为计算总容量的75％；三格化粪池第一格的容量宜为总容量的60％，第二格和第三格各宜为总容量的20％；

3）化粪池格与格、池与连接井之间应设通气孔洞；

4）化粪池进水口、出水口应设置连接井与进水管、出水管相接；

5）化粪池进水管口应设导流装置，出水口处及格与格之间应设拦截污泥浮渣的设施；

6）化粪池池壁和池底，应防止渗漏；

7）化粪池顶板上应设有人孔和盖板。

3. 医院污水处理

医院污水处理应符合下列规定：

（1）医院污水必须进行消毒处理。

（2）染病房的污水经消毒后可与普通病房污水进行合并处理。

（3）医院污水消毒宜采用氯消毒（成品次氯酸钠、氯片、漂白粉、漂粉精或液氯）；当运输或供应困难时，可采用现场制备次氯酸钠、化学法制备二氧化氯消毒方式；当有特殊要求并经技术经济比较合理时，可采用臭氧消毒法。

（4）医院建筑内含放射性物质、重金属及其他有毒、有害物质的污水，当不符合排放标准时，需进行单独处理达标后，方可排入医院污水处理站或城市排水管道。

4. 其他小型处理构筑物

（1）当排水温度高于40℃时，应优先考虑热量回收利用，当不可能或回收不合理时，在排入城镇排水管道排入口检测井处水温度高于40℃应设降温池。

（2）职工食堂和营业餐厅的含油脂污水，应经除油装置后方许排入室外污水管道。隔油设施应优先选用成品隔油装置。

（3）当生活污水处理站布置在建筑地下室时，应有专用隔间；设置生活污水处理设施的房间或地下室应有良好的通风系统，当处理构筑物为敞开式时，每小时换气次数不宜小于15次；当处理设施有盖板时，每小时换气次数不宜小于8次；生活污水处理间应设置除臭装置，其排放口位置应避免对周围人、畜、植物造成危害和影响。

（4）生活污水处理构筑物机械运行噪声不得超过现行国家标准《声环境质量标准》GB 3096 的规定。对建筑物内运行噪声较大的机械应设独立隔间。

（5）小区生活污水处理设施的设置应符合下列规定：

1）宜靠近接入市政管道的排放点；

2）建筑小区处理站的位置宜在常年最小频率的上风向，且应用绿化带与建筑物隔开；

3）处理站宜设置在绿地、停车坪及室外空地的地下。

二、雨水排水系统

应按当地规划确定的雨水径流控制目标，实施雨水控制利用。雨水控制及利用工程设计应符合现行国家标准《建筑与小区雨水控制及利用工程技术规范》GB 50400 的规定。

（一）屋面雨水排水系统

建筑物屋面雨水管道应单独设置。

屋面雨水排水系统按照建筑内是否有雨水管道，可分为外排水和内排水；根据设计流派不同，可分为重力流和压力流。其中，外排水又分为檐沟外排水和天沟外排水；内排水根据悬吊管上连接的雨水斗个数，可分为单斗系统和多斗系统。

建筑屋面雨水管道设计流态宜符合下列状态：①檐沟外排水宜按重力流设计；②长天沟外排水宜按满管压力流设计；③高层建筑屋面雨水排水宜按重力流设计；④工业厂房、库房、公共建筑的大型屋面雨水排水宜按满管压力流设计；在风沙大、粉尘大、降雨量小的地区，不宜采用满管压力流排水系统。

裙房的屋面雨水应单独排放，不得汇入高层建筑屋面排水管道系统。高层建筑阳台、露台雨水排水系统应单独设置，多层建筑阳台、露台雨水排水系统宜单独设置。

阳台雨水的立管可设置在阳台内部；当住宅阳台、露台雨水排入室外地面或雨水控制利用设施时，雨落水管应采取断接方式；当阳台、露台雨水排入小区污水管道时，应设水封井。当屋面雨落水管雨水间接排水且阳台排水有防返溢的技术措施时，阳台雨水可接入屋面雨落水管。当生活阳台设有生活排水设备及地漏时，应设专用排水立管接入污水排水系统，可不另设阳台雨水排水地漏。

在生产工艺或卫生有特殊要求的生产厂房和车间，贮存食品、贵重商品库房，通风小室、电气机房和电梯机房等场所，不应布置雨水管道。寒冷地区，雨水斗和天沟宜采用融冰措施，雨水立管宜布置在室内。天沟、檐沟排水不得流经变形缝和防火墙。天沟宽度不宜小于300mm，并应满足雨水斗安装要求，坡度不宜小于 0.003。

建筑屋面各汇水范围内，雨水排水管立管不宜少于 2 根。建筑屋面雨水排水工程应设置溢流孔口或溢流管系等溢流设施，且溢流排水不得危害建筑设施和行人安全。下列情况下可不设溢流设施：①当采用外檐天沟排水、可直接散水的屋面雨水排水时；②民用建筑雨水管道单斗内排水系统、重力流多斗内排水系统按重现期大于或等于100a 设计时。

重力流雨水排水系统当采用外排水时，可选用建筑排水塑料管；当采用内排水雨水系统时，宜采用承压塑料管、金属管或涂塑钢管等管材；满管压力流雨水排水系统宜采用承压塑料管、金属管、涂塑钢管、内壁较光滑的带内衬的承压排水铸铁管等，用于满管压力流排水的塑料管，其管材抗负压力应大于−80kPa。

（二）小区雨水排水系统

小区雨水排放应遵循源头减排的原则，在总体地面高程设计时，宜利用地形高程进行雨水自流排水；同时应采取防止滑坡、水土流失、塌方、泥石流、地（路）面结冻等地质灾害发生的技术措施。与建筑连通的下沉式广场地面无法重力排水时，应设置雨水集水池和排水泵提升排至室外雨水检查井。

小区雨水排水系统应与生活污水系统分流。雨水回用时，应设置独立的雨水收集管道系统，雨水利用系统处理后的水可在中水贮存池中与中水合并回用。小区雨水排水口应设置在雨水控制利用设施末端，以溢流形式排放；超过雨水径流控制要求的降雨溢流进入市政雨水管渠。

小区必须设雨水管网时，雨水口的布置应根据地形、土质特征、建筑物位置设置，宜布置雨水口的地点有：道路交汇处和路面最低点；地下坡道入口处。

下列场所宜设置排水沟：室外广场、停车场、下沉式广场；道路坡度改变处；水景池周边、超高层建筑周边；采用管道敷设时覆土深度不能满足要求的区域；有条件时宜采用成品线性排水沟；土壤等具备入渗条件时宜采用渗水沟等。

当与建筑连通的下沉式广场地面无法重力排水时，应设置雨水集水池和排水泵提升排至室外雨水检查井。

例 20-11　（2021）小区雨水口不宜布置在：

A　建筑主入口　　　　　　B　道路低点

C　地下坡道出入口　　　　D　道路交汇处

解析：根据《建筑给水排水设计标准》GB 50015—2019 第 5.3.3 条，雨水口宜布置在：道路交汇处和路面最低点；地下坡道入口处。

建筑主入口处人流量较大，不宜设置雨水口，否则会影响正常出行。

答案：A

第六节　建筑节水基本知识

随着我国经济迅速发展和人民生活水平不断提高，城市用水的供需矛盾日益突出，成为我国经济发展的重要制约因素，因此，水资源保护、节约用水已经纳入各级政府（特别是缺水地区）的日常工作。

城市节约用水工作包括：水资源合理调度、节约用水管理、工业企业节水技术和建筑节水等若干内容，本节主要讲解与建筑节水有关的内容。

建筑节水内容包括：与建筑节水有关的法规、建筑节水设备和器具及建筑中水系统。

一、相关法规

与建筑节水有关的法规及相关内容摘要如下：

（1）《建筑给水排水设计标准》GB 50015—2019

其中各类建筑有关的卫生器具、生活用水定额及小时用水变化系数部分。

（2）《民用建筑节水设计标准》GB 50555—2010

（3）《建筑中水设计标准》GB 50336—2018

建筑中水系统设计各项设计标准、实施细则等。

（4）《生活饮用水卫生标准》GB 5749—2006

（5）《城市污水再生利用 城市杂用水水质》GB/T 18920—2020

包括厕所冲洗水、绿化用水、洗车、卫生扫除用水的水质标准。

（6）《节水型生活用水器具》CJ/T 164—2014

规定了节水型水嘴、便器、便器系统、便器冲洗阀、淋浴器、洗衣机、洗碗机的性能参数要求及检测方法等。

（7）《节水型卫生洁具》GB/T 31436—2015

规定了节水型坐便器、蹲便器、小便器、陶瓷片密封水嘴、机械式压力冲洗阀、非接触式给水器具、节水型延时自闭水嘴、节水型淋浴用花洒的性能参数要求及检测方法等。

（8）《水嘴水效限定值及水效等级》GB 25501—2019

（9）《坐便器水效限定值及水效等级》GB 25502—2017

（10）《小便器水效限定值及水效等级》GB 28377—2019

（11）《便器冲洗阀用水效率限定值及用水效率等级》GB 28379—2012

（12）《淋浴器水效限定值及水效等级》GB 28378—2019

（13）《蹲便器水效限定值及水效等级》GB 30717—2019

（14）《电动洗衣机能效水效限定值及等级》GB 12021.4—2013

（15）《反渗透净水机水效限定值及水效等级》GB 34914—2017

二、建筑节水设备和器具

建筑节水设备和器具是实施建筑节水的重要手段，节水器具和设备是指具有显著节水（节能）功能的用水器具和设备。

（一）建筑节水方法

建筑节水主要的节水方法和用水器具、设备：

（1）限定水量，采用限量水表实现。

（2）限定（水箱、水池）水位或水位适时传感、显示，采用水位自动控制装置、水位报警器实现。

（3）防漏，采用低位水箱的各类防漏阀、各类防漏填料等实现。

（4）限制水流量或减压，采用各类限流、节流装置、减压阀等实现。

（5）限时，采用各类延时自闭阀等。

（6）定时控制，采用定时冲洗装置等。

（7）改进操作或提高操作控制的灵敏性，前者如冷热水混合器，后者如自动水龙头、电磁式淋浴节水装置。

（8）适时调节供水水压或流量，采用水泵机组调速给水设备等实现。

（二）主要建筑节水设备和器具

1. 限量水表

限量水表是一种限定水量的节水装置，它实际上是具有水量控制功能的旋翼式水表，投入水币后按量供水，量至水止，兼具计量、限量双重功能。水币可由供水部门向用户销售或发放，以达到限量供水和节约用水的目的；这种水表为在特定条件下加强供水（节水）管理创造了条件。

2. 水位控制装置

水位控制装置是各类水箱、水池和水塔等常用的限制水位、控制流量的设备；通常将水位控制装置分为水位控制阀、水位传感控制装置两类。

（1）水位控制阀

水位控制阀是装于水箱、水池或水塔水柜进水管口并依靠水位变化控制水流的一种特种阀门。阀门的开启、关闭借助于水面浮球上下时的自重、浮力及杠杆作用。原来常用的浮球阀由于漏水等问题已经淘汰，图 20-12 是一种新式的水位控制阀，这种水位控制阀是带有限位浮球的一种液压自闭式阀门。

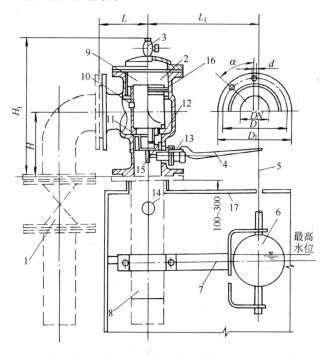

图 20-12　水位控制阀

1—闸阀；2—上空阀；3—排气阀；4—推导拉杆；5—吊绳；6—限位浮球；7—支架；
8—进水管；9—活塞；10—阻尼孔；11—密封环；12—顶针；13—弹簧；14—孔眼；
15—吊阀杆；16—活塞环；17—水箱体

（2）水位传感控制装置

水位传感控制装置，通常由水位传感器和水泵机组的电控回路组成。水箱、水池水位变化通过传感器传递至水泵电控回路，以控制水泵的启停。水位传感器可分为电极式、浮标式和压力式几种类型。压力式传感器又可分为静压式和动压式两种。静压式传感器常设于水箱、水池和水塔的测压管路，动压式传感器则装于水泵出水管路，以获取水位或水压信号。

3. 减压阀

减压阀是一种自动降低管路工作压力的专门装置，它可以将阀前管路较高的水压减少至阀后管路所需的水平。减压阀广泛用于高层建筑、城市给水管网水压过高的区域、矿井及其他场合，以保证给水系统中各用水点获得适当的服务水压和流量。鉴于水的漏失率和浪费程度几乎同给水系统的水压大小成正比，因此减压阀具有改善系统运行工况和潜在节水作用，据统计其节水效果约为20%。

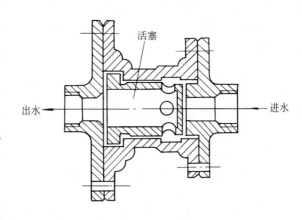

图 20-13　减压阀

减压阀的构造类型很多，以往常见的有薄膜式、内弹簧活塞式（图 20-13）等；减压阀的基本作用原理是靠阀内流道对水流的局部阻力降低水压，水压降的范围由连接阀瓣的薄膜或活塞两侧的进出口水压差自动调节。

4. 延时自动关闭（延时自闭）水龙头

延时自闭水龙头适用于公共建筑与公共场所，有时也可用于家庭。在公共建筑与公共场所应用延时自闭式水龙头的最大优点是可以减少水的浪费，据估计其节水效果约为 30%，但要求较大的可靠性，需加强管理。

按作用原理，延时自闭水龙头可分为水力式、光电感应式和电容感应式等类型。

5. 手压、脚踏式水龙头

手压、脚踏式水龙头的开启借助于手压、脚踏动作及相应传动等机械性作用，释手或松脚即自行关闭。使用时虽略感不便，但节水效果良好。后者尤适用于公共场所，如浴室、食堂和大型交通工具（列车、轮船、民航飞机）上。

6. 停水自动关闭（停水自闭）水龙头

在给水系统供水压力不足或不稳定引起管路停水的情况下，如果用水户未适时关闭水龙头，当管路系统再次来水时不免会使水大量流失，甚至会使水到处溢流造成损失。这种情况通常在供水不足地区和无良好用水习惯或一时疏忽的用水户中时有发生。停水自闭水龙头即是在这种条件下应运而生的，它除具有普通水龙头的用水功能外，还能在管路停水时自动关闭，以免发生上述现象。

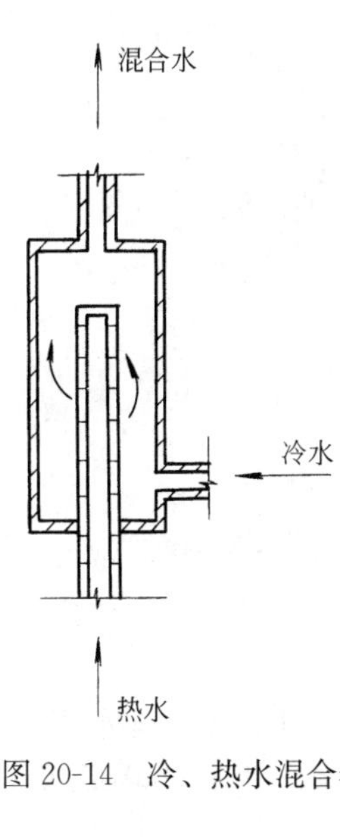

图 20-14　冷、热水混合器

7. 节水淋浴用具

在生活用水中，沐浴用水约占生活总用水量的 15%～25%，其中淋浴用水量占相当大的比例。淋浴时因调节水温和不需水擦拭身体的时间较长，若不及时调节水量会浪费很多水。这种情况在公共浴室尤甚，不关闭阀门或因设备损坏造成"长流水"现象也屡见不鲜，节约淋浴用水的途径除加强管理外，就是推广应用淋浴节水器具。

（1）冷、热水混合器具（水温调节器）（图 20-14）

无论是单体或公用淋浴设施，目前尚缺乏性能优良的冷热水混合器具。在公共浴室通常以（冷热水）混合水箱集中供水，冷、热水由混合器混合。但冷热混合器均不能随时调节水温，因此，研制开发灵敏度高、水温可随意调节的冷热水混合器甚为必要。

（2）浴用脚踏开关（图 20-15）

它是各地公共浴室多年沿用的节水设施，节水效果显著，但是使用不甚方便、卫生条件差、易损坏，此外由于阀件整体性差，亦存在水的内漏和外漏问题，近年已逐渐被新的淋浴节水器具所取代。

（3）电磁式淋浴节水装置（图 20-16）

整个装置由设于喷头下方墙上（或墙体内）的控制器、电磁阀等组成。使用时只需轻按控制器开关，电磁阀即开启通水，延续一段时间后电磁阀自动关闭停水，如仍需用水，可再按控制器开关。这种淋浴节水装置克服了沿袭多年的脚踏开关的缺点，其节水效果更加显著，根据已经使用的浴池

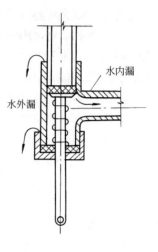

图 20-15　脚踏开关

统计，其节水效率在 30% 左右。考虑到浴室的环境条件，淋浴节水装置的控制器采用全密封技术，防水防潮；采用感应式开关；其使用寿命不少于 2 万次。采用电磁式淋浴节水装置的初次投资虽略显偏高，一般情况下，由于其节水节能，可在 6～12 月内收回全部投资。

（4）节水喷头

改变传统淋浴喷头形式是改革淋浴用水器具的努力目标之一。图 20-17 是一种新型节水喷头，这种喷头由节流阀、球形接头、喷孔、裙嘴等组成。节流阀用以减小和切断水流，球形接头可改变喷头方向，喷孔可减小水流量并形成小股射流。当小股射流由周边一带小孔的圆盘流出时撞到裙嘴侧缘被破碎成小水滴并吸入空气，于是充气水"水花"从裙嘴内壁以一定斜角喷出，供淋浴用。因充气水流的表面张力较小，故可更有效地湿润皮肤。

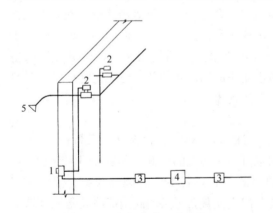

图 20-16　电磁式淋浴节水装置
1—控制器；2—电磁开关；3—闸刀开关；
4—变压器；5—淋浴喷头

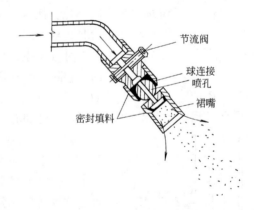

图 20-17　节水喷头

卫生器具和配件应符合国家现行有关标准的节水型生活用水器具的规定。公共场所卫生间的卫生器具设置应符合下列规定：①洗手盆应采用感应式水嘴或延时自闭式水嘴等限

流节水装置；②小便器应采用感应式或延时自闭式冲洗阀；③坐式大便器宜采用设有大、小便分档的冲洗水箱，蹲式大便器应采用感应式冲洗阀、延时自闭式冲洗阀等。

三、建筑中水系统

建筑中水回用系统（即中水道）起源于日本，是将建筑内或建筑群内的生活污水进行收集和处理后供给其他用途的给水系统。这样做不仅治理了污水，而且部分缓解了用水的紧张，因此目前许多国家都积极开展中水回用技术的研究与推广。我国从20世纪80年代开始在建筑物内应用中水技术，特别在水资源日益匮乏的今天，中水技术已经受到国家有关部门的高度重视。

（一）中水设置场所、水源种类及用途

根据《建筑中水设计标准》GB 50336—2018，以下场所应设置中水设施：

（1）建筑面积＞2万 m^2 的宾馆、饭店、公寓和高级住宅等。

（2）建筑面积＞3万 m^2 的机关、科研单位、大专院校和大型文体建筑等。

（3）建筑面积＞5万 m^2 的集中建筑区（院校、机关大院、产业开发区）、居住小区（公寓区、别墅区等）。

根据原水的水质差异，可供选择的建筑中水水源依次为：卫生间、公共浴室的盆浴和淋浴等的排水；盥洗排水；空调循环冷却水系统排水；冷凝水；游泳池排水；洗衣排水；厨房排水；冲厕排水。其中，前6种水统称为优质杂排水，前7种统称为杂排水（也称为生活废水），上述所有的排水统称为生活排水。

为保证用水安全，医疗污水、放射性废水、生物污染废水、重金属及其他有毒有害物质超标的排水，严禁作为中水水源。

中水用作建筑杂用水和城市杂用水，如冲厕、道路清扫、消防、绿化、车辆冲洗、建筑施工等，其水质应符合现行国家标准《城市污水再生利用　城市杂用水水质》GB/T 18920的规定。中水用于建筑小区景观环境用水时，其水质应符合现行国家标准《城市污水再生利用　景观环境用水水质》GB/T 18921的规定。考虑到水质安全风险，中水及雨水回用水一般用于绿化、冲厕、街道清扫、车辆冲洗、建筑施工、消防等与人体不接触的杂用水。

（二）中水处理工艺

1. 中水处理单元

中水处理单元包括：预处理、生物处理、物化处理、固液分离处理、深度处理和消毒处理。中水处理典型工艺为：

原水→预处理→生物（或物化）处理→固液分离→（深度处理）→消毒→出水。

其中预处理单元有格栅、调节池、毛发聚集器、隔油池等设施；生物处理单元有接触氧化池、活性污泥池、生物转盘、生物填料塔等；物化处理单元有混凝沉淀、气浮、臭氧氧化等方法；固液分离单元有砂过滤器、纤维球过滤器、沉淀池等设备；深度处理单元可视水质情况取舍，有活性炭吸附、焦炭吸附等；消毒单元常用药剂有 $NaClO$、液氯、O_3、ClO_2 等。

2. 中水处理工艺

常用中水处理工艺有：

（1）原水→预处理单元→生物处理单元→固液分离单元→（深度处理单元）→消毒→

清水池→出水。

（2）原水→预处理单元→物化处理单元→固液分离单元→（深度处理单元）→消毒→清水池→出水。

（3）原水→预处理单元→固液分离单元→（深度处理单元）→消毒→清水池→出水。

例 20-12　（2021）体育场卫生器具设置错误的是：

A　洗手盆采用感应式水嘴

B　小便器采用手动式冲洗阀

C　蹲式便器采用延时自闭冲洗阀

D　坐便器采用大小分档水箱

解析：根据《建筑给水排水设计标准》GB 50015—2019 第 3.2.14 条，公共场所卫生间的卫生器具设置应符合下列规定：

1　洗手盆应采用感应式水嘴或延时自闭式水嘴等限流节水装置；

2　小便器应采用感应式或延时自闭式冲洗阀；

3　坐式大便器宜采用设有大、小便分档的冲洗水箱，蹲式大便器应采用感应式冲洗阀、延时自闭式冲洗阀等。

答案：B

习　题

20-1　(2019)小区给水设计中不属于正常用水量的是：

A　管网漏水　　　　　　　　　　B　道路冲洗

C　消防灭火　　　　　　　　　　D　绿化浇洒

20-2　(2019)医院用水定额中不包含下列哪项用水量？

A　门诊用水量　　　　　　　　　B　住院部用水量

C　手术室用水量　　　　　　　　D　专业洗衣房用水量

20-3　(2019)城镇自来水管道与小区管道连接的规定，下列哪条错误？

A　严禁与中水管相连　　　　　　B　允许与自备水源管连接

C　严禁与冷却水管相连　　　　　D　严禁与回用雨水管相连

20-4　(2019)国家对满足使用条件下的卫生器具流量做出的上限规定，不包括以下哪条？

A　便器及便器系统　　　　　　　B　便器冲洗阀

C　淋浴器　　　　　　　　　　　D　自动饮水器

20-5　(2019)小区给水系统为综合利用水资源，宜实行分质供水，其中应优先选用的系统是：

A　重复利用循环水　　　　　　　B　再生水

C　井水　　　　　　　　　　　　D　雨水

20-6　(2019 修改)当太阳能作为热水供应的热源且采用分散集热、分散供热方式时，其备用热源宜优先采用：

A　燃气　　　　　　　　　　　　B　城市热力管网

C　废热　　　　　　　　　　　　D　集中供暖管网

20-7　(2019)为防止污染，以下构筑物与设备不允许直接与废污水管道连接的是：

A　饮用水贮水箱间地面排水　　　B　开水器热水器间地面排水

C　贮存食品或饮料的冷库地面排水　　　D　医疗灭菌消毒设备房间地面排水

20-8 **(2019)**建筑物的生活污水是指:
A　大小便排水　　　　　　　　　　B　厨房排水
C　洗涤排水　　　　　　　　　　　D　浴室排水

20-9 **(2019)**可作为消防水源并宜优先采用的是:
A　雨水清水　　　　　　　　　　　B　市政给水
C　中水清水　　　　　　　　　　　D　游泳池水

20-10 **(2019)**下列有关消防水池的设计要求,错误的是:
A　应保证有效容积全部利用
B　应设置就地水位显示装置
C　消防中心应设置水位显示及最高水位报警装置
D　溢流排水管应采用直接排水

20-11 **(2019)**室内消火栓的选型,与哪项因素无关?
A　环境温度　　　　　　　　　　　B　火灾类型
C　火灾危险性　　　　　　　　　　D　不同灭火功能

20-12 **(2019)**应采取消防排水措施的建筑物及场所,以下哪条错误?
A　消防水泵房　　　　　　　　　　B　消防电梯的井底
C　电石库房　　　　　　　　　　　D　设有消防给水的地下室

20-13 **(2019)**消防水泵房设置规定,以下哪条错误?
A　单独建造时,耐火等级不低于二级
B　附设在建筑物中应设在地下三层及以下
C　疏散应直通室外或安全出口
D　室内与室外出口地坪高差不应大于 10m

20-14 **(2019)**自动喷水灭火系统的水质要求,不含以下哪项?
A　无污染　　　　　　　　　　　　B　无悬浮物
C　无微生物　　　　　　　　　　　D　无腐蚀

20-15 **(2019)**化粪池设置应符合的条件,以下哪条错误?
A　距地下取水构筑物不得小于 30m
B　宜设置在接户管的下游端
C　便于机动车清掏
D　池壁距建筑物外墙距离不宜小于 3m

20-16 **(2019)**下列哪项不属于医院污水的消毒品?
A　成品次氯酸钠　　　　　　　　　B　氯化钙
C　漂白粉　　　　　　　　　　　　D　液氯

20-17 **(2019)**建筑物内地漏设置要求,以下哪条错误?
A　设在易溅水器具附近
B　设在需经常从地面排水的房间地面最低处
C　洗衣机位置设置洗衣机专用地漏
D　洗衣机地漏排水可排入室内雨水管

20-18 **(2019)**建筑物屋面雨水排水设计,以下哪条错误?
A　檐沟外排水宜按重力流
B　长天沟外排水宜按满管压力流
C　高层建筑屋面雨水排水宜按压力流

D　厂房、库房、公共建筑的大型屋面雨水排水宜按压力流

20-19　(2019) 以下哪项用水，不应采用中水？

A　厕所便器冲水　　　　　　　　B　高压人工喷雾水景

C　小区绿化　　　　　　　　　　D　洗车

20-20　(2019) 建筑物的庭院回用雨水达到利用标准后，不能用于下列哪项？

A　冲洗城市道路　　　　　　　　B　消防

C　游泳池补水　　　　　　　　　D　冲洗车辆

20-21　(2018 修改) 建筑屋面雨水排水系统的管材，不宜选用哪项？

A　排水塑料管（重力流内排水）

B　承压塑料管（重力流内排水）

C　内壁较光滑的带内衬的承压排水铸铁管（满管压力流）

D　涂塑钢管（重力流内排水）

20-22　(2018) 关于高层建筑雨水系统设计要求，以下哪条错误？

A　裙房屋面雨水应单独排放

B　阳台排水系统应单独设置

C　阳台雨水排水立管底部应间接排水

D　宜按压力流设计

20-23　(2018) 关于通气立管的设置，错误的是：

A　可接纳雨水　　　　　　　　　B　不得接纳器具污水

C　不得接纳器具废水　　　　　　D　不得与风道、烟道连接

20-24　(2018) 生活污水排水系统的通气管设置，不符合要求的是：

A　高出屋面不小于 0.3m

B　高出最大积雪厚度

C　高出经常有人停留的平屋面 1.5m

D　顶端应设置风帽或网罩

20-25　(2018 修改) 以下哪条是建筑物内采用生活污水与生活废水分流的必要条件？

A　气候条件　　　　　　　　　　B　设有集中空调系统

C　生活废水要回收利用　　　　　D　排水需经化粪池处理

20-26　(2018 修改) 小区排水管线布置应遵循的原则，下列哪条错误？

A　地形高差、排水排向　　　　　B　尽可能压力排除

C　管线短　　　　　　　　　　　D　埋深小（保证在冰冻线以下）

20-27　(2018) 下列多层民用建筑或场所应设置自动灭火系统，但不宜采用自动喷水灭火系统的是：

A　大、中型幼儿园

B　建筑总面积大于 $500m^2$ 的老年人建筑

C　特、甲等剧场

D　飞机发动机试验台的试车部位

20-28　(2018) 消防水池有效容量大于以下哪条，应设置两座能独立使用的消防水池？

A　1000m³　　　　B　800m³　　　　C　600m³　　　　D　500m³

20-29　(2018) 室内消火栓系统设置消防水泵接合器的条件，以下哪条错误？

A　超过 2 层或建筑面积＞10000m² 的地下建筑（室）

B　超过 5 层的公共建筑

C　其他高层建筑

D　超过 5 层的厂房或仓库

20-30 **(2018)** 室外消火栓系统组成，不含以下哪项？

A 水源 B 水泵接合器

C 消防车 D 室外消火栓

20-31 **(2018)** 构筑物与设备为防止污染，以下允许直接与污废水管道连接的是？

A 饮用水贮水箱泄水管和溢流管

B 开水器热水器排水

C 贮存食品饮料的储存冷库地面排水

D 医疗灭菌消毒设备房地面排水

20-32 **(2018)** 利用废热（高温无毒液、废气、烟气）作为生活热水热媒时，应采取的措施，下列哪条错误？

A 加热设备应防腐

B 设备构造应便于清扫水垢和杂物

C 防止热媒管道渗漏污染

D 消除热媒管道压力涂抹油料

20-33 **(2018)** 为综合利用水资源，小区给水系统宜实行分质供水，其中应优先采用的系统是：

A 雨水 B 地下水

C 重复利用循环水 D 再生水

20-34 **(2018)** 国家对满足使用条件下的卫生器具流量作出了上限规定，不包括以下哪条？

A 家用洗衣机 B 便器及便器系统

C 饮水器喷嘴 D 水龙头

20-35 **(2018)** 关于建筑物内生活饮用水箱（池）设置要求，下列哪条错误？

A 与其他水箱（池）并列设置时可共用隔墙

B 宜设置在专用房间内

C 上方不应设浴室

D 上方不应设盥洗室

20-36 **(2018)** 小区给水设计用水量中，不属于正常用水量的是？

A 绿化 B 消防

C 水景 D 管网漏水

20-37 以下哪一种用水属于生活给水系统？

A 电厂水泵冷却用水 B 电路板洗涤用水

C 消火栓用水 D 办公冲厕用水

20-38 以下关于水质标准的叙述，哪项正确？

A 生活给水系统水质应符合《饮用净水水质标准》

B 《生活饮用水卫生标准》中的饮用水指可以直接饮用的水

C 《饮用净水水质标准》对水质的要求高于《生活杂用水水质标准》的要求

D 饮用净水系统应用河水或湖泊水为水源，处理后的水应符合《生活饮用水卫生标准》

20-39 给水管道的布置与敷设的基本原则包括以下哪一条？

A 供水安全和水力条件良好

B 保护管道不受损坏，同时不影响生产安全和建筑物的使用

C 便于安装维修

D 以上全是

20-40 埋地式生活饮用水贮水池与化粪池的最小水平距离是：

A 5m B 10m C 15m D 20m

20-41 通过地震断裂带的管道、穿越铁路或其他主要交通干线及位于地基土为可液化土地段上的管道，应采用：

A 混凝土管　　　　　　　　　　　B 塑料管

C PPR 管　　　　　　　　　　　　D 钢管

20-42 给水管出口高出用水设备溢流水位的最小空气间隙，不得小于配水出口处给水管管径的多少倍？

A 2　　　　　　B 2.5　　　　　　C 3　　　　　　D 5

20-43 某产煤区的大型坑口电站，若采用集中热水供应系统，其热源应首先采用以下哪一类？

A 煤加热　　　　　　　　　　　　B 煤制气加热

C 电加热　　　　　　　　　　　　D 稳定可靠的冷轮发电机余热

20-44 世界各地广泛使用的主要灭火剂是：

A 七氟丙烷　　　B 二氧化碳　　　C 干粉　　　　D 水

20-45 以下关于室外消火栓的说法中，错误的是：

A 在严寒、寒冷等冬季结冰地区，宜采用湿式地上式消火栓

B 市政消火栓应沿道路一侧设置，并宜靠近十字路口

C 市政桥桥头和城市交通隧道出入口等市政公用设施处，应设置市政消火栓

D 当市政道路宽度大于 60m 时，应在道路两侧交叉错落设置市政消火栓

20-46 我国高层建筑的火灾扑救，以下叙述哪条正确？

A 以自动喷水灭火系统为主

B 以气体灭火系统为主

C 以现代化的室外登高消防车为主

D 以室内外消火栓系统为主，辅以建筑灭火器以及自动喷水、气体等灭火系统共同作用

20-47 下列建筑物中，可不设室内消火栓的是：

A 1500 个座位的礼堂、体育馆　　　　B 6000m³ 的车站

C 体积为 12000m³ 的办公楼　　　　　D 高度为 18m 的住宅

20-48 一类高层公共建筑中，以下哪项不需要设置自动喷水灭火系统？

A 走道　　　　　B 溜冰场　　　　C 办公室　　　　D 自动扶梯底部

20-49 消火栓按 2 支水枪的 2 股充实水柱布置的建筑物，消火栓的布置间距不应大于多少米？

A 20　　　　　　B 30　　　　　　C 50　　　　　　D 100

20-50 充可燃油并设置在高层民用建筑内的多油开关室，应设置以下哪类系统？

A 水喷雾灭火系统　　　　　　　　B 水幕系统

C 雨淋系统　　　　　　　　　　　D 干式自动喷水灭火系统

20-51 以下排水管选用管径哪项正确？

A 大便器排水管最小管径不得小于 50mm

B 建筑物内排出管最小管径不得小于 100mm

C 公共食堂厨房污水排出干管管径不得小于 100mm

D 医院污物洗涤盆排水管最小管径不得小于 100mm

20-52 以下哪种水宜优先被选作中水水源？

A 优质杂排水　　　B 杂排水　　　C 生产污水　　　D 生活污水

20-53 在管道安装中，不需要设置存水弯的卫生器具是：

A 普通蹲便器　　　　　　　　　　B 低水箱坐便器

C 洗脸盆　　　　　　　　　　　　D 厨房洗涤盆

20-54 管道井的设置，下述哪项是错误的？

A 需进人维修的管道井，其维修人员的工作通道净宽度不得小于 0.6m

B 管道井应隔层设外开检修门

C 管道井检修门的耐火极限应符合消防规范的规定

D 管道井井壁及竖向防火隔断应符合消防规范的规定

20-55 幼儿园卫生器具热水使用温度,以下哪条错误?

A 淋浴器 37℃   B 浴盆 35℃

C 盥洗槽水嘴 30℃   D 洗涤盆 50℃

参考答案及解析

20-1 **解析**:根据本教材第一节第五部分内容,小区给水设计用水量,应根据下列用水量确定:①居民生活用水量;②公共建筑生活用水量;③绿化用水量;④水景、娱乐设施用水量;⑤道路、广场用水量;⑥公用设施用水量;⑦未预见用水量及管网漏失水量;⑧消防用水量。其中,消防用水量仅用于校核管网计算,不计入正常用水量。

答案:C

20-2 **解析**:根据《建筑给水排水设计标准》GB 50015—2019 中条文说明第 3.2.2 条,目前我国旅馆、医院等大多数实行洗衣社会化,委托专业洗衣房洗衣,减少了这部分建筑面积、设备、人员和能耗、水耗,故本条中旅馆、医院的用水定额未包含这部分用水量。如果实际设计项目中仍有洗衣房的话,那还应考虑这一部分的水量,用水定额可按表 3.2.2(本教材表 20-2)第 10 项的规定确定。

答案:D

20-3 **解析**:根据《建筑给水排水设计标准》GB 50015—2019 中第 3.1.2 条,自备水源的供水管道严禁与城镇给水管道直接连接;第 3.1.3 条,中水、回用雨水等非生活饮用水管道严禁与生活饮用水管道连接。

答案:B

20-4 **解析**:根据本教材第六节第一部分,国家现行有关节水型生活用水器具的标准有:《节水型生活用水器具》CJ/T 164、《节水型卫生洁具》GB/T 31436、《节水型产品通用技术条件》GB/T 18870、《水嘴水效限定值及水效等级》GB 25501、《坐便器水效限定值及水效等级》GB 25502、《小便器水效限定值及水效等级》GB 28377、《便器冲洗阀用水效率限定值及用水效率等级》GB 28379、《淋浴器水效限定值及水效等级》GB 28378、《蹲便器水效限定值及水效等级》GB 30717、《电动洗衣机能效水效限定值及等级》GB 12021.4、《反渗透净水机水效限定值及水效等级》GB 34914 等。生活用水器具所允许的最大流量(坐便器为用水量)应符合产品的用水效率限定值,节水型用水器具应按选用的用水效率等级确定产品的最大流量(坐便器为用水量)。

答案:D

20-5 **解析**:根据《建筑给水排水设计标准》GB 50015—2019 中第 3.1.7 条,小区给水系统设计应综合利用各种水资源,充分利用再生水、雨水等非传统水源;优先采用循环和重复利用给水系统。

答案:A

20-6 **解析**:根据《建筑给水排水设计标准》GB 50015—2019 中第 6.6.6 条,太阳能热水系统辅助热源宜因地制宜选择,分散集热、分散供热太阳能热水系统和集中集热、分散供热太阳能热水系统宜采用燃气、电;集中集热、集中供热太阳能热水系统宜采用城市热力管网、燃气、燃油、热泵等。

答案:A

20-7 **解析**:根据《建筑给水排水设计标准》GB 50015—2019 中第 4.4.12 条,下列构筑物和设备的排水管与生活排水管道系统应采取间接排水的方式:

(1)生活饮用水贮水箱(池)的泄水管和溢流管;

（2）开水器、热水器排水；

（3）医疗灭菌消毒设备的排水；

（4）蒸发式冷却器、空调设备冷凝水的排水；

（5）贮存食品或饮料的冷藏库房的地面排水和冷风机溶霜水盘的排水。

答案：C

20-8 解析：根据本教材第五节，生活污水是指大便器（槽）、小便器（槽）等排放的粪便水；生活废水是指洗脸盆、洗衣机、浴盆、淋浴器、洗涤盆等排水，与粪便水相比，水质污染程度较轻。

答案：A

20-9 解析：根据《消防给水及消火栓系统技术规程》GB 50974—2014 第4.1.3条，消防水源应符合下列规定：

（1）市政给水、消防水池、天然水源等可作为消防水源，并宜采用市政给水；

（2）雨水清水池、中水清水池、水景和游泳池可作为备用消防水源。

答案：B

20-10 解析：根据《消防给水及消火栓系统技术规程》GB 50974—2014 第4.3.9条，消防水池的出水、排水和水位应符合下列规定：

（1）消防水池的出水管应保证消防水池的有效容积能被全部利用；

（2）消防水池应设置就地水位显示装置，并应在消防控制中心或值班室等地点设置显示消防水池水位的装置，同时应有最高和最低报警水位；

（3）消防水池应设置溢流水管和排水设施，并应采用间接排水。

答案：D

20-11 解析：根据《消防给水及消火栓系统技术规程》GB 50974—2014 第7.4.1条，室内消火栓的选型应根据使用者、火灾危险性、火灾类型和不同灭火功能等因素综合确定。

答案：A

20-12 解析：根据《消防给水及消火栓系统技术规程》GB 50974—2014 第9.2.1条，下列建筑物和场所应采取消防排水措施：

（1）消防水泵房；

（2）设有消防给水系统的地下室；

（3）消防电梯的井底；

（4）仓库。

电石的成分是 CaC_2，遇水会发生激烈反应造成燃烧，不能用水灭火。

答案：C

20-13 解析：根据《消防给水及消火栓系统技术规程》GB 50974—2014 第8.1.6条，消防水泵房的设置应符合下列规定：

（1）单独建造的消防水泵房，其耐火等级不应低于二级；

（2）附设在建筑内的消防水泵房，不应设置在地下三层及以下或室内地面与室外出入口地坪高差大于10m的地下楼层；

（3）疏散门应直通室外或安全出口。

答案：B

20-14 解析：根据《自动喷水灭火系统设计规范》GB 50084—2017 第10.1.1条，系统用水应无污染、无腐蚀、无悬浮物。

答案：C

20-15 解析：根据《建筑给水排水设计标准》GB 50015—2019 第4.10.13条，化粪池与地下取水构筑物的净距不得小于30m。第4.10.14条，化粪池的设置应符合下列规定：

（1）化粪池宜设置在接户管的下游端，便于机动车清掏的位置；

（2）化粪池池外壁距建筑物外墙不宜小于5m，并不得影响建筑物基础；

（3）化粪池应设通气管，通气管排出口设置位置应满足安全、环保要求。

答案：D

20-16 解析：根据本教材第五节第一部分，医院污水消毒宜采用氯消毒（成品次氯酸钠、氯片、漂白粉、漂粉精或液氯）。

答案：B

20-17 解析：根据《建筑给水排水设计标准》GB 50015—2019 第4.3.7条，地漏应设置在易溅水的器具或冲洗水嘴附近，且应在地面的最低处。洗衣机排水属于生活废水，为防止水质污染，不能排入室内雨水管。

答案：D

20-18 解析：根据《建筑给水排水设计标准》GB 50015—2019 第5.2.13条，屋面雨水排水管道系统设计流态应符合下列规定：

（1）檐沟外排水宜按重力流系统设计；

（2）高层建筑屋面雨水排水宜按重力流系统设计；

（3）长天沟外排水宜按满管压力流设计；

（4）工业厂房、库房、公共建筑的大型屋面雨水排水宜按满管压力流设计；

（5）在风沙大、粉尘大、降雨量小的地区不宜采用满管压力流排水系统。

答案：C

20-19 解析：根据本教材第六节第三部分，中水可用冲厕、道路清扫、消防、绿化、车辆冲洗、建筑施工等，水质应符合《城市污水再生利用 城市杂用水水质》GB/T 18920 的规定。高压人工喷雾形成的气溶胶容易进入人体，考虑到健康因素和目前的水质标准，不能采用中水。

答案：B

20-20 解析：游泳池补水直接与人体接触，考虑到健康因素和目前的水质标准，雨水不能用于游泳池补水。当雨水水质符合《城市污水再生利用 城市杂用水水质》GB/T 18920 的规定时，可以用于冲洗城市道路、消防、冲洗车辆。

答案：C

20-21 解析：根据《建筑给水排水设计标准》GB 50015—2019 第5.2.39条，雨水排水管材选用应符合下列规定：

（1）重力流雨水排水系统当采用外排水时，可选用建筑排水塑料管；当采用内排水雨水系统时，宜采用承压塑料管、金属管或涂塑钢管等管材；

（2）满管压力流雨水排水系统宜采用承压塑料管、金属管、涂塑钢管、内壁较光滑的带内衬的承压排水铸铁管等，用于满管压力流排水的塑料管，其管材抗负压力应大于−80kPa。

答案：A

20-22 解析：根据《建筑给水排水设计标准》GB 50015—2019 第5.2.22条，裙房屋面的雨水应单独排放，不得汇入高层建筑屋面排水管道系统。

根据《建筑给水排水设计标准》GB 50015—2019 第5.2.24条，阳台、露台雨水系统设置应符合下列规定：

（1）高层建筑阳台、露台雨水系统应单独设置；

（2）多层建筑阳台、露台雨水宜单独设置；

（3）阳台雨水的立管可设置在阳台内部；

（4）当住宅阳台、露台雨水排入室外地面或雨水控制利用设施时，雨落水管应采取断接方式；当阳台、露台雨水排入小区污水管道时，应设水封井；

（5）当屋面雨落水管雨水间接排水且阳台排水有防返溢的技术措施时，阳台雨水可接入屋面雨落水管；

（6）当生活阳台设有生活排水设备及地漏时，应设专用排水立管管接入污水排水系统，可不另设阳台雨水排水地漏。

根据《建筑给水排水设计标准》GB 50015—2019 第5.2.13条，屋面雨水排水管道系统设计流态应符合下列规定：

（1）檐沟外排水宜按重力流系统设计；

（2）高层建筑屋面雨水排水宜按重力流系统设计；

（3）长天沟外排水宜按满管压力流设计；

（4）工业厂房、库房、公共建筑的大型屋面雨水排水宜按满管压力流设计；

（5）在风沙大、粉尘大、降雨量小的地区不宜采用满管压力流排水系统。

答案：D

20-23 解析：根据《建筑给水排水设计标准》GB 50015—2019 第4.7.6条，通气立管不得接纳器具污水、废水和雨水，不得与风道和烟道连接。

答案：A

20-24 解析：根据《建筑给水排水设计标准》GB 50015—2019 第4.7.12条，高出屋面的通气管设置应符合下列规定：

（1）通气管高出屋面不得小于0.3m，且应大于最大积雪厚度，通气管顶端应装设风帽或网罩；

（2）在通气管口周围4m以内有门窗时，通气管口应高出窗顶0.6m或引向无门窗一侧；

（3）在经常有人停留的平屋面上，通气管口应高出屋面2m，当屋面通气管有碍于人们活动时，可按本标准第4.7.2条规定执行；

（4）通气管口不宜设在建筑物挑出部分的下面；

（5）在全年不结冻的地区，可在室外设吸气阀替代伸顶通气管，吸气阀设在屋面隐蔽处；

（6）当伸顶通气管为金属管材时，应根据防雷要求设置防雷装置。

答案：C

20-25 解析：根据《建筑给水排水设计标准》GB 50015—2019 第4.2.2条，下列情况宜采用生活污水与生活废水分流的排水系统：

（1）当政府有关部门要求污水、废水分流且生活污水需经化粪池处理后才能排入城镇排水管道时；

（2）生活废水需回收利用时。

答案：C

20-26 解析：根据《建筑给水排水设计标准》GB 50015—2019 第4.1.6条，小区生活排水管的布置应根据小区规划、地形标高、排水流向，按管线短、埋深小、尽可能自流排出的原则确定。当生活排水管道不能以重力自流排入市政排水管道时，应设置生活排水泵站。

答案：B

20-27 解析：根据《建筑设计防火规范》GB 50016—2014 第8.3.4条，除本规范另有规定和不宜用水保护或灭火的场所外，下列单、多层民用建筑或场所应设置自动灭火系统，并宜采用自动喷水灭火系统：

（1）特等、甲等剧场，起过1500个座位的其他等级的剧场，超过2000个座位的会堂或礼堂，超过3000个座位的体育馆，超过5000人的体育场的室内人员休息室与器材间等；

（2）任一层建筑面积大于1500m² 或总建筑面积大于3000m² 的展览、商店、餐饮和旅馆建筑以及医院中同样建筑规模的病房楼、门诊楼和手术部；

（3）设置送回风道（管）的集中空气调节系统且总建筑面积大于 3000m² 的办公建筑等；

（4）藏书量超过 50 万册的图书馆；

（5）大、中型幼儿园，老年人照料设施；

（6）总建筑面积大于 500m² 的地下或半地下商店；

（7）设置在地下或半地下或地上四层及以上楼层的歌舞、娱乐、放映、游艺场所（除游泳场所外），设置在首层、二层和三层且任一层建筑面积大于 300m² 的地上歌舞、娱乐、放映、游艺场所（除游泳场所外）。

根据《建筑设计防火规范》GB 50016—2014 第 8.3.8 条，下列场所应设置自动灭火系统，并宜采用水喷雾灭火系统：

（1）单台容量在 40MV·A 及以上的厂矿企业油浸变压器，单台容量在 90MV·A 及以上的电厂油浸变压器，单台容量在 125MV·A 及以上的独立变电站油浸变压器；

（2）飞机发动机试验台的试车部位；

（3）充可燃油并设置在高层民用建筑内的高压电容器和多油开关室。

注：设置在室内的油浸变压器、充可燃油的高压电容器和多油开关室，可采用细水雾灭火系统。

答案：D

20-28 解析：根据《消防给水及消火栓系统技术规程》GB 50974—2014 第 4.3.6 条，消防水池的总蓄水有效容积大于 500m³ 时，宜设两格能独立使用的消防水池；当大于 1000m³ 时，应设置能独立使用的两座消防水池。每格（或座）消防水池应设置独立的出水管，并应设置满足最低有效水位的连通管，且其管径应能满足消防给水设计流量的要求。

答案：A

20-29 解析：根据《消防给水及消火栓系统技术规程》GB 50974—2014 第 5.4.1 条，下列场所的室内消火栓给水系统应设置消防水泵接合器：

（1）高层民用建筑；

（2）设有消防给水的住宅、超过 5 层的其他多层民用建筑；

（3）超过 2 层或建筑面积大于 10000m² 的地下或半地下建筑（室）、室内消火栓设计流量大于 10L/s 平战结合的人防工程；

（4）高层工业建筑和超过 4 层的多层工业建筑；

（5）城市交通隧道 。

答案：D

20-30 解析：根据本教材第四节第三部分，室内消火栓给水系统一般由消火栓设备、消防管道及附件、消防增压贮水设备、水泵接合器等组成。水泵接合器是连接消防车向室内加压供水的装置，属于室内消火栓系统的组成部分。

答案：B

20-31 解析：根据《建筑给水排水设计标准》GB 50015—2019 第 4.4.12 条，下列构筑物和设备的排水管与生活排水管道系统应采用间接排水的方式：

（1）生活饮用水贮水箱（池）的泄水管和溢流管；

（2）开水器、热水器排水；

（3）医疗灭菌消毒设备的排水；

（4）蒸发式冷却器、空调设备冷凝水的排水；

（5）贮存食品或饮料的冷藏库房的地面排水和冷风机溶霜水盘的排水。

答案：D

20-32 解析：根据《建筑给水排水设计标准》GB 50015—2019 第 6.3.4 条，当采用废气、烟气、高温无毒废液等废热作为热媒时，应符合下列规定：

　　（1）加热设备应防腐，其构造应便于清理水垢和杂物；

　　（2）应采取措施防止热媒管道渗漏而污染水质；

　　（3）应采取措施消除废气压力波动或除油。

　　答案：D

20-33　解析：根据《建筑给水排水设计标准》GB 50015—2019 第 3.1.7 条，小区给水系统设计应综合利用各种水资源，充分利用再生水、雨水等非传统水源；优先采用循环和重复利用给水系统。

　　答案：C

20-34　解析：根据本教材第六节第一部分，国家现行有关节水型生活用水器具的标准有：《节水型生活用水器具》CJ/T 164、《节水型卫生洁具》GB/T 31436、《节水型产品通用技术条件》GB/T 18870、《水嘴水效限定值及水效等级》GB 25501、《坐便器水效限定值及水效等级》GB 25502、《小便器水效限定值及水效等级》GB 28377、《淋浴器水效限定值及水效等级》GB 28378、《便器冲洗阀用水效率限定值及用水效率等级》GB 28379、《蹲便器水效限定值及水效等级》GB 30717、《电动洗衣机能效水效限定值及等级》GB 12021.4、《反渗透净水机水效限定值及水效等级》GB 34914 等。生活用水器具所允许的最大流量（坐便器为用水量）应符合产品的用水效率限定值，节水型用水器具应按选用的用水效率等级确定产品的最大流量（坐便器为用水量）。

　　答案：C

20-35　解析：根据《建筑给水排水设计标准》GB 50015—2019 第 3.3.16 条，建筑物内的生活饮用水水池（箱）体，应采用独立结构形式，不得利用建筑物的本体结构作为水池（箱）的壁板、底板及顶盖。生活饮用水水池（箱）与消防用水水池（箱）并列设置时，应有各自独立的池（箱）壁。

　　《建筑给水排水设计标准》GB 50015—2019 第 3.3.17 条，建筑物内的生活饮用水水池（箱）及生活给水设施，不应设置于与厕所、垃圾间、污（废）水泵房、污（废）水处理机房及其他污染源毗邻的房间内；其上层不应有上述用房及浴室、盥洗室、厨房、洗衣房和其他产生污染源的房间。

　　《建筑给水排水设计标准》GB 50015—2019 第 3.8.1 条，生活用水水池（箱）应符合下列规定：

　　（1）水池（箱）的结构形式、设置位置、构造和配管要求、贮水更新周期、消毒装置设置等应符合本标准第 3.3.15 条～第 3.3.20 条和第 3.13.11 条的规定；

　　（2）建筑物内的水池（箱）应设置在专用房间内，房间应无污染、不结冻、通风良好并应维修方便；室外设置的水池（箱）及管道应采取防冻、隔热措施；

　　（3）建筑物内的水池（箱）不应毗邻配变电所或在其上方，不宜毗邻居住用房或在其下方；

　　（4）当水池（箱）的有效容积大于 50m³ 时，宜分成容积基本相等、能独立运行的两格；

　　（5）水池（箱）外壁与建筑本体结构墙面或其他池壁之间的净距，应满足施工或装配的要求，无管道的侧面净距不宜小于 0.7m；安装有管道的侧面，净距不宜小于 1.0m，且管道外壁与建筑本体墙面之间的通道宽度不宜小于 0.6m；设有人孔的池顶，顶板面与上面建筑本体板底的净空不应小于 0.8m；水箱底与房间地面板的净距，当有管道敷设时不宜小于 0.8m；

　　（6）供水泵吸水的水池（箱）内宜设有水泵吸水坑，吸水坑的大小和深度应满足水泵或水泵吸水管的安装要求。

　　答案：A

20-36　解析：根据本教材第一节第五部分内容，小区给水设计用水量，应根据下列用水量确定：①居民生活用水量；②公共建筑生活用水量；③绿化用水量；④水景、娱乐设施用水量；⑤道路、广场用水量；⑥公用设施用水量；⑦未预见用水量及管网漏失水量；⑧消防用水量。其中，消防用水量仅用于校核管网计算，不计入正常用水量。

答案：B

20-37 解析：根据本教材第一节第二部分内容，生活给水系统供给人们在日常生活中饮用、烹调、盥洗、淋浴、洗衣、冲厕等生活用途的用水。

答案：D

20-38 解析：根据本教材第一节第二部分内容，生活饮用水、管道直饮水、杂用水的水质，应分别符合现行国家标准《生活饮用水卫生标准》GB 5749、《饮用净水水质标准》CJ 94、《城市污水再生利用 城市杂用水水质》GB/T 18920 的要求。

答案：C

20-39 解析：根据本教材第一节第七部分内容。

答案：D

20-40 解析：根据《建筑给水排水设计标准》GB 50015—2019 第 3.13.11 条，埋地式生活饮用水贮水池周围 10m 内，不得有化粪池、污水处理构筑物、渗水井、垃圾堆放点等污染源。生活饮用水水池（箱）周围 2m 内不得有污水管和污染物。

答案：B

20-41 解析：根据本教材第三节第三部分内容，穿越铁路或其他主要交通干线以及位于地基土为液化土地段的管道，宜采用焊接钢管。

答案：D

20-42 解析：根据《建筑给水排水设计标准》GB 50015—2019 第 3.3.4 条，卫生器具和用水设备等的生活饮用水管配水件出水口应符合下列规定：

（1）出水口不得被任何液体或杂质所淹没；

（2）出水口高出承接用水容器溢流边缘的最小空气间隙，不得小于出水口直径的 2.5 倍。

答案：B

20-43 解析：根据《建筑给水排水设计标准》GB 50015—2019 第 6.3.1 条，集中热水供应系统的热源应通过技术经济比较，并应按下列顺序选择：

（1）采用具有稳定、可靠的余热、废热、地热，当以地热为热源时，应按地热水的水温、水质和水压，采取相应的技术措施处理满足使用要求；

（2）当日照时数大于 1400h/a 且年太阳辐射量大于 4200MJ/m² 及年极端最低气温不低于 −45℃ 的地区，采用太阳能，全国各地日照时数及年太阳能辐照量应按本标准附录 H 取值；

（3）在夏热冬暖、夏热冬冷地区采用空气源热泵；

（4）在地下水源充沛、水文地质条件适宜，并能保证回灌的地区，采用地下水源热泵；

（5）在沿江、沿海、沿湖，地表水源充足、水文地质条件适宜，以及有条件利用城市污水、再生水的地区，采用地表水源热泵；当采用地下水源和地表水源时，应经当地水务、交通航运等部门审批，必要时应进行生态环境、水质卫生方面的评估；

（6）采用能保证全年供热的热力管网热水；

（7）采用区域性锅炉房或附近的锅炉房供给蒸汽或高温水；

（8）采用燃油、燃气热水机组、低谷电蓄热设备制备的热水。

答案：D

20-44 解析：根据本教材第四节。

答案：D

20-45 解析：根据《消防给水及消火栓系统技术规程》GB 50974—2014 第 7.2.1 条，市政消火栓宜采用地上式室外消火栓；在严寒、寒冷等冬季结冰地区宜采用干式地上式室外消火栓，严寒地区宜增设消防水鹤。当采用地下式室外消火栓，地下消火栓井的直径不宜小于 1.5m，且当地下式室外消火栓的取水口在冰冻线以上时，应采取保温措施。

根据《消防给水及消火栓系统技术规程》GB 50974—2014 第 7.2.3 条，市政消火栓宜在道路的一侧设置，并宜靠近十字路口，但当市政道路宽度超过 60m 时，应在道路的两侧交叉错落设置市政消火栓。

根据《消防给水及消火栓系统技术规程》GB 50974—2014 第 7.2.4 条，市政桥桥头和城市交通隧道出入口等市政公用设施处，应设置市政消火栓。

答案：A

20-46 **解析：** 根据本教材第四节。

答案：D

20-47 **解析：** 根据《建筑设计防火规范》GB 50016—2014 第 8.2.1 条，下列建筑或场所应设置室内消火栓系统：

（1）建筑占地面积大于 $300m^2$ 的厂房和仓库；

（2）高层公共建筑和建筑高度大于 21m 的住宅建筑；

注：建筑高度不大于 27m 的住宅建筑，设置室内消火栓系统确有困难时，可只设置干式消防竖管和不带消火栓箱的 DN65 的室内消火栓。

（3）体积大于 $5000m^3$ 的车站、码头、机场的候车（船、机）建筑、展览建筑、商店建筑、旅馆建筑、医疗建筑、老年人照料设施和图书馆建筑等单、多层建筑；

（4）特等、甲等剧场，超过 800 个座位的其他等级的剧场和电影院等以及超过 1200 个座位的礼堂、体育馆等单、多层建筑；

（5）建筑高度大于 15m 或体积大于 $10000m^3$ 的办公建筑、教学建筑和其他单、多层民用建筑。

答案：D

20-48 **解析：** 根据《建筑设计防火规范》GB 50016—2014 第 8.3.3 条，除本规范另有规定和不宜用水保护或灭火的场所外，下列高层民用建筑或场所应设置自动灭火系统，并宜采用自动喷水灭火系统：

（1）一类高层公共建筑（除游泳池、溜冰场外）及其地下、半地下室；

（2）二类高层公共建筑及其地下、半地下室的公共活动用房、走道、办公室和旅馆的客房、可燃物品库房、自动扶梯底部；

（3）高层民用建筑内的歌舞、娱乐、放映、游艺场所；

（4）建筑高度大于 100m 的住宅建筑。

答案：B

20-49 **解析：** 根据《消防给水及消火栓系统技术规程》GB 50974—2014 第 7.4.10 条，室内消火栓宜按直线距离计算其布置间距，并应符合下列规定：

（1）消火栓按 2 支消防水枪的 2 股充实水柱布置的建筑物，消火栓的布置间距不应大于 30.0m；

（2）消火栓按 1 支消防水枪的 1 股充实水柱布置的建筑物，消火栓的布置间距不应大于 50.0m 。

答案：B

20-50 **解析：** 根据《建筑设计防火规范》GB 50016—2014（2018 年版）第 8.3.8 条，下列场所应设置自动灭火系统，并宜采用水喷雾灭火系统：

（1）单台容量在 40MV·A 及以上的厂矿企业油浸变压器，单台容量在 90MV·A 及以上的电厂油浸变压器，单台容量在 125MV·A 及以上的独立变电站油浸变压器；

（2）飞机发动机试验台的试车部位；

（3）充可燃油并设置在高层民用建筑内的高压电容器和多油开关室。

注：设置在室内的油浸变压器、充可燃油的高压电容器和多油开关室，可采用细水雾灭火

系统。

答案：A

20-51 解析：根据《建筑给水排水设计标准》GB 50015—2019 第 4.5.8 条，大便器排水管最小管径不得小于 100mm。

根据《建筑给水排水设计标准》GB 50015—2019 第 4.5.9 条，建筑物内排出管最小管径不得小于 50mm。第 4.5.10 条，多层住宅厨房间的立管管径不宜小于 75mm。

根据《建筑给水排水设计标准》GB 50015—2019 第 4.5.12 条，下列场所设置排水横管时，管径的确定应符合下列规定：

（1）当公共食堂厨房内的污水采用管道排除时，其管径应比计算管径大一级，且干管管径不得小于 100mm，支管管径不得小于 75mm；

（2）医疗机构污物洗涤盆（池）和污水盆（池）的排水管管径不得小于 75mm；

（3）小便槽或连接 3 个及 3 个以上的小便器，其污水支管管径不宜小于 75mm；

（4）公共浴池的泄水管不宜小于 100mm。

答案：C

20-52 解析：根据《建筑中水设计标准》GB 50336—2018 第 3.1.3 条，建筑物中水原水可选择的种类和选取顺序应为：

（1）卫生间、公共浴室的盆浴和淋浴等的排水；

（2）盥洗排水；

（3）空调循环冷却水系统排水；

（4）冷凝水；

（5）游泳池排水；

（6）洗衣排水；

（7）厨房排水；

（8）冲厕排水。

答案：A

20-53 解析：低水箱坐便器自带存水弯，其他器具均不带存水弯。

答案：B

20-54 解析：根据《建筑给水排水设计标准》GB 50015—2019 第 3.6.14 条，管道井尺寸应根据管道数量、管径、间距、排列方式、维修条件，结合建筑平面和结构形式等确定。需进人维修管道的管井，维修人员的工作通道净宽度不宜小于 0.6m。管道井应每层设外开检修门。管道井的井壁和检修门的耐火极限和管道井的竖向防火隔断应符合现行国家标准《建筑设计防火规范》GB 50016 的规定。

答案：B

20-55 解析：根据《建筑给水排水设计标准》GB 50015—2019 表 6.2.1 条第 2 款，幼儿园淋浴器的热水使用温度为 35℃。

答案：A

第二十一章 暖 通 空 调

第一节 供 暖 系 统

一、集中供暖室内空气计算参数

（一）采用集中供暖的气候条件

（1）累年日平均温度稳定低于或等于 5℃ 的日数大于或等于 90 天的地区，宜采用集中供暖。

（2）累年日平均温度稳定低于或等于 5℃ 的日数为 60～89 天、累年日平均温度稳定低于或等于 5℃ 的日数不足 60 天但稳定低于或等于 8℃ 的日数大于或等于 75 天的地区，其幼儿园、养老院、中小学校、医疗机构等建筑，宜采用集中供暖。

（二）集中供暖室内空气计算参数

（1）散热器等供暖

民用建筑的主要房间，严寒、寒冷地区应采用 18～24℃；夏热冬冷地区宜采用 16～22℃；设置值班供暖房间不应低于 5℃。

（2）辐射供暖室内设计温度宜降低 2℃。

二、供暖系统分类

（一）供暖系统分类

供暖系统按散热方式，可分为以下几类：

（1）散热器供暖：自然对流为主，见图 21-1。

（2）热水辐射供暖系统：辐射为主，如地面辐射供暖，见图 21-2；热水吊顶（金属）辐射板辐射供暖，见图 21-3。

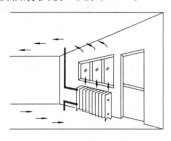

图 21-1 散热器供暖

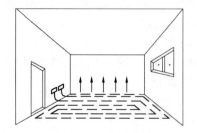

图 21-2 地面辐射供暖

（3）燃气红外线辐射供暖：辐射为主。

（4）热风供暖及热空气幕：强制对流为主，如送热风，见图 21-4；热风机，见图 21-5;热空气幕，见图 21-6。

（5）电供暖：辐射为主，有电暖气、低温加热电缆地面辐射供暖，低温电热膜辐射供暖。

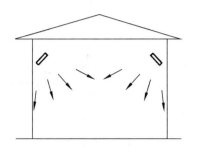

图 21-3　金属辐射板辐射供暖

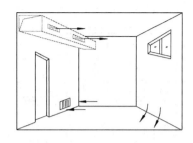

图 21-4　热风供暖

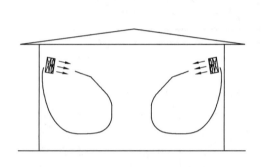

图 21-5　热风机供暖

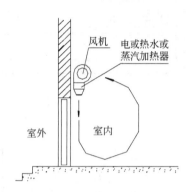

图 21-6　热空气幕供暖

（二）本节重点内容

本节主要介绍散热设备为散热器和地面辐射的集中热水供暖系统，其他供暖系统简单介绍。集中供暖系统一般由热源、热媒输送、散热设备三个环节组成。热媒循环于三个环节中，热源将热媒加热，热媒通过热网输送到散热设备，在散热设备内散热并降温，然后再通过热网输送到热源加热，循环往复，达到供暖要求。集中供暖系统原理见图 21-7。

三、集中供暖热源、热媒

（一）集中供暖热源

供暖热源就是供暖用热的来源，消耗的能源一般为煤、油、燃气、电等。常用集中供暖热源有：

1. 热电厂

热电厂一般在冬季以供热为主，装机容量大、热水（蒸汽）温度高、热力网管线长、供热范围广。供热水（蒸汽）温度一般为 110～130℃，甚至更高。热电厂供热水（蒸汽）一般不直接送入散热器，通过热力站换取不超过 75℃（不高于 85℃）的低温热水用来供暖。一般是对若干建筑群、生活小区、开发区等供热。

2. 区域锅炉房

较大规模的供热锅炉房，供水温度一般高于 110℃。区域锅炉房供水一般亦不直接送入散热器，通过热力站换取不超过 75℃（不高于 85℃）的低温热水用来供暖。一般是对建筑群、生活小区、开发区等供热。

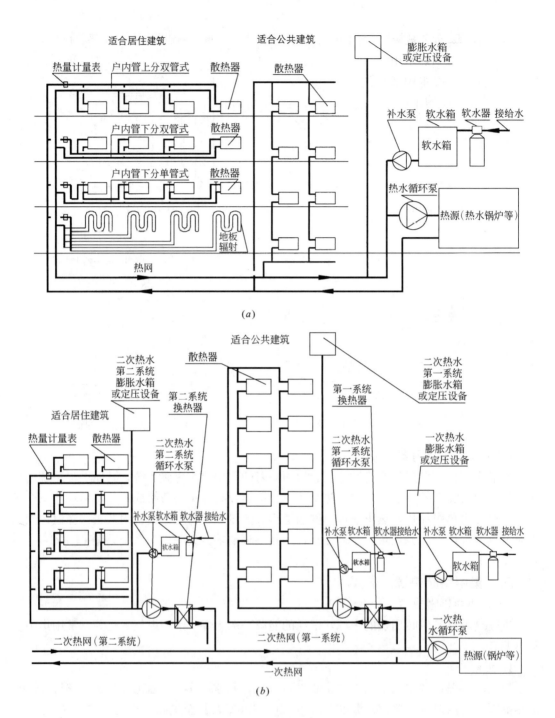

图 21-7　集中供暖系统原理图

(a) 集中供暖系统（不设换热器）原理图；(b) 集中供暖系统（设换热器）原理图

3. 个体锅炉房

较小规模的供热锅炉房，热水直接用来供暖。热水为低温热水，一般不超过 85℃。

4. 溴化锂直燃机

燃烧油或燃气，冬季制取低温热水用来供暖（夏季可制取冷水用来制冷）。

5. 风源（水源、地源）热泵型冷热水机组

冬季制取低温热水用来供暖，气温（水温、土壤温）越低，制热量越小，热水温度越低（夏季可制取冷水用来制冷）。

（二）水系统的定压膨胀、补水、水处理

1. 定压膨胀

水系统要有定压，使水系统内最高点的管道和设备内充满水，没有空管；使水系统内最低点管道和设备不超压。水系统受热膨胀后体积增大，增多的这部分水要有出处，以免把水管和设备压破。

2. 补水

水系统因泄漏或检修泄水，应有补水泵等补水装置。

3. 水处理

补水应作软化、有必要时作除氧（热水温度高、锅炉容量大、蒸汽等）处理。软化是除去水中钙镁离子，防止水在管内壁结垢，影响制冷机或换热器换热效率和管道截面面积。除氧是除去水中的氧气，防止钢制管道、设备氧化腐蚀。

（三）集中供暖热媒

1. 热媒种类

（1）热水。分为高温热水（温度>100℃）和低温热水（温度≤100℃，一般85℃及以下）。热电厂或区域锅炉房供水一般为高温热水，或者说一次热网热水为高温热水，温度一般为110～130℃或更高。直接用来供暖的其他热源热水为低温热水，设热力站的二次热网热水温度75℃（不高于85℃）；不设热力站的个体锅炉房热水，温度一般不超过85℃；直燃机和热泵式风冷冷热水机热水温度应低于75°。地面辐射供暖水温为35～45℃，不大于60℃，供回水温差不大于10℃、不小于5℃。

（2）蒸汽。分为高压蒸汽（压力>70kPa）和低压蒸汽（压力≤70kPa）。

2. 热媒的选择

（1）民用建筑应采用热水作热媒。散热器供暖供/回水温度宜75℃/50℃，且供水温度不宜大于85℃，供回水温差不宜小于20℃。

（2）低温热水地面辐射供暖的供、回水温度宜采用35～45℃，不应超过60℃，供、回水温差宜小于或等于10℃，且不宜小于5℃。

（3）工业建筑当以供暖为主时，宜用热水；当以工艺用蒸汽为主时，可用蒸汽。

例21-1　（2014）民用建筑散热器连续集中热水供暖系统的供回水温度，不宜采用下列哪组？

A　95℃/70℃　　　　　　　　　B　85℃/60℃

C　80℃/55℃　　　　　　　　　D　75℃/50℃

答案：A

例21-2　（2021）采暖管道穿越防火墙时，下面哪个措施错误？

A　预埋钢管　　　　　　　　　B　防火密封材料填塞

C　防火墙一侧设柔性连接　　　D　防火墙一侧设固定支架

四、集中供暖管道系统

(一) 集中供暖热网

由一处热源向多处热力站或多处建筑物供热时，敷设于室外的管网叫热网。

当热电厂、区域锅炉房等热源生产的热媒为高温热水（蒸汽）时，不直接用来供暖，
而是经热力站换取低温热水再用来供暖，这时输送高温热水（蒸汽）的热网叫一次热网，
输送低温热水的热网叫二次热网。一次热网和二次热网的水一般不混合、不串通，只有热
量的交换和转移，是两套热力网。

其他形式的热源生产的热媒直接用来供暖，热力网只有一套，也就没有一次、二次之
分，直呼热力网。

热力网的敷设有地沟、直埋、架空三种方式。

(二) 集中供暖系统

1. 按供、回水干管位置分

(1) 上供下回供暖系统。供水干管在建筑物上部，回水干管在建筑物下部，分上供下
回单管供暖系统，见图 21-8，适用于不设分户热计量的多层和高层建筑；上供下回双管
供暖系统，见图 21-9，适用于不设分户热计量的多层建筑。

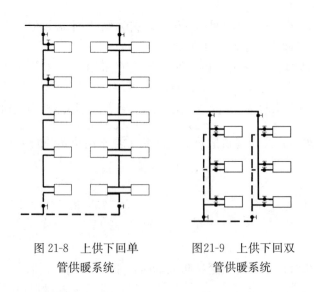

图 21-8　上供下回单　　　图 21-9　上供下回双
　　　管供暖系统　　　　　　　管供暖系统

(2) 下供下回供暖系统。供、回水干管均在建筑物下部，只有双管系统，见图21-10,
适用于不设分户热计量的多层建筑。

2. 按供回水管与散热器连接方式分

（1）单管供暖系统。串联连接，分垂直单管系统，见图 21-8；水平单管系统，见图 21-11。热水供暖系统宜采用垂直单管系统，尤其是四层以上。合理时可采用水平单管。

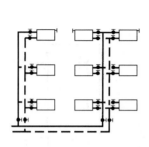

图 21-10　下供下回双管供暖系统

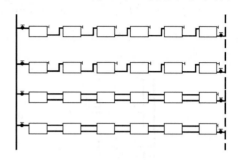

图 21-11　水平单管供暖系统

（2）双管供暖系统。并联连接，分垂直双管系统，见图 21-9，适用于不设分户热计量的多层建筑，蒸汽供暖宜采用垂直双管；水平双管系统，见图 21-12，适用于不设分户热计量的多层和高层建筑。

（3）单、双管供暖系统。有串联，有并联。一般采用垂直式，见图 21-13，适用于不设分户热计量的高层建筑。

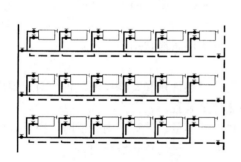

图 21-12　水平双管供暖系统

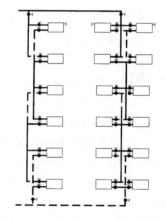

图 21-13　垂直单、双管供暖系统

（4）共用干管为垂直双管，每层支管为水平双管，见图 21-14、图 21-15；适用于设分户热计量的多层和高层居住建筑。

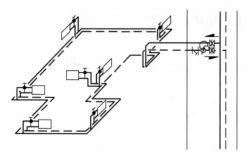

图 21-14　分户独立循环暗装水平双管系统

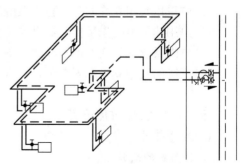

图 21-15　分户独立循环明装水平双管系统

3. 按各环路总长度分

（1）同程式。从热入口开始到热出口结束，通过各立管总长度都相同，见图 21-16。管道用量大，各立管容易平衡。

（2）异程式。从热入口开始到热出口结束，通过各立管总长度不相同，见图 21-17。管道用量小，各立管不易平衡。

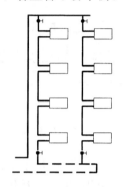
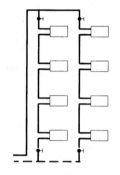

图 21-16　同程式供暖系统　　　　　　　　图 21-17　异程式供暖系统

4. 按热媒种类分

（1）热水供暖系统。以热水为热媒。

（2）蒸汽供暖系统。以蒸汽为热媒，又分高压蒸汽和低压蒸汽两种。工业建筑有时采用。

5. 按热媒输送动力分

（1）重力循环供暖系统。又称自然循环供暖系统，以供回水密度差作动力，一般不作为集中供暖用，如土暖气。

（2）机械循环供暖系统。以水泵作动力，集中供暖最常用。

（三）热水集中供暖分户热计量

（1）新建住宅热水集中供暖系统，应设置分户热计量和室温控制装置。对建筑内的公共用房和公用空间，应单独设置供暖系统和热计量装置。

（2）在确定分户计量供暖系统的户内供暖设备容量、计算户内管道时，应计入向邻户传热引起的附加，但所附加的热量不应统计在供暖系统的总热负荷内。

（3）分户热计量热水集中供暖系统，应在建筑物热力入口处设置热量表、压差或流量调节装置、除污器或过滤器等。

（4）当热水集中供暖系统分户热计量装置采用热量表时，应符合下列要求：

1）应采用共用立管的分户独立系统形式；

2）户用热量表的流量传感器宜安装在回水管上，热量表前应设置过滤器；

3）户内系统宜采用埋地双管式（图 21-14）、架空双管式（图 21-15）；

4）系统的共用立管和入户装置，宜设于管道间内。管道间宜设于户外公共空间。

五、集中供暖散热设备

（一）散热器

1. 散热器的选择

（1）湿度较大的房间应采用耐腐蚀的散热器。

（2）用钢制散热器时，应采用闭式系统，并满足产品对水质的要求，在非供暖季节充水保养。

2. 散热器的布置

（1）散热器宜安装在外墙窗台下，当安装或布置管道有困难时，也可靠内墙安装。

（2）两道外门之间的门斗内，不应设置散热器。

（3）楼梯间的散热器，宜分配在底层或按一定比例分配在下部各层。

（4）幼儿园、老年人、特殊功能要求的建筑中的散热器必须暗装或加防护罩。

（5）散热器外表面应刷非金属涂料。

（6）有冻结危险的场所，散热器的立、支管应单独设置。

例 21-3　（2007） 散热器的选择，以下哪种说法是错误的？

A　散热器的工作压力应满足系统的工作压力

B　相对湿度较大的空间应采用耐腐蚀的散热器

C　蒸汽供暖系统应采用钢制柱形、板形等散热器

D　采用钢制散热器时应采用闭式采暖系统

解析： 蒸汽介质容易加速钢制散热器的腐蚀，故蒸汽供暖系统不应采用钢制散热器。

答案： C

（二）热水地面辐射供暖

（1）低温热水地面辐射供暖的热负荷应计算确定。全面辐射供暖的热负荷，将室内计算温度取值降低 2℃。

（2）低温热水地面辐射的有效散热量应计算确定，并应计算室内设备、家具及地面覆盖物等对有效散热量的折减。

（3）低温热水地面辐射供暖系统敷设加热管的覆盖层厚度不宜小于 50mm。覆盖层应设伸缩缝，伸缩缝的位置、距离及宽度，应会同有关专业计算确定。加热管穿过加热缝时，宜设长度不小于 100mm 的柔性套管。

（4）地面辐射供暖加热管的材质和壁厚的选择，应按工程要求的使用寿命、累计使用时间以及系统的运行水温、工作压力等条件确定。

（5）毛细管网辐射系统单独供暖时，宜首先考虑地面埋置方式，地面面积不足时再考虑墙面埋置方式；毛细管网同时用于冬季供暖和夏季供冷时，宜首先考虑顶棚安装方式，顶棚面积不足时再考虑墙面和地面埋置方式。

六、其他供暖系统形式

（一）热风供暖及热风幕

（1）符合下列条件之一时，应采用热风供暖：

1）能与机械送风系统合并时；

2）利用循环空气供暖技术、经济合理时；

3）由于防火、防爆和卫生要求，必须采用全新风的热风供暖时。

（2）符合下列条件之一时，宜设置热空气幕：

1）位于严寒地区、寒冷地区的公共建筑和工业建筑，对经常开启的外门，且不设门斗和前室时；

2）位于严寒地区、寒冷地区及其以外的公共建筑和工业建筑，当生产或使用要求不允许降低室内温度时，或经技术经济比较设置热空气幕合理时。

（3）热空气幕的送风温度，应根据计算确定。对于公共建筑和工业建筑的外门，不宜高于50℃；对高大的外门，不应高于70℃。

（4）热空气幕的出口风速，应通过计算确定。对于公共建筑的外门，不宜大于6m/s；对于工业建筑的外门，不宜大于25m/s。

（二）燃气红外线辐射供暖

（1）采用燃气红外线辐射供暖时，必须采取相应的防火、防爆和通风等安全措施。

（2）燃气红外线辐射器的安装高度，应根据人体舒适度确定，但不应低于3m。

（3）允许由室内供应空气的厂房或房间，应能保证燃烧器所需要的空气量。当燃烧器所需要的空气量超过该房间的换气次数0.5次/h时，应由室外供应空气。

（三）电供暖

（1）低温加热电缆辐射供暖和低温电热膜辐射供暖的加热元件及其表面工作温度，应符合国家现行有关产品标准规定的安全要求。

（2）根据不同使用条件，电供暖系统应设置不同类型的温控装置。绝热层、龙骨等配件的选用及系统的使用环境，应满足建筑防火要求。

七、集中供暖系统应注意的问题

（1）高层建筑风压、热压综合影响大，使得门、窗冷风渗透量大，注意门、窗密封。

（2）供暖水系统中注意集气、排气、泄水，水平管合理设坡度，高点排气、低点泄水。坡度一般为0.3%。

（3）暖气罩装修时要注意空气对流。要上部、下部均开对流孔。

（4）整个供暖水系统设一处定压膨胀装置（膨胀水箱或定压罐或定压泵），并使系统最高点有5kPa以上的压力。一次热网和二次热网是不同的水系统，分别设定压系统。

（5）被楼梯、扶梯、跑马廊等贯通的空间，形成了烟囱效应，热气流易飘向高处，散热器应在底层多设。

（6）蒸汽供暖的几个问题：蒸汽温度高，一般高于100℃，有机灰尘剧烈升华，卫生不好；蒸汽温度基本不能调节，室内温度过高时，只有停止供汽，室内温度波动大（间歇供暖）；不供汽时系统充满空气，管道易腐蚀。

（7）供暖管道必须计算其热膨胀。当利用管段的自然补偿不能满足要求时应设置补偿器。

（8）当供暖管道必须穿过防火墙时，在管道穿过处应采取固定和防火封堵措施，并使管道可向墙的两侧伸缩。

（9）蒸汽供暖系统不应采用钢制柱形、板形、扁管等散热器。

（10）多层和高层建筑热水供暖系统中，每根立管和分支管的始末段应设置调节、检修和泄水用的阀门。

（11）热水和蒸汽供暖系统，都要设放气装置。热水系统放气在上部，蒸汽系统放气在下部。

（12）热水地面辐射供暖房间的地面与室外空气直接接触，不供暖房间必须设绝热层；与土壤接触的底层应设绝热层和防潮层，其余地面宜设绝热层。

（13）设置全面供暖的建筑物，其围护结构的传热阻，应根据技术经济比较确定，且应符合国家现行有关节能标准的规定。规定最小传热阻是为了节能和保持围护结构内表面有一定温度，以防止结露和冷辐射。

（14）设置全面供暖的建筑物，在满足采光要求的前提下，其开窗面积应尽量减小。

（15）与相邻房间的温差大于等于 5℃ 时，应计算通过隔墙或楼板等的供暖传热量。与相邻房间温差小于 5℃，但传热量大于该房间热负荷的 10% 时，应计算供暖传热量。

（16）热水供暖和蒸汽供暖均应及时排除系统中的空气。

（17）试验数据证明：相同规模的铸铁散热器，每组散热器片数越多，每片散热器的散热量越少。

（18）垂直单管无跨越管热水供暖系统无法做到分户计量和室温调节。

（19）解决供暖管由于热胀冷缩产生的变形，最简单的办法是利用管自身的弯曲。

（20）供暖房间的供暖管道不应保温。

（21）供暖管道设坡度主要是为了便于排气。

（22）热力管道输送的热量大小取决于供回水温差和流量的乘积。

（23）户式燃气供暖炉应采用全封闭式燃烧、平衡式强制排烟型。

（24）集中供暖的建筑热力入口，供回水管上分别设关断阀、过滤器及旁通阀、平衡阀。

（25）当室内供暖系统为变流量系统时，不应设自力式流量控制阀。

第二节 通 风 系 统

通风一般有两个目的：一是稀释通风，用新鲜空气把房间内有害气体浓度稀释到允许浓度以下；二是冷却通风，用室外空气把房间内多余热量排走。

一、自然通风

（1）厨房、浴室、厕所等的垂直排风管道，应采取防止回流措施或在支管上设置防火阀，见图 21-18。

（2）自然通风靠风压、热压、风压热压综合作用三种情况。无散热量的房间，以风压为主。放散热量的厂房应仅考虑热压作用。

（3）利用穿堂风进行自然通风的建筑，其迎风面与夏季最多风向宜成 60°～90° 角，且不应小于 45°。同时应考虑可利用的春秋季风向以充分利用自然通风。

（4）采用自然通风的生活、工作房间通风开口有效面积不应小于该房间地板面积的 5%，厨房不小于 10%，并不得小于 0.60m²。

夏季自然通风用的进风口，其下缘距室内地面的高度不宜大于 1.2m，并应远离污染源 3m 以上；冬季自然通风用的进风口，当其下缘距室内地面高度小于 4m 时，宜采取防止冷风吹向人员活动区的措施。

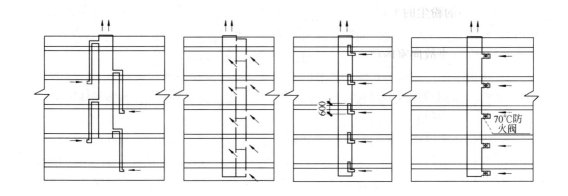

图 21-18　直排风管道防火要求

例 21-4　（2011） 车间采用自然通风方式消除余热时，通风量的计算应考虑：

A　风压作用　　　　　　　　B　热压作用

C　风压、热压综合作用　　　D　室内外空气温度差

解析： 自然通风消除余热时仅考虑热压作用。

答案： B

二、机械通风

（1）室内通风或空调时维持正压或负压条件：产生有害气体或烟尘的房间宜负压，如卫生间、厨房、实验室等；保持室内洁净度宜正压，如空调房间、洁净房间。

（2）可能突然放散大量有害气体或有爆炸危险气体的生产厂房设事故排风。事故排风量应按全部容积每小时 8 次换气。事故排风的室外排风口，应高出 20m 范围内最高建筑物屋面 3m 以上；离送风系统进风口小于 20m 时，应高出进风口 6m 以上。

（3）中、大型厨房应机械通风。

（4）机械通风时，室外进风口距室外地面不宜小于 2m，当设在绿化地带时，不宜小于 1m。

（5）排风口宜设在上部、下风侧；进风口宜设在下部、上风侧。

（6）凡属下列情况之一时，应单独设置排风系统：

1）两种或两种以上的有害物质混合后能引起燃烧或爆炸时；

2）混合后能形成毒害更大或腐蚀性的混合物、化合物时；

3）混合后易使蒸汽凝结并聚积粉尘时；

4）散发剧毒物质的房间和设备；

5）建筑物内设有储存易燃易爆物质的单独房间或有防火防爆要求的单独房间。

（7）同时放散有害物质、余热、余湿时，全面通风时应按其中所需最大的空气量确定。

（8）事故通风的通风机，应分别在室内外便于操作的地点设置电器开关。

（9）净化有爆炸危险的粉尘和碎屑的除尘器，过滤器及管道等，均应设置泄爆装置。

净化有爆炸危险的粉尘的干式除尘器和过滤器，应布置在系统的负压段上（即布置在风机之前）。

（10）当发生事故向室内散发比空气密度大的有害气体和蒸汽时，事故排风的吸风口应接近地面处。

（11）对于放散粉尘或密度比空气大的气体和蒸汽，而不同时散热的生产厂房，其机械通风方式应为下部地带排风，送风至上部地带。

（12）以自然通风为主的建筑物，确定其方位时，根据主要进风面和建筑物形式，应按夏季的有利风向布置。

（13）除尘系统的风管不宜采用水平敷设方式。

（14）多层和高层建筑的机械送排风系统的风管横向应按防火分区设置。

（15）输送同样的风量且风管内风速相同的情况下，风阻力由小到大的排列顺序是圆形、正方形、长方形。

（16）民用建筑设置机械排风时，燃气表间与变配电室不应共用一个排风系统。

例 21-5 **（2014）** 机械进风系统的室外新风口，其下缘距室外地坪的最小高度正确的是：

A 1m B 1.5m C 2m D 2.5m

解析：《民用建筑供暖通风与空气调节设计规范》GB 50736—2012 第 6.3.1 条规定：机械送风系统进风口的下缘距室外地坪不宜小于 2m。

答案： C

第三节 空 调 系 统

一、集中空调室内空气计算参数

（一）舒适性空调

1. 冬季

温度：应采用 16～24℃，一般为 20℃；

相对湿度：应采用≥30%；

风速：不应大于 0.2m/s。

2. 夏季

温度：应采用 24～28℃，一般为 26℃；

相对湿度：应采用 40%～70%；

风速：不应大于 0.3m/s。

（二）工艺性空调

根据工艺要求确定。

二、空调系统分类

（一）空调系统分类

空调系统按冷热源设置情况，可分为集中空调系统和分散空调系统。

1. 集中空调系统

冷热源集中设置，也称中央空调。

2. 分散空调系统

冷热源分散设置，如窗式、分体式、柜式、多联式(也称小集中式、VRV)等。

(二) 本节重点内容

本节主要介绍水冷式制冷机为冷源、锅炉或热力站或直燃机为热源的集中空调系统（包括半集中式），其他空调系统简单介绍。集中空调系统与集中供暖系统原理类似，也是由冷热源、冷热媒管道、空气处理设备（空调机、风机盘管）、送回风管道组成。集中空调系统原理图见图 21-19。

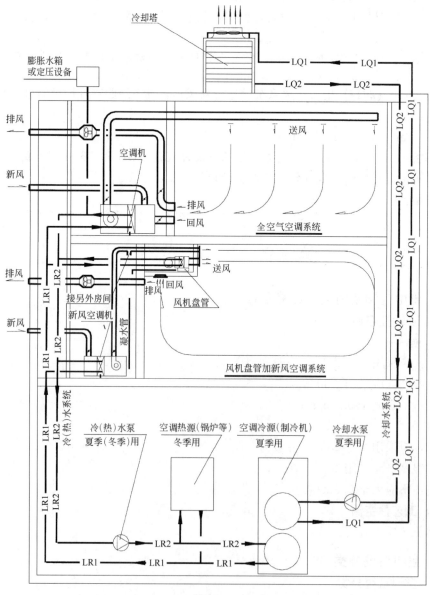

图 21-19 空调制冷系统原理图

三、集中空调冷热源、冷热媒

(一) 集中空调冷源

1. 按制冷机类型分为压缩式和 (溴化锂) 吸收式

(1) 压缩式制冷机：特点是用电动机或燃气发动机作动力，设备尺寸小，运行可靠；制冷剂为氟利昂或替代品，其中氟利昂对大气臭氧层有破坏作用，替代品破坏作用很小。氟利昂11、氟利昂12已禁用，氟利昂22过渡期用，替代品134a、123等可以用，环保型有407等。

1) 活塞式制冷机：适用于中、小型工程，尤其是小型工程。能效比低，大于3.6。

2) 螺杆式制冷机：适用于大、中型工程。能效比中，大于4.1。

3) 离心式制冷机：适用于大、中型工程，尤其大型工程。能效比高，大于4.4。

(2) (溴化锂) 吸收式 (热力式) 制冷机：特点是用油、燃气、蒸汽、热水作动力，用电很少，噪声振动小；制冷剂是水，冷却水量大。

1) 直燃式 (燃油、燃气) 溴化锂吸收式制冷机：也可产空调热水，有可靠的燃油、燃气源，并在经济上合理时采用；冬季可用热源；

2) 蒸汽式溴化锂吸收式制冷机：以蒸汽作动力，有可靠的蒸汽源时采用；

3) 热水式溴化锂吸收式制冷机：以高于80℃的热水作动力，效率低一些；有余热或废热时采用。

2. 按冷却介质分为水冷式和风冷式

(1) 水冷式制冷机：用水冷却制冷剂，室外空气再冷却水，要设冷却塔。冷却塔要设在室外。大、中型工程一般采用水冷式，水冷式靠蒸发把热量带入空气中。

(2) 风冷式制冷机：室外空气直接冷却制冷剂，即设冷凝器。冷凝器应设在室外或通风极好的室内。中、小型工程可采用风冷式。

3. 按功能分为单冷式和冷热式

(1) 单冷式冷水机：只产冷水，如压缩式制冷机、蒸汽式溴化锂吸收式冷水机组、热水式溴化锂吸收式冷水机组。

(2) 冷热水机：产冷水也可产热水，如直燃式 (燃油、燃气) 溴化锂吸收式冷热水机组、热泵式冷热水机。

制冷机类型还有蒸汽喷射式、涡旋式等，空调用得较少。

4. 水冷式制冷机的冷却水系统

水冷式制冷机有冷却水系统。冷却水系统包括：冷却泵、冷却塔、冷却水管道等。同一台制冷机，冷却水泵要大于冷水泵。冷却塔是把室内热量散发到大气中的重要设备，放置位置要在室外并且通风好，以便于散热。

5. 中小型工程冷热源

中小型工程冷热源有单冷型、热泵型。热泵型夏季制冷，冬季制热。

(1) 风 (空气) 源热泵

电动机或燃气发动机作动力，空气作冷热的来源，夏季把室内热量转移到室外空气中；冬季把室外空气中的热量转移到室内 (室外空气温度低时效率降低，温度越低效率越低，直至机组不能运行)，一般容量较小，适合于中小型工程。可以产冷热水、冷热风、制冷 (热) 剂。

(2) 水源热泵

电作动力，地下水等温度常年稳定在10~15℃的表面浅层水和地面下80~150m的井水或河、湖污水作冷热源；夏季把室内热量转移到水源中，冬季把水源中的热量转移到室内。适合于允许使用地下水并可回灌的地区。单台容量较小，可以若干台组合。可以产冷热水、冷热媒。

（3）地（土壤、岩石）源热泵

电作动力，土壤作冷热的来源，夏季把室内热量转移到土壤中；冬季把土壤中的热量转移到室内。需要一定数量的土壤面积，适合于别墅等。可以产冷热水、冷热风。

（4）水环热泵

通过水环路将众多水/空气热泵机组并联成一个可回收建筑物内余热的空调系统。适合有典型内区、外区的建筑，冬季内区热量转移到外区供暖。

（二）集中空调冷媒

夏季空调冷媒为冷水。供水温度不宜低于 5℃，一般为 7℃；供回水温差不应低于 5℃，一般为 5℃。

（三）集中空调热源

（1）锅炉。产空调热水。

（2）直燃式（燃油、燃气）溴化锂吸收式冷热水机组。冬季产空调热水。

（3）热泵冷热水机组。冬季产空调热水。气温低时效率降低。

（四）集中空调热媒

冬季空调热媒为热水。供水温度 50～60℃；供回水温差 10～15℃，严寒和寒冷地区不低于 15℃，夏热冬冷地区不低于 10℃。

（五）空调冷热源分类汇总

空调冷热源分类汇总见图 21-20。

例 21-6 （2012）某建筑物周围有水量充足、水温适宜的地表水可供利用时，其空调的冷热源应优先选用以下哪种方式？

A 电动压缩式冷水机组＋燃气锅炉房

B 电动压缩式冷水机组＋电锅炉

C 直燃型溴化锂冷（温）水机组

D 水源热泵冷（温）水机组

解析：水源热泵制热（温）水机组是从水中提取热量，消耗能源最少。

答案：D

四、集中空调水系统

空调冷（热）源制取的冷（热）水要用管道输送到空调机或风机盘管处，输送冷（热）水的系统就是冷（热）水系统。

（一）一次泵冷（热）水系统、二次泵冷（热）水系统

1. 一次泵冷水系统

只设一级冷水循环泵，冷水流经冷（热）源和用户。一次泵冷水系统简单，投资少，见图 21-21。

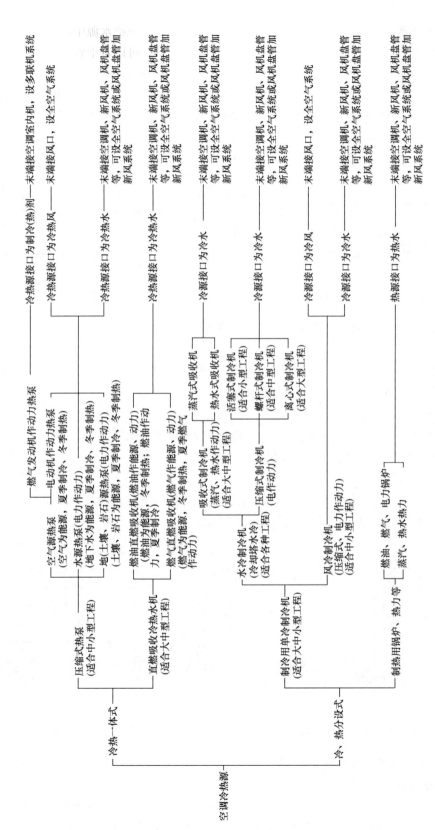

图 21-20 空调冷热源分类汇总

283

2. 二次泵冷水系统

系统较大或各环路阻力相差较大时，采用二次泵。

设两级冷水循环泵，第一级泵推动冷水通过冷（热）源循环，第二级泵向用户供应冷水，两级泵形成接力，第二级泵按环路阻力的不同确定扬程，以节省电能。二次泵冷（热）水系统设计合理时节省输送冷（热）水的电能，见图21-22。

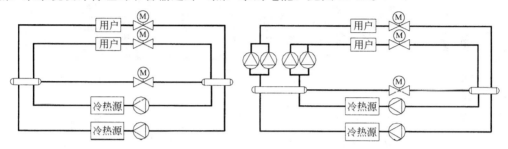

图 21-21　一次泵冷水系统　　　　　　　图 21-22　二次泵冷水系统

(二) 二管制、三管制、四管制冷（热）水系统

1. 二管制系统

冷水、热水共用一套供回水管。共三根管，一根供水管、一根回水管、一根凝水管，凝水管在低处。适用一般空调系统，见图21-23。

2. 三管制系统

冷水供水管、热水供水管分别设置，冷水回水管和热水回水管共用，加一根凝水管共4根管。适用于较高档次的空调系统，见图21-24。

3. 四管制系统

冷水供水、回水管和热水供水、回水管分别设置，加一根凝水管共5根管。适用于高档次的空调系统。管道较多，造价也高。见图21-25。

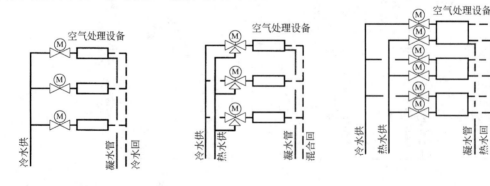

图 21-23　二管制冷水系统　　　图 21-24　三管制冷水系统　　　图 21-25　四管制冷水系统

(三) 定流量系统、变流量系统

1. 定流量系统

流经用户管道中的流量恒定，当空气处理器需要的冷（热）量发生变化时，改变调节阀旁通水量或改变水温。空气处理器水量调节阀为三通阀或不设阀，见图21-26。

2. 变流量系统

流经用户管道中的流量随空气处理器需要的冷（热）量而变化。空气处理器水量调节阀为二通阀，见图21-27。

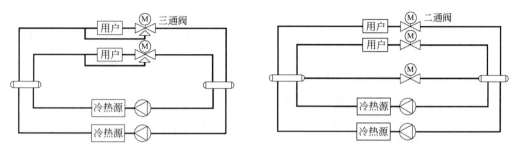

图 21-26　定流量冷水系统　　　　　图 21-27　变流量冷水系统

（四）同程式、异程式（同供暖）

（五）空调水系统（冷热水）定压膨胀、补水、水处理

1. 定压膨胀

水系统要有定压，使水系统内最高点的管道和设备内充满水、没有空管；使水系统内最低点管道和设备不超压。水系统受热膨胀后体积增大，增多的这部分水要有出处，以免把水管和设备压破。

2. 补水

空调水系统因泄漏或检修泄水，应有补水泵等补水装置。

3. 水处理

补水应作软化，防止水在水管内壁结垢（主要是冬季），影响制冷机或换热器的传热效率和管道截面面积。

（六）空调水系统（冷热水）应注意的问题

（1）供水管、回水管、凝水管均要有坡度，凝水管坡度更重要。

（2）空调水系统中压力分布：循环泵出口压力最高，沿泵出口水流方向越来越低，泵入口压力最低。

五、集中空调风系统

（一）空调系统分类

1. 按空调对象分

（1）舒适性空调：满足人体舒适要求。

（2）工艺性空调：满足设备或产品要求。

2. 按担负室内空调负荷的介质分

（1）全空气空调系统

室内冷（热）负荷由空气来负担，有单风道、双风道、定风量、变风量系统。恒温恒湿空调、净化空调等工艺空调一般采用全空气系统。体育馆、影剧院、商场、超高层写字楼等大空间的舒适性空调一般采用全空气系统，见图21-19上层。有异味的房间不应与普通房间合用一套全空气系统。

（2）空气—水系统（即风机盘管加新风系统）

室内冷（热）负荷由空气和水共同负担。适合于房间较多且各房间需要单独调节温度的建筑物，如旅馆、写字楼等。风机盘管加新风系统见图21-19中层。

（3）全水系统

只设风机盘管的系统，没有新风要求的场所或新风不处理的场所。一般没有人只为设备或产品降温。

（4）制冷剂系统：多联、单联分体空调。

3. 全空气空调系统按处理空气来源分

分直流式（图21-28）、循环式（图21-29）、混合式（一次回风）（图21-30）、混合式（二次回风）（图21-31）。

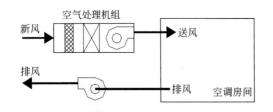

图21-28 直流式空调系统（新风系统）

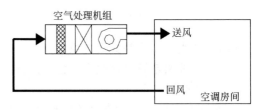

图21-29 循环式空调系统

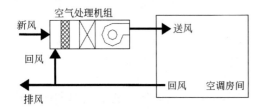

图21-30 一次回风式空调系统

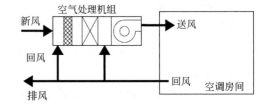

图21-31 二次回风式空调系统

4. 按空气流量状态分

分为定流量、变流量两种。

例21-7 （2012）空调系统服务于多个房间且要求各空调房间独立控制温度时，下列哪个系统不适用？

A 全空气定风量空调系统　　　　B 风机盘管空调系统

C 变制冷剂流量空调系统　　　　D 水环热泵空调系统

解析：B、C、D均可服务于多个房间且各空调房间独立控制温度。

答案：A

例21-8 （2021）建筑空调系统方案中，占用空调机房和吊顶空间最大的是？

A 多联机空调＋新风系统

B 全空气空调系统

C 二管制风机盘管＋新风系统

D 四管制风机盘管＋新风系统

（二）气流组织形式

合理组织室内空气的流动，使室内的温度、湿度、气流速度、洁净度、有害气体浓度等更好地满足工艺要求或符合人的舒适感觉，是气流组织的任务。空调房间内要有送风、有回风（排风）。空调房间内各部位尽量有合理的气流。舒适性空调应使人员处于回流区或混合区，避免冷风直接吹向人体。

空调房间空气平衡关系：送入风量＝回风量＋排风量（包括有组织和无组织排风）

1. 上送风方式（从顶部向下送风）

（1）散流器送风。一般侧下回，也可上回。见图21-32、图21-33。

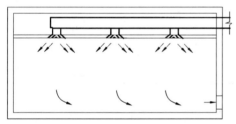
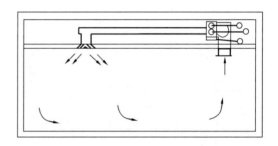

图21-32　散流器上送风、侧下回风　　　　　　图21-33　散流器上送风、上回风

（2）百叶风口送风。一般侧下回，可上回。见图21-34。

（3）喷口送风、旋流风口送风一般侧下回。见图21-35。

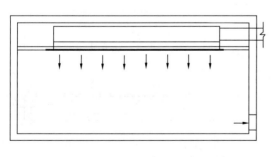

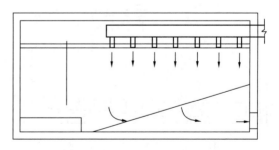

图21-34　百叶（条形）上送风、侧下回风　　　　图21-35　喷口上送风、侧下回风

2. 上侧送风方式（从上部侧墙水平或上下倾斜送风）

（1）百叶风口送风。气流宜贴附，侧下回，可上回。上回时平面上要与送风口有一定距离。见图21-36、图21-37。

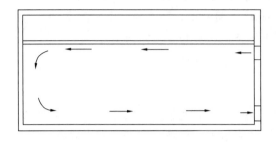

图 21-36 百叶风口上部侧送风、侧下回风

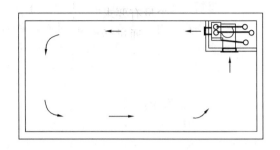

图 21-37 百叶风口上部侧送风、上回风

（2）喷口送风。适用于体育馆、礼堂、剧院等高大空间，一般侧下回或侧上回，见图 21-38、图 21-39。

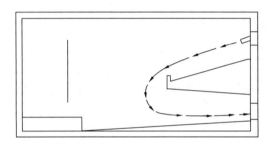

图 21-38 喷口上部侧送风、侧下回风

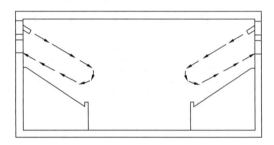

图 21-39 喷口上部侧送风、侧上回风

3. 下送风方式（从地面向上送风）

（1）剧场、体育馆等空间大的场合，座椅下送风，一般上回，特点是送风温差小、温度场、风速场比较均匀。缺点是容易扬尘。见图 21-40。

（2）适用于电子计算机房，活动地板下送风，一般上回。见图 21-41。

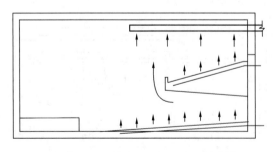

图 21-40 座椅下送风、上回风

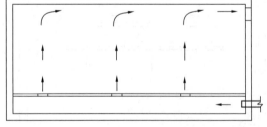

图 21-41 地板下送风、上回风

（三）空气处理

（1）冷却处理。通过冷水或制冷剂。

（2）加热处理。通过热水或蒸汽。

（3）去湿处理。通过制冷或吸湿剂。

（4）加湿处理。通过喷蒸汽、喷水、湿膜、超声波等。

（5）过滤处理。通过过滤器滤掉空气中的灰尘。分粗效过滤（一般空调用）、中效过滤（对空气中含尘量有要求时用）、高效过滤（净化空调用）。

（6）吸附处理。通过活性炭等吸附剂吸附空气中的有害气体（空气中存在异味、有毒、有害等气体时用）。

（四）新风量确定

（1）按人员需要的新鲜空气量、排风量和维持正压所需风量这三项中的最大值。

（2）建筑物内人员所需最小新风量，应符合以下规定：

1）民用建筑人员所需最小新风量按国家现行有关卫生标准确定；办公室、客房最小新风量为每人 $30m^3/h$；

2）工业建筑应保证每人不小于 $30m^3/h$ 的新风量。

（五）空调系统注意的问题

（1）舒适性空调每小时换气次数不宜小于 5 次。

（2）舒适性空调送风温差尽量大，但不宜大于 10℃（送风高度不大于 5m 时）。

（3）室内保持正压的空调房间，其正压值宜取 5～10Pa，不应大于 50Pa。

（4）风机盘管加新风空调系统，经处理的新风宜直接送入室内。不宜送到风机盘管的入口、出口处。

（5）空调和供暖系统膨胀（定压）水箱的膨胀管上不应设置阀门。

（6）空调水系统应设置排气和泄水装置。

（7）空调冷凝水管宜采用热水塑料管或热镀锌钢管，管道应采取防结露措施。

（8）空调冷凝水管排入污水系统时，应有空气隔断措施，冷凝水管不得与室内密闭雨水系统直接连接。

（9）空调送风口的选用：

1）在墙上向前侧送风时，距离不长时，宜采用百叶风口或条缝型风口送风；距离较长时，宜采用喷口送风；

2）在吊顶上向下送风时，宜采用圆形、方形、条缝形散流器；单位面积送风量大且人员活动区要求风速较小或温差较小时，采用孔板送风；

3）大空间建筑吊顶上向下送风时，可采用喷口、旋流风口。

（10）空调回风口的选用

一般选用百叶风口或格栅风口。

（11）空调系统过滤器的选用

1）普通空调系统可选用粗效过滤器；

2）要求较高的空调系统，应增设中效过滤器；

3）净化空调系统，应再增设亚高效或高效过滤器；

4）空气应先通过粗效过滤器，再通过中效过滤器，最后通过高效过滤器。高效过滤器应安装在室内送风口处。

六、集中空调系统自动控制

1. 自控的目的

满足室内的温度、湿度、洁净度、有害气体浓度、气流速度等要求；节约能源；自动保护；减少运行人员等。

2. 自控系统组成

自控系统由四个环节组成：敏感元件、调节器、执行机构、调节机构。当调节参数受到干扰时，敏感元件（如温度计）测得数据输送给调节器，调节器将此数据与给定值进行比较，给出调整偏差信号到执行机构（如电动机），执行机构操纵调节机构（如阀门）进行调节，以使参数达到规定的范围内。

3. 自控项目

（1）检测。如温度、湿度、有害气体浓度、压力等。

（2）显示。如上述参数显示，设备运行状态显示。

（3）保护。如空调机、制冷机的防冻；加湿器与风机连锁等。

（4）调节与控制。如温度、湿度、压力、新风量等。

4. 空调风管、水管常用调节阀

（1）双位控制调节阀。一般用于小管径水管和风管。只有通和断两种状态。动力为电磁力，调节效果一般。

（2）连续控制调节阀。一般用于较大水管和风管。有通、断和任意中间状态。动力为正反转电动机。调节效果较好。

七、工艺性空调对围护结构的要求

工艺性空调对围护结构的要求详见表 21-1。

工艺性空调对围护结构的要求　　　　　　　　　　　　　　　　表 21-1

室温允许波动范围	外　墙	朝　向	楼　层	外　门	门　斗	外　窗
≥±1.0℃	宜减少外墙	宜北向	不宜顶层	不宜有	如有外门应设门斗	宜北向
±0.5℃	不宜有外墙	如有外墙宜北向	宜底层	不应有	如有外门必须设门斗	不宜有，如有窗应北向
±0.1～0.2℃	不应有外墙	—	宜底层	—	—	—

八、集中空调系统应注意的问题

（1）高大空间空调送风口宜采用旋流风口或喷口。

（2）空调系统的新风量，应保证补偿排风及人员所需新风量，保证室内正压，取其中最大值。

（3）对于风机盘管的水系统，电动二通阀调节水量为变流量水系统。

（4）空调机表面冷却器表面温度低于空气露点温度才能使空气冷却去湿。

（5）空调系统的过滤器、新风、回风均设过滤器，但可合设。

（6）换气次数是空调工程中常用的衡量送风量的指标，它的定义是房间送风量和房间容积的比值。

（7）空调系统的节能运行工况，一年中新风量应冬、夏季最小，过渡季最大。

（8）对于空调定流量冷水系统，在末端装置冷却盘管处设电动三通调节阀。

（9）防止夏季室温过冷或冬季室温过热的最好办法是设置完善的自动控制。

（10）多联机由于冷媒管等效长度过长不能确认性能，系数不低于2.8时，长度不宜超过20m。

（11）冷源蓄冷（蓄冰、蓄冷水）是利用低谷电制冷并储存起来，高峰电时用冷，不节能、不节电，但可以对电网削峰填谷，平衡电网负荷，用户可以节省运行费（低谷电价低）。

（12）控制风管内风速可减小风管阻力，降低噪声；减小阻力可降低运行费，降低噪声可保护环境。

第四节　建筑设计与供暖空调运行节能

（一）公共建筑节能设计

1. 一般规定

（1）建筑总平面的布置和设计，宜利用冬季日照并避开冬季主导风向，利用夏季自然通风。建筑的主朝向宜选择本地区最佳朝向或接近最佳朝向。尽量避免东西向日晒。

（2）严寒、寒冷地区建筑的体形系数应小于或等于0.40。

2. 围护结构热工设计

（1）全国分5个热工设计分区，分别为严寒地区、寒冷地区、夏热冬冷地区、夏热冬暖地区、温和地区。

（2）围护结构传热系数限值从小到大顺序为：严寒地区、寒冷地区、夏热冬冷地区、夏热冬暖地区、温和地区。

（3）外墙与屋面的热桥部位的内表面温度不应低于室内空气露点温度。

（4）建筑每个朝向的窗（包括透明幕墙）墙面积比均不应大于0.70。

（5）夏热冬暖地区、夏热冬冷地区的建筑以及寒冷地区中制冷负荷大的建筑，外窗（包括透明墙幕）宜设置活动式外部遮阳。

（6）屋顶透明部分的面积不应大于屋顶总面积的20%。

（7）建筑中庭夏季应利用通风降温，必要时设置机械通风装置。

（8）外窗的可开启面积不应小于窗面积的30%，透明幕墙应有可开启部分或设有通风换气装置。

（9）严寒地区建筑的外门应该设门斗，寒冷地区建筑的外门宜设门斗或应采取其他减少冷风渗透的措施。其他地区的建筑外门也应采取保温隔热节能措施。

（10）外窗的气密性不应低于《建筑幕墙、门窗通用技术条件》GB/T 31433—2015规定的4级。

（11）透明幕墙的气密性不应低于《建筑幕墙、门窗通用技术条件》GB/T 31433—2015规定的3级。

（二）居住建筑节能设计

一般规定：

（1）建筑物朝向宜采用南北向或接近南北向，主要房间宜避开冬季主导风向。

（2）建筑物体形系数在0.3及0.3以下；若体形系数大于0.3，则屋顶和外墙应加强保温，其传热系数应满足规定。

例 21-9 （2014） 某一朝向外窗的热工参数：传热系数为 2.7W/（m² · K），玻璃遮阳系数为 0.8，外遮阳（固定百叶遮阳），假设外遮阳系数为 0.7，该朝向外窗的遮阳系数为：

A 0.56　　　B 0.70　　　C 0.80　　　D 1.51

解析：外窗的遮阳系数为玻璃遮阳系数与外遮阳系数的乘积。

答案：A

例 21-10 （2014） 关于节能建筑围护结构的热工性能的说法，正确的是：

A 外窗传热系数和遮阳系数越小越节能

B 围护结构各部位传热系数均应随体形系数的减小而减小

C 单一朝向外窗的辐射热以遮阳系数为主要影响因素

D 遮阳系数就是可见光透射系数

解析：外窗传热系数越小说明保温越好，遮阳系数越小阻挡阳光热量传向室内的量越少，越节能。围护结构各部位传热系数均随体形系数的增加而减小。北向外窗的辐射热不以遮阳系数为主要影响因素。遮阳系数不都是可见光透射系数。

答案：A

（三）供暖热负荷计算时围护结构的附加耗热量

供暖热负荷计算时围护结构的附加耗热量，应按其占基本耗热量的百分率来确定。各项附加（或修正）百分率，宜按下列规定的数值选用：

1. 朝向修正率

北、东北、西北：0～10%；

东、西：−5%；

东南、西南：−10%～−15%；

南：−15%～−30%。

2. 风力附加率

建筑在不避风的高地、河岸、旷野上的建筑物以及特别高出的建筑物，垂直的外围护结构附加 5%～10%。

3. 外门附加率

当建筑的楼层为 n 层时：

一道门：$65n$%；

两道门（有门斗）：$80n$%；

三道门（有两门斗）：$60n$%；

公建主要入口：500%。

（四）节能应注意的问题

（1）设置全面供暖的建筑物，传热阻应根据有关节能标准经技术经济比较确定，且对最小传热阻有要求。

（2）供暖建筑玻璃外窗的层数与下列因素有关：室外温度、室内外温度差、朝向。

第五节　设备机房及主要设备的空间要求

（一）锅炉房

1. 锅炉类型

（1）按燃料分

可分为燃煤、燃气、燃油、电锅炉。

（2）按承压分

可分为有压、常压（无压）、负压（真空）锅炉。有压锅炉指锅炉承受一定压力；常压（无压）锅炉指锅炉不承受压力或承受很小压力；负压锅炉指锅炉为负压（真空）。

2. 位置选择

（1）靠近热负荷相对集中的地方。

（2）减少烟尘的影响，尽量布置在下风侧。

（3）燃料、灰渣运输方便。

（4）燃煤锅炉房宜设置在建筑物外的专用房间内。

（5）燃油、燃气锅炉房宜设置在建筑物外的专用房间内，当受条件限制必须布置在建筑内或裙房内时，应设在首层或地下一层靠外墙部位，但常压、负压锅炉可设在地下二层。不应设在人员密集的房间上一层、下一层、贴邻。

3. 锅炉台数选择

不宜少于2台，当1台满足热负荷和检修需要时可1台；新建时不宜超过5台；扩建和改建时不宜超过7台；非独立锅炉房时不宜超过4台。

4. 锅炉房的布置

（1）锅炉房平面一般包括锅炉间、风机除尘间、水泵水处理间、配电和控制室、化验室、修理间、浴厕等。

（2）锅炉房的外墙、楼地面、屋面应有相应的防爆措施。

（3）锅炉房与其他部位之间应用耐火墙、楼板隔开，门为甲级防火门。

（4）锅炉房通向室外的门向外开。辅助间、生活间等通向锅炉间的门向锅炉间开。

（5）锅炉间外墙的开窗面积应满足通风、泄压、采光要求。泄压面积不小于锅炉间占地面积的10%。

（6）热力站的开门。蒸汽热力站或长度大于12m、高于100℃的热水热力站设2个出口。

（7）燃油、燃气锅炉等固体燃料锅炉，烟道、风道应分开设置。

5. 锅炉房面积粗略估算

（1）旅馆、办公楼等公共建筑（以10000～30000m² 为例）的燃煤锅炉房面积约占建筑面积的0.5%～1.0%，燃油、燃气锅炉房约占建筑面积的0.2%～0.6%。

（2）居住建筑（以100000～300000m² 为例）的燃煤锅炉房面积约占建筑面积的0.2%～0.6%，燃气锅炉房约占建筑面积的0.1%～0.3%。

（二）制冷机房

（1）氨压缩式制冷机要求严禁采用明火供暖；设事故排风装置，换气次数不小于12

次/h，排风机选用防爆型。

（2）燃气直燃溴化锂吸收式制冷机，要求同负压锅炉。

（3）制冷机房在地下室时要有运输通道和通风设施。

（4）应考虑振动、噪声对环境的影响，选好位置，做好隔声、吸声。

（5）制冷机房面积粗略估算（以 10000～30000m² 为例）：

1）旅馆、办公楼等建筑占总建筑面积的 0.75%～0.925%；

2）商业、展览馆等建筑占总建筑面积的 1.31%～1.57%。

（三）空调机房

（1）位置选择：在地下室时要有新风和排风通向地面。在地上时尽量靠外墙，进新风和排风方便。

（2）防止振动、噪声的影响，做好隔声、吸声。

（3）应有排水和地面防水。

（4）门向外开，甲级防火门。

（5）空调机房占用面积粗略估算（以 10000～30000m² 为例）：

1）全空气系统占总建筑面积的 3.3%～3.9%；

2）风机盘管加新风系统占总建筑面积的 2.25%～2.7%。

例 21-11 **（2010）** 空调机房宜布置在靠近所服务区域处，其目的是：

A　加大空调房间送风温差　　　　B　降低送风管道阻力

C　加大空调房间送风量　　　　　D　降低表冷器空气阻力

解析： 空调机房与所服务区域距离短，可降低送风管阻力。

答案： B

例 21-12 **（2021）** 设置在建筑地下一层的燃气锅炉房，对其锅炉间出入口的设置要求正确的是：

A　出入口不少于一个且应直通疏散口

B　出入口不少于一个且不需直通室外

C　出入口不少于两个，且应有一个直通室外

D　出入口不少于两个，且均应直通室外

解析： 根据《锅炉房设计标准》GB 50041—2020 第 4.3.7 条，锅炉间出入口的设置应符合下列规定：出入口不应少于 2 个，但对独立锅炉房的锅炉间，当炉前走道总长度小于 12m，且总建筑面积小于 200m² 时，其出入口可设 1 个；锅炉间人员出入口应有 1 个直通室外，C 选项正确。

答案： C

第六节　建筑防烟和排烟

一、防排烟概念综述

防排烟是防烟和排烟的总称。

（一）防烟概念

（1）防烟定义：疏散、避难等空间，通过自然通风防止火灾烟气积聚或通过机械加压送风（机械加压送风包括送风井管道、送风口阀、送风机等）阻止火灾烟气侵入，叫防烟。

（2）防烟对象：疏散、避难等空间。疏散空间包括两类楼梯间、四类前室。两类楼梯间为封闭楼梯间、防烟楼梯间；四类前室包括独立前室（防烟楼梯间前室）、共用前室（剪刀楼梯间的两部楼梯共用一个前室）、合用前室（防烟楼梯间与消防电梯合用一个前室）以及消防电梯前室。避难空间包括避难层、避难间。

（3）防烟手段：自然通风、机械加压送风。

（二）排烟概念

（1）排烟定义：房间、走道等空间通过自然排烟或机械排烟将火灾烟气排至建筑物外，叫排烟。

（2）排烟对象：房间、走道等空间。

房间包括：设置在一、二、三层且房间建筑面积大于 $100m^2$ 或设置在四层及以上以及地下、半地下的歌舞、娱乐、放映、游艺场所；中庭；公共建筑内地上部分建筑面积大于 $100m^2$ 且经常有人停留、建筑面积大于 $300m^2$ 且可燃物较多的房间。

地下或半地下建筑、地上建筑内的无窗房间，当总建筑面积大于 $200m^2$ 或一个房间面积大于 $20m^2$，且经常有人停留或可燃物较多的房间。

走道包括：建筑内长度大于20m的疏散走道。

（3）排烟手段：自然排烟、机械排烟。

（三）自然通风、自然排烟概念

可开启外窗（口）位于防烟空间（即疏散、避难等空间），火灾时的作用是自然通风。

可开启外窗（口）位于排烟空间（即房间、走道等空间），火灾时的作用是自然排烟。

（四）可开启外窗（口）和固定窗的规定

（1）疏散、避难等空间（包括两类楼梯间、四类前室、两类避难场所）自然通风时，应设可开启外窗（口），其面积、位置、开启方式、开启装置等应满足现行国家标准的要求。

（2）疏散空间的封闭楼梯间、防烟楼梯间设机械加压送风时，应设固定窗，其面积、位置、开启方式、开启装置等应满足现行国家标准的要求。

（3）房间、走道等空间（包括地上、地下、半地下房间及走道、中庭、回廊等）自然排烟时，应设可开启外窗（口），其面积、数量、位置、距离、高度、开启方式、开启装置应满足现行国家标准的要求。

（4）地上的下列房间设机械排烟时，应设固定窗，其面积、数量、位置、距离、高度应满足现行国家标准的要求：任一层建筑面积大于 $2500m^2$ 的丙类厂房或仓库；任一层建筑面积大于 $3000m^2$ 的商店或展览或类似功能建筑；商店或展览或类似功能建筑中长度大于60m的走道；总建筑面积大于 $1000m^2$ 的歌舞、娱乐、放映、游艺场所；靠外墙或贯通至屋顶的中庭。

二、防烟设计

（一）防烟的一般规定

（1）建筑高度大于50m的公共建筑、工业建筑和建筑高度大于100m的住宅建筑（大于可采用自然通风防烟的建筑高度），防烟楼梯间、独立前室、共用前室、合用前室、消防电梯前室应分别采用机械加压送风（不应设自然通风）。

建筑高度大于100m的建筑，其机械加压送风应竖向分段独立设置，且每段高度不应超过100m。

（2）建筑高度不大于50m的公共建筑、工业建筑和建筑高度不大于100m的住宅建筑（不大于可采用自然通风防烟的建筑高度），防烟楼梯间、独立前室、共用前室、合用前室（除共用前室与消防电梯前室合用的情况外）以及消防电梯前室，满足自然通风条件时应采用自然通风；不满足自然通风条件时，应采用机械加压送风。

防烟系统的选择尚应符合下列规定：

1）独立前室、合用前室，采用全敞开的阳台、凹廊或设有两个及以上不同朝向可开启外窗且均满足自然通风条件，防烟楼梯间可不设防烟；

2）两类楼梯间、四类前室有条件自然通风时应采用自然通风；当不满足自然通风条件时，应采用机械加压送风；

3）防烟楼梯间满足自然通风条件，独立前室、共用前室、合用前室不满足自然通风条件，设机械加压送风；当前室送风口设置在前室顶部或正对前室入口的墙面时，防烟楼梯间可采用自然通风；当前室送风口不满足上述条件时，防烟楼梯间应采用机械加压送风。

（3）防烟楼梯间及其前室（包括独立前室、共用前室、合用前室）设置机械加压送风时应符合下列规定：

1）当采用合用前室时，防烟楼梯间、合用前室应分别独立设置机械加压送风；

2）当采用剪刀楼梯时，其两个楼梯间及其前室应分别独立设置机械加压送风；

3）当采用独立前室时，建筑高度不大于可采用自然通风防烟的建筑高度，当独立前室仅有一个门与走道或房间相通时，可仅在防烟楼梯间设置机械加压送风、前室不送风；独立前室不满足上述条件，防烟楼梯间、独立前室应分别设置机械加压送风。

（4）地下、半地下建筑仅有一层，封闭楼梯间（仅有一层）可不设机械加压送风，但首层应设置有效面积不小于1.2 m² 的可开启外窗或直通室外的疏散门。

（二）自然通风设施

（1）采用自然通风的封闭楼梯间、防烟楼梯间，应在最高部位设置面积不小于1.0m² 的可开启外窗或开口；当建筑高度大于10m时，尚应在楼梯间外墙上每5层内设置总面积不小于2.0m² 的可开启外窗或开口，且布置间隔不大于3层。

（2）前室采用自然通风时，独立前室、消防电梯前室可开启外窗或开口面积不应小于2.0m²，共用前室、合用前室不应小于3.0m²。

（3）采用自然通风的避难层、避难间设有不同朝向可开启外窗时，其有效面积不应小于该避难层、避难间地面面积的2％，且每个朝向面积不应小于2.0m²。

（三）机械加压送风设施

（1）建筑高度不大于50m的建筑，当楼梯间设置加压送风井管道确有困难时，楼梯间可采用直灌式机械加压送风（无送风井管道时，直接向楼梯间机械加压送风），并应符合下列规定：

1）建筑高度大于32m时，应两点部位送风，间距不宜小于建筑高度的1/2；

2）送风量应比非直罐式机械加压送风量增加20%；

3）送风口不宜设在影响人员疏散的部位。

（2）楼梯间地上、地下部分应分别设置机械加压送风。地下部分为汽车库或设备用房时，可共用机械加压送风系统；但送风量应地上、地下部分相加；并应采取措施满足地上、地下部分的风量要求。

（3）机械加压送风风机应符合下列规定：

1）进风口应直通室外且防止吸入烟气；

2）进风口和风机宜设在机械加压送风系统下部；

3）进风口与排烟出口不应设在同一平面上；当确有困难时，进风口与排烟出口应保持一定距离；

竖向布置时，进风口在下方，两者边缘最小垂直距离不应小于6m；水平布置时，两者边缘最小水平距离不应小于20m；

4）送风机应设在专用机房内。

（4）机械加压送风口：楼梯间宜每隔2～3层设一个常开式百叶风口；前室应每层设一个常闭式风口并设手动开启装置；送风口风速不宜大于7m/s；送风口不宜被门遮挡。

（5）机械加压送风管道：不应采用土建风道。应采用不燃材料且内壁光滑。内壁为金属时，风速不应大于20m/s；内壁为非金属时，风速不应大于15m/s。

（6）机械加压送风管道的设置和耐火极限：竖向设置时，应独立设于管道井内；设置在其他部位时，耐火极限不应低于1h。水平设置在吊顶内时，耐火极限不应低于0.5h；水平设置未在吊顶内时，耐火极限不应低于1.0h。

（7）机械加压送风管道井隔墙耐火极限不应低于1.0h并应独立设置；必须设门时，应采用乙级防火门。

（8）设置机械加压送风的疏散部位不宜设置可开启外窗。

（9）设置机械加压送风的封闭楼梯间、防烟楼梯间尚应在其顶部设置不小于1.0m² 的固定窗；靠外墙的防烟楼梯间尚应在其外墙上每5层内设置总面积不小于2.0m² 的固定窗。

（10）加压送风口的层数要求。

两类楼梯间每隔2～3层设一个常开式加压送风口；四类前室每层设一个常闭式加压送风口，并设手动开启装置。

三、排烟设计

（一）排烟的一般规定

1. 优先采用自然排烟

2. 同一防烟分区应采用同一种排烟方式

3. 关于中庭、与中庭相连通的回廊及周围场所的排烟规定

（1）中庭应设排烟。

（2）周围场所按现行国家标准设排烟。

（3）回廊排烟：当周围场所各房间均设排烟时，回廊可不设；但当周围场所为商店时，回廊应设；当周围场所任一房间均未设排烟时，回廊应设。

（4）当中庭与周围场所未封闭时，应设挡烟垂壁。

4. 固定窗的设置规定

（1）固定窗的布置位置

1）非顶层区域的固定窗应布置在外墙上；

2）顶层区域的固定窗应布置在屋顶或顶层外墙上；但未设置喷淋、钢结构屋顶、预应力混凝土屋面板时，应布置在屋顶；

3）固定窗宜按防烟分区布置，不应跨越防火分区。

（2）固定窗的有效面积

1）固定窗设在顶层，其有效面积不应小于楼面面积的 2%；

2）固定窗设在中庭，其有效面积不应小于楼面面积的 5%；

3）固定窗设在靠外墙且不位于顶层，单个窗有效面积不应小于 $1.0m^2$ 且间距不宜大于 20m，其下沿距室内地面不宜小于层高的 1/2；供消防救援人员进入的窗口面积不计入固定窗面积但可组合布置；

4）固定窗有效面积应按可破拆的玻璃面积计算。

（二）防烟分区、挡烟垂壁

（1）防烟分区不应跨越防火分区。

（2）防烟分区挡烟垂壁等挡烟分隔的深度：

1）自然排烟时，不应小于空间净高的 20% 且不应小于 500mm；

2）机械排烟时，不应小于空间净高的 10% 且不应小于 500mm。

同时，底距地面应大于疏散所需的最小清晰高度。

注：最小清晰高度：净高不大于 3m 时，不小于净高的 1/2；净高大于 3m 时，为 1.6m+0.1 倍层高。

（3）设置排烟的建筑内，敞开楼梯、自动扶梯穿越楼板的开口部应设置挡烟垂壁等设施。

（4）防烟分区最大面积及长边的最大长度

1）空间净高≤3m：最大面积 $500m^2$，长边的最大长度为 24m；

2）空间净高>3m、≤6m：最大面积 $1000m^2$，长边的最大长度为 36m；

3）空间净高>6m：最大面积 $2000m^2$，长边的最大长度为 60m；

4）空间净高>6m：最大面积同上；自然对流时，长边的最大长度为 75m；

5）空间净高>9m：可不设挡烟垂壁；

6）走道宽度≤2.5m：长边的最大长度为 60m；

7）走道宽度>2.5m：长边的最大长度按前四项设置。

（三）自然排烟设施

1. 自然排烟窗（口）的设置场所

自然排烟场所应设置自然排烟窗（口）。

2. 自然排烟窗（口）有效面积的确定

除中庭外，一个防烟分区自然排烟窗（口）的有效面积应满足以下规定：

（1）房间排烟且净高≤6m 时，自然排烟窗（口）的有效面积应≥该防烟分区建筑面积的 2%。

（2）房间排烟且净高>6m 时，自然排烟窗（口）的有效面积应经计算确定。

（3）仅需在走道、回廊排烟时，两端自然排烟窗（口）有效面积均应≥2m²且自然排烟窗（口）的距离不应小于走道长度的2/3。

（4）房间、走道、回廊均排烟时，自然排烟窗（口）有效面积应≥该走道、回廊建筑面积的2%。

（5）中庭排烟时（中庭周围场所设排烟），自然排烟窗（口）有效面积应经计算确定且≥59.5m²。

（6）中庭排烟时（中庭周围场所不需设排烟，仅在回廊排烟），自然排烟窗（口）有效面积应经计算确定且≥27.8m²。

3. 自然排烟窗（口）的位置

自然排烟窗（口）距防烟分区内任一点水平距离不应大于30m（此距离也适用于机械排烟）；当净高≥6m且具有自然对流条件时，不应大于37.5m（此距离不适用于机械排烟）。

4. 自然排烟窗（口）的布置要求

自然排烟窗（口）宜分散、均匀布置，每组长度不宜大于3.0m。

自然排烟窗（口）设在防火墙两侧时，最近边缘的水平距离不应小于2.0m。

5. 自然排烟窗（口）设在外墙的高度

自然排烟窗（口）设在外墙时，应在储烟仓内；但走道和房间净高不大于3m区域，可设在净高1/2以上。

注：储烟仓的设置要求如下：

自然排烟时：储烟仓厚度不应小于空间净高的20%且不小于0.5m；

机械排烟时：储烟仓厚度不应小于空间净高的10%且不小于0.5m；

同时，要求储烟仓底部应大于最小清晰高度（最小清晰高度为1.6m+0.1H；其中，单层空间H取净高；多层空间H取层高；但走道和房间净高不大于3m的区域取净高的1/2）。

6. 自然排烟窗（口）的开启形式

自然排烟窗（口）的开启形式应有利于火灾烟气的排出（下悬外开，即下端为轴、上端在墙外）；但房间面积不大于200m²时，开启方向可不限。

7. 自然排烟窗（口）开启的有效面积

（1）悬窗：开启角度大于70°时，按窗面积计算；不大于70°时，按最大开启时水平投影面积计算。

（2）平开窗：开启角度大于70°时，按窗面积计算；不大于70°时，按最大开启时竖向投影面积计算。

（3）推拉窗：按最大开启时窗口面积计算。

（4）平推窗：设在顶部时，按窗1/2周长与平推距离的乘积计算且不应大于窗面积；设在外墙时，按窗1/4周长与平推距离的乘积计算且不应大于窗面积。

8. 自然排烟窗（口）的开启装置

高处不便于直接开启的外窗应在距地面1.3~1.5m处的位置设置手动开启装置。

净空高度大于9.0m的中庭、建筑面积大于2000m²的营业厅、展览厅、多功能厅等场所，应设置集中手动开启装置和自动开启装置。

（四）机械排烟设施

1. 机械排烟系统水平方向布置

当建筑的机械排烟系统沿水平方向布置时，每个防火分区机械排烟系统应独立。

2. 机械排烟系统竖直方向布置

建筑高度大于 50m 的公共建筑和建筑高度大于 100m 的住宅建筑，其排烟系统应竖向分段、独立设置，且每段高度：公共建筑不应大于 50m，住宅建筑不应大于 100m。

3. 排烟与通风空调合用

排烟与通风空调应分开设置，确有困难可合用，但应符合排烟要求且排烟时需联动关闭的通风空调控制阀门不应超过 10 个。

4. 排烟风机出口

排烟风机出口宜设在系统最高处，烟气出口宜朝上并应高出机械加压送风和补风进风口，两者边缘最小垂直距离不应小于 6m；水平布置时，两者边缘最小水平距离不应小于 20m。

5. 排烟风机房

排烟风机房宜设在专用机房内，排烟风机两侧应有 0.6m 以上的空间。排烟与通风空调合用机房应设自动喷水灭火装置，不得设置机械加压送风机，排烟连接件应能在 280℃ 时连续 30min 保证结构完整性。

6. 排烟风机

排烟风机应满足 280℃ 时连续工作 30min，排烟风机应与风机入口处排烟防火阀连锁，该阀关闭时联动排烟风机停止运行。

7. 排烟管道

机械排烟系统应采用管道排烟但不应采用土建风道。排烟管道应采用不燃材料制作且内壁光滑。排烟管道为金属时风速不应大于 20m/s，为非金属时风速不应大于 15m/s。排烟管道厚度见现行施工规范。

8. 排烟管道的耐火极限

（1）排烟管道及其连接件应能在 280℃ 时连续 30min 保证结构完整性。

（2）排烟管道竖向设置时，应设在独立的管道井内，耐火极限不应低于 0.5h。

（3）排烟管道水平设置时，应设在吊顶内。当设在走廊吊顶内时，耐火极限不应低于 1.0h；当设在其他场所的吊顶内时，耐火极限不应低于 0.5h。当设在吊顶内确有困难时，可设在室内，但耐火极限不应低于 1.0h。

（4）排烟管道穿越防火分区时，耐火极限不应低于 1.0h。

（5）排烟管道设在设备用房、汽车库时，耐火极限可不低于 0.5h。

9. 排烟管道的管道井耐火极限

机械排烟管道井隔墙耐火极限不应低于 1.0h 并应独立设置；必须设门时，应采用乙级防火门。

10. 排烟管道隔热

排烟管道设在吊顶内且有可燃物时，应采用不燃材料隔热，并与可燃物保持不小于 0.15m 的距离。

11. 排烟口位置

（1）排烟口距防烟分区内任一点的水平距离不应大于 30m。

（2）排烟口应设在储烟仓内；但走道和房间净高不大于 3m 的区域，可设在净高的 1/2 以上（最小清晰高度以上）；当设在侧墙时，其最近边缘与吊顶的距离不应大于 0.5m。

（3）排烟口宜设在顶棚或靠近顶棚的墙面上。

（4）排烟口宜使烟流与人流方向相反，且与附近安全出口相邻边缘的水平距离不应小于 1.5m。

（五）补风系统

（1）补风场所：除地上建筑的走道或建筑面积小于 500m² 的房间外，设置排烟系统的场所应设置补风系统。

（2）补风量：补风应直接引入室外空气，且补风量不应小于排烟量的 50%。

（3）补风设施：补风可采用疏散外门、开启外窗等自然进风或机械送风。

（4）补风机房：补风机应设在专用机房内。

（5）补风口位置：补风口与排烟口在同一防烟分区时，二者水平距离不应小于 5m，且补风口应在储烟仓下沿以下。

（6）补风口风速：自然补风口风速不宜大于 3m/s。

（7）补风管道耐火极限：补风管道耐火极限不应低于 0.5h；跨越防火分区时，耐火极限不应低于 1.5h。

四、燃油燃气锅炉的设置

燃油燃气锅炉不应布置在人员密集场所的上一层、下一层或贴邻。应布置在首层或地下一层靠外墙部位，但常（负）压锅炉可设在地下二层或屋顶上。设在屋顶时，距通向屋面的安全出口不应小于 6m。燃油燃气锅炉房疏散门均应直通室外或安全出口。燃气锅炉房应设置爆炸泄压设施。

五、通风空调风管材质

（1）通风空调风管应采用不燃材料。

（2）设备和风管的绝热材料、加湿材料、消声和粘结材料，宜采用不燃材料，确有困难时可采用难燃材料。

六、防火阀设置

1. 通风空调风管下列部位应设 70℃防火阀

（1）穿越防火分区处。

（2）穿越通风、空调机房隔墙和楼板处。

（3）穿越重要或火灾危险性大的隔墙和楼板处。

（4）穿越防火分隔处的变形缝两侧。

（5）竖向风管与每层水平风管交接处的水平管段上。

2. 排烟管道下列部位应设 280℃熔断关闭排烟防火阀

（1）垂直风管与每层水平风管交接处的水平管段上。

（2）一个排烟系统负担多个防烟分区的排烟支管上。

（3）排烟风机入口处。

（4）穿越防火分区处。

例 21-13 （2005）高层建筑中，燃油、燃气锅炉房应布置在：

A　建筑的地下三层靠外墙部位

B　建筑的地下二层靠外墙部位

C　建筑的首层或地下一层靠外墙部位

D　建筑的地上二层靠外墙部位

提示：《建筑设计防火规范》GB 50016—2014（2018 年版）规定：高层建筑中，燃油、燃气锅炉房应布置在首层或地下一层靠外墙部位。

答案：C

例 21-14 （2019）设排烟的空间，储烟仓底部距地面高度应大于安全疏散所需的最小清晰高度，房间净高 5.5m，最小清晰高度为：

A　1500　　　　　B　2150　　　　　C　2750　　　　　D　2950

解析：《建筑防烟排烟系统技术标准》GB 51251—2017 规定：最小清晰高度＝［1600 ＋（房间净高的 0.1 倍）］。净高不大于 3m 时，最小清晰高度不宜小于净高的 1/2。

答案：B

例 21-15 （2021）公共建筑防烟分区内自然排烟窗正确的是：

A　位于最小清晰高度以上

B　悬窗按 70％计算有效面积

C　防火墙两侧窗间距 1m

D　防火分区内任意一点距离排烟口的距离小于等于 30m

解析：根据《建筑防烟排烟系统技术标准》GB 51251—2017 第 4.3.3 条，自然排烟窗（口）应设置在排烟区域的顶部或外墙，并应符合下列规定：当设置在外墙上时，自排烟窗（口）应在储烟仓以内（即最小清晰高度以上），A 选项正确。上述标准第 4.3.5 条，当采用开窗角大于 70°的悬窗时，其面积应按窗的面积计算；当开窗角小于或等于 70°时，其面积应按窗最大开启时的水平投影面积计算，B 选项一律按 70％计算有效面积，不正确。根据《建筑设计防火规范》GB 50016—2014（2018 年版）6.1.3 条，建筑外墙为不燃性墙体时，防火墙可不凸出墙的外表面，紧靠防火墙两侧的门、窗、洞口之间最近边缘的水平距离不应小于 2m，C 选项不正确。根据《建筑防烟排烟系统技术标准》GB 51251—2017 第 4.3.2 条，防烟分区内任一点与最近的自然排烟窗（口）之间的水平距离不应大于 30m，本题为防火分区，D 选项不正确。

答案：A

第七节 燃气种类及安全措施

(一) 燃气种类

天然气、人工煤气、液化石油气。

(二) 燃气管道

(1) 地下燃气管道不得从建筑物和大型构筑物的下面穿越。

(2) 燃气引入管不得敷设在卧室、浴室、地下室、易燃或易爆品的仓库、有腐蚀性介质的房间、配电室、变电室、电缆沟、烟道和进风道等地方。

(3) 燃气引入管进入密闭室时，密闭室必须进行改造，并设置换气口，其通风换气次数不得小于 3 次/h。

(4) 燃气引入管穿过建筑物基础、墙或管沟时，均应设置在套管中，并应考虑沉降的影响，必要时应采取补偿措施。

(5) 建、构筑物内部的燃气管道应明设。当建筑或工艺有特殊要求时，可暗设，但必须便于安装和检修。

(6) 暗设燃气管道应符合下列要求：

1) 暗设的燃气立管，可设在墙上的管槽或管道井中；暗设的燃气水平管，可设在吊平顶内或管沟内；

2) 暗设的燃气管道的管槽应设活动门和通风孔；暗设的燃气管道的管沟应设活动盖板，并填充干砂；

3) 管道应有防腐绝缘层；

4) 燃气管道不得敷设在可能渗入腐蚀性介质的管沟中；

5) 当敷设燃气管道的管沟与其他管沟相交时，管沟之间应密封，燃气管道应敷设在钢套管中；

6) 敷设燃气管道的设备层和管道井应通风良好；每层的管道井应设与楼板耐火极限相同的防火隔断层，并应有进出方便的检修门。

(7) 室内燃气管道不得穿过易燃易爆品仓库、配电室、变电室、电缆沟、烟道和进出风道等地方。

(8) 室内燃气管道不应敷设在潮湿或有腐蚀性介质的房间内。当必须敷设时，必须采取防腐措施。

(9) 燃气管道严禁引入卧室。当燃气水平管道穿过卧室、浴室或地下室时，必须采用焊接连接的方式，并必须设置在套管中。燃气管道的立管不得敷设在卧室、浴室或厕所中。

(10) 当室内燃气管道穿过楼板、楼梯平台、墙壁和隔墙时，必须安装在套管中。

(11) 燃气管道必须考虑在工作环境温度下的极限变形。

(12) 地下室、半地下室、设备层和 25 层以上建筑的用气安全设施应符合下列要求：

1) 引入管宜设快速切断阀；

2) 管道上宜设自动切断阀、泄漏报警器和送排风系统等自动切断连锁装置；

3) 25 层以上建筑宜设燃气泄漏集中监视装置和压力控制装置，并宜有检修值班室。

（13）地下室、半地下室、设备层敷设人工煤气和天然气管道时，应符合下列要求：

1）净高不应小于2.2m；

2）应有良好的通风设施，地下室或地下设备层内应有机械通风和事故排风设施；

3）应设有固定的照明设备；

4）当燃气管道与其他管道一起敷设时，应敷设在其他管道的外侧；

5）燃气管道应采用焊接或法兰连接；

6）应用非燃烧体的实体墙与电话间、变电室、修理间和储藏室隔开；

7）地下室内燃气管道末端应设放散管，并应引出地上。放散管的出口位置应保证吹扫放散时的安全和卫生要求。

（14）液化石油气管道不应敷设在地下室、半地下室或设备层内。

（15）当燃气燃烧设备与燃气管道为软管连接时，其设计应符合下列要求：

1）家用燃气灶和实验室用的燃烧器，其连接软管的长度不应超过2m，并不应有接口；

2）燃气用软管应采用耐油橡胶管；

3）软管与燃气管道、接头管、燃烧设备的连接处采用压紧螺帽（锁母）或管卡固定；

4）软管不得穿墙、窗和门。

（16）燃气管不应敷设在楼梯间及防烟楼梯间前室内。

（三）居民生活和公共建筑用气

（1）用户计量装置的安装位置，应符合下列要求：

1）宜安装在非燃结构的室内通风良好处；

2）严禁安装在卧室、浴室、危险品和易燃物品堆放处，以及与上述情况类似的地方；

3）公共建筑和工业企业生产用气的计量装置，宜设置在单独房间内。

（2）燃气表的安装应满足抄表、检修、保养和安全使用的要求。当燃气表在燃气灶具上方时，燃气表与燃气灶的水平净距不得小于30cm。

（3）居民生活使用的各类用气设备应采用低压燃气。

（4）居民生活用气设备严禁安装在卧室内。

（5）居民住宅厨房内装有直接排气式热水器时应设排风扇。

（6）燃气灶的设置应符合下列要求：

1）燃气灶应安装在通风良好的厨房内，利用卧室的套间或用户单独使用的走廊作厨房时，应设门并与卧室隔开；

2）安装燃气灶的房间净高不得低于2.2m；

3）燃气灶与可燃或难燃烧的墙壁之间应采取有效的防火隔热措施；燃气灶的灶面边缘和烤箱的侧壁距木质家具的净距不应小于20cm；燃气灶与对面墙之间应有不小于1m的通道。

（7）燃气热水器应安装在通风良好的房间或过道内，并应符合下列要求：

1）直接排气式热水器严禁安装在浴室内；

2）平衡式热水器可安装在浴室内；

3）装有直接排气式热水器或烟道式热水器的房间，房间门或墙的下部应设有效截面积不小于 30mm 的间隙；

4) 房间净高应大于 2.4m；

5) 可燃或难燃烧的墙壁上安装热水器时，应采取有效的防火隔热措施；

6) 热水器与对面墙之间应有不小于 1m 的通道。

(8) 燃气供暖装置的设置应符合下列要求：

1) 燃气供暖装置应有熄火保护装置和排烟设施；

2) 容积式热水供暖炉应设置在通风良好的走廊或其他非居住房间内，与对面墙之间应有不小于 1m 的通道；

3) 供暖装置设置在可燃或难燃烧的地板上时，应采取有效的防火隔热措施。

(9) 公共建筑用气设备应安装在通风良好的专用房间内。

(10) 公共建筑用气设备的安装应符合下列要求：

大锅灶和中餐菜灶应有排烟设施，大锅灶的炉膛和烟道处必须设爆破门。

(11) 燃具燃烧所产生的烟气应排出室外。

(12) 安装生活用的直接排气式燃具的厨房，应符合燃具热负荷对厨房容积和换气次数的要求。当不能满足要求时，应设置机械排烟设施。

(13) 浴室用燃气热水器的排气口应直接通向室外。排气系统与浴室必须有防止烟气泄漏的措施。

(14) 公共建筑用厨房中的燃具上方应设排气扇或吸气罩。

(15) 用气设备的排烟设施应符合下列要求：

1) 不得与使用固体燃料的设备共用一套排烟设施；

2) 当多台设备合用一个总烟道时，应保证排烟时互不影响；

3) 在容易积聚烟气的地方，应设置防爆装置；

4) 应设有防止倒风的装置。

(16) 高层建筑的共用烟道，各层排烟不得互相影响。

(17) 当用气设备的烟囱伸出室外时，其高度应符合下列要求：

1) 当烟囱离屋脊小于 1.5m 时（水平距离），应高出屋脊 0.5m；

2) 当烟囱离屋脊 1.5～3.0m 时（水平距离），烟囱可与屋脊等高；

3) 当烟囱离屋脊的距离大于 3.0m 时（水平距离），烟囱应在屋脊水平线下 10° 的直线上；

4) 在任何情况下，烟囱应高出屋面 0.5m；

5) 当烟囱的位置临近高层建筑时，烟囱应高出沿高层建筑物 45° 的阴影线；

6) 烟囱出口应有防止雨雪进入的保护罩。

(18) 烟道排气式热水器的安全排气罩上部，应有不小于 0.25m 的垂直上升烟气导管，其直径不得小于热水器排烟口的直径。热水器的烟道上不应设置闸板。

(19) 居民用气设备的烟道距难燃或非燃顶棚或墙的净距不应小于 5cm；距易燃的顶棚或墙的净距不应小于 25cm。

(20) 有安全排气罩的用气设备不得设置烟道闸板。

无安全排气罩的用气设备，在烟道上应设置闸板，闸板上应有直径大于 15mm 的孔。

(21) 烟囱出口的排烟温度应高于烟气露点 15℃ 以上。

（22）烟囱出口应设置风帽或其他防倒风装置。

（四）调压站、调压箱

调压站距离建筑物、构筑物水平净距见表21-2。

调压站距离建筑物、构筑物水平净距（m）   表21-2

调压站建筑形式	调压装置入口燃气压力级制	建筑物外墙面	重要公共建筑一类高层建筑	铁路中心线	城镇道路	公共电力变配电柜
地上单独建筑	高压/次高压	6～18	12～30	10～25	3～5	4～6
	中　压	6	12	10	2	4
地面调压箱	次高压	4～7	8～14	8～12	2	4
	中　压	4	8	8	1	4
地下单独建筑	中　压	3	6	6	—	3
地下调压箱	—	3	6	6	—	3

例21-16　（2009）公共建筑的用户燃气表，应安装在：

A　有可燃物品的库房　　　　B　经常潮湿的库房

C　有通风的单独房间　　　　D　无通风的房间

解析：《城镇燃气设计规范》GB 50028—2006（2020年版）第10.3.2条规定，用户燃气表应安装在不燃或难燃结构的室内通风良好和便于查表、检修的地方。

答案：C

第八节　暖通空调专业常用单位

1. 热量、冷量

（1）法定单位

W（焦耳/秒），称瓦。10^3W可写作kW，称千瓦；10^6W可写作MW，称兆瓦。

（2）非法定单位

kcal/h（千卡/时），称千卡每小时。约等于1.163W（瓦）。

（3）非法定单位

RT或U.S.RT，称冷吨或美国冷吨。约等于3517W（瓦）或3000kcal/h（千卡/时）。

2. 传热系数

（1）法定单位

W/（m^2·℃），称瓦每平方米摄氏度。

（2）非法定单位

kcal/（m^2·h·℃），称千卡每平方米小时摄氏度。约等于1.163W/（m^2·℃）。

3. 导热系数

（1）法定单位

W/（m·℃），称瓦每米摄氏度。

（2）非法定单位

kcal/(m・h・℃)，称千卡每米小时摄氏度。约等于 1.163W/(m・℃)。

4. 压强

法定单位：Pa(牛顿/平方米)，称帕。10^3Pa 可写作 kPa，称千帕；10^6Pa 可写作 MPa，称兆帕。

5. 风量

法定单位：m^3/s。

6. 风速

法定单位：m/s。

习　题

21-1　**(2019)** 某小区可选择下列几种供暖热源，应优先选择哪一项？

　　A　区域热网　　　　　　　　　B　城市热网

　　C　小区锅炉房　　　　　　　　D　工业余热

21-2　**(2019)** 下列哪种建筑的散热器不应暗装？

　　A　幼儿园　　　　　　　　　　B　养老院

　　C　办公楼　　　　　　　　　　D　精神病院

21-3　**(2019)** 建筑内哪个位置不应设置散热器？

　　A　内隔墙　　　　　　　　　　B　楼梯间

　　C　外玻璃幕墙　　　　　　　　D　门斗

21-4　**(2019)** 下列事故排风口与其补风系统进风口的相对位置布置，哪一项是正确的？

　　A　排风口高于进风口 6m，水平距离 8m

　　B　排风口高于进风口 2m，水平距离 10m

　　C　排风口与进风口高度相同，水平距离 15m

　　D　排风口低于进风口 6m，水平距离 10m

21-5　**(2019)** 下列机械送风系统的室外进风口位置，哪项是错误的？

　　A　排风口底部距离室外地坪 2m

　　B　进风口底部距离室外绿化地带 1m

　　C　排风口的下风侧

　　D　室外空气较洁净的地方

21-6　**(2019)** 下列哪种空调系统在空调区没有漏水风险？

　　A　定风量全空气系统　　　　　B　辐射供冷系统

　　C　多联机加新风系统　　　　　D　风机盘管加新风系统

21-7　**(2019)** 下列哪个城市建筑空调系统适合使用蒸发冷却冷源？

　　A　大连　　　　　　　　　　　B　乌鲁木齐

　　C　南京　　　　　　　　　　　D　海口

21-8　**(2019)** 建筑室内某区域空气中含有易燃易爆气体，应采用下列哪种空调系统？

　　A　风机盘管系统　　　　　　　B　多联式空调系统

　　C　一次回风全空气系统　　　　D　独立的全新风系统

21-9　**(2019)** 关于地埋管地源热泵系统的说法，错误的是：

　　A　是一种可再生能源利用形式

　　B　与地层只有热交换，不消耗地下水

C 换热器埋设于地下，不考虑占地空间

D 适合冬夏空调冷热负荷相差不大的建筑

21-10 (2019) 在高层建筑空调系统设计中，冷热源设备布置在哪个位置不利于降低冷热源设备的承压？

A 地下层   B 塔楼中间设备层

C 塔楼外裙房顶层   D 塔楼顶层

21-11 (2019) 关于制冷机房的要求，错误的是：

A 设置观察控制室   B 靠近冷负荷中心

C 机房净高不小于 5.0m   D 预留最大设备运输通道

21-12 (2019) 关于高层建筑裙房屋顶上布置冷却塔的做法，哪一项是错误的？

A 放置在专用基础上   B 远离厨房排油烟出口

C 周边预留检修通道和管道安装位置   D 尽量靠近塔楼，避免影响立面

21-13 (2019) 关于空调机房的做法，错误的是：

A 门向外开启   B 靠近所服务的空调区

C 考虑搬运设备的出入口   D 采用石膏板轻质隔墙

21-14 (2019) 关于锅炉房的说法，错误的是：

A 锅炉房属于丁类生产厂房   B 油箱油泵同属于丙类生产厂房

C 可采用双层玻璃固定窗作为观察窗   D 可采用轻质屋顶泄压

21-15 (2019) 位于下列各气候区的建筑，冬季可不考虑围护结构保温的是：

A 寒冷地区   B 夏热冬暖地区

C 夏热冬冷地区   D 温和地区

21-16 (2019) 下列舒适性供暖空调系统节能措施，错误的是：

A 高大空间采用分层空调   B 供暖系统采用分户热计算

C 空调水系统定压采用高位水箱   D 温和地区设置排风热回收装置

21-17 (2019) 下列哪项不属于绿色建筑评价标准？

A 自然通风效果   B 防排烟风机效率

C 设备机房隔声   D 围护结构热工性能

21-18 (2019) 关于民用建筑设有机械排烟系统时设置固定窗的说法，错误的是：

A 平时不可开启   B 火灾时可人工破碎

C 可为内窗   D 不可用于火灾初期自然排烟

21-19 (2019) 关于加压送风系统的设计要求，错误的是：

A 加压风机应直接从室外取风

B 加压风机进风口宜设于加压送风系统下部

C 加压送风不应采用土建风道

D 加压送风进风口与排烟系统出口水平布置时距离不小于 10.0m

21-20 (2019) 公共建筑某区域净高为 5.5m，采用自然排烟，设计烟层底部高度为最小清晰度高度，自然排烟窗下沿不应低于下列哪个高度？

A 4.40m   B 2.75m

C 2.15m   D 1.50m

21-21 (2019) 下列哪种情况下，建筑物顶层区域的固定窗可不布置在屋顶上？

A 琉璃瓦屋顶   B 钢结构屋顶

C 未设置自动喷水系统   D 预应力钢筋混凝土屋面

21-22 (2019) 燃气引入管可敷设在建筑的哪个位置？

A 烟道	B 卫生间
C 通风机房	D 开敞阳台

21-23 (2018) 从供暖效果考虑，散热器安装方式最优的是：

A 在装饰罩中	B 在内墙侧
C 外墙窗台下	D 在外墙内侧

21-24 (2018) 热水地板辐射供暖系统中，下列地面构造由下而上的做法错误的是：

A 大堂下层为无供暖车库时：绝热层、加热管、填充层、面层

B 大堂下为土壤时：防潮层、绝热层、加热管、填充层、面层

C 卫生间上下层均有供暖时：防潮层、绝热层、加热管、填充层、面层

D 起居室上下层均为住宅起居室（有供暖）时：绝热层、加热管、填充层、面层

21-25 (2018) 题图所示项目处于严寒B区，散热器设置位置错误的是：

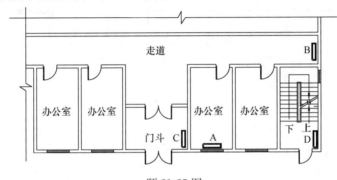

题 21-25 图

A A处	B B处	C C处	D D处

21-26 (2018) 要求矩形风管长短边之比不宜大于4，最主要原因是：

A 避免降低风管强度	B 提高材料利用率
C 防止风管阻力过大	D 降低气流噪声

21-27 (2018) 关于排除有爆炸危险气体的排风系统，下列说法正确的是：

A 排风管道应采用非金属管道

B 排风设备不应设置在地下室内

C 排风设备应设置在室外

D 排风管道应暗设在竖井内

21-28 (2018) 下列建筑的空调冷热源设置，不合理的是：

A 寒冷地区的宾馆建筑采用风冷热泵为过渡季供暖

B 严寒地区的小型办公建筑采用多联空调系统供暖

C 夏热冬暖地区的酒店建筑采用热回收型冷水机组供冷

D 夏热冬冷地区的商业建筑采用多联空调系统提供冷热源

21-29 (2018) 多个空调区域，应分别设置空调系统的情况是：

A 新风量标准不同时	B 空气洁净度标准不同时
C 人员密度不同时	D 排风量标准不同时

21-30 (2018) 不适合用于高大空间全空气空调系统送风的风口是：

A 喷口	B 旋流风口
C 散流器	D 地板送风口

21-31 (2018) 题图项目中，开式冷却塔位置最合适的是：

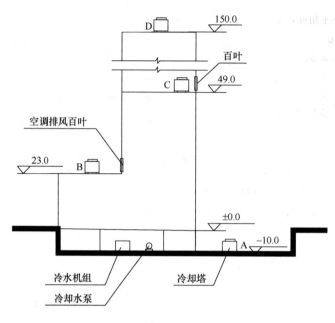

题 21-31 图

    A A 处   B B 处   C C 处   D D 处

21-32 **(2018)** 应设置泄压措施的房间是：

    A 地下氟制冷机房   B 地下燃气厨房

    C 地上燃气锅炉房   D 地上燃气表间

21-33 **(2018)** 采用多联机空调系统时，下列限制条件中错误的是：

    A 室外机和室内机之间有最大高差的限制

    B 室外机和室内机之间有最远距离的限制

    C 室外机和室内机之间有最近距离的限制

    D 同一系统室内机之间有最大高差的限制

21-34 **(2018)** 下列冷源方式中冷却塔占地面积最大的是：

    A 水冷电压缩式冷水机组   B 溴化锂吸收式机组

    C 地埋管地源热泵机组   D 污水源热泵机组

21-35 **(2018)** 关于围护结构的热工性能，下列说法正确的是：

    A 非透光围护结构的热工性能以传热系数和太阳得热系数来衡量

    B 围护结构热工限值中传热系数未特别注明时指主断面传热系数

    C 考虑覆土保温隔热作用，地下室周边墙体不作热工性能要求

    D 有外遮阳的外窗，其太阳得热系数不等于外窗本身的太阳得热系数

21-36 **(2018)** 下列哪一项不是确定维护结构最小传热热阻的影响因素？

    A 内表面防结露   B 室内人员基本热舒适

    C 室外计算温度   D 保温材料导热系数

21-37 **(2018)** 某空调风系统的单位风量耗功率 Ws 超过了限值。为满足 Ws 限值要求可以采用的措施是：

    A 机组余压不变，减小风量

    B 机组风量不变，增大送风管道断面

    C 增大空调机组断面，降低机组迎风面速度

    D 将机组内袋式除尘器改为静电除尘器，减小阻力

21-38 **(2018)** 从业主角度，采用冰蓄冷系统的主要优点是：

A 节约电耗 B 节约电费

C 节约机房面积 D 节约设备初投资

21-39 **(2018)** 关于管道井在楼板处的封堵要求，下列说法正确的是：

A 未设置检修门的管井，可以不封堵

B 未设置检修门的管井，应每2～3层封堵

C 设置检修门的楼层，地板和顶板处应进行封堵，其余楼板可不封堵

D 不论管井是否有检修门或检修口，必须在每层楼板处进行封堵

21-40 **(2018)** 关于防烟分区，下列说法错误的是：

A 汽车库防烟分区的建筑面积不宜大于2000m²

B 每个防烟分区均应有排烟口

C 自然排烟的防火分区可不划分防烟分区

D 有隔墙和门与其他区域隔开的房间自成一个防烟分区

21-41 **(2018)** 某建筑高度为29m的病房楼，下列区域可不设置机械防烟系统的是：

A 无自然通风条件的防烟楼梯间前室 B 无自然通风条件的封闭楼梯间

C 前室为敞开外廊的防烟楼梯间 D 封闭避难间

21-42 **(2018)** 关于可燃气体管道穿防火墙的做法，下列正确的是：

A 在穿防火墙处加套管

B 在防火墙两侧设置手动快速切断装置

C 在防火墙一侧设置紧急自动切断阀

D 可燃气体管道严禁穿越防火墙

21-43 有集中热源的住宅不宜采用哪种供暖方式？

A 热水散热器供暖 B 热水吊顶辐射板采暖

C 低温热水地板辐射采暖 D 低温热水顶棚辐射采暖

21-44 利用穿堂风进行自然通风的厂房，其迎风面与夏季最多风向成多少度角时为好？

A 20° B 30°

C 40° D 80°

21-45 关于机械送风系统的进风口位置的设置，以下哪个描述是错误的？

A 应直接设在室外空气较清洁的地点 B 应高于排风口

C 进风口下缘距室外地坪不宜小于2m D 进、排风口宜设于不同朝向

21-46 夏热冬冷地区进深很大的建筑，按内、外区分别设置空调系统的原因是：

A 内、外区对空调温度要求不同 B 内、外区对空调湿度要求不同

C 内、外区冷热负荷的性质不同 D 内、外区的空调新风量要求不同

21-47 下列哪项不是限定通风和空气调节系统风管内风速的目的？

A 减小系统阻力 B 控制系统噪声

C 降低风管承压 D 防止风管振动

21-48 防排烟系统设计中，哪一条是正确的？

A 建筑高度大于50m的公共建筑、工业建筑和住宅建筑，防烟楼梯间、独立前室、共用前室、合用前室、消防电梯前室应分别采用机械加压送风

B 建筑高度大于50m的公共建筑、工业建筑和建筑高度大于100m的住宅建筑，防烟楼梯间、独立前室、共用前室、合用前室、消防电梯前室应分别采用机械加压送风

C 建筑高度不大于100m的公共建筑、工业建筑和住宅建筑，满足自然通风条件时应采用自然通风，不满足自然通风条件时应采用机械加压送风

D　建筑高度不大于50m的公共建筑、工业建筑和住宅建筑，满足自然通风条件时应采用自然通风，不满足自然通风条件时应采用机械加压送风

21-49　建筑高度不大于50m的公共建筑、工业建筑和建筑高度不大于100m的住宅建筑，防烟设施哪一条不正确？

A　防烟楼梯间、独立前室（只有一个门与走廊或房间相通）、共用前室、合用前室均满足自然通风条件均设自然通风

B　防烟楼梯间、独立前室（只有一个门与走廊或房间相通）、共用前室、合用前室均不满足自然通风条件，必须独立设机械加压送风

C　防烟楼梯间满足自然通风条件设自然通风，独立前室（只有一个门与走廊或房间相通）、共用前室、合用前室不满足自然通风条件设机械加压送风

D　独立前室（只有一个门与走廊或房间相通）、共用前室、合用前室不满足自然通风条件设机械加压送风，当前室送风口设置在前室顶部或正对前室入口的墙面时，防烟楼梯间可采用自然通风；前室送风口不满足上述条件，防烟楼梯间应采用机械加压送风

21-50　排烟管道下列部位应设排烟防火阀（280℃熔断关闭），哪一条不正确？

A　垂直风管与每层水平风管交接处的水平管段上

B　一个排烟系统负担多个防烟分区的排烟支管上

C　穿越排烟机房隔墙和楼板处

D　穿越防烟分区处

21-51　空调系统的节能运行工况，一年中新风量应如何变化？

A　冬、夏最小，过渡季最大　　　　　　B　冬、夏、过渡季最小

C　冬、夏最大，过渡季最小　　　　　　D　冬、夏、过渡季最大

21-52　确定酒店客房空气调节的新风量时，下列哪种说法是错误的？

A　新风量应满足人员所需的最小值

B　新风量应符合相关的卫生标准

C　新风量应负担新风负荷

D　新风量应小于客房内卫生间的排风量

21-53　居民生活使用的各类用气设备应采用以下何种燃气？

A　高压燃气　　　　　　　　　　　　　B　中压燃气

C　低压燃气　　　　　　　　　　　　　D　中压和低压燃气

21-54　下列哪项不是限定通风和空气调节系统风管内风速的目的？

A　减小系统阻力　　　　　　　　　　　B　控制系统噪声

C　降低风管承压　　　　　　　　　　　D　防止风管振动

21-55　下列室内燃气管道布置方式中，正确的是：

A　燃气立管可布置在用户厨房内

B　燃气立管可布置在有外窗的卫生间

C　燃气立管可穿越无人长时间停留的密闭储藏室

D　管径小于DN50的燃气立管与防火电缆可共沟敷设

21-56　设计燃气锅炉房时，其泄压面积应满足锅炉间占地面积的：

A　5%　　　　　　　　　　　　　　　　B　10%

C　15%　　　　　　　　　　　　　　　　D　20%

21-57　高层建筑消防电梯前室采用机械加压送风方式时，其送风口设置应：

A　每四层设一个　　　　　　　　　　　B　每三层设一个

C　每两层设一个　　　　　　　　　　　D　每层设一个

21-58 设有集中空调系统的酒店建筑，其客房宜选用以下哪种空调系统？

A　风机盘管加新风系统　　　　　　　B　全空气定风量系统

C　恒温恒湿系统　　　　　　　　　　D　全新风定风量系统

21-59 机械进风系统的室外新风口，其下缘距室外地坪的最小高度正确的是：

A　1m　　　　　B　1.5m　　　　　C　2m　　　　　D　2.5m

21-60 室温允许波动范围±0.1～0.2℃的工艺性空调区，以下设置哪项最合理？

A　设于顶层，不应临外墙　　　　　　B　设于顶层，靠北向外墙

C　设于底层，不应有外墙　　　　　　D　设于底层，靠北向外墙

21-61 下列直燃吸收式机组机房设计的规定，错误的是：

A　机房宜设置在建筑主体之外

B　不应设置吊顶

C　泄压面积不应小于机组占地面积的 10%

D　机房单层面积大于 200m² 时，应设置直接对外的安全出口

参考答案及解析

21-1 解析：《民用建筑供暖通风与空气调节设计规范》GB 50736—2012 第 8.1.1 条："供暖空调冷源与热源应根据建筑物规模、用途、建设地点的能源条件、结构、价格以及国家节能减排和环保政策的相关规定等，通过综合论证确定，并应符合下列规定：有可供利用的废热或工业余热的区域，热源宜采用废热或工业余热"。

答案：D

21-2 解析：《民用建筑供暖通风与空气调节设计规范》GB 50736—2012 第 5.3.9 条："除幼儿园、老年人和特殊功能要求的建筑外，散热器应明装"。

答案：C

21-3 解析：《民用建筑供暖通风与空气调节设计规范》GB 50736—2012 第 5.3.7 条："布置散热器时，应符合下列规定：（2）两道外门之间的门斗内，不应设置散热器"。

答案：D

21-4 解析：《民用建筑供暖通风与空气调节设计规范》GB 50736—2012 第 6.3.9 条："事故排风的室外排风口应符合下列规定：（2）排风口与机械送风系统的进风口的水平距离不应小于 20m；当水平距离不足 20m 时，排风口应高出进风口，并不宜小于 6m"。

答案：A

21-5 解析：《民用建筑供暖通风与空气调节设计规范》GB 50736—2012 第 6.3.1 条："机械送风系统进风口的位置，应符合下列规定：（1）应设在室外空气较清洁的地点；（2）应避免进风、排风短路；（3）进风口的下缘距室外地坪不宜小于 2m，当设在绿化地带时，不宜小于 1m"。

答案：C

21-6 解析：B 选项辐射管中有空调冷水；C 选项多联机有冷凝水管；D 选项风机盘管有空调冷热水管、冷凝水管；A 选项空调冷热水管、冷凝水管都在空调机房。所以 A 选项没有漏水风险。

答案：A

21-7 解析：乌鲁木齐市属温带大陆性干旱气候区，夏季空调室外计算湿球温度低，室外空气干燥，便于利用蒸发冷却技术将室内热量散发到室外大气中。

答案：B

21-8 解析：《民用建筑供暖通风与空气调节设计规范》GB 50736—2012 第 7.3.3 条："空气中含有易燃易爆或有毒有害物质的空调区，应独立设置空调系统"。

答案：D

21-9 解析：《民用建筑供暖通风与空气调节设计规范》GB 50736—2012 第 8.3.4 条："地埋管地源热泵系统设计时，应进行全年供暖空调动态负荷计算，最小计算周期为一年。计算周期内，地源热泵系统总释热量和总吸热量宜基本平衡"。这里指一年内总释热量和总吸热量基本平衡，不是冬夏空调冷热负荷基本平衡（或说相差不大）。热量是冬夏两季度冷热负荷累积值，负荷是冬夏两季度基本最大冷热负荷瞬时值，不是同一个概念。

答案：D

21-10 解析：冷热源设备布置在地下层承压最高，不利于降低冷热源设备的承压。

答案：A

21-11 解析：解析：《民用建筑供暖通风与空气调节设计规范》GB 50736—2012 第 8.10.1 条："（1）制冷机房宜设在空调负荷的中心；（2）宜设置值班室或控制室；（4）机房应预留安装孔、洞及运输通道"。制冷机有大有小，对机房净高没有不小于 5.0m 具体要求。

答案：C

21-12 解析：冷却塔运行有飘水、噪声、体积高大遮挡采光等问题，靠近塔楼会影响塔楼内环境。

答案：D

21-13 解析：石膏板等轻质隔墙不利于空调机房隔声，重质材料利于隔声。

答案：D

21-14 解析：根据《建筑设计防火规范》GB 50016—2014（2018 年版）第 3.1.1 条及条文说明：油品的闪点不同可分为甲类、乙类、丙类三类厂房，油箱油泵未提及闪点多少或哪一类油，本身无法判断属于哪类生产厂房。A、D 选项是正确的；C 选项未说明何处用的观察窗，如果是控制室观察窗，对玻璃层数、开启固定无要求。

答案：B

21-15 解析：根据《公共建筑节能设计标准》GB 50189—2015 第 3.3.1～3.3.2 条：甲类公共建筑维护结构热工性能对温和地区 B 区不作要求，乙类公共建筑维护结构热工性能对温和地区无要求。

答案：D

21-16 解析：《公共建筑节能设计标准》GB 50189—2015 第 4.3.25 条："设有集中排风的空调系统经技术经济比较合理时，宜设置空气－空气能量回收装置"。温和地区冬季、夏季室外空气温度分别与室内空气温度温差较小，回收效率低，回收成本高，经济比较不合理，不宜设排风热回收装置。

答案：D

21-17 解析：防排烟系统火灾时使用，不涉及绿色建筑评价标准。

答案：B

21-18 解析：《建筑防烟排烟系统技术标准》GB 51251—2017 第 4.1.4 条：除地上特定建筑外"当设置机械排烟系统时，要求在外墙或屋顶设置固定窗"。不能是内窗。

答案：C

21-19 解析：《建筑防烟排烟系统技术标准》GB 51251—2017 第 3.3.5 条："加压送风进风口与排烟系统出口水平布置时，两者边缘最小水平距离不应小于 20.0m"。

答案：D

21-20 解析：《建筑防烟排烟系统技术标准》GB 51251—2017 第 4.6.9 条："走道、室内空间净高不大于 3m 的区域，其最小清晰高度不宜小于净高的 1/2，其他区域最小清晰高度应按下式计算：1.6m+净高的 1/10"。净高为 5.5m，最小清晰高度为：1.6m+0.55m＝2.15m。

答案：C

21-21 解析：《建筑防烟排烟系统技术标准》GB 51251—2017 第 4.4.14 条："顶层区域的固定窗应布置在屋顶或顶层的外墙上，但未设置自动喷水灭火系统的以及钢结构屋顶或预应力钢筋混凝土屋面板的建筑应布置在屋顶"。

答案：A

21-22 解析：《城镇燃气设计规范》GB 50028—2006（2020 年版）第 10.2.14 条："燃气引入管不得敷设在卧室、卫生间、易燃或易爆品的仓库、有腐蚀性介质的房间、发电间、配电间、变电室、不使用燃气的空调机房、通风机房、计算机房、电缆沟、暖气沟、烟道和进风道、垃圾道等地方"。

答案：D

21-23 解析：《民用建筑供暖通风与空气调节设计规范》GB 50736—2012 第 5.3.7 条："散热器宜安装在外墙窗台下，当安装或布置有困难时，也可靠内墙安装"。散热器安装在外墙窗台下，上升的对流热气流阻止从玻璃下降的冷气流，使外窗附近的空气比较暖和，给人以舒适的感觉，所以最好安装在外墙窗台下。

答案：C

21-24 解析：《辐射供暖供冷技术规程》JGJ 142—2012 第 5.9.1 条："卫生间应做两层隔离层（防水层）"。本条条文说明附图如下：

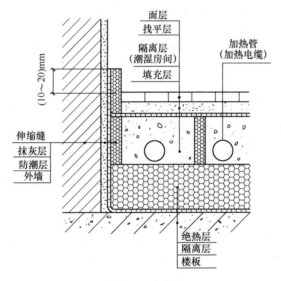

题 21-24 解图

答案：C

21-25 解析：《民用建筑供暖通风与空气调节设计规范》GB 50736—2012 第 5.3.7 条："两道外门之间的门斗内，不应设置散热器"。两道外门之间的门斗内冷风渗透比较明显，散热器易冻裂。

答案：C

21-26 解析：《民用建筑供暖通风与空气调节设计规范》GB 50736—2012 第 6.6.1 条："通风、空调系统的风管，宜采用圆形、扁圆形或长、短边之比不宜大于 4 的矩形截面"。相同的截面积，表面积越小与空气接触的越少，表面与空气接触越少阻力越小，从减小阻力来讲，风管选用顺序是圆形、扁圆形、正方形、矩形，矩形风管方便布置但不能太扁，长、短边之比不宜大于 4，否则阻力太大。

答案：C

21-27 解析：《工业建筑供暖通风与空气调节设计规范》GB 50019—2015 第 6.9.16 条："用于厂房中有爆炸危险区域的排风设备不应布置在建筑物的地下室、半地下室，宜设置在生产厂房外或单独的通风机房中"。排风设备不应设置在地下室内，B 选项不正确。上述规范第 6.9.21 条："排除有爆炸危险物质的排风管应采用金属风道，并应直接通到室外的安全处，不应暗设"。A 选项"排风管道应采用非金属管道"、D 选项"排风管道应暗设在竖井内"都不正确。故选 C。

答案：C

21-28 解析：A 选项风冷热泵供暖、B 选项多联空调系统供暖都是从室外空气中提取热量，室外空气越低，从室外空气中提取热量越困难，效率越低甚至提取不出来；A 选项是寒冷地区且只过渡季节使用，合理；B 选项是严寒地区且冬季使用，不合理。C 选项是夏热冬暖地区酒店，采用热回收型冷水机组供冷的同时回收部分热量供生活热水，合理。D 选项夏热冬冷地区多联空调系统提供冷热源均为合理。

答案：B

21-29 解析：《民用建筑供暖通风与空气调节设计规范》GB 50736—2012 第 7.3.2 条："符合下列情况之一的空调区，宜分别设置空调风系统：（3）空气洁净度标准要求不同"。

答案：B

21-30 解析：《民用建筑供暖通风与空气调节设计规范》GB 50736—2012 第 7.4.2 条："空调区的送风口选型，高大空间宜采用喷口送风、旋流风口送风或下部送风"。喷口送风、旋流风口送风，由于风口截面大，出口风速高，气流射程长，与室内空气强烈掺混，能在室内形成较大的回流区，达到布置少量风口可满足气流均布的要求。置换通风、地板送风的下部送风方式，使送入室内的空气先在地板上均匀分布，然后被热源（人员等）加热，形成热烟羽形式向上的对流气流，更有效地将热量排出人员活动区，节能效果明显，同时有利于改善通风效率和室内空气质量。

答案：C

21-31 解析：开式冷却塔冷却水与空气直接接触，下部设有开口水盘，水盘内冷却水靠重力流到冷却水回水管、冷却水泵。A 处冷却塔放置地面与冷却水泵标高相同，冷却塔底盘水靠重力流回不到冷却水泵。C 处冷却塔设于室内，散热效果不好，不满足《民用建筑供暖通风与空气调节设计规范》GB 50736—2012 第 8.6.6 条："冷却塔设置位置应保证通风良好、远离高温或有害气体，并避免飘水对周围环境的影响"。B 处通风良好，附近空调排风对冷却塔算不上有害气体。D 处超过 100m，压力太高，水管、冷却水泵、制冷机不容易满足压力要求。

答案：B

21-32 解析：《锅炉房设计标准》GB 50041—2020 第 15.1.2 条："锅炉房的外墙、楼地面或屋面应有相应的防爆措施，并应有相当于锅炉间占地面积 10% 的泄压面积"。

答案：C

21-33 解析：《民用建筑供暖通风与空气调节设计规范》GB 50736—2012 第 7.3.11 条："多联机空调系统设计室内、外机以及室内机之间的最大管长和最大高差，应符合产品技术要求；当产品技术资料无法满足核算要求时，系统冷媒管等效长度不宜超过 70m"。

答案：C

21-34 解析：C 选项地埋管地源热泵机组利用地下岩土散热，不需要冷却塔；D 选项污水源热泵机组利用污水散热，不需要冷却塔；A 选项水冷电压缩式冷水机组利用冷却塔散热，由于采用高品位"电"作动力，效率高，室内冷负荷＋制冷机动力散热作为冷却塔散热，总量相对小，冷却塔相对小；B 选项溴化锂吸收式机组利用冷却塔散热，由于采用低品位"热"作动力，效率低，室内冷负荷＋制冷机动力散热作为冷却塔散热，总量相对大，冷却塔相对大。

答案：B

21-35 解析：A 选项非透光围护结构的热工性能不以太阳得热系数来衡量；B 选项围护结构热工限值中传热系数指平均传热系数；C 选项供暖地下室周边墙体有防结露、节能热阻限值；D 选项有外遮阳的外窗，其太阳得热系数乘以小于 1 的遮阳系数。

答案：D

21-36 解析：A选项内表面防结露，应计算维护结构最小传热热阻以避免内表面结露；B选项室内人员基本热舒适与围护结构内表面温度有关，围护结构内表面温度与最小传热热阻有关；C选项室外计算温度与室内温差最小传热热阻有关；D选项保温材料导热系数只表示保温性能，传热热阻不仅与保温材料导热系数有关，与厚度也有关。

答案：D

21-37 解析：《公共建筑节能设计标准》GB 50189—2015 第 4.3.22 条：

$$W_s \text{ 计算公式：} W_s = P/(3600 \times \eta_{CD} \times \eta_F)$$

式中　W_s——风道系统单位风量耗功率［$W/(m^3/h)$］；

P——空调机组的余压或通风系统风机的风压（Pa）；

η_{CD}——电机及传动效率（%），η_{CD} 取 0.855；

η_F——风机效率（%），按设计图中标注的效率选择。

A选项机组余压不变，减小风量；W_s 计算公式与风量无关。

B选项机组风量不变，增大送风管道断面，减小风管阻力，减小空调机余压。

C选项增大空调机组断面，降低机组迎风面速度，减小机组阻力，机组节能，也是节能措施，但本题考点是减小空调机余压。

D选项将机组内袋式除尘器改为静电除尘器，减小机组阻力，机组节能，也是节能措施，但本题考点是减小空调机余压。

答案：B

21-38 解析：冰蓄冷是在电网用电低谷（夜间）时段（低价电时段）制冰，电网用电高峰时段（高价电时段）融冰制成冷水供空调使用。机房面积、设备投资会增加，用电量略有增加。

答案：B

21-39 解析：《建筑设计防火规范》GB 50016—2014（2018 版）第 6.2.9 条："建筑内的电缆井、管道井应在每层楼板处采用不低于楼板耐火极限的不燃材料或防火封堵材料封堵"。

答案：D

21-40 解析：A选项为《汽车库、修车库、停车场设计防火规范》GB 50067—2014 第 8.2.2 条规定："防烟分区的建筑面积不宜大于 2000m²"。B选项中每个防烟分区均应有排烟口是必须的。C选项"自然排烟的防火分区可不划分防烟分区"是错误的，《建筑防排烟系统技术标准》GB 51251—2017 第 4.3.2 条："防烟分区内自然排烟窗（口）的面积、数量、位置应按规定计算确定"，说明自然排烟的防火分区要划分防烟分区。D选项封闭空间是自然防烟分区。

答案：C

21-41 解析：《建筑防排烟系统技术标准》GB 51251—2017 第 3.1.3 条："建筑高度小于或等于 50m 的公共建筑，当独立前室或合用前室满足下列条件时楼梯间可不设置防烟系统：采用全敞开的阳台或凹廊"。其他均应设置机械防烟系统。

答案：C

21-42 解析：《建筑设计防火规范》GB 50016—2014（2018 版）第 6.1.5 条："可燃气体和甲、乙、丙类液体的管道严禁穿过防火墙"。

答案：D

21-43 解析：A选项散热器供暖，属于传统供暖方式，与辐射供暖方式比较，维修方便，不占用净高，不需要地面保温和辐射材料保护层，投资低。B选项热水吊顶辐射板采暖，热水吊顶辐射板为金属辐射板，常用于 3～30m 的建筑物全面供暖和局部区域或局部工作地点供暖，通常用于高大空间，如大型船坞、车船、飞机维修大厅等，一般为明装，不适合住宅采用。C选项低温热水地板辐射采暖，根据国内外资料和国内工程实例的实测，辐射供暖用于全面供暖时，在相同热舒适条件下的室内温度可比对流供暖时的室内温度低 2～3℃，故规定辐射供暖的耗热量计算可按规范的有关规定进行，但室内设计温度取值可降低 2℃，所以可以节省热能。D 选项低温热水顶棚辐射采暖，低温热水顶棚辐射与低温热水地板辐射效果、节能等方面类似，单独供暖时略低于低温热水地板辐射。供冷时顶棚辐射供冷效果优于地板辐射。

答案：B

21-44 　解析：利用自然通风的建筑，在设计时宜利用 CFD 数据模拟方法，对建筑周围微环境进行预测，使建筑物的平面设计有利于自然通风。建筑的朝向要求，应考虑建筑周围微环境条件，某些地区室外通风计算温度较高，因为室温的限制，热压作用就会有所减小，为此在确定该地区大空间高温建筑的朝向时，应考虑利用夏季最多风向来增加自然通风的风压作用或对建筑物形成穿堂风，因此要求建筑的迎风面与最多风向成 60°～90° 角。同时，因春秋季往往时间较长，应充分利用春秋季自然通风。有平面布置要求，错列式、斜列式平面布置形式相比行列式、周边式平面布置形式等更利于自然通风。

答案：B

21-45 　解析：关于机械送风系统进风口位置的规定，是根据国内外有关资料，并结合国内的实践经验制定的。其基本点为，首先，为了使送入室内的空气免受外界环境的不良影响而保持清洁，因此规定把进风口布置在室外空气较清洁的地点。其次，为了防止排风对进风的污染，进、排风口的相对位置，应遵循避免短路的原则，进风口宜低于排风口 3m 以上，当进、排风口在同一高度时宜在不同方向设置，并且水平距离一般不宜小于 10m。最后，为了防止进风口把附近的灰尘、碎屑等扬起并吸入，规定进风口下缘距室外地平不宜小于 2m，同时还规定当布置在绿化地带时，不宜小于 1m。

答案：B

21-46 　解析：内、外区对空调温度要求基本相同，有一点差异就是冬季外区冷辐射的影响温度宜高一点。内、外区对空调湿度要求相同。夏季外区比内区冷负荷大，冬季外区比内区热负荷大，内、外区冷热负荷的性质不同。内、外区的空调新风量要求基本没有差别。

答案：C

21-47 　解析：A 选项：限定通风和空气调节系统风管内风速，可降低空气与管壁摩擦，从而减小阻力，减小风机压头，降低电机功率，减少运行费。B 选项：通风和空气调节系统风管内风速超过一定限值，风管本身会产生噪声。C 选项：风管压力对风管来说都不是很大，承压基本没有影响。D 选项：通风和空气调节系统风管内风速超过一定限值时，空气流动不再是稳流，会产生湍流，严重时会产生振动。

答案：C

21-48 　解析：A 选项：《建筑防烟排烟系统技术标准》GB 51251—2017 第 3.1.2 条："建筑高度大于50m 的公共建筑、工业建筑和建筑高度大于 100m 的住宅建筑，防烟楼梯间、独立前室、共用前室、合用前室、消防电梯前室应分别采用机械加压送风"。本条为建筑高度大于 50m 的住宅建筑，不应采用加压送风。B 选项：符合上述标准规定，因为当建筑物发生火灾时，疏散楼梯间是建筑物内人员疏散的通道，前室、合用前室是消防队员进行火灾扑救的起始场所，因此，在火灾时首要的就是要控制烟气进入上述安全区域。对于高度较高的建筑，其自然通风效果受建筑本身的密闭性以及自然环境中风向、风压的影响较大，难以保证防烟效果，所以需要采用机械加压来保证防烟效果。C 选项：上述标准规定："建筑高度不大于 50m 的公共建筑、工业建筑和建筑高度不大于 100m 的住宅建筑满足自然通风条件时应采用自然通风，不满足自然通风条件时应采用机械加压送风"。本条为建筑高度不大于 100m 的公共建筑、工业建筑，不符合上述标准规定。D 选项：本条建筑高度不大于 50m 的住宅建筑，不符合上述标准规定。

答案：B

21-49 　解析：《建筑防烟排烟系统技术标准》GB 51251—2017 第 3.1.3 条："建筑高度小于或等于 50m

的公共建筑、工业建筑和建筑高度小于或等于100m的住宅建筑，防烟楼梯间、独立前室、共用前室、合用前室（除共用前室与消防电梯前室合用外）及消防电梯前室，满足自然通风条件时应采用自然通风，不满足自然通风条件时应采用机械加压送风"。故 A、C 选项正确。上述标准第3.1.5条："建筑高度不大于50m的公共建筑、工业建筑和建筑高度不大于100m的住宅建筑，当独立前室仅有一个门与走道或房间相通时，可仅在防烟楼梯间设置机械加压送风、前室不送风"；独立前室不满足上述条件，防烟楼梯间、独立前室应分别设置机械加压送风。故 B 选项不正确。上述标准第3.1.3条："防烟楼梯间满足自然通风条件，独立前室、共用前室、合用前室不满足自然通风条件设机械加压送风，当前室送风口设置在前室顶部或正对前室入口的墙面时，防烟楼梯间可采用自然通风；前室送风口不满足上述条件，防烟楼梯间应采用机械加压送风"。故 D 选项正确。

答案：B

21-50　解析：A 选项：防止火灾通过垂直排烟风管蔓延到上部、下部区域，很有必要。B 选项：一个排烟系统负担多个防烟分区，主排烟管道与连通防烟分区排烟支管处应设置排烟防火阀，以防止火灾通过排烟管道蔓延到其他区域。C 选项：排烟机房是重点防护场所，排烟管道穿越排烟机房隔墙和楼板时设防火阀，以防止火灾通过排烟管道蔓延到机房、通过风管蔓延到其他区域。D 选项：《建筑防烟排烟系统技术标准》GB 51251—2017 第4.4.10条："排烟管道下列部位应设排烟防火阀（280℃熔断关闭）：垂直风管与每层水平风管交接处的水平管段上；一个排烟系统负担多个防烟分区的排烟支管上；排烟风机入口处；穿越防火分区处。"故 D 选项不正确。

答案：D

21-51　解析：冬季室外空气温度低于室内温度，新风送入室内前或送入室内后应加热，能耗较高；夏季室外空气温度高于室内温度，新风送入室内前或送入室内后应冷却，能耗也较高；在满足卫生要求的前提下应尽量减少新风量。过渡季室外空气温度略低于室内温度，可利用低温新风冷却室内人员、灯光、围护结构热量，为免费冷源。故冬、夏新风量最小，过渡季新风量最大最节能。A 选项正确。

答案：A

21-52　解析：A 选项正确：冬季室外空气温度低于室内温度，新风送入室内前或送入室内后应加热，能耗较高；夏季室外空气温度高于室内温度，新风送入室内前或送入室内后应冷却，能耗也较高；新风量满足人员所需的最小值有利于节能。B 选项正确：新风量符合相关的卫生标准是确定新风最小值的标准之一。C 选项正确：新风量负担新风负荷是必要的，也就是说新风送入房间之前先经过冷热处理，新风冬季加热、夏季冷却。D 选项错误：新风量小于客房内卫生间的排风量，排风时房间会形成负压，门窗会进入未经过滤的室外空气，室内洁净度会下降，满足不了卫生要求。

答案：D

21-53　解析：高压燃气，适合气田到用气区域间远距离输送；中压燃气，适合市区内中距离输送或燃气锅炉等大型设备使用；低压燃气，适合居民生活使用的各类用气设备使用。故本题选 C。

答案：C

21-54　解析：限定通风和空气调节系统风管内风速可降低空气与管壁摩擦，从而减小系统阻力、减小系统噪声、减小风管振动影响。通风和空气调节系统风管内风速对风管承压没影响（不包括非建筑通风系统）。

答案：C

21-55　解析：《城镇燃气设计规范》GB 50028—2006 第10.2.14条："燃气引入管不得敷设在卧室、卫生间、易燃或易爆品的仓库、有腐蚀性介质的房间、发电间、配电间、变电室、不使用燃气的空调机房、通风机房、计算机房、电缆沟、暖气沟、烟道和进风道、垃圾道等地方"。

答案：A

21-56 解析：《锅炉房设计标准》GB 50041—2020 第 5.1.2 条："锅炉房的外墙、楼地面或屋面应有相应的防爆措施，并应有相当于锅炉间占地面积 10％的泄压面积"。

答案：B

21-57 解析：《建筑防烟排烟系统技术标准》GB 51251—2017 第 3.3.6 条："除直灌式送风方式外，楼梯间宜每隔 2～3 层设一个常开式送风口；前室每层设一个常闭式加压送风口并应设手动开启装置"。

答案：D

21-58 解析：《民用建筑供暖通风与空气调节设计规范》GB 50736—2012 第 7.3.9 条："空调区较多，建筑层高较低且各区温度要求独立控制时，需要单独调节温度，宜采用风机盘管加新风空调系统"。

答案：A

21-59 解析：《民用建筑供暖通风与空气调节设计规范》GB 50736—2012 第 6.3.1 条规定："机械送风系统进风口的下缘距室外地坪不宜小于 2m"。

答案：C

21-60 解析：《民用建筑供暖通风与空气调节设计规范》GB 50736—2012 第 7.1.9 条："工艺性空调区，室温允许波动范围±0.1～0.2℃，不应有外墙，宜底层"。

解析：C

21-61 解析：直燃吸收式机组机房与燃气锅炉房类似，套用《锅炉房设计标准》GB 50041—2020 第 15.1.2 条："锅炉房的外墙、楼地面或屋面应有相应的防爆措施，并应有相当于锅炉间占地面积 10％的泄压面积"。泄压面积不应小于锅炉间占地面积的 10％，不是机组占地面积的 10％。

答案：C

第二十二章 建 筑 电 气

第一节 供 配 电 系 统

一、电力系统

发电厂、电力网和电能用户三者组合成的一个整体称为电力系统。

(一) 发电厂

发电厂是生产电能的工厂，根据所转换的一次能源的种类，可分为火力发电厂，其燃料是煤、石油或天然气；水力发电厂，其动力是水力；核电站，其一次能源是核能；此外，还有风力发电站、太阳能发电站等。

(二) 电力网

输送和分配电能的设备称为电力网。包括：各种电压等级的电力线路及变电所、配电所。

1. 输电线路

输电线路的作用是把发电厂生产的电能，输送到远离发电厂的广大城市、工厂、农村。

输电线路的额定电压等级为：500kV、330kV、220kV、110kV、（63）35kV、10kV 和 220/380V。电力网电压在 1kV 以上的电压称为高压，1kV 及以下的电压称为低压。在民用建筑中常见的等级电压为 10kV。

2. 配电所与变电所

（1）配电所

配电所是接受电能和分配电能的场所。配电所由配电装置组成。

（2）变电所

变电所是接受电能、改变电能电压和分配电能的场所。变电所按功能分为升压变电所和降压变电所，升压变电所经常与发电厂合建在一起，我们一般说的变电所基本都是降压变电所。变电所由变压器和配电装置组成，通过变压器改变电能电压，通过配电装置分配电能。根据供电对象的不同，变电所分为区域变电所和用户变电所，区域变电所是为某一区域供电，属供电部门所有和管理，用户变电所是为某一用电单位供电，属用电单位所有和管理。

(三) 电能用户

在电力系统中一切消耗电能的用电设备均称为电能用户。

用电设备按其用户可分为：

（1）动力用电设备——把电能转换为机械能，例如水泵、风机、电梯等。

（2）照明用电设备——把电能转换为光能，例如各种电光源。

（3）电热用电设备——把电能转换为热能，例如电烤箱、电加热器。

（4）工艺用电设备——把电能转换为化学能，例如电解、电镀。

二、供电的质量

供电质量指标是评价供电质量优劣的标准参数，指标包含电能质量和供电可靠性。

电能质量包括：电压、频率和波形的稳定，使之维持在额定值或允许的波动范围内，保证用户设备的正常运行。供电可靠性用供电可靠率衡量。

(一) 电压

电压方面包含电压的偏差、电压的波动、电压的闪变等。

1. 电压偏差

电压偏差是指用电设备的实际端电压偏离其额定电压的百分数，用公式表示为：

$$\Delta U\% = \frac{U - U_N}{U_N} \times 100\% \tag{22-1}$$

式中　U_N——用电设备的额定电压，kV；

　　　U——用电设备的实际端电压，kV。

产生电压偏差的主要原因是系统滞后的无功负荷所引起的系统电压损失。

正常运行情况下，用电设备端子处电压偏差允许值宜符合下列要求：

(1) 电动机为±5%额定电压。

(2) 照明：在一般工作场所为±5%额定电压；对于远离变电所的小面积一般工作场所，难以满足上述要求时，可为+5%、−10%额定电压；应急照明、道路照明和警卫照明等为+5%、−10%额定电压。

(3) 其他用电设备当无特殊规定时为±5%额定电压。

2. 电压波动

电压波动是由于用户负荷的剧烈变化引起的。电压波动直接影响系统中其他电气设备的运行。

电压波动是指电压在短时间内的快速变动情况，通常以电压幅度波动值和电压波动频率来衡量电压波动的程度。电压波动的幅值为：

$$\Delta U\% = \frac{U_{max} - U_{min}}{U_N} \times 100\% \tag{22-2}$$

式中　U_{max}——用电设备端电压的最大波动值，kV；

　　　U_{min}——用电设备端电压的最小波动值，kV。

3. 电压闪变

电压波动造成灯光照度不稳定（灯光闪烁）的人眼视感反应称为闪变。换言之，闪变反映了电压波动引起的灯光闪烁对人视感产生的影响，电压闪变是电压波动引起的结果。

电压闪变与常见的电压波动不同：其一，电压闪变是指电压波形上一种快速的上升及下降，而波动指电压的有效值以低于工频的频率快速或连续变动；其二，闪变的特点是超高压、瞬时态及高频次。如果直观地从波形上理解，电压的波动可以造成波形的畸变、不对称、相邻峰值的变化等，但波形曲线是光滑连续的，而闪变更主要的是造成波形的毛刺及间断。

(二) 频率偏差

频率偏差是指供电的实际频率与电网的标准频率的差值。

我国电网的标准频率为50Hz，又叫工频。当电网频率降低时，用户电动机的转速将降低，因而将影响工厂产品的产量和质量。频率变化对电力系统运行的稳定性造成很大的影响。

频率偏差一般不超过±0.25Hz。调整频率的办法是增大或减少电力系统发电机有功功率。

（三）电压波形

电压的波形质量，即三相电压波形的对称性和正弦波的畸变率，也就是谐波所占的比重。

三、电力负荷分级及供电要求

负荷是电厂和电力网服务的对象，要使电厂和电力网工作得合理，首先必须了解负荷的特点和要求。一切消耗电能的设备都是电力系统中的负荷，根据电力负荷对供电可靠性的要求及中断供电对人身安全、经济损失所造成的影响程度进行分级，将其分为三级。

（一）一级负荷

1. 符合下列情况之一时，应视为一级负荷

（1）中断供电将造成人身伤亡时。

（2）中断供电将在经济上造成重大损失时。

（3）中断供电将影响重要用电单位的正常工作，或造成人员密集场所秩序严重混乱。例如，重要电信枢纽、重要的经济信息中心、特级或甲级体育建筑、国宾馆、国家级及承担重大国事活动的会堂、经常用于重要国际活动的大量人员集中的公共场所等的重要用电负荷。

在一级负荷中，当中断供电将造成重大设备损坏或发生中毒、爆炸和火灾等情况的负荷，以及特别重要场所的不允许中断供电的负荷，应视为一级负荷中特别重要的负荷。例如，150m 及以上的超高层公共建筑的消防负荷应为一级负荷中特别重要的负荷。

2. 一级负荷的供电要求

（1）一级负荷应由双重电源供电，当一个电源发生故障时，另一个电源不应同时受到损坏；

（2）对于一级负荷中特别重要的负荷，应增设应急电源，并严禁将其他负荷接入应急供电系统。

3. 应急电源类型选择

应急电源类型应根据一级负荷中特别重要负荷的容量、允许中断供电的时间以及要求的电源为直流或交流等条件进行选择。

（1）应急电源有以下几种：

1）独立于正常电源的发电机组；

2）供电网络中独立于正常电源的专用馈电线路；

3）蓄电池；

4）干电池。

（2）根据允许中断供电的时间可分别选择下列应急电源：

1）快速自动启动的应急发电机组，适用于允许中断供电时间为 15～30s 以内的供电；

2）带有自动投入装置、独立于正常电源的专用馈电线路，适用于允许中断供电时间大于电源切换时间的供电；

3）不间断电源装置（UPS），适用于要求连续供电或允许中断供电时间为毫秒级的供电；

4）应急电源装置（EPS），适用于允许中断供电时间为毫秒级的应急照明供电。

（二）二级负荷

1. 符合下列情况之一时，应视为二级负荷

（1）中断供电将在经济上造成较大损失时。

（2）中断供电将影响较重要用电单位的正常工作，或造成人员密集的公共场所秩序混乱。

2. 二级负荷的供电要求

二级负荷的供电系统，宜由两回路供电。在负荷较小或地区供电条件困难时，二级负荷可由一回路 10kV 及以上专用的架空线路供电。当采用架空线路时，可为一回路架空线供电；当采用电缆线路时，应采用两根电缆组成的线路供电，其每根电缆应能承受 100％的二级负荷，且互为热备用。

（三）三级负荷

不属于一级和二级负荷的电力负荷为三级负荷。三级负荷可按约定供电。

（四）民用建筑中各类建筑物的主要电负荷

民用建筑中各类建筑物的主要电负荷分级应符合《民用建筑电气设计标准》GB 51348—2019 中附录 A 的规定。以不同类别建筑为例：

1. 教育建筑的主要用电负荷分级 （表 22-1）

教育建筑的主要用电负荷分级 表 22-1

序号	建筑物类别	用电负荷名称	负荷级别
1	教学楼	主要通道照明	二级
2	图书馆	藏书超过 100 万册的，其计算机检索系统及安全技术防范系统	一级
		藏书超过 100 万册的，阅览室及主要通道照明、珍善本书库照明及空调系统用电	二级
3	实验楼	四级生物安全实验室； 对供电连续性要求很高的国家重点实验室	一级负荷中特别重要的负荷
		三级生物安全实验室； 对供电连续性要求较高的国家重点实验室	一级
		对供电连续性要求较高的其他实验室； 主要通道照明	二级
4	风雨操场 （体育场馆）	乙、丙级体育场馆的主席台、贵宾室、新闻发布厅照明，计时记分装置、通信及网络机房，升旗系统、现场采集及回放系统等用电； 乙、丙级体育场馆的其他与比赛相关的用房，观众席及主要通道照明，生活水泵、污水泵等	二级
5	会堂	特大型会堂主要通道照明	一级
		大型会堂主要通道照明，乙等会堂舞台照明、电声设备	二级
6	学生宿舍	主要通道照明	二级
7	食堂	厨房主要设备用电，冷库，主要操作间、备餐间照明	二级
8	属一类高层的建筑	主要通道照明、值班照明，计算机系统用电，客梯、排水泵，生活水泵	一级
9	属二类高层的建筑	主要通道照明、值班照明，计算机系统用电，客梯、排水泵，生活水泵	二级

注：1. 除一、二级负荷以外的其他用电负荷为三级；

2. 教育建筑为高层建筑时，用电负荷级别应为表中的最高等级。

（1）教育建筑中的消防负荷分级应符合国家现行有关标准的规定。安全技术防范系统和应急响应系统的负荷级别宜与该建筑的最高负荷级别相同。

（2）高等学校信息机房用电负荷宜为一级，中等学校信息机房用电负荷不宜低于二级。

2. 商店建筑主要用电负荷的分级 （表 22-2）

商店建筑主要用电负荷的分级 表 22-2

商店建筑规模及名称	主要用电负荷名称	负荷等级
大型商店建筑	经营管理用计算机系统用电	一级负荷中特别重要负荷
	客梯，公共安全系统、信息网络系统、电子信息设备机房用电，走道照明，应急照明，值班照明，警卫照明	一级
	自动扶梯、货梯，经营用冷冻及冷藏系统、空调和锅炉房用电	二级
中型商店建筑	经营管理用计算机系统和应急照明	一级
	客梯，公共安全系统、信息网络系统、电子信息设备机房用电，主要通道及楼梯间照明，应急照明，值班照明，警卫照明	二级
小型商店建筑	经营管理用计算机系统用电、公共安全系统、信息网络系统，电子信息设备机房用电，应急照明，值班照明，警卫照明	二级
高档商品专业店	经营管理用计算机系统用电、公共安全系统、信息网络系统、电子信息设备机房用电，应急照明，值班照明，警卫照明	一级

（1）商店建筑中消防用电的负荷等级应符合现行国家标准《供配电系统设计规范》GB 50052、《建筑设计防火规范》GB 50016 和《民用建筑电气设计标准》GB 51384 的有关规定。

（2）位于高层建筑内的商店，用电负荷级别应按其中高者确定。

（3）有特殊要求的用电负荷，应根据实际需求确定其负荷等级。

3. 医疗建筑用电负荷分级 （表 22-3）

医疗建筑用电负荷分级 表 22-3

医疗建筑名称	用电负荷名称	负荷等级
三级、二级医院	急诊抢救室、血液病房的净化室、产房、烧伤病房、重症监护室、早产儿室、血液透析室、手术室、术前准备室、术后复苏室、麻醉室、心血管造影检查室等场所中涉及患者生命安全的设备及其照明用电； 大型生化仪器、重症呼吸道感染区的通风系统	一级负荷中特别重要的负荷
	急诊抢救室、血液病房的净化室、产房、烧伤病房、重症监护室、早产儿室、血液透析室、手术室、术前准备室、术后复苏室、麻醉室、心血管造影检查室等场所中的除一级负荷中特别重要负荷的其他用电设备； 下列场所的诊疗设备及照明用电：急诊诊室、急诊观察室及处置室、婴儿室、内镜检查室、影像科、放射治疗室、核医学室等； 高压氧舱、血库、培养箱、恒温箱； 病理科的取材室、制片室、镜检室的用电设备； 计算机网络系统用电； 门诊部、医技部及住院部30%的走道照明； 配电室照明用电	一级

医疗建筑名称	用电负荷名称	负荷等级
三级、二级医院	电子显微镜、影像科诊断用电设备； 肢体伤残康复病房照明用电； 中心（消毒）供应室、空气净化机组； 贵重药品冷库、太平柜； 客梯、生活水泵、采暖锅炉及换热站等用电负荷	二级
一级医院	急诊室	
三级、二级、一级医院	一、二级负荷以外的其他负荷	三级

注：1. 其他医疗机构用电负荷可按本表进行分级；

　　2. 本表未包含的消防负荷分级按国家现行有关标准执行。

（1）医用气体供应系统中的真空泵、压缩机、制氧机等设备负荷等级及其控制与报警系统负荷等级应为一级。

（2）医学实验用动物屏蔽环境的照明及其净化空调系统负荷等级不应低于二级。

4. 会展建筑用电负荷的分级 （表22-4）

会展建筑用电负荷的分级　　　　　　　　　表22-4

会展建筑规模	主要用电负荷名称	负荷级别
特大型	应急响应系统	一级负荷中特别重要的负荷
	客梯、排污泵、生活水泵	一级
	展厅照明、主要展览用电、通风机、闸口机	二级
大型	客梯	一级
	展厅照明、主要展览用电、排污泵、生活水泵、通风机、闸口机	二级
中型	展厅照明、主要展览用电、客梯、排污泵、生活水泵、通风机、闸口机	二级
小型	主要展览用电、客梯、排污泵、生活水泵	二级

（1）甲等、乙等展厅备用照明应按一级负荷供电，丙等展厅备用照明应按二级负荷供电。

（2）会展建筑中会议系统用电负荷分级根据其举办会议的重要性确定。

（3）会展建筑中消防用电的负荷等级应符合国家现行标准《供配电系统设计规范》GB 50052、《建筑设计防火规范》GB 50016 和《民用建筑电气设计标准》GB 51384 的有关规定。

5. 体育建筑的负荷分级 （表22-5）

（1）特级体育建筑中比赛厅（场）的 TV 应急照明负荷应为一级负荷中特别重要的负荷，其他场地照明负荷应为一级负荷；甲级体育建筑中的场地照明负荷应为一级负荷；乙级、丙级体育建筑中的场地照明负荷应为二级负荷。

（2）对于直接影响比赛的空调系统、泳池水处理系统、冰场制冰系统等用电负荷，特级体育建筑的应为一级负荷，甲级体育建筑的应为二级负荷。

（3）除特殊要求外，特级和甲级体育建筑中的广告用电负荷等级不应高于二级。

体育建筑负荷分级 表 22-5

体育建筑等级	负荷等级			
	一级负荷中特别重要的负荷	一级负荷	二级负荷	三级负荷
特级	A	B	C	D+其他
甲级	—	A	B	C+D+其他
乙级	—	—	A+B	C+D+其他
丙级	—	—	A+B	C+D+其他
其他	—	—	—	所有负荷

注：A—包括主席台、贵宾室及其接待室、新闻发布厅等照明负荷，应急照明负荷，计时记分、现场影像采集及回放、升旗控制等系统及其机房用电负荷，网络机房、固定通信机房、扩声及广播机房等用电负荷，电台和电视转播设备，消防和安防用电设备等；
　　B—包括临时医疗站、兴奋剂检查室、血样收集室等用电设备，VIP办公室、奖牌储存室、运动员及裁判员用房、包厢、观众席等照明负荷，建筑设备管理系统、售检票系统等用电负荷，生活水泵、污水泵等设备；
　　C—包括普通办公用房、广场照明等用电负荷；
　　D—普通库房、景观等用电负荷。

6. 住宅建筑主要的用电负荷分级　（表 22-6）

住宅建筑中主要用电负荷的分级 表 22-6

建筑规模	主要用电负荷名称	负荷等级
建筑高度为 100m 或 35 层及以上的住宅建筑	消防用电负荷、应急照明、航空障碍照明、走道照明、值班照明、安防系统、电子信息设备机房、客梯、排污泵、生活水泵	一级
建筑高度为 50～100m 且 19 层～34 层的一类高层住宅建筑	消防用电负荷、应急照明、航空障碍照明、走道照明、值班照明、安防系统、客梯、排污泵、生活水泵	
10～18 层的二类高层住宅建筑	消防用电负荷、应急照明、走道照明、值班照明、安防系统、客梯、排污泵、生活水泵	二级

（1）严寒和寒冷地区住宅建筑采用集中供暖系统时，热交换系统的用电负荷等级不宜低于二级。

（2）建筑高度为 100m 或 35 层及以上住宅建筑的消防用电负荷、应急照明、航空障碍照明、生活水泵宜设自备电源供电。

四、电压选择

用电单位的供电电压应根据用电容量、用电设备特性、供电距离、供电线路的回路数、当地公共电网现状及其发展规划等因素，经技术经济比较而确定。

（1）用电设备容量在 250kW 或需用变压器容量在 160kVA 以上者，应以高压方式供电；用电设备容量在 250kW 或需用变压器容量在 160kVA 以下者，应以低压方式供电，特殊情况也可以高压方式供电。

（2）多数大中型民用建筑以 10kV 电压供电，少数特大型民用建筑以 35kV 电压供电。

（3）由地区公共低压电网供电的 220V 负荷，线路电流不超过 60A 时，可用 220V 单相供电，否则应以 220/380V 三相四线制供电。

> **例 22-1** 特级体育建筑中，直接影响比赛的空调系统用电负荷的等级是：
>
> A 一级负荷中特别重要负荷   B 一级负荷
>
> C 二级负荷   D 三级负荷
>
> **解析：** 依据《体育建筑电气设计规范》JGJ 354—2014 第 3.2.1 条第 3 款，对于直接影响比赛的空调系统、泳池水处理系统、冰场制冰系统等用电负荷，特级体育建筑的应为一级负荷，甲级体育建筑的应为二级负荷。
>
> **答案：** B

第二节　变电所和自备电源

一、配变电设备

（一）变压器

按冷却方式不同分为油浸式、干式。干式分空气绝缘及环氧树脂浇注式、六氟化硫等。一类、二类高层建筑应选用干式（即气体绝缘）非可燃性液体绝缘的变压器。

（二）高压开关柜

柜式成套配电设备。作用：在变电所中控制电力变压器和电力线路，分固定式和手车式。

（三）低压开关柜

低压成套配电装置，用于小于 500V 的供电系统中，提供电力和照明配电，分固定式和抽屉式。

（四）静电电容器

分为油浸式、干式。高层建筑内应选用干式电容器。其作用是提供无功补偿。

（五）配电箱

配电箱是用户用电设备的供电和配电点，对室内线路起计量、控制、保护作用，属于小型成套电气设备，可分为照明配电箱、电力配电箱。

二、变电所位置及配电变压器的选择

（1）深入或接近负荷中心。

（2）进出线方便。

（3）接近电源侧。

（4）设备吊装、运输方便。

（5）不应设在对防电磁辐射干扰有较高要求的场所。

（6）不宜设在多尘、水雾（如大型冷却塔）或有腐蚀性气体的场所，如无法远离时，不应设在污染源的下风侧。

（7）不应设在厕所、浴室或其他经常积水场所的正下方且不宜贴邻；当贴邻时，隔墙应作无渗漏、无结露的防水处理。

（8）不应设在爆炸危险场所以内和不宜设在火灾危险场所的正上方或正下方，如布置在爆炸危险场所范围以内和布置在与火灾危险场所的建筑物毗连时，应符合《爆炸危险环境电力装置设计规范》GB 50058 的规定。

（9）变电所为独立建筑时，不宜设在地势低洼和可能积水的场所。

（10）高层建筑地下层变电所的位置，宜选择在通风、散热条件较好的场所。

（11）变电所位于高层建筑的地下层时，应避免洪水或积水从其他渠道淹渍配电所的可能性，除地下室只有一层外，不应设在最底层。当地下仅有一层时，应采取适当抬高配电所的地面和防止雨水、消防水等积水的措施。

（12）高层建筑的变电所。宜设在地下层或首层，当建筑物高度超过 100m 时，也可在高层区的避难层或上技术层内设置变电所。

（13）设置在民用建筑中的变压器，应选择干式、气体绝缘或非可燃性液体绝缘的变压器。当单台变压器油量为 100kg 及以上时，应有储油或挡油、排油等防火措施。

（14）在多层建筑物或高层建筑物的裙房中，不宜设置油浸变压器的变电所；当受条件限制必须设置时，应将油浸变压器的变电所设置在建筑物首层靠外墙的部位，且不得设置在人员密集场所的正上方、正下方、贴邻处以及疏散出口的两旁。高层主体建筑内不应设置油浸变压器的变电所。

（15）变压器低压侧电压为 0.4kV 时，单台变压器容量不宜大于 2000kVA，当仅有一台时，不宜大于 1250kVA；预装式变电站变压器容量采用干式变压器时不宜大于 800kVA，采用油浸式变压器时不宜大于 630kVA。

三、变电所型式和布置

（1）变电所的型式应根据建筑物（群）分布、周围环境条件和用电负荷的密度综合确定，并应符合下列规定：

1）高层或大型公共建筑应设室内变电所；

2）小型分散的公共建筑群及住宅小区宜设户外预装式变电所，有条件时也可设置室内或外附式变电所。

（2）民用建筑内变电所，不应设置裸露带电导体或装置，不应设置带可燃性油的电气设备和变压器，其布置应符合下列规定：

1）35kV、20kV 或 10kV 配电装置、低压配电装置和干式变压器等可设置在同一房间内；

2）20kV、10kV 具有 IP2X 防护等级外壳的配电装置和干式变压器，可相互靠近布置。

（3）内设可燃性油浸变压器的室外独立变电所与其他建筑物之间的防火间距，应符合现行国家标准《建筑设计防火规范》GB 50016 的要求，并应符合下列规定：

1）变压器应分别设置在单独的房间内，变电所宜为单层建筑，当为两层布置时，变压器应设置在底层；

2）可燃性油浸电力电容器应设置在单独房间内；

3）变压器门应向外开启；变压器室内可不考虑吊芯检修，但门前应有运输通道；

4）变压器室应设置储存变压器全部油量的事故储油设施。

（4）有人值班的变电所应设值班室。值班室应能直通或经过走道与配电装置室相通，且值班室应有直接通向室外或通向疏散走道的门。值班室也可与低压配电装置室合并，此时值班人员工作的一端，配电装置与墙的净距不应小于3m。

四、变电所对土建专业的要求及设备布置

（1）可燃油油浸变压器室以及电压为35kV、20kV或10kV的配电装置室和电容器室的耐火等级不得低于二级。非燃或难燃介质的配电变压器室以及低压配电装置室和电容器室的耐火等级不宜低于二级。

（2）民用建筑中变电所开向建筑内的门应采用甲级防火门，变电所直接通向室外的门应为丙级防火门。低压配电室与其他场所毗邻时，门的耐火等级应按两者中耐火等级高的确定。

（3）变电所的通风窗，应采用不燃材料制作。

（4）变压器室及配电装置室门的宽度宜按最大不可拆卸部件宽度加0.30m，高度宜按不可拆卸部件最大高度加0.5m。

（5）当配电装置室设在楼上时，应设吊装设备的吊装孔或吊装平台，吊装平台、门或吊装孔的尺寸，应能满足吊装最大设备的需要，吊钩与吊装孔的垂直距离应满足吊装最高设备的需要。

（6）高压配电室和电容器室，宜设不能开启的自然采光窗，窗口下沿距室外地面高度不宜小于1.8m，临街的一面不宜开窗。

（7）变压器室、配电装置室、电容器室的门应向外开并装锁。相邻配电装置室之间设有防火隔墙时，隔墙上的门应为甲级防火门，并向低电压配电室开启，当隔墙仅为管理需求设置时，隔墙上的门应为双向开启的不燃材料制作的弹簧门。

（8）变电所各房间经常开启的门窗，不宜直通相邻的酸、碱、蒸汽、粉尘和噪声严重的建筑。

（9）长度大于7m的配电装置室，应设2个出口，并宜布置在配电室的两端；长度大于60m的配电装置室宜设3个出口，相邻安全出口的门间距离不应大于40m。独立式变电所采用双层布置时，位于楼上的配电装置室应至少设1个通向室外的平台或通道的出口。

（10）变压器室、配电装置室、电容器室等应有防止雨、雪和小动物从采光窗、通风窗、门、电缆沟等进入室内的措施。

（11）地上变电所内的变压器室宜采用自然通风，地下变电所的变压器室应设机械送排风系统，夏季的排风温度不宜高于45℃，进风和排风的温差不宜大于15℃。

（12）在供暖地区，控制室（值班室）应供暖，供暖计算温度为18℃。在严寒地区，当配电室内温度影响电气设备元件和仪表正常运行时，应设供暖装置。控制室和配电装置室内的供暖装置，应采取防止渗漏措施，不应有法兰、螺纹接头和阀门等。

（13）变电所的电缆沟应采取防水、排水措施。

（14）变压器室、电容器室、配电装置室、控制室内不应有与其无关的管道明敷线路通过。

（15）值班室与高压配电室宜直通或经过通道相通，值班室应有门直接通向户外或通向通道。有人值班的变电所，宜设卫生间及上、下水设施。

（16）配电装置各回路的相序排列应一致。硬导体的各相应涂色，色别应为：A相黄色，B相绿色，C相红色。绞线可只标明相别。

（17）高压配电装置距室内屋顶（除梁外）的距离不小于1.0m，距梁底不小于0.8m。

（18）成排布置的低压配电屏，其长度超过6m，屏后的通道应设两个出口，并宜布置在通道的两端，当两出口之间的距离超过15m时，其间尚应增加出口。

（19）成排布置的低压配电屏，其屏前屏后的通道宽度，不应小于表22-7中所列数值。

成排布置的配电屏通道最小宽度（m） 　　　　　　　　　表 22-7

配电屏种类		单排布置			双排面对面布置			双排背对背布置			多排同向布置			屏侧通道
		屏前	屏后		屏前	屏后		屏前	屏后		屏间	前、后排屏距墙		
			维护	操作		维护	操作		维护	操作		前排屏前	后排屏后	
固定式	不受限制时	1.5	1.0	1.2	2.0	1.0	1.2	1.5	1.5	2.0	2.0	1.5	1.0	1.0
	受限制时	1.3	0.8	1.2	1.8	0.8	1.2	1.3	1.3	2.0	1.8	1.3	0.8	0.8
抽屉式	不受限制时	1.8	1.0	1.2	2.3	1.0	1.2	1.8	1.0	2.0	2.3	1.8	1.0	1.0
	受限制时	1.6	0.8	1.2	2.1	0.8	1.2	1.6	0.8	2.0	2.1	1.6	0.8	0.8

注：1. 受限制时是指受到建筑平面的限制，通道内有柱等局部突出物的限制；

　　2. 屏后操作通道是指需在屏后操作运行中的开关设备的通道；

　　3. 背靠背布置时屏前通道宽度可按本表中双排背对背布置的屏前尺寸确定；

　　4. 控制屏、控制柜，落地式动力配电箱前后的通道最小宽度可按本表确定；

　　5. 挂墙式配电箱的箱前操作通道宽度不宜小于1m。

（20）配变电所中消防设施的设置：一类建筑的配变电所宜设火灾自动报警及固定式灭火装置，二类建筑的配变电所可设火灾自动报警及手提式灭火装置。

五、柴油发电机房

（1）符合下列情况之一时，宜设自备应急柴油发电机组：

1）为保证一级负荷中特别重要的负荷用电；

2）有一级负荷，但从市电取得第二电源有困难或不经济合理时。

（2）机房宜设有发电机间、控制及配电室、燃油准备及处理间、备品备件贮藏间等，可根据具体情况对上述房间进行取舍、合并或增添。

（3）机组宜靠近一级负荷或配变电所设置，不宜设在大型民用建筑的主体内，机房可布置于坡屋、裙房的首层或附属建筑内，应采用耐火极限不低于2.00h的隔墙和1.50h的楼板与其他部位隔开，门应采用甲级防火门。当布置在地下层时，应处理好通风、排烟、消声和减振等问题。

（4）发电机间、控制室、配电室不应设在厕所、浴室或其他经常积水场所的正下方或贴邻。民用建筑内的柴油发电机房应设火灾自动报警和自动灭火设施。

（5）机房应有良好的采光和通风，在炎热地区，有条件时宜设天窗，有热带风暴地区天窗应加挡风防雨板或专用双层百叶窗。在北方及风沙较大的地区，应有防风沙侵入的措施。机房热出风口的面积不宜小于柴油机散热面积的1.5倍；进风口面积不宜小于柴油机散热面积的1.6倍。

（6）机房面积在50m²及以下时宜设置不少于一个出入口，在50m²以上时宜设置不少于两个出入口，其中一个应满足搬运机组的需要；门应为向外开启的甲级防火门；发电机间与控制室、配电室之间的门和观察窗应采取防火、隔声措施，门应为甲级防火门，并应开向发电机间。

（7）当燃油来源及运输不便或机房内机组较多、容量较大时，宜在建筑物主体外设置不大于15m³的储油罐。

机房内应设置储油间，总储存量不应超过8h的需求量，且日用油箱储油容积不应超过1m³，并应采取相应的防火措施；机房内储油间应采用防火墙与发电机间隔开；当必须在防火墙上开门时，应设置能自行关闭的甲级防火门。

（8）发电机间、贮油间宜做水泥压光地面，并应有防止油、水渗入地面的措施，控制室宜做水磨石地面。

（9）机房内的噪声应符合国家噪声标准规定，当机房噪声控制达不到要求时，应通过计算做消声、隔声处理。

（10）机组基础应采取减振措施，当机组设置在主体建筑内或地下层时，应防止与房屋产生共振现象。柴油机基础应采用防油浸的措施，可设置排油污的沟槽。

（11）机房内的管沟和电缆应有0.3%的坡度和排水、排油措施，沟边缘应做挡油处理。

（12）机房各工作间火灾危险性类别与耐火等级见表22-8。

机房各工作间火灾危险性类别与耐火等级   表22-8

序号	名　　称	火灾危险性类别	耐　火　等　级
1	发电机间	丙	一级
2	控制与配电室	戊	二级
3	贮油间	丙	一级

（13）柴油发电机房应设置火灾报警装置，应设置灭火设施。当建筑内其他部位设置自动喷水灭火系统时，机房内应设置自动喷水灭火系统。

例22-2 （2021）地上8层办公建筑，地下2层，高度42m，地上面积8.9万m²，地下1.8万m²，二类高层。该建筑电源设置说法正确的是：

    A 从邻近1个开闭站引入两条380V电源

    B 从邻近1个开闭站引入10kV双回路电源

    C 从邻近2个开闭站分别引入两条380V电源

    D 从邻近2个开闭站引入10kV双重电源

第三节　民用建筑的配电系统

一、配电方式

民用建筑的配电方式有：放射式、树干式、双树干式、环行（环式）、链式及其他方式的组合。

（一）高压配电方式

1. 高压单回路放射式

此方式一般用于配电给二、三级负荷或专用设备，但对二级负荷供电时，尽量要有备用电源，如另有独立备用电源时，则可供电给一级负荷（图 22-1）。

2. 高压双回路放射式

此方式线路互为备用，用于配电给二级负荷，电源可靠时，可供给一级负荷（图 22-2）。

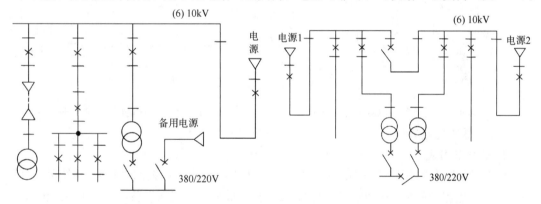

图 22-1　单回路放射式　　　　　　　图 22-2　双回路放射式

3. 树干式

（1）单回路树干式（图 22-3）

一般用于三级负荷，每条线路装接的变压器约 5 台以内，总容量不超过 2000kVA。

（2）单侧供电双回路树干式（图 22-4）

供电可靠性稍低于双回路放射式，但投资少，一般用于二、三级负荷，当供电电源可靠时，也可供电给一级负荷。

4. 单侧供电环式（开环）

单侧供电环式如图 22-5 所示。

用于对二、三级负荷供电，一般两回路电源同时工作开环运行，也可一用一备开环运行，供电可靠性较高，电力线路检修时可切换电源，故障时可切换故障点，但保护装置和整定配合都比较复杂。

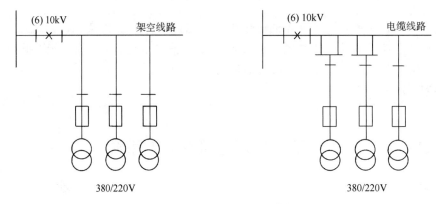

图 22-3 单回路树干式

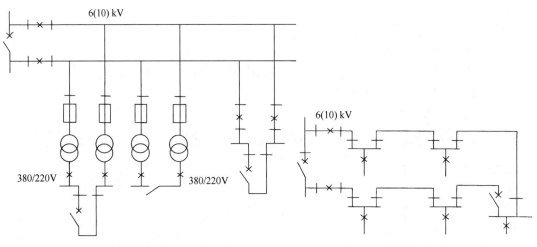

图 22-4 单侧供电双回路树干式　　　图 22-5 单侧供电环式（开环）

（二）低压配电方式

1. 低压放射式

配电线路故障互不影响，供电可靠性高，配电设备集中，检修比较方便。系统灵活性较差，消耗有色金属较多。一般用于容量大、负荷集中或重要的用电设备，需要集中连锁启动、停车的设备，有腐蚀性介质和爆炸危险等场所不宜将配电及保护启动设备放在现场者(图 22-6)。

2. 低压树干式

系统灵活性好，消耗有色金属较少，干线故障时影响范围大，一般用于用电设备布置比较均匀，容量不大，又无特殊要求的场所（图 22-7）。

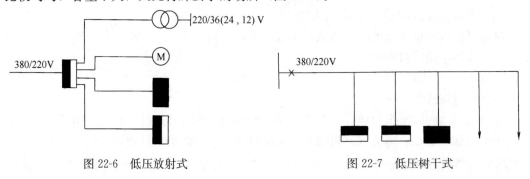

图 22-6　低压放射式　　　　　　　图 22-7　低压树干式

3. 低压链式

用于远离配电屏而彼此相距又较近的不重要的小容量用电设备。链接的设备一般不超过 5 台，总容量不超过 10kW（图 22-8）。

4. 低压环式

两回电源同时工作开环运行，供电可靠性较高，运行灵活，故障时可切除故障点（图 22-9）。

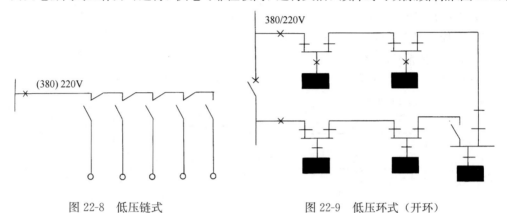

图 22-8　低压链式　　　　　图 22-9　低压环式（开环）

5. 多、高层建筑物的配电方式

（1）在多层建筑物内，照明、电力、消防及其他防灾用电负荷，宜分别自成配电系统。由总配电箱至楼层配电箱宜采用树干式配电或分区树干式配电。对于容量较大的集中负荷或重要用电设备，应从配电室以放射式配电；楼层配电箱至用户配电箱应采用放射式配电。

（2）在高层建筑物内，照明、电力、消防及其他防灾用电负荷应分别自成系统。向楼层各配电点供电时，宜采用分区树干式配电；由楼层配电间或竖井内配电箱至用户配电箱的配电，应采取放射式配电；对部分容量较大的集中负荷或重要用电设备，应从变电所低压配电室以放射式配电。如供避难场所使用的用电设备，应从变电所采用放射式专用线路配电。

（三）低压配电导体选择

（1）电线、电缆及母线的材质可选用铜或铝合金。

（2）消防负荷、导体截面积在 $10mm^2$ 及以下的线路应选用铜芯。

（3）民用建筑的下列场所应选用铜芯导体：

1）火灾时需要维持正常工作的场所；

2）移动式用电设备或有剧烈振动的场所；

3）对铝有腐蚀的场所；

4）易燃、易爆场所；

5）有特殊规定的其他场所。

二、配电系统

（一）高压配电系统

高压配电系统宜采用放射式，根据具体情况也可采用环式、树干式或双树干式。

（1）一般按占地 $2km^2$ 或按总建筑面积 $4 \times 10^5 m^2$ 设置一个 10kV 配电所。当变电所在六个以上时，也可设置一个 10kV 配电所。变电所的设置要考虑 220/380V 低压供电半径不宜超过 300m。

（2）大型民用建筑宜分散设置配电变压器，即分散设置变电所。

1）单体建筑面积大或场地大，用电负荷分散；

2）超高层建筑；

3）大型建筑群。

（二）低压配电系统

1. 带电导体系统的型式

带电导体系统的型式，宜采用单相二线制、两相三线制、三相三线制、三相四线制，如图 22-10～图 22-12 所示。

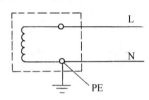

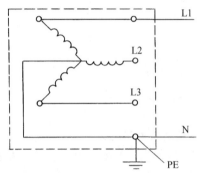

图 22-10　单相二线制

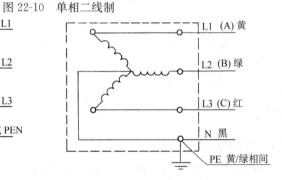

注：左图中去掉 N 线，即为三相三线制。

图 22-11　三相四线制

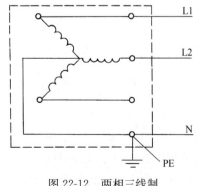

图 22-12　两相三线制

2. 低压配电系统

住宅建筑每户用电负荷指标见表 22-9。

（1）多层公共建筑及住宅

1）照明、电力、消防及其他防灾用电负荷，应分别自成配电系统；

2）电源可采用电缆埋地或架空进线，进线处应设置电源箱，箱内应设置总开关电器；

每套住宅用电负荷和电能表的选择			表 22-9
套型	建筑面积 S（m²）	用电负荷（kW）	电能表（单相）（A）
A	S≤60	3	5（20）
B	60＜S≤90	4	10（40）
C	90＜S≤150	6	10（40）

3）当用电负荷容量较大或用电负荷较重要时，应设置低压配电室，对容量较大和较重要的用电负荷宜从低压配电室以放射式配电；

4）由低压配电室至各层配电箱或分配电箱，宜采用树干式或放射与树干相结合的混合式配电；

5）多层住宅的垂直配电干线，宜采用三相配电系统。

（2）高层公共建筑及住宅

1）高层公共建筑的低压配电系统，应将照明、电力、消防及其他防灾用电负荷分别自成系统；

2）对于容量较大的用电负荷或重要用电负荷，宜从配电室以放射式配电；

3）高层公共建筑的垂直供电干线，可根据负荷重要程度、负荷大小及分布情况，采用封闭式母线槽供电的树干式配电、电缆干线供电的放射式或树干式配电、分区树干式配电等方式供电；

4）高层住宅的垂直配电干线，应采用三相配电系统。

3. 低压配电系统的接地型式

低压配电系统的接地型式，有以下三种：

（1）TN 系统：

1）TN-S 系统（图 22-13）；

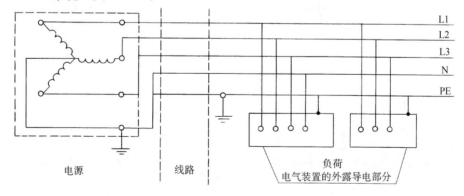

图 22-13 TN-S 系统：整个系统的中性线 N 和保护线 PE 是分开的

2）TN-C 系统（图 22-14）；

3）TN-C-S 系统（图 22-15）。

（2）TT 系统（图 22-16）。

（3）IT 系统（图 22-17）。

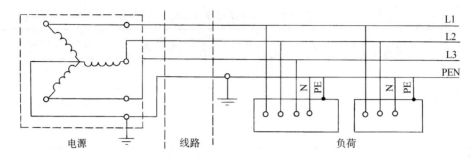

图 22-14 TN-C 系统：N 线和 PE 线是合在一起的

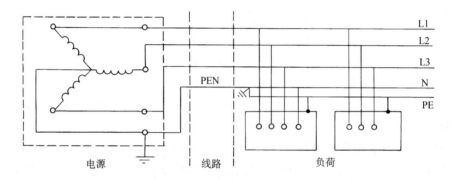

图 22-15 TN-C-S 系统：系统中有一部分 N 线和 PE 线是合一的

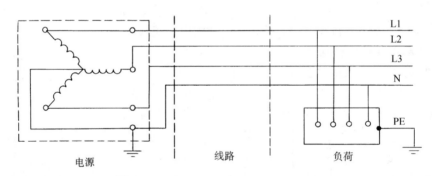

图 22-16 TT 系统

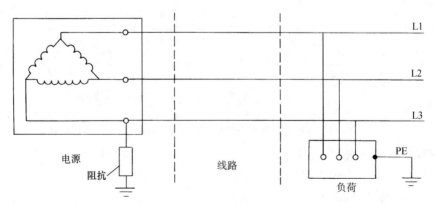

图 22-17 I T 系统

（三）特低电压配电

额定电压为交流 50V 及以下的配电，称为特低电压配电。特低电压可分为安全特低电压（SELV）及保护特低电压（PELV）。

1. 特低电压电源

（1）安全隔离变压器。

（2）安全等级相当于安全隔离变压器的电源。

（3）电化电源或与电压较高的回路无关的其他电源。

（4）符合相应标准的某些电子设备。

2. 特低电压配电

（1）特低电压配电回路的带电部分与其他回路之间应具有基本绝缘。

（2）安全特低电压回路的带电部分应与地之间具有基本绝缘。

（3）保护特低电压回路和设备外露可导电部分应接地。

3. 系统的插头及插座敷设要求

（1）插头必须不可能插入其他电压系统的插座内。

（2）插座必须不可能被其他电压系统的插头插入。

（3）安全特低电压系统的插头和插座不得设置保护导体触头。

4. 特低电压宜应用的场所及范围

（1）潮湿场所（如喷水池、游泳池）内的照明设备。

（2）狭窄的可导电场所。

（3）正常环境条件使用的移动式手持局部照明。

（4）电缆隧道内照明。

三、配电线路

3～10kV 的配电线路为高压配电线路（简称高压线路），1kV 及以下的配电线路称为低压配电线路（简称低压线路）。

（一）室外线路

1. 架空线路

高压线路的导线，应采用三角排列或水平排列；低压线路的导线，宜采用水平排列。高、低压线路宜沿道路平行架设，电杆距路边可为 0.5～1m。接户线在受电端的对地距离，高压接户线不应小于 4m，低压接户线不应小于 2.5m。线路跨越建筑物时，导线与建筑物的垂直距离，在最大计算弧垂的情况下，高压线路不应小于 3m，低压线路不应小于 2.5m。线路接近建筑物时，线路的边导线在最大计算风偏情况下，与建筑物的水平距离，高压不应小于 1.50m，低压不应小于 1m。导线与地面的距离，最大弧垂情况下，不应小于表 22-10 的规定。

室外架空线路导线与地面最小距离　　　　　　　　　　表 22-10

线 路 通 过 地 区	线 路 电 压	
	3～10kV	3kV 以下
居 民 区	6.50m	6.0m
非 居 民 区	5.50m	5.0m
交 通 困 难 地 区	4.50m	4.0m

2. 电缆线路

（1）埋地敷设。沿同一路径敷设，6 根及以下且现场有条件时，应埋设于冻土层以下，北京地区为 0.7m，其他非寒冷地区，敷设的深度不应小于 0.7m。

（2）电缆排管敷设。沿同一路径敷设，7～12 根时，宜采用电缆排管敷设。

（3）电缆沟敷设。沿同一路径敷设，13～21 根时，宜采用电缆沟敷设。

（4）电缆隧道敷设。沿同一路径敷设，多于 21 根时，宜采用电缆隧道敷设。

（5）电缆沟在进入建筑物处应设防火墙。电缆隧道进入建筑物及配变电所处，应设带门的防火墙，此门应为甲级防火门并应装锁；电缆沟和电缆隧道底部应做不小于 0.5％的坡度坡向集水坑（井）；电缆隧道的净高不宜低于 1.9m，局部或与管道交叉处净高不宜小于 1.4m；隧道内应有通风设施，宜采取自然通风；电缆隧道应每隔不大于 75m 的距离设安全孔（人孔），安全孔距隧道的首、末端不宜超过 5m，安全孔的直径不得小于 0.7m；电缆隧道内应设照明，其电压不宜超过 36V，当照明电压超过 36V 时，应采取安全措施；与电缆隧道无关的其他管线不宜穿过电缆隧道。

（二）室内线路

敷设方式可分为明敷设——导线直接或在管子、线槽等保护体内，敷设于墙壁、顶棚的表面及桁架、支架等处。暗敷设——导线在管子、线槽等保护体内，敷设于墙壁、顶棚、地坪及楼板等内部，或者在混凝土板孔内敷线。

明敷设用的塑料导管、槽盒、接线盒、分线盒应采用阻燃性能分级为 B_1 级的难燃制品。

布线用各种电缆、电缆桥架、金属线槽及封闭式母线在穿越防火分区楼板、隔墙时，其空隙应采用相当于建筑构件耐火极限的不燃烧材料填塞密实。

1. 直敷布线

直敷布线可用于正常环境室内场所和挑檐下的室外场所。直敷布线应采用不低于 B_2 级阻燃护套绝缘电线，其截面不宜大于 $6mm^2$。

建筑物顶棚内、墙体及顶棚的抹灰层、保温层及装饰面板内，不得采用直敷布线。

在有可燃物的闷顶和封闭吊顶内明敷的配电线路，应采用金属导管或金属槽盒布线。

直敷布线在室内敷设时，电线水平敷设至地面的距离不应小于 2.5m，垂直敷设至地面低于 1.8m 部分应穿导管保护。

2. 金属导管布线

金属导管布线宜用于室内外场所，不宜用于对金属导管有严重腐蚀的场所。

穿导管的绝缘电线，其总截面积不应超过导管内截面积的 40％。

穿金属导管的交流线路，应将同一回路的所有相导体和中性导体和 PE 导体穿于同一根导管内。不同回路的线路能否共管敷设，应根据发生故障的危害性和相互之间在运行和维修时的影响决定。

3. 金属槽盒布线

金属槽盒布线宜用于正常环境的室内场所明敷，封闭式金属槽盒，可在建筑顶棚内敷设。有严重腐蚀的场所不宜采用金属槽盒。

同一配电回路的所有相导体和中性导体和 PE 导体，应敷设在同一金属槽盒内。

同一路径的不同回路可共槽敷设。槽盒内电线或电缆的总截面不应超过其截面的

40%，载流导体不宜超过 30 根。槽盒内非载流导体总截面不应超过其截面的 50%，电线或电缆根数不限。

4. 刚性塑料导管（槽）布线

用于室内场所和有酸碱腐蚀性介质的场所，在高温和易受机械损伤的场所不宜采用明敷设。塑料导管按其抗压、抗冲击及弯曲等性能分为重型、中型及轻型三种类型。

暗敷于墙内或混凝土内的刚性塑料导管应采用燃烧性能等级 B2 级、壁厚 1.8mm 及以上的导管。明敷时应采用燃烧性能等级 B1 级、壁厚 1.6mm 及以上的导管。

布线时，绝缘电线总截面积不应超过导管内截面积的 40%。同一路径的无电磁兼容要求的配电线路，可敷设于同一线槽内。线槽内电线或电缆的总截面积及根数同金属线槽布线的规定。不同回路的线路能否共管敷设，应根据发生故障的危害性和相互之间在运行和维修时的影响决定。

5. 室内电缆敷设

室内电缆敷设应包括电缆在室内沿墙及建筑构件明敷设、电缆穿金属导管埋地暗敷设。

无铠装的电缆在室内明敷时，水平敷设至地面的距离不宜小于 2.2m；垂直敷设至地面的距离不宜小于 1.8m。除明敷在电气专用房间外，当不能满足上述要求时，应有防止机械损伤的措施。

室内埋地暗敷，或通过墙、楼板穿管时，其穿管的内径不应小于电缆外径的 1.5 倍。

6. 电缆桥架布线

此种方法用于电缆数量较多，或较集中的场所。桥架水平敷设时，距地高度一般不宜低于 2.20m；垂直敷设时，距地 1.80m 以下应加金属盖板保护。架桥穿过防火墙及防火楼板时，应采取防火隔离措施。

（1）电缆桥架多层敷设时，层间距离应满足敷设和维护需要，并符合下列规定：

1）电力电缆的电缆桥架间距不应小于 0.3m；

2）电信电缆与电力电缆的电缆桥架间距不宜小于 0.5m，当有屏蔽盖板时可减少到 0.3m；

3）控制电缆的电缆桥架间距不应小于 0.2m；

4）最上层的电缆桥架的上部距顶棚、楼板或梁等不宜小于 0.15m。

（2）下列不同电压、不同用途的电缆，不宜敷设在同一层或同一个桥架内：

1）1kV 以上和 1kV 以下的电缆；

2）向同一负荷供电的两回路电源电缆；

3）应急照明和其他照明的电缆；

4）电力和电信电缆。

7. 封闭式母线布线

电流在 400A 至 2000A，采用封闭式母线布线。水平敷设时，至地面的距离不应低于 2.20m；垂直敷设时，距地面 1.80m，以下部分采取防止机械损伤的措施。封闭母线穿过防火墙及防火楼板时，应采取防火隔离措施。

8. 竖井布线

竖井布线一般适用于多层和高层建筑内强电及弱电垂直干线的敷设。

竖井的位置和数量应根据建筑物规模、用电负荷性质、供电半径、建筑物的沉降缝设置和防火分区等因素确定，选择竖井位置时，应考虑下列因素：

（1）靠近用电负荷中心。

（2）不得和电梯井、管道井共用同一竖井。

（3）避免邻近烟道，热力管道及其他散热量大或潮湿的设施。

（4）在条件允许时宜避免与电梯井及楼梯间相邻。

（5）竖井的井壁应是耐火极限不低于 1h 的非燃烧体，竖井在每层楼应设维护检修门并应开向公共走廊，其耐火等级不应低于丙级。楼层间应做防火密封隔离，电缆和绝缘线在楼层间穿钢管时，两端管口空隙应做密封隔离。

（6）竖井大小除满足布线间隔及端子箱、配电箱布置所必需的尺寸外，并宜在箱体前留有不小于 0.80m 的操作、维护距离。竖井的进深不应小于 0.6m。

（7）竖井内高压、低压和应急电源的电气线路，相互之间应保持 0.3m 及以上的距离或采用隔离措施，且高压线设有明显标志。

（8）向电梯供电的电源线路，不应敷设在电梯井道内。除电梯的专用线路外，其他线路不得沿电梯井道敷设。

9. 地面内暗装金属槽盒布线

此方式适用于正常环境下大空间，且隔断变化多，用电设备移动性大或敷设有多种功能线路的场所，暗敷于现浇混凝土地面、楼板或楼板垫层内。

10. 消防布线

消防布线见本章第六节第十条。

例 22-3 （2021） 关于洁净手术部用电设计的说法错误的是：

A 应采用独立双路电源供电

B 室内的电源回路应设绝缘检测报警装置

C 手术室用电应与辅助用房用电分开

D 室内布线应采用环形布置

解析： 根据《医院洁净手术部建筑技术规范》GB 50333—2013 第 11.1.2 条，洁净手术部应采用独立双路电源供电，A 选项正确。

第 11.1.9 条，洁净手术室内的电源回路应设绝缘检测报警装置，B 选项正确。

第 11.2.1 条，洁净手术室内布线不应采用环形布置，大型洁净手术部内配电应按功能分区控制，D 选项错。

第 11.2.4 条，洁净手术室用电应与辅助用房用电分开，C 选项正确。

答案： D

第四节 电 气 照 明

电气照明就是将电能转换为光能，用电气照明可创造一个良好的光环境，以满足建筑物的功能要求。

一、照明的基本概念

1. 光

光是一种电磁辐射能，它在空间以电磁波的形式传播。光波的频谱很宽，波长为380～780nm（1nm＝10^{-9}m）的光为可见光，作用于人的眼睛时能产生视觉。不同波长的光呈现不同的颜色，780～380nm依次变化时会出现红、橙、黄、绿、青、蓝、紫七种不同的颜色。七种光混合在一起即为白色光。小于380nm的叫紫外线，大于780nm的叫红外线。

2. 光通量

光源在单位时间内向四周空间发射的、使人产生光感觉的能量，称为光通量，单位是流明（lm）。

3. 发光强度

光通量的空间密度，即单位立体角内的光通量，叫发光强度，称为光强，单位是坎德拉（cd），1cd＝1lm/sr。

4. 亮度

发光（或反光）的物体单位面积上向视线方向发出的光通量，称为该物体的亮度，单位是坎德拉每平方米（cd/m²）。

5. 照度

单位受光面积内的光通量，单位是勒克斯（lx），1lx＝1lm/m²。

6. 色温

光源发射的光的颜色与黑体在某一温度下的光色相同时，黑体的温度称为该光源的色温。符号以T_e表示，单位为开（K）。光线的运用无不与色温有关，色温低，红色成分多，色温高，蓝色成分多。当我们用色温来表明光源色时，它只是一种标志、符号，与实际温度无关。

7. 相关色温

黑体辐射的色度与所研究的光源色度最接近时，黑体的温度定义为该光源的相关色温。符号以T_{cp}表示，单位为开（K）。

8. 眩光

若视野内有亮度极高的物体或强烈的亮度对比，则可引起不舒适或造成视觉降低的现象，称为眩光。

9. 显色指数

在规定条件下，由光源照明的物体色与由标准光源照明时相比较，表示物体色在视觉上的变化程度的参数。

10. 明暗适应

当光的亮度不同时，对人的视觉器官感受性也不同，亮度有较大变化时，感受性也随着变化，这种感受性对光刺激的变化的顺应性称为适应。眼睛从暗到亮时亮度适应快，称为明适应；而从亮到暗时亮度适应慢，称为暗适应。

二、照度标准分级

0.5lx、1lx、2lx、3lx、5lx、10lx、15lx、20lx、30lx、50lx、75lx、100lx、150lx、200lx、300lx、500lx、750lx、1000lx、1500lx、2000lx、3000lx、5000lx，此标准值是指

工作或生活场所，所参考平面上的维持平均照度值。当没有其他规定时，一般把室内照明的工作面假设为离地面0.75m高的水平面。

三、照明质量

良好的照明质量能最大限度地保护视力，提高工作效率，保证工作质量，为此必须处理好影响照明的几个因素。

1. 照明均匀度

它是规定工作面（参考面）上的最低照度与平均照度之比值，符号是U_0。

（1）办公室、阅览室等工作房间，其值不应小于0.6。

（2）作业面邻近周围照度可低于作业面照度，但不低于表22-11的数值。

（3）作业面背景区域一般照明的照度不宜低于作业面邻近周围照度的1/3。

作业面区域、作业面邻近周围区域、作业面背景区域关系见图22-18。

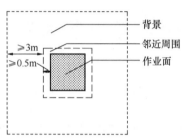

图 22-18 作业面区域、邻近周围区域和背景之间的关系

作业面邻近周围照度 　　　　表 22-11

工作面照度（lx）	作业面邻近周围照度（lx）
≥750	500
500	300
300	200
≤200	与作业面照度相同

2. 眩光限制

统一眩光值（UGR）是评价室内照明不舒适眩光的量化指标，它是度量处于视觉环境中的照明装置发出的光对人眼引起不舒适感主观反应的心理参量，UGR 值可分为 28、25、22、19、16、13、10 七档值。28 为刚刚不可忍受，25 为不舒适，22 为刚刚不舒适，19 为舒适与不舒适的界限，16 为刚刚可接受，13 为刚刚感觉到，10 为无眩光感觉。在《建筑照明设计标准》GB 50034 中多数采用25、22、19 的 UGR 值。

眩光分为直接眩光和反射眩光。长期工作或停留的房间或场所，为限制视野内过高亮度或亮度对比引起的直接眩光，选用的直接型灯具的遮光角（图 22-19）不应小于表 22-12 的数值。

直接型灯具的
遮光角　　表 22-12

光源平均亮度（kcd/m²）	遮光角（°）
1~20	10
20~50	15
50~500	20
≥500	30

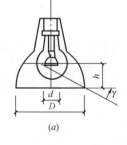
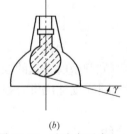

图 22-19 遮光角示意

（a）透明玻璃壳灯泡；（b）磨砂或乳白玻璃壳灯泡；（c）格栅灯

3. 光源颜色

光源色表根据其相关色温分为三类，见表22-13；光源的显色指数见表22-14。

光源色表特征及适用场所　　　　　　　　　　　　表22-13

相关色温（K）	色表特征	适　用　场　所
<3300	暖	客房、卧室、病房、酒吧……
3300～5300	中间	办公室、教室、阅览室、商场、诊室、检验室、实验室、控制室、机加工车间、仪表装配……
>5300	冷	热加工车间、高照度场所

光源的显色指数　　　　　　　　　　　　表22-14

显色指数分组	一般显色指数（R_a）	类属光源示例	适用场所
Ⅰ	$R_a \geqslant 80$	白炽灯、卤钨灯、三基色荧光灯	手术室、营业厅、多功能厅、科室、展厅、酒吧、办公室、教室、阅览室
Ⅱ	$60 \leqslant R_a < 80$	荧光灯、金属卤化物灯	自选商场、厨房
Ⅲ	$40 \leqslant R_a < 60$	荧光高压汞灯	库房、室外门廊
Ⅳ	$R_a < 40$	高压钠灯	室外道路照明

4. 反射比

限制反射比其目的在于使视野内的亮度分布控制在眼睛能适应的水平。

长时间工作的房间，作业面的反射比宜限制在0.2～0.6。

长时间工作，工作房间内表面反射比宜按表22-15选取。

工作房间内表面反射比　　　　　　　　　　　　表22-15

表面名称	反射比
顶棚	0.6～0.9
墙面	0.3～0.8
地面	0.1～0.5

四、照明方式与种类

1. 照明方式

室内照明方式可分为一般照明、分区一般照明、混合照明和重点照明。

（1）不固定或不适合装局部照明的场所，应设置一般照明。

（2）同一场所内的不同区域有不同照度要求时，宜设置分区一般照明。

（3）一般照明或分区一般照明不能满足照度要求的场所，应增设局部照明。

（4）所有的工作房间不应只设局部照明。

（5）在一些场所，为凸显某些特定的目标，应设置重点照明。

2. 照明种类

照明种类可分为正常照明、应急照明、值班照明、警卫照明、景观照明和障碍照明。

应急照明包括备用照明（供继续和暂时继续工作的照明）、疏散照明和安全照明。

3. 应急照明和照度

应急照明分为三类：备用照明、安全照明、疏散照明。

(1) 备用照明

1) 应设置备用照明的场所：

① 正常照明失效可能造成重大财产损失和严重社会影响的场所；

② 正常照明失效妨碍灾害救援工作进行的场所，如消防控制室、消防水泵房、自备发电机房、配电室、防排烟机房以及发生火灾时仍需正常工作的消防设备房；

③ 人员经常停留且无自然采光的场所；

④ 正常照明失效将导致无法工作和活动的场所；

⑤ 正常照明失效可能诱发非法行为的场所。

2) 当正常照明的负荷等级与备用照明负荷等级相等时可不另设备用照明。

3) 备用照明的照度标准值应符合下列规定：

① 供消防作业及救援人员在火灾时继续工作场所的备用照明，其作业面的最低照度不应低于正常照明的照度；

② 其他场所的备用照明照度标准值除另有规定外，应不低于该场所一般照明照度标准值的10%。

4) 备用照明的设置应符合下列规定：

① 备用照明宜与正常照明统一布置；

② 当满足要求时应利用正常照明灯具的部分或全部作为备用照明；

③ 独立设置备用照明灯具时，其照明方式宜与正常照明一致或相类似。

5) 备用照明最少持续供电时间

① 避难疏散区域（避难层）≥180min；

② 消防工作区域（消防控制室、电话机房、配电室、发电站、消防水泵房、防排烟机房）≥180min。

(2) 安全照明

1) 应设置安全照明的场所：

① 人员处于非静止状态且周围存在潜在危险设施的场所；

② 正常照明失效可能延误抢救工作的场所；

③ 人员密集且对环境陌生时，正常照明失效易引起恐慌骚乱的场所；

④ 与外界难以联系的封闭场所。

2) 安全照明的照度标准值应符合下列规定：

① 医院手术室、重症监护室应维持不低于一般照明照度标准值的30%；

② 其他场所不应低于该场所一般照明照度标准值的10%，且不应低于15lx。

3) 安全照明的设置应符合下列规定：

① 应选用可靠、瞬时点燃的光源；

② 应与正常照明的照射方向一致或相类似并避免眩光；

③ 当光源特性符合要求时，宜利用正常照明中的部分灯具作为安全照明；

④ 应保证人员活动区获得足够的照明需求，而无须考虑整个场所的均匀性。

(3) 当在一个场所同时存在备用照明和安全照明时，宜共用同一组照明设施并满足二者中较高负荷等级与指标的要求。

（4）疏散照明（含疏散照明灯和疏散指示标志灯）

1）应设置疏散照明的场所。

住宅、民用建筑、厂房和丙类仓库的下列部位，应设置疏散应急照明：

① 开敞式疏散楼梯间、封闭楼梯间、防烟楼梯间及其前室、消防电梯间的前室或合用前室、避难走道、避难层（间）；

② 观众厅、展览厅、多功能厅和建筑面积超过 200m² 的营业厅、餐厅、演播室等人员密集的场所；建筑面积超过 406m² 的办公场所、会议场所；

③ 建筑面积大于 100m² 的地下或半地下公共活动场所；

④ 公共建筑中的疏散走道；

⑤ 人员密集的厂房内的生产场所及疏散走道；

⑥ 歌舞娱乐、放映游艺厅等场所。

2）疏散照明的照度标准值应符合下列规定：

① 对于疏散走道，有人值守的消防设备用房不应低于 1.0lx；

② 对于人员密集场所、避难层（间），不应低于 3.0lx；

③ 对于楼梯间、前室或合用前室、避难走道，不应低于 5.0lx；

④ 对于人员密集场所、老年人照料设施、病房楼或手术部内的楼梯间、前室或合用前室、避难走道、屋顶停机坪等不应低于 10.0lx。

3）疏散照明的设置应符合下列规定：

① 疏散照明灯应设置在墙面或顶棚上。

② 疏散指示标志灯在顶棚安装时，不应采用嵌入式安装方式。安全出口标志灯，应安装在疏散口的内侧上方，底边距地不宜低于 2.0m；疏散走道的方向标志灯具，应在走道及转角处离地面 1.0m 以下墙面上、柱上或地面上设置，采用顶装方式时，底边距地宜为 2.0～2.5m。

③ 设在墙面上、柱上的疏散指示标志灯具间距在直行段为垂直视觉时不应大于 20m，侧向视觉时不应大于 10m；对于袋形走道，不应大于 10m。

④ 交叉通道及转角处宜在正对疏散走道中心的垂直视觉范围内安装，在转角处安装时距角边不应大于 1m。

⑤ 设在地面上的连续视觉方向标志灯具之间的间距不宜大于 3m。

4）疏散照明和疏散指示标识连续供电时间：

① 建筑高度大于 100m 的民用建筑，不应小于 1.5h；

② 医疗建筑、老年人照料设施、总建筑面积大于 100000m² 的公共建筑和总建筑面积大于 20000m² 的地下、半地下建筑，不应少于 1.0h；

③ 其他建筑，不应少于 0.5h。

4. 值班照明

可利用正常照明中能单独控制的一部分或备用照明的一部分或全部。

5. 警卫照明

有警戒任务的场所，应根据警戒范围的需要装设警卫照明。

6. 障碍照明

航空障碍标志灯的装设应符合下列要求：

（1）航空障碍标志灯的水平安装间距不宜大于52m；垂直安装自地面以上45m起，以不大于52m的等间距布置。

（2）应装设在建筑物或构筑物的最高部位。当制高点平面面积较大或为建筑群时，除在最高端装设障碍标志灯外，还应在其外侧转角的顶端分别设置。

（3）在烟囱顶上设置障碍标志灯时宜将其安装在低于烟囱口1.5～3m的部位并成三角水平排列。

7. 景观照明

灯光的设置应能表现建筑物或构筑物的特征，并能显示出建筑的立体感。景观照明通常采用泛光灯。一般可采用在建筑物自身或在相邻建筑物上设置灯具的布灯方式；或是将两种方式相结合。也可以将灯具设置在地面绿化带中。整个建筑物或构筑物受光面的上半部的平均亮度宜为下半部的2～4倍。

8. 路灯照明

室外照明主要是路灯照明，光源宜采用高压汞灯、高压钠灯、节能灯等。路灯伸出路牙宜为0.6～1.0m，路灯的水平线上的仰角宜为5°，路面亮度不宜低于$1cd/m^2$。路灯安装高度不宜低于4.5m，路灯杆间距为25～30m，进入弯道处的灯杆间距应适当减小。路灯的照度均匀度（最小照度与最大照度之比）宜为1：10～1：15之间。住宅区道路的平均照度为1～2lx。

庭院灯的高度可按0.6B（单侧布灯时）～12B（双侧对称布灯时）选取，但不宜高于3.5m，庭院灯杆间距为15～25m。

注：B—道路宽度。

五、光源及灯具

（一）光源

照明常用的光源目前基本上有两大类，一类是热辐射光源，如白炽灯、卤钨灯；另一类是气体放电光源，如荧光灯、高压汞灯、钠灯、金属卤化物灯等。近年来半导体照明技术快速发展，然而产品尚未成熟，目前发光二极管灯还不是室内照明应用中的主流照明产品。

光源的确定，应根据使用场所的不同，合理地选择光源的光效、显色性、寿命、启燃时间和再启燃时间等光电特性指标，以及环境条件对光源光电参数的影响。

1. 白炽灯

白炽灯能迅速点燃，不需要启动时间，能频繁开关，显色指数高，$95 < R_a < 100$，有良好的调光性能，防止电磁波干扰，光效低（40W的灯泡8.81m/W），寿命短（平均1000h）。主要用于对电磁干扰有严格要求且其他光源无法满足的特殊场所。

2. 荧光灯

广泛使用于工业和民用建筑照明设计中。

（1）普通荧光灯。光效比白炽灯高（40W的灯管50lm/W），显色性较好，$60 < R_a < 72$，寿命长（平均5000h）。RR型为日光色（色温为6500K），RL型为冷白色（色温

4000K），RN 型为暖白色（色温 3000K）。

（2）三基色荧光灯。光效高（100lm/W），显色性好，$R_a>80$，色温高（3200～5000K），寿命长（12000～15000h）。通常情况下，灯具安装高度低于 8m 的房间，宜采用细管直管形三基色荧光灯。

3. 金属卤化物灯

如日光色镝灯，光效高(72lm/W)，显色性好，$65<R_a<90$，色温高(5000～7000K)，寿命长(5000～10000h)。用于体育场(馆)、广场、街道、大型建筑物、展览馆等。

4. 钠灯

光效高（100～140lm/W），寿命长（12000～24000h），光色柔和，体积小，透雾性强，辨色能力差，$R_a=23/60/85$，色温低（2100K）。广泛使用于公路、街道、车站、住宅区、商业中心、货场、矿区等辨色要求不高的高大空间。

（二）灯具

不包括光源在内的配照器及附件。灯具的作用有以下几点：

（1）对光源发出的光通量进行再分配。

（2）保护和固定光源。

（3）装饰美化环境。

灯具可分为吸顶式灯、嵌入式灯、悬挂式灯、花灯、壁灯、防潮灯、防爆灯、水下灯等。

（三）灯具的选择

优先选用直射光通比例高、控光性能合理的高效灯具。

（1）室内用直管型荧光灯灯具，开敞式不低于 75%，有透明保护罩不低于 70%，装有遮光格栅时不低于 65%。室外灯具不应低于 40%，但室外投光灯灯具的效率不宜低于 55%。

（2）根据使用场所不同，采用控光合理的灯具，如多平面反光镜定向射灯、蝙蝠翼式配光灯具、块板式高效灯具等。

（3）选用控光器变质速度慢、配光特性稳定、反射和透射系数高的灯具。

（4）灯具的结构和材质应易于维护清洁和更换光源。

（5）利用功率消耗低、性能稳定的灯具附件。

（四）照明节能

照明节能应该是在满足规定的照度和照明质量要求的前提下进行考核，采用一般照明的照明功率密度值（LPD）作为建筑节能评价指标，单位为 W/m²。在《建筑照明设计标准》GB 50034 中规定了不同建筑中的不同房间或场所的照明功率密度限值。

1. 一般规定

（1）应在满足规定的照度水平和照明质量要求的前提下，进行照明节能评价。

（2）照明节能应采用一般照明的照明功率密度值（LPD）作为评价指标。

（3）照明设计的房间或场所的照明功率密度应满足《建筑照明设计标准》GB 50034—2013第6.3节规定的现行值的要求。

2. 电气照明的节能设计

（1）建筑照明应采用高光效光源、高效灯具和节能器材。

（2）照明功率密度值（LPD）宜满足现行国家标准《建筑照明设计标准》GB 50034规定的目标值，体育建筑中的场地照明宜满足现行行业标准《体育建筑电气设计规范》JGJ 354目标值的规定。

（3）光源的选择应符合下列规定：

1）民用建筑不应选用白炽灯和自镇流荧光高压汞灯，一般照明的场所不应选用荧光高压汞灯；

2）一般照明在满足照度均匀度的前提下，宜选择单灯功率较大、光效较高的光源；在满足识别颜色要求的前提下，宜选择适宜色度参数的光源；

3）高大空间和室外场所的光源选择应与其安装高度相适应：灯具安装高度不超过8m的场所，宜采用单灯功率较大的直管荧光灯，或采用陶瓷金属卤化物灯及LED灯；灯具安装高度超过8m的室内场所宜采用金属卤化物灯或LED灯；灯具安装高度超过8m的室外场所宜采用金属卤化物灯、高压钠灯或LED灯；

4）走道、楼梯间、卫生间和车库等无人长期逗留的场所宜选用三基色直管荧光灯、单端荧光灯或LED灯；

5）疏散指示标志灯应采用LED灯，其他应急照明、重点照明、夜景照明、商业及娱乐等场所的装饰照明等，宜选用LED灯；

6）办公室、卧室、营业厅等有人长期停留的场所，当选用LED灯时，其相关色温不应高于4000K。

（4）气体放电灯应单灯采用就地无功补偿方式，补偿后功率因数不应低于0.9。

（5）灯具的选择应符合下列规定：

1）在满足眩光限制和配光要求的条件下，应选用效率高的灯具，灯具效率不应低于现行国家标准《建筑照明设计标准》GB 50034的相关规定，其中体育照明使用的金属卤化物灯具的效率应符合现行行业标准《体育建筑电气设计规范》JGJ 354的相关规定；

2）除有装饰需要外，应选用直射光通比例高、控光性能合理的高效灯具。

（6）照明设计所选用的光源应配置不降低光源光效和光源寿命的镇流器及相关附件。当气体放电灯选用单灯功率小于或等于25W的光源时，其镇流器应选用谐波含量低的产品。

（7）照明控制应符合下列规定：

1）应结合建筑使用情况及天然采光状况，进行分区、分组控制；

2）天然采光良好的场所，宜按该场所照度要求、营运时间等自动开关灯或调光；

3）旅馆客房应设置节电控制型总开关，门厅、电梯厅、大堂和客房层走廊等场所，除疏散照明外宜采用夜间降低照度的自动控制装置；

4）功能性照明宜每盏灯具单独设置控制开关；当有困难时，每个开关所控的灯具数不宜多于6盏；

5）走廊、楼梯间、门厅、电梯厅、卫生间、停车库等公共场所的照明，宜采用集中开关控制或自动控制；

6）大空间室内场所照明，宜采用智能照明控制系统；

7）道路照明、夜景照明应集中控制；

8）设置电动遮阳的场所，宜设照度控制与其联动。

（8）建筑景观照明应符合下列规定：

1）建筑景观照明应至少有三种照明控制模式，平日应运行在节能模式；

2）建筑景观照明应设置深夜减光或关灯的节能控制。

六、照度计算

照度计算的方法，通常有利用系数法、单位容量法和逐点法三种。在具体设计中，一般采用单位容量法或逐点法进行计算。单位容量计算法适用于均匀的一般照明计算；一般民用建筑和生活福利设施及环境反射条件较好的小型生产房间，可利用此法计算，生产厂房可利用此法估算。

例 22-4 （2021） 关于医疗照明设计的说法错误的是：

A 医疗用房应采用高显色照明光源

B 护理单元应设夜间照明

C 病房照明应采用反射式照明

D 手术室应设防止误入的白色信号灯

解析：《综合医院建筑设计规范》GB 51039—2014 第 8.6.2 条，医疗用房应采用高显色照明光源，显色指数应大于或等于 80，宜采用带电子镇流器的三基色荧光灯，A 选项正确；第 8.6.6 条，护理单元走道和病房应设夜间照明，床头部位照度不应大于 0.1lx，儿科病房不应大于 1lx，B 选项正确；第 8.6.4 条，病房照明宜采用间接型灯具或反射式照明，C 选项正确；第 8.6.7 条，X 线诊断室、加速器治疗室、核医学扫描室、γ 照相机室和手术室等用房，应设防止误入的红色信号灯，D 选项错误。

答案：D

第五节　电气安全和建筑物防雷

一、安全用电

低压配电系统遍及生活、生产的各个领域，人们随时都要与其接触。当由于某种原因其外露导电部分带电时，人们若与其接触，就有可能遭受电击，也就是常说的触电，危及人们的生命安全。为了保证电气设备上的安全，低压配电系统必须采取相应的防触电保护措施。

（一）人体触电造成的伤害程度与下列因素相关

1. 流经人体电流的大小

流经人体的电流，当交流在 15～20mA 以下或直流 50mA 以下的数值，对人身是安全的，因为对大多数人来说，可以不需要别人帮助而能自行摆脱带电体。但是，即使是这样大小的电流，如长时间流经人体，依旧是会有生命危险的。试验证明：100mA（0.1A）左右的电流流经人体时，毫无疑问是致命的。

2. 人体电阻

当人体皮肤处于干燥、洁净和无损伤的状态下，人体的电阻高达 4 万～10 万 Ω。若除去皮肤，人体电阻下降到 600～800Ω。可是，人体的皮肤电阻并不是固定不变的，当皮肤处于潮湿状态，如出汗、受到损伤或带有导电性的粉尘时，则人体电阻降到 1000Ω 左右。当触电时，若皮肤触及带电体的面积愈大，接触愈紧密，也会使人体的电阻减小。

3. 作用于人体电压的高低

流经人体电流的大小，与作用于人体电压的高低并不成等比关系，这是因为随着电压的增高，人体表皮角质层有电解和类似介质击穿的现象发生，使人体电阻急剧下降，而导致电流迅速增大。如果人手是潮湿的，36V 以上的电压就成为危险电压。

4. 电流流经人体的持续时间

即使是安全电流，若流经人体的时间过久，也会造成伤亡事故。因为随着电流在人体内持续时间的增长，人体发热出汗，人体电阻会逐渐减小，而电流随之逐渐增大。

5. 电流流经人体的途径

电流流经人体的途径，对于触电的伤害程度影响甚大，实验证明，电流从手到脚，从一只手到另一只手或流经心脏时，触电的伤害最为严重。

6. 电源的频率

频率 50～60Hz 的电流对人体触电伤害的程度最为严重。低于或高于这些频率时，它的伤害程度都会减轻。

7. 身心健康状态

患有心脏病、结核病、精神病、内分泌器官疾病或酒醉的人，触电引起的伤害更为严重。

8. 电流通过人体的效应

电流通过人体，会引起四肢有暖热感觉，肌肉收缩，脉搏和呼吸神经中枢急剧失调，血压升高，心室纤维性颤动，烧伤，眩晕等。

（二）防触电保护

低压配电系统的防触电保护可分为：

1. 直接接触保护（正常工作时的电击保护）

（1）将带电导体绝缘，以防止与带电部分有任何接触的可能。

（2）采用遮拦和外护物的保护。

（3）采用阻挡物进行保护，阻挡物必须防止如下两种情况之一的发生：

1）身体无意识地接近带电部分；

2）在正常工作中设备运行期间无意识地触及带电部分。

（4）使设备置于伸臂范围以外的保护。

（5）用漏电电流动作保护装置作后备保护。

2. 间接接触保护（故障情况下的电击保护）

（1）用自动切断电源的保护（包括漏电电流动作保护），并辅以总等电位联结。

（2）使工作人员不致同时触及两个不同电位点的保护（即非导电场所的保护）。

（3）使用双重绝缘或加强绝缘的保护。

（4）特低电压（SELV 和 PELV）

（5）采用电气隔离。

总等电位联结是在建筑物电源进线处，将保护干线、接地干线、总水管、采暖和空调管以及建筑物金属构件相互作电气联结。

辅助等电位联结是在某一范围内的等电位联结，包括固定式设备的所有可能同时触电的外露可导电部分和装置外可导电部分作等电位联结，可作为故障保护的附加保护措施。

3. 直接接触与间接接触兼顾的保护

宜采用安全超低压和功能超低压的保护方法来实现。

4. 特殊场所装置的安全保护

主要指澡盆、淋浴室、游泳池及其周围，由于人体电阻降低和身体接触地电位而增加电击危险的安全保护。

5. 设置剩余电流保护器

（1）在交流系统中装设额定剩余电流不大于 30mA 的剩余电流保护器 RCD，可用作基本保护失效和故障防护失效，以及用电不慎时的附加保护措施。

（2）下列设备的配电线路应设置剩余电流保护器：

1）手持式及移动式用电设备；

2）人体可能无法及时摆脱的固定式设备；

3）室外工作场所的用电设备；

4）家用电器回路或插座回路；

5）由 TT 系统供电的用电设备。

（3）不能将装设 RCD 作为唯一的保护措施，不能为此而取消线路必需的其他保护措施。

6. 安装报警式漏电保护器

一旦切断电源，会造成事故或重大经济损失的电气装置或场所，应安装报警式漏电保护器：

（1）公共场所的通道照明、应急照明；

（2）消防用电梯及确保公共场所安全的设备；

（3）用于消防设备的电源，如火灾报警装置、消防水泵、消防通道照明等；

（4）用于防盗报警的电源；

（5）其他不允许停电的特殊设备和场所。

7. 常见的几种插座接线

（1）常见的几种插座接线见图 22-20。

（2）为避免意外触电事故的发生，中小学、幼儿园的电源插座必须采用安全型。幼儿活动场所电源插座底边距地不应低于 1.8m。

二、建筑物防雷

带负电荷的雷云在大地表面会感应出正电荷，这样雷云与大地间形成一个大的电容器，当电场强度超过大气被击穿的强度时，就发生了雷云与大地之间的放电，即常说的闪

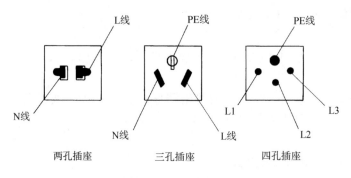

两孔插座　　　　　　三孔插座　　　　　　四孔插座

图 22-20　插座接线图

电，或者说是雷击。雷电流的幅值很大，有数千安到数百千安。而放电时间只有几十微秒。雷电流的大小与土壤电阻率、雷击点的散流电阻有关。

雷电的危害可分为三类：第一类是直击雷，即雷电直接击在建筑物，构成物和设备上发生的电效应、机械效应和热效应；第二类是闪电感应，即雷电流产生的电磁效应和静电效应；第三类是闪电电涌侵入，即雷电击中电气线路和管道，雷电流沿这些电气线路和管道引入建筑物内部。雷云的电位为 1 万~10 万 kV。

建筑物易受雷击的部位，见表 22-16。

建筑物易受雷击的部位　　　　　　　　　　　　　　　　表 22-16

建筑物屋面的坡度	易受雷击部位	示　意　图
平屋面或坡度不大于 1/10 的屋面	檐角、女儿墙、屋檐	平屋顶 坡度不大于 1:10
坡度大于 1/10，小于 1/2 的屋面	屋角、屋脊、檐角、屋檐	坡度大于 1:10,小于1:2
坡度大于或等于 1/2 的屋面	屋角、屋脊、檐角	坡度大于 1:2

　　注：1. 屋面坡度用 a/b 表示，a——屋脊高出屋檐的距离（m）；b——房屋的宽度（m）。

　　　　2. 示意图中：✕—✕为易受雷击部位；○为雷击率最高部位。

（一）建筑物的防雷分类

根据建筑物的重要性、使用性质，发生雷电事故的可能性及后果，按防雷要求分为三类。

1. 第一类防雷建筑物

在可能发生对地闪击的地区，遇到下列情况之一时，应划为第一类防雷建筑物：

（1）凡制造、使用或贮存炸药、起爆药、火工品等大量爆炸物质的建筑物，因电火花而引起爆炸，会造成巨大破坏和人身伤亡者。

（2）具有 0 区或 20 区爆炸危险环境的建筑物。

（3）具有 1 区或 21 区爆炸危险环境的建筑物，因电火花而引起爆炸，会造成巨大破坏和人身伤亡者。

2. 第二类防雷建筑物

（1）高度超过 100m 的建筑物；

（2）国家级重点文物保护建筑物；

（3）国家级会堂、办公建筑物、档案馆、大型博展建筑物；特大型、大型铁路旅客站；国际性的航空港、通信枢纽；国宾馆、大型旅游建筑物；国际港口客运站；

（4）国家级计算中心、国家级通信枢纽等对国民经济有重要意义且装有大量电子设备的建筑物；

（5）特级和甲级体育建筑；

（6）年预计雷击次数大于 0.05 的部、省级办公建筑物及其他重要或人员密集的公共建筑物；

（7）年预计雷击次数大于 0.25 的住宅、办公楼等一般民用建筑物。

3. 第三类防雷建筑物

（1）省级重点文物保护建筑物及省级档案馆；

（2）省级大型计算中心和装有重要电子设备的建筑物；

（3）100m 以下，高度超过 54m 的住宅建筑和高度超过 50m 的公共建筑物；

（4）年预计雷击次数大于或等于 0.01 且小于或等于 0.05 的部、省级办公建筑物及其他重要或人员密集的公共建筑物；

（5）年预计雷击次数大于或等于 0.05 且小于或等于 0.25 的住宅、办公楼等一般民用建筑物；

（6）建筑群中最高的建筑物或位于建筑群边缘高度超过 20m 的建筑物；

（7）通过调查确认当地遭受过雷击灾害的类似建筑物；历史上雷害事故严重地区或雷害事故较多地区的较重要建筑物；

（8）在平均雷暴日大于 15d/a 的地区，高度大于或等于 15m 的烟囱、水塔等孤立的高耸构筑物；在平均雷暴日小于或等于 15d/a 的地区，高度大于或等于 20m 的烟囱、水塔等孤立的高耸构筑物。

（二）建筑物的防雷保护措施

1. 第一类防雷建筑物的防雷措施

（1）第一类防雷建筑物防直击雷的措施，应符合下列要求：

1）应装设独立接闪杆或架空接闪线（网），使被保护的建筑物及风帽、放散管等突出屋面的物体均处于接闪器的保护范围内。架空接闪网的网格尺寸不应大于 5m×5m 或 6m×4m。

2）独立接闪杆的杆塔、架空接闪线的端部和架空接闪网的每根支柱处应至少设一根引下线。对用金属制成或有焊接、绑扎连接钢筋网的杆塔、支柱，宜利用其作为引下线。

3）独立接闪杆和架空接闪线（网）的支柱及其接地装置至被保护建筑物及与其有联系的管道、电缆等金属物之间的距离应符合相关计算式的要求，但不得小于3m。

4）架空接闪线（网）至屋面和各种突出屋面的风帽、放散管等物体之间的距离，应符合相关计算式的要求，但不应小于3m。

5）独立接闪杆、架空接闪线或架空接闪网应有独立的接地装置，每一引下线的冲击接地电阻不宜大于10Ω；在土壤电阻率高的地区，可适当增大冲击接地电阻。

（2）第一类防雷建筑物防闪电感应的措施，应符合下列要求：

1）建筑物内的设备、管道、构架、电缆金属外皮、钢屋架、钢窗等较大金属物和突出屋面的放散管、风管等金属物，均应接到防闪电感应的接地装置上。

金属屋面周边每隔18~24m应采用引下线接地一次。

现场浇制或由预制构件组成的钢筋混凝土屋面，其钢筋宜绑扎或焊接成闭合回路，并应每隔18~24m采用引下线接地一次。

2）防闪电感应的接地装置应与电气和电子系统的接地装置共用，其工频接地电阻不应大于10Ω。

屋内接地干线与防雷电感应接地装置的连接，不应少于两处。

（3）第一类防雷建筑物防闪电电涌侵入的措施，应符合下列要求：

1）室外低压线路应全线采用电缆直接埋地敷设，在入户端应将电缆的金属外皮、钢管接到防闪电感应的接地装置上。当全线采用电缆有困难时，应采用钢筋混凝土杆和铁横担的架空线，并应使用一段金属铠装电缆或护套电缆穿钢管直接埋地引入，架空线与建筑物的距离不应小于15m。

在电缆与架空线连接处，尚应装设户外型电涌保护器。电涌保护器、电缆金属外皮、钢管和绝缘子铁脚、金具等应连在一起接地，其冲击接地电阻不应大于30Ω。

2）架空金属管道，在进出建筑物处，应与防闪电感应的接地装置相连。距离建筑物100m内的管道，应每隔25m接地一次，其冲击接地电阻不应大于30Ω，并宜利用金属支架或钢筋混凝土支架的焊接、绑扎钢筋网作为引下线，其钢筋混凝土基础宜作为接地装置。

埋地或地沟内的金属管道，在进出建筑物处亦应等电位连接到等电位连接带或防闪电感应的接地装置上。

（4）当难以装设独立的外部防雷装置时，可将接闪杆或网格不大于5m×5m或6m×4m的接闪网或其他混合组成的接闪器直接装在建筑物上，接闪网应按表22-10所示沿屋角、屋脊、屋檐和檐角等易受雷击的部位敷设，并必须符合下列要求：

1）接闪器之间应互相连接；

2）引下线不应少于两根，并应沿建筑物四周均匀或对称布置，其间距不应大于12m；

3）建筑物应装设等电位连接环，环间垂直距离不应大于12m，所有引下线、建筑物的金属结构和金属设备均应连到环上，均压环可利用电气设备的接地干线环路；

4）外部防雷的接地装置应围绕建筑物敷设成环形接地体，每根引下线的冲击接地电阻不应大于 10Ω，并应与电气和电子系统等接地装置及所有进入建筑物的金属管道相连，此接地装置可兼作防闪电感应之用；

5）当建筑物高于 30m 时，尚应采取以下防侧击的措施：

①从 30m 起，每隔不大于 6m，沿建筑物四周设水平接闪带并与引下线相连；

② 30m 及以上外墙上的栏杆、门窗等较大的金属物与防雷装置连接。

（5）当树木邻近建筑物且不在接闪器保护范围之内时，树木与建筑物之间的净距不应小于 5m。

2. 第二类防雷建筑物的防雷措施

第二类防雷建筑物的防雷措施与第一类防雷建筑物的防雷措施类同，只是屋面网格组成不大于 10m×10m 或 12m×8m，引下线不应少于 2 根，其间距不应大于 18m。当建筑物高于 45m 时，应采取相应的防侧击和等电位的保护措施。

3. 第三类防雷建筑物的防雷措施

第三类防雷建筑物的防雷措施与第一类防雷建筑物的防雷措施类同，只是屋面网格组成不大于 20m×20m 或 24m×16m，引下线不应少于 2 根，其间距不应大于 25m。周长不超过 25m 且高度不超过 40m 的建筑物可只设一根引下线。当建筑物高于 60m 时，应采取相应的防侧击和等电位的保护措施。

4. 接闪器

（1）接闪杆采用热镀锌圆钢或钢管制成时，其直径不应小于：

杆长 1m 以下：圆钢为 12mm；
钢管为 20mm。

杆长 1～2m：圆钢为 16mm；
钢管为 25mm。

独立烟囱顶上的杆：圆钢为 20mm；
钢管为 40mm。

（2）接闪网和接闪带采用热镀锌圆钢或扁钢，优先采用圆钢。圆钢直径不应小于 8mm。扁钢截面不应小于 50mm²，其厚度不应小于 2.5mm。

当独立烟囱上采用热镀锌接闪环时，其圆钢直径不应小于 12mm。扁钢截面不应小于 100mm²，其厚度不应小于 4mm。

（3）用铁板、铜板、铝板等做屋面的建筑物，常利用屋面做接闪器，当需要防金属板雷击穿孔时，其厚度不应小于下列数值：铁板为 4mm；铜板为 5mm；铝板为 7mm。

5. 引下线

引下线宜采用热镀锌圆钢或扁钢。圆钢直径不应小于 8mm，扁钢截面不应小于 50mm²，其厚度不应小于 2.5mm。

独立烟囱上的引下线，圆钢直径不小于 12mm。扁钢截面不应小于 100mm²，扁钢厚度不应小于 4mm。

6. 接地装置

民用建筑宜优先利用钢筋混凝土中的钢筋作为接地装置，当不具备条件时，宜采用热镀锌圆钢、钢管、角钢或扁钢等金属体作人工接地极。

防直击雷的人工接地体距建筑物出入口或人行道不应小于 3m。当小于 3m 时，应采取相应的保护措施。

第六节　火灾自动报警系统

火灾自动报警系统是火灾探测与消防联动控制系统的简称，是以实现火灾早期探测和报警、向各类消防设备发出控制信号并接收、显示设备反馈信号，进而实现预定消防功能为基本任务的一种自动消防设施。

一、火灾自动报警系统的组成及设置场所

1. 系统组成

火灾自动报警系统由火灾探测报警系统、消防联动控制系统、可燃气体探测报警系统及电气火灾监控系统组成。火灾自动报警系统的组成如图 22-21 所示。

（1）火灾探测报警系统

火灾探测报警系统是实现火灾早期探测并发出火灾报警信号的系统，一般由火灾触发器件（火灾探测器、手动火灾报警按钮）、声和/或光警报器、火灾报警控制器等组成。

（2）消防联动控制系统

消防联动控制系统是火灾自动报警系统中，接收火灾报警控制器发出的火灾报警信号，按预设逻辑完成各项消防功能的控制系统。由消防联动控制器、消防控制室图形显示装置、消防电气控制装置（防火卷帘控制器、气体灭火控制器等）、消防电动装置、消防联动模块、消火栓按钮、消防应急广播设备、消防电话等设备和组件组成。

（3）可燃气体探测报警系统

可燃气体探测报警系统是火灾自动报警系统的独立子系统，属于火灾预警系统，由可燃气体报警控制器、可燃气体探测器和火灾声光警报器组成。

（4）电气火灾监控系统

电气火灾监控系统是火灾自动报警系统的独立子系统，属于火灾预警系统，由电气火

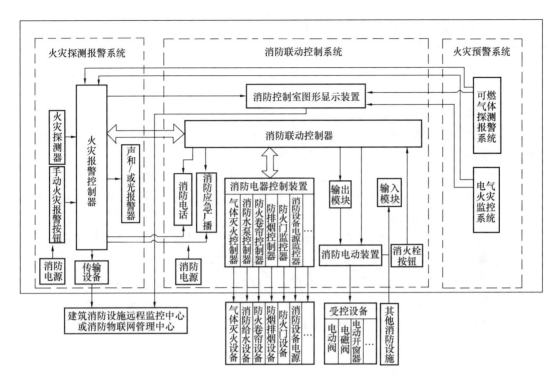

图 22-21　火灾自动报警系统的组成

灾监控器、电气火灾监控检测器和火灾声光警报器组成。

2. 系统设置场所

（1）下列建筑或场所应设置火灾自动报警系统：

1）任一层建筑面积大于 1500m² 或总建筑面积大于 3000m² 的制鞋、制衣、玩具、电子等类似用途的厂房；老年人照料设施、幼儿园的儿童用房等场所；

2）每座占地面积大于 1000m² 的棉、毛、丝、麻、化纤及其制品的仓库，占地面积大于 500m² 或总建筑面积大于 1000m² 的卷烟仓库；

3）任一层建筑面积大于 1500m² 或总建筑面积大于 3000m² 的商店、展览、财贸金融、客运和货运等类似用途的建筑，总建筑面积大于 500m² 的地下或半地下商店；

4）图书或文物的珍藏库，每座藏书超过 50 万册的图书馆，重要的档案馆；

5）地市级及以上广播电视建筑、邮政建筑、电信建筑，城市或区域性电力、交通和防灾等指挥调度建筑；

6）特等、甲等剧场，座位数超过 1500 个的其他等级的剧场或电影院，座位数超过 2000 个的会堂或礼堂，座位数超过 3000 个的体育馆；单层主体建筑超过 24m 的体育馆；

7）大、中型幼儿园的儿童用房等场所，老年人建筑，任一层建筑面积大于 1500m² 或总建筑面积大于 3000m² 的疗养院的病房楼、旅馆建筑和其他儿童活动场所，不少于 200 床位的医院门诊楼、病房楼和手术部等；

8）歌舞娱乐放映游艺场所；

9）净高大于 2.6m 且可燃物较多的技术夹层，净高大于 0.8m 且有可燃物的闷顶或吊顶内；

10）电子信息系统的主机房及其控制室、记录介质库，特殊贵重或火灾危险性大的机器、仪表、仪器设备室、贵重物品库房；

11）二类高层公共建筑内建筑面积大于 $50m^2$ 的可燃物品库房和建筑面积大于 $500m^2$ 的营业厅；

12）其他一类高层公共建筑；

13）设置机械排烟、防烟系统，雨淋或预作用自动喷水灭火系统，固定消防水炮灭火系统、气体灭火系统等需与火灾自动报警系统联锁动作的场所或部位。

（2）建筑高度大于100m的住宅建筑，应设置火灾自动报警系统。

建筑高度大于54m但不大于100m的住宅建筑，其公共部位应设置火灾自动报警系统，套内宜设置火灾探测器。

建筑高度不大于54m的高层住宅建筑，其公共部位宜设置火灾自动报警系统。当设置需联动控制的消防设施时，公共部位应设置火灾自动报警系统。

高层住宅建筑的公共部位应设置具有语音功能的火灾声警报装置或应急广播。

（3）建筑内可能散发可燃气体、可燃蒸汽的场所应设置可燃气体报警装置。

火灾自动报警系统应设有自动和手动两种触发装置。

二、系统形式的选择

火灾自动报警系统根据保护对象及设立的消防安全目标不同，分为区域报警系统、集中报警系统和控制中心报警系统三种形式。

（1）仅需要报警，不需要联动自动消防设备的保护对象宜采用区域报警系统。

（2）不仅需要报警，同时需要联动自动消防设备，且只设置一台具有集中控制功能的火灾报警控制器和消防联动控制器的保护对象，应采用集中报警系统，并应设置一个消防控制室。

（3）设置两个及以上消防控制室的保护对象，或已设置两个及以上集中报警系统的保护对象，应采用控制中心报警系统。

控制中心报警系统一般适用于建筑群或体量很大的保护对象，这些保护对象中可能设置几个消防控制室，也可能由于分期建设而采用不同企业的产品或同一企业不同系列的产品，或由于系统容量限制而设置了多个起集中作用的火灾报警控制器等情况，这些情况下均应选择控制中心报警系统。

三、报警区域和探测区域的划分

1. 报警区域、探测区域的概念

报警区域：将火灾自动报警系统的警戒范围按防火分区或楼层等划分的单元。

探测区域：将报警区域按探测火灾的部位划分的单元。

2. 报警区域的划分

报警区域应根据防火分区或楼层划分；可将一个防火分区或一个楼层划分为一个报警区域，也可将发生火灾时需要同时联动消防设备的相邻机构防火分区或楼层划分为一个报警区域。

3. 探测区域的划分

（1）探测区域应按独立房（套）间划分。一个探测区域的面积不宜超过 $500m^2$；从主要入口能看清其内部且面积不超过 $1000m^2$ 的房间，也可划为一个探测区域。

（2）红外光束感烟火灾探测器和缆式线型感温火灾探测器的探测区域的长度，不宜超过 100m；空气管差温火灾探测器的探测区域长度宜为 20～100m。

4. 应单独划分探测区域的场所

（1）敞开或封闭楼梯间、防烟楼梯间。

（2）防烟楼梯间前室、消防电梯前室、消防电梯与防烟楼梯合用的前室、走道、坡道。

（3）电气管道井、通信管道井、电缆隧道。

（4）建筑物闷顶、夹层。

四、消防控制室

（1）具有消防联动功能的火灾自动报警系统的保护对象中应设置消防控制室。

消防控制室内设置的消防设备应包括火灾报警控制器、消防联动控制器、消防控制室图形显示装置、消防专用电话总机、消防应急广播控制装置、消防应急照明和疏散指示系统控制装置、消防电源监控器等设备，或具有相应功能的组合设备等。

（2）严禁与消防控制室无关的电气线路和管路穿过。

（3）消防控制室应有相应的竣工图纸、各分系统控制逻辑关系说明、设备使用说明书、系统操作规程、应急预案、值班制度、维护保养制度及值班记录等文件资料。

（4）消防控制室的设置应符合下列规定：

1）单独建造的消防控制室，其耐火等级不应低于二级；

2）附设在建筑内的消防控制室，宜设置在建筑内首层或地下一层，并宜布置在靠外墙部位；

3）不应设置在电磁场干扰较强及其他可能影响消防控制设备正常工作的房间附近；

4）疏散门应直通室外或安全出口；

5）消防控制室内的设备构成及其对建筑消防设施的控制与显示功能以及向远程监控系统传输相关信息的功能，应符合现行国家标准《火灾自动报警系统设计规范》GB 50116 和《消防控制室通用技术要求》GB 25506 的规定。

五、消防联动控制

（一）消防联动控制输出供电要求

（1）电压控制输出应采用直流 24V。

（2）电源容量应满足受控消防设备同时启动且维持工作的控制容量要求。

（3）供电应满足传输线径要求，线路压降超过 5％时，应采用现场设置的消防设备直流电源供电。

（4）消防联动控制器宜能控制现场设置的消防设备直流电源供电。

（二）消防设备有效动作要求

消防水泵、防烟和排烟风机的控制设备，除了采用联动控制方式外，还应在消防控制室设置手动直接控制装置。

（三）消防联动控制对象

1. 灭火设施

（1）消火栓系统

① 消火栓泵的联锁控制，应由消火栓泵出口干管的压力开关与高位水箱出口流量开关的动作信号"或"逻辑直接联锁启动消防泵，同时向消防控制室报警时，应选择带两对触点的压力开关和流量开关；否则，控制信号与报警信号之间应采取隔离措施；作用在压力开关和流量开关上的电压应采用 24V 安全电压；

② 消火栓泵的联动控制应由消火栓按钮的动作信号启动消火栓泵；

③ 消火栓泵手动控制，应将消火栓泵控制箱的启动、停止按钮直接连接至消防控制室手动控制盘上。

（2）自动喷水灭火系统

1）湿式自动喷水灭火系统的控制应符合下列要求：

① 湿式自动喷水灭火系统的连锁控制，应由喷淋消防泵出口干管的湿式报警阀压力开关信号作为触发信号，作用在压力开关上的电压应采用 24V 安全电压，并直接接于喷淋消防泵控制回路，当压力开关同时向消防控制室报警时，控制信号与报警信号之间应采取隔离措施；

② 喷淋消防泵的联动控制，应由湿式报警阀压力开关信号与一个火灾探测器或一个手动报警按钮的报警信号的"与"逻辑信号启动喷淋消防泵；

③ 喷淋消防泵手动控制，应将喷淋消防泵控制箱的启动、停止按钮直接连接至消防控制室手动控制盘上。

2）预作用自动喷水灭火系统的控制应符合下列要求：

① 预作用自动喷水灭火系统的联动控制，应由同一报警区域内两只烟感火灾探测器或一只烟感火灾探测器和一个手动报警按钮的"与"逻辑控制信号作为预作用阀组开启的触发信号，由消防联动控制器控制预作用阀组的开启，压力开关动作启动喷淋消防泵，系统由干式转变为湿式；当系统设有快速排气阀和压缩空气机时，应联动开启快速排气阀和关闭压缩空气机；

② 预作用自动喷水灭火系统的手动控制，将预作用阀组控制箱手动控制按钮、压缩空气机控制箱启停按钮和喷淋消防泵控制箱的启停按钮采用耐火控制电缆直接引至消防控制室手动控制盘上。

2. 防排烟系统

（1）防烟系统

1）加压送风机的启动应符合下列规定：

① 现场手动启动；

② 通过火灾自动报警系统自动启动；

③ 消防控制室手动启动；

④ 系统中任一常闭加压送风口开启时，加压送风机应能自动启动。

2）当防火分区内火灾确认后，应能在 15s 内联动开启常闭加压送风口和加压送风机，并应符合下列规定：

① 应开启该防火分区楼梯间的全部加压送风机；

② 应开启该防火分区内着火层及其相邻上下层前室及合用前室的常闭送风口，同时开启加压送风机。

（2）排烟系统

排烟风机、补风机的控制方式应符合下列规定：

① 现场手动启动；

② 火灾自动报警系统自动启动；

③ 消防控制室手动启动；

④ 系统中任一排烟阀或排烟口开启时，排烟风机、补风机自动启动；

⑤ 排烟防火阀在280℃时应自行关闭，并应连锁关闭排烟风机和补风机。

机械排烟系统中的常闭排烟阀或排烟口应具有火灾自动报警自动开启、消防控制室手动开启和现场手动开启功能，起开启信号应与排烟风机联动。当火灾确认后，火灾自动报警系统应在15s内联动开启相应防烟分区的全部排烟阀、排烟口、排烟风机和补风设施，并应在30s内自动关闭与排烟无关的通风、空调系统。

3. 防火门及防火卷帘系统

（1）疏散通道上设置的防火卷帘的联动控制设计，应符合下列规定：

1）自动控制方式。防火分区内任两只独立的感烟火灾探测器或任一只专门用于联动防火卷帘的感烟火灾探测器的报警信号联动控制防火卷帘下降至距楼板面1.8m处；任一只专门用于联动防火卷帘的感温火灾探测器的报警信号联动控制防火卷帘下降到楼板面；在卷帘的任一侧距卷帘纵深0.5～5m内应设置不少于2只专门用于联动防火卷帘的感温火灾探测器。

2）手动控制方式。由防火卷帘两侧设置的手动控制按钮控制防火卷帘的升降。

（2）非疏散通道上设置的防火卷帘的联动控制设计，应符合下列规定：

1）自动控制方式。由防火卷帘所在防火分区内任两只独立的火灾探测器的报警信号，作为防火卷帘下降的联动触发信号，由防火卷帘控制器联动控制防火卷帘直接下降到楼板面。

2）手动控制方式。由防火卷帘两侧设置的手动控制按钮控制防火卷帘的升降，并应能在消防控制室内的消防联动控制器上手动控制防火卷帘的降落。

4. 电梯的联动控制

（1）消防联动控制器应具有发出联动控制信号强制所有电梯停于首层或电梯转换层的功能。

（2）电梯运行状态信息和停于首层或转换层的反馈信号应传送给消防控制室，轿厢内应设置能直接与消防控制室通话的专用电话。

5. 火灾警报和消防应急广播系统

（1）火灾自动报警系统应设置火灾声光警报器，并在确认火灾后启动建筑内的所有火灾声光警报器。

（2）未设置消防联动控制器的火灾自动报警系统，火灾声光警报器应由火灾报警控制器控制；设置消防联动控制器的火灾自动报警系统，火灾声光警报器应由火灾报警控制器或消防联动控制器控制。

（3）火灾声光警报器单次发出火灾警报时间宜在 8～20s 之间；同时设有消防应急广播时，火灾声光警报应与消防应急广播交替循环播放。

（4）消防应急广播系统的联动控制信号应由消防联动控制器发出。当确认火灾后，应同时向全楼进行广播。

6. 消防应急照明和疏散指示系统

（1）集中控制型消防应急照明和疏散指示系统，应由火灾报警控制器或消防联动控制器启动应急照明控制器实现。

（2）集中电源非集中控制型消防应急照明和疏散指示系统，应由消防联动控制器联动应急照明集中电源和应急照明分配电装置实现。

（3）自带电源非集中控制型消防应急照明和疏散指示系统，应由消防联动控制器联动消防应急照明配电箱实现。

（4）当确认火灾后，由发生火灾的报警区域开始，顺序启动全楼疏散通道的消防应急照明和疏散指示系统，系统全部投入应急状态的启动时间不应大于 5s。

7. 相关联动控制

（1）消防联动控制器应具有切断火灾区域及相关区域的非消防电源的功能，当需要切断正常照明时，宜在自动喷淋系统、消火栓系统动作前切断。

（2）火灾时可立即切断的非消防电源有：普通动力负荷、自动扶梯、排污泵、空调用电、康乐设施、厨房设施等。

（3）火灾时不应立即切掉的非消防电源有：正常照明、生活给水泵、安全防范系统设施、地下室排水泵、客梯和 Ⅰ～Ⅲ 类汽车库作为车辆疏散口的提升机。

六、火灾探测器的选择

1. 火灾探测器的分类

火灾探测器根据其探测火灾特征参数的不同，分为以下 5 种基本类型：

（1）感烟火灾探测器；

（2）感温火灾探测器；

（3）感光火灾探测器；

（4）气体火灾探测器；

（5）复合火灾探测器。

2. 火灾探测器的选择规定

（1）对火灾初期有阴燃阶段，产生大量的烟和少量的热，很少或没有火焰辐射的场所，应选择感烟火灾探测器。

（2）对火灾发展迅速，可产生大量热、烟和火焰辐射的场所，可选择感温火灾探测器、感烟火灾探测器、火焰探测器或其组合。

（3）对火灾发展迅速，有强烈的火焰辐射和少量的烟、热的场所，应选择火焰探测器。

（4）对火灾初期有阴燃阶段且需要早期探测的场所，宜增设一氧化碳火灾探测器。

（5）对使用、生产或聚集可燃气体或可燃蒸气的场所，应选择可燃气体探测器。

（6）根据保护场所可能发生火灾的部位和燃烧材料的分析，选择相应的火灾探测器

（包括火灾探测器的类型、灵敏度和响应时间等），对火灾形成特征不可预料的场所，可根据模拟试验的结果选择火灾探测器。

（7）同一探测区域内设置多个火灾探测器时，可选择具有复合判断火灾功能的火灾探测器和火灾报警控制器，提高报警时间和报警准确率的要求。

3. 点型火灾探测器的选型原则

点型感温火灾探测器的分类见表 22-17。

（1）对不同高度的房间，可按表 22-18 选择点型火灾探测器。

（2）下列场所宜选择点型感烟火灾探测器：

1）饭店、旅馆、教学楼、办公楼的厅堂、卧室、办公室、商场、列车载客车厢等；

2）计算机房、通信机房、电影或电视放映室等；

3）楼梯、走道、电梯机房、车库等；

4）书库、档案库等。

点型感温火灾探测器分类表 表 22-17

探测器类别	典型应用温度（℃）	最高应用温度（℃）	动作温度下限值（℃）	动作温度上限值（℃）
A1	25	50	54	65
A2	25	50	54	70
B	40	65	69	85
C	55	80	84	100
D	70	95	99	115
E	85	110	114	130
F	100	125	129	145
G	15	140	144	160

对不同高度的房间点型火灾探测器的选择 表 22-18

房间高度 h （m）	点型感烟 火灾探测器	感温探测器		火焰 探测器
		A1	A2、B、C、D、E、F、G	
$12 < h \leqslant 20$	不适合	不适合	不适合	适 合
$8 < h \leqslant 12$	适 合	不适合	不适合	适 合
$6 < h \leqslant 8$	适 合	适 合	不适合	适 合
$h \leqslant 6$	适 合	适 合	适 合	适 合

（3）符合下列条件之一的场所，不宜选择点型离子感烟火灾探测器：

1）相对湿度经常大于 95％；

2）气流速度大于 5m/s；

3）有大量粉尘、水雾滞留；

4）可能产生腐蚀性气体；

5）在正常情况下有烟滞留；

6）产生醇类、醚类、酮类等有机物质。

（4）符合下列条件之一的场所，不宜选择点型光电感烟火灾探测器：

1）有大量粉尘、水雾滞留；

2）可能产生蒸汽和油雾；

3）高海拔地区；

4）在正常情况下有烟滞留。

（5）符合下列条件之一的场所，宜选择点型感温火灾探测器；且应根据使用场所的典型应用温度和最高应用温度选择适当类别的感温火灾探测器：

1）相对湿度经常大于95％；

2）无烟火灾；

3）有大量粉尘；

4）吸烟室等在正常情况下有烟或蒸汽滞留的场所；

5）厨房、锅炉房、发电机房、烘干车间等不宜安装感烟火灾探测器的场所；

6）需要联动熄灭"安全出口"标志灯的安全出口内侧；

7）其他无人滞留且不适合安装感烟火灾探测器，但发生火灾时需要及时报警的场所。

（6）可能产生阴燃火或发生火灾不及时报警将造成重大损失的场所，不宜选择点型感温火灾探测器；温度在0℃以下的场所，不宜选择定温探测器；温度变化较大的场所，不宜选择具有差温特性的探测器。

（7）符合下列条件之一的场所，宜选择点型火焰探测器或图像型火焰探测器：

1）火灾时有强烈的火焰辐射；

2）液体燃烧等无阴燃阶段的火灾；

3）需要对火焰做出快速反应。

（8）符合下列条件之一的场所，不宜选择点型火焰探测器和图像型火焰探测器：

1）在火焰出现前有浓烟扩散；

2）探测器的镜头易被污染；

3）探测器的"视线"易被油雾、烟雾、水雾和冰雪遮挡；

4）探测区域内的可燃物是金属和无机物；

5）探测器易受阳光、白炽灯等光源直接或间接照射；

6）探测区域内正常情况下有高温物体的场所，不宜选择单波段红外火焰探测器；

7）正常情况下有阳光、明火作业，探测器易受 X 射线、弧光和闪电等影响的场所，不宜选择紫外火焰探测器。

（9）下列场所宜选择可燃气体探测器

1）使用可燃气体的场所；

2）燃气站和燃气表房以及存储液化石油气罐的场所；

3）其他散发可燃气体和可燃蒸气的场所。

（10）在火灾初期产生一氧化碳的下列场所可选择点型一氧化碳火灾探测器：

1）烟不容易对流或顶棚下方有热屏障的场所；

2）在棚顶上无法安装其他点型火灾探测器的场所；

3）需要多信号复合报警的场所。

（11）污物较多且必须安装感烟火灾探测器的场所，应选择间断吸气的点型采样吸气式感烟火灾探测器或具有过滤网和管路自清洗功能的管路采样吸气式感烟火灾探测器。

4. 线型火灾探测器的选择

（1）无遮挡的大空间或有特殊要求的房间，宜选择线型光束感烟火灾探测器。

（2）符合下列条件之一的场所，不宜选择线型光束感烟火灾探测器：

1）有大量粉尘、水雾滞留；

2）可能产生蒸汽和油雾；

3）在正常情况下有烟滞留；

4）固定探测器的建筑结构由于振动等原因会产生较大位移的场所。

（3）下列场所或部位，宜选择缆式线型感温火灾探测器：

1）电缆隧道、电缆竖井、电缆夹层、电缆桥架；

2）不易安装点型探测器的夹层、闷顶；

3）各种皮带输送装置；

4）其他环境恶劣不适合点型探测器安装的场所。

（4）下列场所或部位，宜选择线型光纤感温火灾探测器。

1）除液化石油气外的石油储罐；

2）需要设置线型感温火灾探测器的易燃易爆场所；

3）需要监测环境温度的地下空间等场所宜设置具有实时温度监测功能的线型光纤感温火灾探测器；

4）公路隧道、敷设动力电缆的铁路隧道和城市地铁隧道等。

（5）线型定温火灾探测器的选择，应保证其不动作温度高于设置场所的最高环境温度。

5. 吸气式感烟火灾探测器的选择

（1）下列场所宜选择吸气式感烟火灾探测器：

1）具有高速气流的场所；

2）点型感烟、感温火灾探测器不适宜的大空间、舞台上方、建筑高度超过 12m 或有特殊要求的场所；

3）低温场所；

4）需要进行隐蔽探测的场所；

5）需要进行火灾早期探测的重要场所；

6）人员不宜进入的场所。

（2）灰尘比较大的场所，不应选择没有过滤网和管路自清洗功能的管路采样式吸气感烟火灾探测器。

七、系统设备的设置

（一）探测器的具体设置部位

（1）财贸金融楼的办公室、营业厅、票证库。

（2）电信楼、邮政楼的机房和办公室。

（3）商业楼、商住楼的营业厅、展览楼的展览厅和办公室。

（4）旅馆的客房和公共活动用房。

（5）电力调度楼、防灾指挥调度楼等的微波机房、计算机房、控制机房、动力机房和办公室。

（6）广播电视楼的演播室、播音室、录音室、办公室、节目播出技术用房、道具布景房。

（7）图书馆的书库、阅览室、办公室。

（8）档案楼的档案库、阅览室、办公室。

（9）办公楼的办公室、会议室、档案室。

（10）医院病房楼的病房、办公室、医疗设备室、病历档案室、药品库。

（11）科研楼的办公室、资料室、贵重设备室、可燃物较多和火灾危险性较大的实验室。

（12）教学楼的电化教室、理化演示和实验室、贵重设备和仪器室。

（13）公寓（宿舍、住宅）的卧室、书房、起居室（前厅）、厨房。

（14）甲、乙类生产厂房及其控制室。

（15）甲、乙、丙类物品库房。

（16）设在地下室的丙、丁类生产车间和物品库房。

（17）堆场、堆垛、油罐等。

（18）地下铁道的地铁站厅、行人通道和设备间，列车车厢。

（19）体育馆、影剧院、会堂、礼堂的舞台、化妆室、道具室、放映室、观众厅、休息厅及其附设的一切娱乐场所。

（20）陈列室、展览室、营业厅、商业餐厅、观众厅等公共活动用房。

（21）消防电梯、防烟楼梯的前室及合用前室、走道、门厅、楼梯间。

（22）可燃物品库房、空调机房、配电室（间）、变压器室、自备发电机房，电梯机房。

（23）净高超过 2.6m 且可燃物较多的技术夹层。

（24）敷设具有可延燃绝缘层和外护层电缆的电缆竖井，电缆夹层、电缆隧道、电缆配线桥架。

（25）贵重设备间和火灾危险性较大的房间。

（26）电子计算机的主机房、控制室、纸库、光或磁记录材料库。

（27）经常有人停留或可燃物较多的地下室。

（28）歌舞娱乐场所中经常有人滞留的房间和可燃物较多的房间。

（29）高层汽车库，Ⅰ类汽车库，Ⅰ、Ⅱ类地下汽车库，机械立体汽车库，复式汽车库，采用升降梯作汽车疏散出口的汽车库（敞开车库可不设）。

（30）污衣道前室、垃圾道前室、净高超过 0.8m 的具有可燃物的闷顶、商业用或公共厨房。

（31）以可燃气为燃料的商业和企事业单位的公共厨房及燃气表房。

（32）其他经常有人停留的场所、可燃物较多的场所或燃烧后产生重大污染的场所。

（33）需要设置火灾探测器的其他场所。

（二）点型火灾探测器的设置要求

（1）探测区域的每个房间至少应设置一只火灾探测器。

（2）感烟火灾探测器和 A1、A2、B 型感温火灾探测器的保护面积和保护半径，应按

表 22-13 确定；C、D、E、F、G 型感温火灾探测器的保护面积和保护半径应根据生产企业的设计说明书确定，但不应超过表 22-19 的规定。

感烟火灾探测器和 A1、A2、B 型感温火灾探测器的保护面积和保护半径　　表 22-19

火灾探测器的种类	地面面积 S（m²）	房间高度 h（m）	一只探测器的保护面积 A 和保护半径 R					
			屋　顶　坡　度　θ					
			θ≤15°		15<θ≤30°		θ>30°	
			A（m²）	R（m）	A（m²）	R（m）	A（m²）	R（m）
感烟火灾探测器	S≤80	h≤12	80	6.7	80	7.2	80	8.0
	S>80	6<h≤12	80	6.7	100	8.0	120	9.9
		h≤6	60	5.8	80	7.2	100	9.0
感温火灾探测器	S≤30	h≤8	30	4.4	30	4.9	30	5.5
	S>30	h≤8	20	3.6	30	4.9	40	6.3

注：建筑高度不超过 14m 的封闭探测空间且火灾初期会产生大量的烟时，可设置点型感烟火灾探测器。

（3）一个探测区域内所需设置的探测器数量，不应小于式（22-3）的计算值：

$$N = \frac{S}{K \cdot A} \qquad (22\text{-}3)$$

式中　N——探测器数量（只），N 应取整数；

　　　S——该探测区域面积（m²）；

　　　A——探测器的保护面积（m²）；

　　　K——修正系数，容纳人数超过 1 万人的公共场所宜取 0.7～0.8；容纳人数为 2000～1 万人的公共场所宜取 0.8～0.9，容纳人数为 500～2000 人的公共场所宜取 0.9～1.0，其他场所可取 1.0。

（4）在有梁的顶棚上设置点型感烟火灾探测器、感温火灾探测器时，应符合下列规定：

1）当梁突出顶棚的高度小于 200mm 时，可不计梁对探测器保护面积的影响；

2）当梁突出顶棚的高度为 200～600mm 时，应据现行国家标准《火灾自动报警系统设计规范》GB 50016 中附录 F、附录 G 确定梁对探测器保护面积的影响和一只探测器能够保护的梁间区域的数量；

3）当梁突出顶棚的高度超过 600mm 时，被梁隔断的每个梁间区域至少应设置一只探测器；

4）当被梁隔断的区域面积超过一只探测器的保护面积时，被隔断的区域应按式 22-3 计算探测器的设置数量；

5）当梁间净距小于 1m 时，可不计梁对探测器保护面积的影响。

（5）在宽度小于 3m 的内走道顶棚上设置点型探测器时，宜居中布置。感温火灾探测器的安装间距不应超过 10m；感烟火灾探测器的安装间距不应超过 15m；探测器至端墙的距离不应大于探测器安装间距的一半。

（6）点型探测器至墙壁、梁边的水平距离不应小于 0.5m。

（7）点型探测器周围 0.5m 内不应有遮挡物。

（8）房间被书架、设备或隔断等分隔，其顶部至顶棚或梁的距离小于房间净高的 5%时，每个被隔开的部分至少应安装一只点型探测器。

（9）点型探测器至空调送风口边的水平距离不应小于 1.5m，并宜接近回风口安装。探测器至多孔送风顶棚孔口的水平距离不应小于 0.5m。

（10）当屋顶有热屏障时，点型感烟火灾探测器下表面至顶棚或屋顶的距离，应符合表 22-20 的规定。

点型感烟火灾探测器下表面至顶棚或屋顶的距离　　　表 22-20

探测器的安装高度 h（m）	点型感烟火灾探测器下表面至顶棚或屋顶的距离 d（mm）					
	顶棚或屋顶坡度 θ					
	$\theta \leqslant 15°$		$15° < \theta \leqslant 30°$		$\theta > 30°$	
	最小	最大	最小	最大	最小	最大
$h \leqslant 6$	30	200	200	300	300	500
$6 < h \leqslant 8$	70	250	250	400	400	600
$8 < h \leqslant 10$	100	300	300	500	500	700
$10 < h \leqslant 12$	150	350	350	600	600	800

（11）锯齿形屋顶和坡度大于 15°的人字形屋顶，应在每个屋脊处设置一排点型探测器，探测器下表面至屋顶最高处的距离，应符合表 22-14 的规定。

（12）点型探测器宜水平安装。当倾斜安装时，倾斜角不应大于 45°。

（13）在电梯井、升降机井设置点型探测器时，其位置宜在井道上方的机房顶棚上。

（14）一氧化碳火灾探测器可设置在气体可以扩散到的任何部位。

（15）火焰探测器和图像型火灾探测器的设置应符合下列规定：

1）应考虑探测器的探测视角及最大探测距离，避免出现探测死角，可以通过选择探测距离长、火灾报警响应时间短的火焰探测器，提高保护面积和报警时间要求；

2）探测器的探测视角内不应存在遮挡物；

3）应避免光源直接照射在探测器的探测窗口；

4）单波段的火焰探测器不应设置在平时有阳光、白炽灯等光源直接或间接照射的场所。

（16）线型光束感烟火灾探测器的设置应符合下列规定：

1）探测器的光束轴线至顶棚的垂直距离宜为 0.3～1.0m，距地高度不宜超过 20m；

2）相邻两组探测器的水平距离不应大于 14m，探测器至侧墙水平距离不应大于 7m且不应小于 0.5m，探测器的发射器和接收器之间的距离不宜超过 100m；

3）探测器应设置在固定结构上；

4）探测器的设置应保证其接收端避开日光和人工光源直接照射；

5）选择反射式探测器时，应保证在反射板与探测器间任何部位进行模拟试验时，探测器均能正确响应。

（17）线型感温火灾探测器的设置应符合下列规定：

1）探测器在保护电缆、堆垛等类似保护对象时，应采用接触式布置；在各种皮带输送装置上设置时，宜设置在装置的过热点附近；

2）设置在顶棚下方的线型感温火灾探测器，至顶棚的距离宜为 0.1m。探测器的保护半径应符合点型感温火灾探测器的保护半径要求；探测器至墙壁的距离宜为 1～1.5m；

3）光栅光纤感温火灾探测器每个光栅的保护面积和保护半径应符合点型感温火灾探测器的保护面积和保护半径要求；

4）设置线型感温火灾探测器的场所有联动要求时，宜采用两只不同火灾探测器的报警信号组合；

5）与线型感温火灾探测器连接的模块不宜设置在长期潮湿或温度变化较大的场所。

（18）管路采样式吸气感烟火灾探测器的设置应符合下列规定：

1）非高灵敏型探测器的采样管网安装高度不应超过 16m；高灵敏型探测器的采样管网安装高度可以超过 16m；采样管网安装高度超过 16m 时，灵敏度可调的探测器必须设置为高灵敏度，且应减小采样管长度，减少采样孔数量；

2）探测器的每个采样孔的保护面积、保护半径应符合点型感烟火灾探测器的保护面积、保护半径的要求；

3）一个探测单元的采样管总长不宜超过 200m，单管长度不宜超过 100m，同一根采样管不应穿越防火分区。采样孔总数不宜超过 100，单管上的采样孔数量不宜超过 25；

4）当采样管道采用毛细管布置方式时，毛细管长度不宜超过 4m；

5）吸气管路和采样孔应有明显的火灾探测器标识；

6）有过梁、空间支架的建筑中，采样管路应固定在过梁、空间支架上；

7）当采样管道布置形式为垂直采样时，每 2℃温差间隔或 3m 间隔（取最小者）应设置一个采样孔，采样孔不应背对气流方向；

8）采样管网应按经过确认的设计软件或方法进行设计；

9）探测器的火灾报警信号、故障信号等信息应传给火灾报警控制器；涉及消防联动控制时，探测器的火灾报警信号还应传给消防联动控制器。

（19）感烟火灾探测器在隔栅吊顶场所的设置应符合下列规定：

1）镂空面积与总面积的比例不大于 15％时，探测器应设置在吊顶下方；

2）镂空面积与总面积的比例大于 30％时，探测器应设置在吊顶上方；

3）镂空面积与总面积的比例在 15％～30％范围时，探测器的设置部位应根据实际试验结果确定；

4）探测器设置在吊顶上方且火警确认灯无法观察时，应在吊顶下方设置火警确认灯；

5）地铁站台等有活塞风影响的场所，镂空面积与总面积的比例在 30％～70％范围内时，探测器宜同时设置在吊顶上方和下方。

（三）手动火灾报警按钮的设置

（1）每个防火分区应至少设置一只手动火灾报警按钮。从一个防火分区内的任何位置到最邻近的手动火灾报警按钮的步行距离不应大于 30m。手动火灾报警按钮宜设置在疏散通道或出入口处。列车上设置的手动火灾报警按钮，应设置在每节车厢的出入口和中间部位。

（2）手动火灾报警按钮应设置在明显和便于操作的部位。当安装在墙上时，其底边距地高度宜为 1.3～1.5m，且应有明显的标志。

（四）区域显示器的设置

（1）每个报警区域宜设置一台区域显示器（火灾显示盘）；宾馆、饭店等场所应在每个报警区域设置一台区域显示器。当一个报警区域包括多个楼层时，宜在每个楼层设置一台仅显示本楼层的区域显示器。

（2）区域显示器应设置在出入口等明显和便于操作的部位。当安装在墙上时，其底边距地高度宜为 1.3～1.5m。

（五）火灾警报器的设置

（1）火灾警报器应设置在每个楼层的楼梯口、消防电梯前室、建筑内部拐角等处的明显部位，且不宜与安全出口指示标志灯具设置在同一面墙上。

（2）每个报警区域内应均匀设置火灾警报器，其声压级不应小于 60dB；在环境噪声大于 60dB 的场所，其声压级应高于背景噪声 15dB。

（3）火灾警报器设置在墙上时，其底边距地面高度应大于 2.2m。

（六）消防应急广播的设置

（1）消防应急广播扬声器的设置，应符合下列规定：

1）民用建筑内扬声器应设置在电梯前室、疏散楼梯间内、走道和大厅等公共场所；每个扬声器的额定功率不应小于 3W，其数量应能保证从一个防火分区内的任何部位到最近一个扬声器的直线距离不大于 25m，走道末端距最近的扬声器距离不应大于 12.5m；

2）在环境噪声大于 60dB 的场所设置的扬声器，在其播放范围内最远点的播放声压级应高于背景噪声 15dB；

3）客房设置专用扬声器时，其功率不宜小于 1.0W。

（2）壁挂扬声器的底边距地面高度应大于 2.2m。

（七）消防专用电话的设置

（1）消防专用电话网络应为独立的消防通信系统。

（2）消防控制室应设置消防专用电话总机。

（3）多线制消防专用电话系统中的每个电话分机应与总机单独连接。

（4）电话分机或电话插孔的设置，应符合下列规定：

1）消防水泵房、发电机房、配变电室、计算机网络机房、主要通风和空调机房、防排烟机房、灭火控制系统操作装置处或控制室、企业消防站、消防值班室、总调度室、消防电梯机房及其他与消防联动控制有关的且经常有人值班的机房应设置消防专用电话分机；消防专用电话分机应固定安装在明显且便于使用的部位，应有区别于普通电话的标识；

2）设有手动火灾报警按钮或消火栓按钮等处宜设置电话插孔，并宜选择带有电话插孔的手动火灾报警按钮；

3）各避难层应每隔 20m 设置一个消防专用电话分机或电话插孔；

4）电话插孔在墙上安装时，其底边距地面高度宜为 1.3～1.5m。

（5）消防控制室、消防值班室或企业消防站等处，应设置可直接报警的外线电话。

八、住宅建筑火灾报警系统

1. 住宅建筑火灾报警系统分类

住宅建筑火灾报警系统可根据实际应用过程中保护对象的具体情况分为A、B、C、D四类系统，其中：

A类系统由火灾报警控制器和火灾探测器、手动火灾报警按钮、家用火灾探测器、火灾声光警报器等设备组成；

B类系统由控制中心监控设备、家用火灾报警控制器、家用火灾探测器、火灾声光警报器等设备组成；

C类系统由家用火灾报警控制器、家用火灾探测器、火灾声光警报器等设备组成；

D类系统由独立式火灾探测报警器、火灾声光警报器等设备组成。

2. 住宅建筑火灾报警系统的选择

（1）有物业集中监控管理且设有需联动控制的消防设施的住宅建筑应选用A类系统。

（2）仅有物业集中监控管理的住宅建筑宜选用A类或B类系统。

（3）没有物业集中监控管理的住宅建筑宜选用C类系统。

（4）别墅式住宅和已经投入使用的住宅建筑可选用D类系统。

3. 家用火灾探测器的设置

（1）每间卧室、起居室内应至少设置一只感烟火灾探测器。

（2）可燃气体探测器在厨房设置时，应符合下列规定：

1）使用天然气的用户应选择甲烷探测器，使用液化气的用户应选择丙烷探测器，使用煤制气的用户应选择一氧化碳探测器；

2）连接燃气灶具的软管及接头在橱柜内部时，探测器宜设置在橱柜内部；

3）甲烷探测器应设置在厨房顶部，丙烷探测器应设置在厨房下部，一氧化碳探测器可设置在厨房下部，也可设置在其他部位；

4）可燃气体探测器不宜设置在灶具正上方；

5）宜采用具有联动燃气关断阀功能的可燃气体探测器；

6）探测器联动的燃气关断阀宜为用户可以自己复位的关断阀，且宜有胶管脱落自动关断功能。

4. 家用火灾报警控制器的设置

（1）家用火灾报警控制器应独立设置在每户内且应设置在明显和便于操作的部位。当安装在墙上时，其底边距地高度宜为1.3～1.5m。

（2）具有可视对讲功能的家用火灾报警控制器宜设置在进户门附近。

九、系统供电

（一）一般规定

（1）火灾自动报警系统，应由主电源和直流备用电源供电。当系统的负荷等级为一级或二级负荷供电时，主电源应由消防双电源配电箱引来，直流备用电源宜采用火灾报警控制器的专用蓄电池组或集中设置的蓄电池组。当直流备用电源为集中设置的蓄电池时，火灾报警控制器应采用单独的供电回路，并应保证在消防系统处于最大负载状态下不影响报警控制器的正常工作。

（2）消防联动控制设备的直流电源电压，应采用 24V 安全电压。

（3）建筑物（群）的消防末端配电箱应设置在消防水泵房、消防电梯机房、消防控制室和各防火分区的配电小间内；各防火分区内的防排烟风机、消防排水泵、防火卷帘等可分别由配电小间内的双电源切换箱放射式、树干式供电。

（4）消防水泵、消防电梯、消防控制室等的两个供电回路，应由变电所或总配电室放射式供电。

（二）系统接地

（1）火灾自动报警系统接地装置的接地电阻值应符合下列规定：

1）采用共用接地装置时，接地电阻值不应大于 1Ω；

2）采用专用接地装置时，接地电阻值不应大于 4Ω。

（2）消防控制室内的电气和电子设备的金属外壳、机柜、机架、金属管、槽等应采用等电位连接。

（3）由消防控制室接地板引至各消防电子设备的专用接地线应选用铜芯绝缘导线，其线芯截面面积不应小于 $4mm^2$。

（4）消防控制室接地板与建筑接地体之间应采用线芯截面面积不小于 $25mm^2$ 的铜芯绝缘导线连接。

十、布线

（1）火灾自动报警系统的传输线路和 50V 以下供电的控制线路，应采用电压等级不低于交流 300/500V 的铜芯绝缘导线或铜芯电缆。采用交流 220/380V 的供电和控制线路应采用电压等级不低于交流 450/750V 的铜芯绝缘导线或铜芯电缆。

（2）火灾自动报警系统的供电线路、消防联动控制线路应采用耐火铜芯电线电缆，报警总线、消防应急广播和消防专用电话等传输线路应采用阻燃或阻燃耐火电线电缆。

（3）消防线路暗敷设时，应采用金属管、可挠（金属）电气导管或 B_1 级以上的刚性塑料管保护，并应敷设在不燃烧体的结构层内，且保护层厚度不宜小于 30mm；线路明敷设时，应采用金属管、可挠（金属）电气导管或金属封闭线槽保护。矿物绝缘类不燃性电缆可直接明敷。

十一、高度大于 12m 的空间场所的火灾自动报警系统

（1）高度大于 12m 的空间场所宜同时选择两种以上火灾参数的火灾探测器。

（2）火灾初期产生大量烟的场所，应选择线型光束感烟火灾探测器、管路吸气式感烟火灾探测器或图像型感烟火灾探测器。

（3）线型光束感烟火灾探测器的设置应符合下列要求：

1）探测器应设置在建筑顶部；

2）探测器宜采用分层组网的探测方式；

3）建筑高度不超过 16m 时，宜在 6～7m 增设一层探测器；

4）建筑高度超过 16m 但不超过 26m 时，宜在 6～7m 和 11～12m 处各增设一层探测器；

5）由开窗或通风空调形成的对流层在 7～13m 时，可将增设的一层探测器设置在对

流层下面 1m 处；

    6）分层设置的探测器保护面积可按常规计算，并宜与下层探测器交错布置。

例 22-6 **(2014)** 在火灾发生时，下列消防用电设备中需要在消防控制室进行手动直接控制的是：

    A 消防电梯   B 防火卷帘门

    C 应急照明   D 防烟排烟机房

    解析：《火灾自动报警系统设计规范》GB 50116—2013 第 4.5.3 条，防烟系统、排烟系统的手动控制方式，应能在消防控制室内的消防联动控制器上手动控制送风口、电动挡烟垂壁、排烟口、排烟窗、排烟阀的开启或关闭及防烟风机、排烟风机等设备的启动或停止；防烟、排烟风机的启动、停止按钮应采用专用线路直接连接至设置在消防控制室内的消防联动控制器的手动控制盘，并应直接手动控制防烟、排烟机的启动、停止。

    此条规定了在消防控制室防排烟系统的手动控制方式的联动设计要求。

    答案：D

第七节　电话、有线广播和扩声、同声传译

（一）用户电话交换系统

通信网络系统涉及民用建筑中常用的通信接入网系统、用户电话交换系统、无线通信系统、甚小口径卫星通信系统、会议电视系统、多媒体教学系统。这里仅介绍用户电话交换系统。

1. 系统概述

电话交换系统是指用以使属同一个电话网用户群中任意两个或多个用户话机之间建立通信路径而暂时连接的设备集合。区别于以往各种传统制式电话交换系统的电路交换方式。

用户电话交换系统是用户通信系统中一个很重要的系统，它不仅能完成系统内部分机之间以及内部分机与公网用户间的通信，同时还与其他系统互通。随着通信技术的不断发展和计算机技术向电信领域的渗透，用户电话交换机技术也不断更新，由数字程控交换机，到具备 ISDN 功能的程控用户交换机和 IP 分组交换用户电话交换机，以及目前较为主流的控制与承载相分离的软交换架构的用户电话交换机，用户可根据实际需求选择。

2. 系统组成

用户电话交换系统由用户电话交换机、话务台、终端及辅助设备组成。

用户电话交换机是机关、企业、学校等单位内部电话接续所使用的一种专用电话交换机。这种交换机又称"专用小交换机"或"总机"，其所属用户的电话机通常称为"分机"。用户电话交换机一般都装有出、入中继线同外部电话网接续。

3. 用户电话交换系统机房的选址与设置

（1）单体建筑的机房宜设置在裙房或地下一层（建筑物有多地下层时），同时宜靠近

信息接入机房、弱电间或电信间，并方便各类管线进出的位置；不应设置在建筑物的顶层。

（2）群体建筑的机房宜设置在群体建筑平面中心的位置。

（3）当建筑物为自用建筑并自建通信设施时，机房与信息网络机房可统筹设置。

（4）机房按功能分为交换机室、控制室、配线室、电源室、进线室、辅助用房，以及用户电话交换机系统的话务员室、调度系统的调度室、呼叫中心的座席室。

（5）电源室宜独立设置；当机房内各功能房间合设时，用户电话交换系统的话务员室、调度系统的调度室或呼叫中心的座席室与交换机室之间应设置双层玻璃隔墙。

（6）机房应按照各自系统工作运行管理方式、系统容量、设备及辅助用房规模等因素进行设计，其总使用面积应符合系统设备近期为主、远期扩容发展的要求。

（7）当系统机房合设且设备尚未选型时，机房使用面积宜符合表 22-21 的规定。

用户电话交换系统合设机房使用面积 表 22-21

交换系统容量数（门）	交换机机房使用面积（m²）
≤500	≥30
501～1000	≥35
1001～2000	≥40
2001～3000	≥45
3001～4000	≥55
4001～5000	≥70

注：1. 表中机房使用面积应包括主机及配线架（柜）设备、电源室配电及蓄电池设备的使用面积；
   2. 表中机房的使用面积，不包括话务员室、调度室、呼叫中心座席室及辅助用房（备品备件维修室、值班室及卫生间的使用面积）。

（8）话务员室、调度室、呼叫中心座席室可按每人 5m² 配置，辅助用房可按 30～50m² 配置。

4. 用户电话交换系统的直流供电要求

（1）通信设备直流电源电压宜为 48V。

（2）当建筑物内设有发电机组时，蓄电池组的初装容量应满足系统 0.5h 的供电时间要求。

（3）当建筑物内无发电机组时，根据需要蓄电池组应满足系统 0.5～8h 的放电时间要求。

（4）当电话交换系统对电源有特殊要求时，应增加电池组持续放电的时间。

（二）有线广播

（1）公共建筑应设有线广播系统。系统的类别应根据建筑规模、使用性质和功能要求确定，一般可分为：

1）业务性广播系统；

2）服务性广播系统；

3）火灾事故广播系统。

（2）办公楼、商业楼、院校、车站、客运码头及航空港等建筑物，应设业务性广播，满足以业务及行政管理为主的语言广播要求，由主管部门管理。

（3）一至三级的旅馆、大型公共活动场所应设服务性广播，满足以欣赏性音乐类广播为主的要求。

（4）民用建筑内所设置的火灾事故广播，应满足火灾时引导人员疏散的要求。

（5）公共建筑宜设广播控制室，当建筑物中的公共活动场所（如多功能厅、咖啡厅等）需单独设置扩声系统时，宜设扩声控制室，但广播控制室与扩声控制室间应设中继线联络或采用用户线路转换措施，以实现全系统广播。

（6）有线广播的功放设备宜选用定电压输出。定电压扩音机的输出电压，当负载在一定的范围内变化时基本上保持不变，音质也较好，所以一般采用定电压功放设备。定电压输出的馈电线路，输出电压宜采用70V或100V。当功放设备容量小或广播范围小时，也可根据情况选用定阻输出功放设备。定阻抗扩音机的输出电压随负载阻抗的改变而变化较大，因此要求负载阻抗与扩音机的输出阻抗相匹配。

（7）办公室、生活间、客房等，可采用1～2W的扬声器箱，走廊、门厅及公共活动场所的背景音乐、业务性广播等扬声器箱，宜采用3～5W；在建筑装饰和室内净高允许的情况下，对大空间的场所，宜采用声柱（或组合音箱）；在噪声高、潮湿的场所，应采用号筒扬声器；室外扬声器应采用防水防尘型。

（8）广播控制室的设置原则

1）办公楼类建筑，广播控制室宜靠近主管业务部门，当消防值班室与其合用时，应符合消防规范的有关规定；

2）旅馆类建筑，服务性广播宜与电视播放合并设置控制室；

3）航空港、铁路旅客站、港口码头等建筑，广播控制室宜靠近调度室；

4）设置塔钟自动报时扩音系统的建筑，控制室宜设在楼房顶层。

（三）会议系统

（1）会议系统根据使用要求，可分为会议讨论系统、会议表决系统和同声传译系统。

（2）根据会议厅的规模，会议讨论系统宜采用手动、自动控制方式。

（3）会议表决系统的终端，应设有同意、反对、弃权三种可能选择的按键。

（4）同声传译系统的信号输出方式分为有线、无线和两者混合方式。无线方式可分为感应式和红外辐射式两种，具体选用应符合下列规定：

1）设置固定式座席的场所，宜采用有线式；在听众的座席上应设置具有耳机插孔、音量调节和语种选择开关的收听盒；

2）不设固定座席的场所，宜采用无线式；当采用感应式同声传译设备时，在不影响接收效果的前提下，感应天线宜沿吊顶、装修墙面敷设，也可在地面下或无抗静电措施的地毯下敷设；

3）红外辐射器布置安装时应有足够的高度，保证对准听众区的直射红外光畅通无阻，且不宜面对大玻璃门窗安装；

4）特殊需要时，宜采用有线和无线混合方式。

例 22-7 （2006）关于会议厅、报告厅内同声传译信号的输出方式，下列叙述中哪一个是错误的？

A 设置固定座席并有保密要求时，宜采用无线方式

B 设置活动座席时，宜采用无线方式

C 在采用无线方式时，宜采用红外辐射方式

D 既有固定座席又有活动座席，宜采用有线、无线混合方式

解析：采用有线方式保密性好。

答案：A

第八节 共用天线电视系统和闭路应用电视系统

（一）共用天线电视系统（CATV）

1. 原理

共用天线电视系统，是若干台电视机共同使用一套天线设备，这套公共天线设备将接收来的广播电视信号，先经过适当处理（如放大、混合、频道变换等），然后由专用部件将信号合理地分配给各电视接收机。由于系统各部件之间采用了大量的同轴电缆作为信号传输线，因而 CATV 系统又叫作电缆电视系统。有了 CATV 系统，电视图像将不会因高山或高层建筑的遮挡或反射出现重影或雪花干扰，人们可以看到很好的电视节目。

共用天线电视系统发展极为迅速，并向大型化、多路化和多功能方面发展。它不仅能用来传送电视台发送的节目，而且只要在系统的前端设备中增加如录像机、影碟机、电影电视播发设备等若干设备，或配备全套小型演播室设备，就可以自办节目，形成完整的闭路电视系统，这将大大地丰富电视观众选择节目的内容，提高人们的文化生活水平，所以CATV 系统已成为人们生活中不可缺少的设备。

2. 分类

CATV 系统按其容纳的用户输出口数量分为四类：

（1）A 类：10000 户以上。

（2）B 类：2001～10000 户。B 类又分为①B1 类：5001～10000 户；②B2 类：2001～5000 户。

（3）C 类：301～2000 户。

（4）D 类：300 户以下。

3. 大型共用天线系统

对大型共用天线系统，它的前端设备有开路和闭路两套系统，开路系统有 VHF（甚高频电视广播用，即 1～12 频道）、UHF（特高频电视广播用，即 13～68 频道）、FM（调频广播用）和 SHF（超高频，卫星广播电视用）等频段的接收设备；闭路系统有摄像机、录音机、电影电视设备等。

4. CATV 系统构成

CATV 系统由接收天线、前端设备、信号分配网络和用户终端四部分组成。

用户终端的电平控制值:

(1) 电视图像: 强场强区 (73±5) dB$_\mu$V, 弱场强区 (70±5) dB$_\mu$V。

(2) FM:

1) 立体声调频广播　　 (65±5) dB$_\mu$V;

2) 单声道调频广播　　 (58±5) dB$_\mu$V。

线路传输用 75Ω 同轴电缆。

5. 天线位置选择

(1) 选择在广播电视信号场强较强、电磁波传输路径单一的地方, 宜靠近前端 (距前端的距离不大于 20m), 避开风口。

(2) 天线朝向发射台的方向不应有遮挡物和可能的信号反射, 并尽量远离汽车行驶频繁的公路, 电气化铁路和高压电力线路等。

(3) 安装在建筑物的顶部或附近的高山顶上。由于它高于其他的建筑物, 遭受雷击的机会就较多, 因此, 一定要安装避雷装置, 从竖杆至接地装置的引下线至少用两根, 从不同方位以最短的距离泄流引下, 接地电阻应小于 4Ω, 当系统采用共同接地时, 其接地电阻不应大于 1Ω。

(4) 群体建筑系统的接收天线, 宜位于建筑群中心附近的较高建筑物上。

(二) 闭路应用电视系统 (CCTV)

1. 用途

在民用建筑中, 闭路应用电视系统主要用在闭路监视电视系统、医疗手术闭路电视系统、教学闭路电视系统、工业管理闭路电视系统等。

2. 设置原则

闭路应用电视系统一般由摄像、传输、显示及控制四个主要部分组成, 根据具体工程要求可按下列原则确定:

(1) 在一处连续监视一个固定目标时, 宜采用单头单尾型。

(2) 在多处监视同一固定目标时, 宜装置视频分配器, 采用单头多尾型。

(3) 在一处集中监视多个目标时, 宜装置视频切换器, 采用多头单尾型。

(4) 在多处监视多个目标时, 宜结合对摄像机功能遥控的要求, 设置多个视频分配切换装置或者矩阵连接网络, 采用多头多尾型。

(5) 摄像机应安装在监视目标附近不易受外界损伤的地方, 安装高度, 室内 2.5~5m 为宜; 室外 3.5~10m 为宜, 不得低于 3.5m。

(6) 系统的监控室, 宜设在监视目标群的附近及环境噪声和电磁干扰小的地方。监控室的使用面积, 应根据系统设备的容量来确定, 一般为 12~50m^2。监控室内温度宜为 16~30℃, 相对湿度宜为 40%~65%, 根据情况可设置空调。

例 22-8 (2006) 建筑高度超过 100m 的建筑物, 其设在屋顶平台上的共用天线, 距屋顶直升机停机坪的距离不应小于下列哪个数值?

A 1.00m　　　　　　　　　　　B 3.00m

C 5.00m　　　　　　　　　　　D 10.00m

解析：根据《建筑设计防火规范》GB 50016—2014（2018年版）第 7.4.2 条，设在屋顶平台上的设备机房、水箱间、电梯机房、共用天线等突出物，距屋顶直升机停机坪的距离不应小于 5.00m。

答案：C

第九节　呼应（叫）信号及公共显示装置

（一）呼应信号是民用建筑中保证建筑功能的重要设施

1. 医院呼应信号

（1）护理呼应信号

主要满足患者呼叫护士的要求，各管理单元的信号主控装置应设在医护值班室。

（2）候诊呼应信号

主要满足医生呼叫就诊患者的要求。

（3）寻叫呼应信号

主要满足大中型医院寻呼医护人员的要求。寻叫呼应信号的控制台宜设在电话站内，由值机人员统一管理。

2. 旅馆呼应信号

一至四级旅馆及服务要求较高的招待所，宜设呼应信号。主要满足旅客呼叫服务员的要求。

3. 住宅（公寓）呼应信号

根据保安、客访情况，宜设住宅（公寓）对讲系统。

（1）对讲机—电门锁保安系统。

（2）可视—对讲—电门锁系统。

（3）闭路电视保安系统。

（4）老年人居住建筑中，居室、浴室、厕所应设紧急报警求助按钮，养老院、护理院等床头应设呼叫信号装置。

4. 无线呼应系统

在大型医院、宾馆、展览馆、体育馆（场）、演出中心、民用航空港等公共建筑，根据指挥、调度、服务需要，宜设置无线传呼系统，按呼叫程式可分无线播叫和无线对讲两种方式，无线呼叫系统应向当地无线通信管理机构申报。

5. 医院、旅馆的呼应（叫）信号装置

应使用 50V 以下安全工作电压，一般采用 24V。

（二）公共信号显示装置

（1）体育馆（场）应设置计时记分装置。

（2）民用航空港、中等以上城市火车站、大城市的港口码头、长途汽车客运站，应设置班次动态显示牌。

（3）大型商业、金融营业厅、宜设置商品、金融信息显示牌。

（4）中型以上火车站、大型汽车客运站、客运码头、民用航空港、广播电视信号大楼，以及其他有统一计时要求的工程，宜设时钟系统。对旅游宾馆宜设世界时钟系统。母钟站宜与电话机房、广播电视机房合并设置，并应避开强烈振动、腐蚀、强电磁干扰的环境。

例 22-9　（2006）医院呼叫信号装置使用的交流工作电压范围应是：

A　380V 及以下　　　　　　　　　　B　220V 及以下

C　110V 及以下　　　　　　　　　　D　50V 及以下

解析：医院呼叫信号系统分：医院病房护理呼叫信号系统、医院候诊呼叫信号系统。《民用建筑电气设计标准》GB 51348—2019 第 17.2.2 条，医院病房护理呼叫信号系统设计应符合下列规定……护理呼叫信号系统呼叫分机单元，应使用 50V 及以下安全电压。

答案：D

第十节　智能建筑及综合布线系统

一、智能建筑

我国在《智能建筑设计标准》GB 50314—2015 中对智能建筑的定义为：以建筑物为平台，基于对各类智能化信息的综合应用，集架构、系统、应用、管理及优化组合为一体，具有感知、传输、记忆、推理、判断和决策的综合智慧能力，形成以人、建筑、环境互为协调的整合体，为人们提供安全、高效、便利及可持续发展功能环境的建筑。

（1）智能化系统工程架构的设计应包括设计等级、架构规划、系统配置等。智能化系统工程的设计等级应根据建筑的建设目标、功能类别、地域状况、运营及管理要求、投资规模等综合因素确立。智能化系统工程的架构规划应根据建筑的功能需求、基础条件和应用方式等作层次化结构的搭建设计，并构成由若干智能化设施组合的架构形式。智能化系统工程的系统配置应根据智能化系统工程的设计等级和架构规划，选择配置相关的智能化系统。

（2）智能化系统机房宜包括信息接入机房、有线电视前端机房、信息设施系统总配线机房、智能化总控室、信息网络机房、用户电话交换机房、消防控制室、安防监控中心、应急响应中心和智能化设备间（弱电间、电信间）等，并可根据工程具体情况独立配置或组合配置。

（3）智能化系统机房工程的建筑、结构、通风和空气调节系统、供配电系统、照明系统、接地、防静电、安全系统、综合管理系统设计应符合本规范的规定。应注意机房工程紧急广播系统备用电源的连续供电时间，必须与消防疏散指示标志照明备用电源的连续供电时间一致。

（4）机房工程的建筑设计应符合下列规定：

1）信息接入机房宜设置在便于外部信息管线引入建筑物内的位置；

2）信息设施系统总配线机房宜设于建筑的中心区域位置，并应与信息接入机房、智能化总控室、信息网络机房及用户电话交换机房等同步设计和建设；

3）智能化总控室、信息网络机房、用户电话交换机房等应按智能化设施的机房设计等级及设备的工艺要求进行设计；

4）当火灾自动报警系统、安全技术防范系统、建筑设备管理系统、公共广播系统等的中央控制设备集中设在智能化总控室内时，各系统应有独立工作区；

5）智能化设备间（弱电间、电信间）宜独立设置，且在满足信息传输要求的情况下，设备间（弱电间、电信间）宜设置于工作区域相对中部的位置；对于以建筑物楼层为区域划分的智能化设备间（弱电间、电信间），上下位置宜垂直对齐；

6）机房面积应满足设备机柜（架）的布局要求，并应预留发展空间；

7）信息设施系统总配线机房、智能化总控室、信息网络机房、用户电话交换系统机房等不应与变配电室及电梯机房贴邻布置；

8）机房不应设在水泵房、厕所和浴室等潮湿场所的贴邻位置；

9）设备机房不宜贴邻建筑物的外墙；

10）与机房无关的管线不应从机房内穿越；

11）机房各功能区的净空高度及地面承重力应满足设备的安装要求和国家现行有关标准的规定；

12）机房应采取防水、降噪、隔声、抗震等措施。

二、综合布线系统

在智能建筑中，综合布线系统是必不可少的，它是建筑群内部之间的传输网络。它能使建筑或建筑群内部的语音、数据通信设备、信息交换设备、物业管理及自动化管理设备等系统之间彼此相连。综合布线系统包括建筑物到外部网络或电话局线路上的连接点与工作区的语音或数据终端之间的所有电缆及相关的布线部件。《综合布线系统工程设计规范》GB 50311—2016 中要求综合布线系统应与信息设施系统、信息化应用系统、公共安全系统、建筑设备管理系统等统筹规划，相互协调，并按照各系统信息的传输要求优化设计。

三、综合布线系统的组成

综合布线系统应为开放式网络拓扑结构，应能支持语音、数据、图像、多媒体业务等信息的传递。

综合布线系统工程宜按下列 7 个部分进行设计：

（1）工作区：一个独立的需要设置终端设备（TE）的区域宜划分为一个工作区。工作区应由配线子系统的信息插座模块（TO）延伸到终端设备处的连接缆线及适配器组成。

（2）配线子系统：配线子系统应由工作区的信息插座模块、信息插座模块至电信间配线设备（FD）的配线电缆和光缆、电信间的配线设备及设备缆线和跳线等组成。

（3）干线子系统：干线子系统应由设备间至电信间的干线电缆和光缆，安装在设备间的建筑物配线设备（BD）及设备缆线和跳线组成。

（4）建筑群子系统：建筑群子系统应由连接多个建筑物之间的主干电缆和光缆、建筑群配线设备（CD）及设备缆线和跳线组成。

（5）设备间：设备间是在每幢建筑物的适当地点进行网络管理和信息交换的场地。对于综合布线系统工程设计，设备间主要安装建筑物配线设备。电话交换机、计算机主机设备及入口设施也可与配线设备安装在一起。

（6）进线间：进线间是建筑物外部通信和信息管线的入口部位，并可作为入口设施和建筑群配线设备的安装场地。

（7）管理：管理应对工作区、电信间、设备间、进线间的配线设备、缆线、信息插座模块等设施按一定的模式进行标识和记录。

综合布线系统基本构成应符合图 22-22 要求。

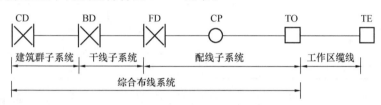

图 22-22　综合布线系统基本构成

注：配线子系统中可以设置集合点（CP 点），也可不设置集合点。

四、综合布线电气防护、接地及防火

（1）综合布线电缆与附近可能产生高电平电磁干扰的电动机、电力变压器、射频应用设备等电器设备之间应保持必要的间距，并应符合下列规定：综合布线电缆与电力电缆的间距应符合表 22-22 的规定。

综合布线电缆与电力电缆的间距　　　　　　　　　　　　　　表 22-22

类　　别	与综合布线接近状况	最小间距（mm）
380V 电力电缆＜2kV・A	与缆线平行敷设	130
	有一方在接地的金属线槽或钢管中	70
	双方都在接地的金属线槽或钢管中②	10①
380V 电力电缆 2～5kV・A	与缆线平行敷设	300
	有一方在接地的金属线槽或钢管中	150
	双方都在接地的金属线槽或钢管中②	80
380V 电力电缆＞5kV・A	与缆线平行敷设	600
	有一方在接地的金属线槽或钢管中	300
	双方都在接地的金属线槽或钢管中②	150

注：1. 当 380V 电力电缆＜2kV・A，双方都在接地的线槽中，且平行长度≤10m 时，最小间距可为 10mm；

　　2. 双方都在接地的线槽中，系指两个不同的线槽，也可在同一线槽中用金属板隔开。

（2）墙上敷设的综合布线缆线及管线与其他管线的间距应符合表 22-23 的规定。当墙壁电缆敷设高度超过 6000mm 时，与避雷引下线的交叉间距应按下式计算：

$$S \geqslant 0.05L \tag{22-4}$$

式中　S——交叉间距，mm；

　　　　L——交叉处避雷引下线距地面的高度，mm。

其他管线	平行净距（mm）	垂直交叉净距（mm）
避雷引下线	1000	300
保护地线	50	20
给水管	150	20
压缩空气管	150	20
热力管（不包封）	500	500
热力管（包封）	300	300
煤气管	300	20

（3）综合布线系统应根据环境条件选用相应的缆线和配线设备，或采取防护措施，并应符合下列规定：

1）当综合布线区域内存在的电磁干扰场强低于 3V/m 时，宜采用非屏蔽电缆和非屏蔽配线设备。

2）当综合布线区域内存在的电磁干扰场强高于 3V/m 时，或用户对电磁兼容性有较高要求时，可采用屏蔽布线系统和光缆布线系统。

3）当综合布线路由上存在干扰源，且不能满足最小净距要求时，宜采用金属管线进行屏蔽，或采用屏蔽布线系统及光缆布线系统。

（4）在电信间、设备间及进线间应设置楼层或局部等电位接地端子板。

（5）综合布线系统应采用共用接地的接地系统，如单独设置接地体时，接地电阻不应大于 4Ω。如布线系统的接地系统中存在两个不同的接地体时，其接地电位差不应大于 1Vr.m.s。

（6）楼层安装的各个配线柜（架、箱）应采用适当截面的绝缘铜导线单独布线至就近的等电位接地装置，也可采用竖井内等电位接地铜排引到建筑物共用接地装置，铜导线的截面应符合设计要求。

（7）缆线在雷电防护区交界处，屏蔽电缆屏蔽层的两端应做等电位连接并接地。

（8）综合布线的电缆采用金属线槽或钢管敷设时，线槽或钢管应保持连续的电气连接，并应有不少于两点的良好接地。

（9）当缆线从建筑物外面进入建筑物时，电缆和光缆的金属护套或金属件应在入口处就近与等电位接地端子板连接。

（10）当电缆从建筑物外面进入建筑物时，应选用适配的信号线路浪涌保护器，信号线路浪涌保护器应符合设计要求。

（11）根据建筑物的防火等级和对材料的耐火要求，综合布线系统的缆线选用和布放方式及安装的场地应采取相应的措施。综合布线工程设计选用的电缆、光缆应从建筑物的高度、面积、功能、重要性等方面加以综合考虑，选用相应等级的防火缆线。

五、综合布线的系统配置设计

应按上述 7 个部分进行设计，本教材只介绍工作区、设备间及进线间的相关内容。

（1）工作区适配器的选用宜符合下列规定：

1）设备的连接插座应与连接电缆的插头匹配，不同的插座与插头之间应加装适配器；

2）在连接使用信号的数模转换，光、电转换，数据传输速率转换等相应的装置时，采用适配器；

3）对于网络规程的兼容，采用协议转换适配器；

4）各种不同的终端设备或适配器均安装在工作区的适当位置，并应考虑现场的电源与接地。

（2）每个工作区的服务面积，应按不同的应用功能确定。

（3）在设备间内安装的 BD 配线设备干线侧容量应与主干缆线的容量相一致。设备侧的容量应与设备端口容量相一致或与干线侧配线设备容量相同。

（4）BD 配线设备与电话交换机及计算机网络设备的连接方式亦应符合现行国家标准《综合布线系统工程设计规范》GB 50311 的相关规定。

（5）建筑群主干电缆和光缆、公用网和专用网电缆、光缆及天线馈线等室外缆线进入建筑物时，应在进线间成端转换成室内电缆、光缆，并在缆线的终端处可由多家电信业务经营者设置入口设施，入口设施中的配线设备应按引入的电、光缆容量配置。

（6）电信业务经营者在进线间设置安装的入口配线设备应与 BD 或 CD 之间敷设相应的连接电缆、光缆，实现路由互通。缆线类型与容量应与配线设备相一致。

（7）在进线间缆线入口处的管孔数量应满足建筑物之间、外部接入业务及多家电信业务经营者缆线接入的需求，并应留有 2～4 孔的余量。

六、综合布线的安装工艺要求

1. 工作区

工作区是包括办公室、机房、会议室、工作间等需要电话、计算机终端等设施的区域和相应设备的统称。因为建筑物用户性质、功能要求和实际需求不同，信息点数量不能仅按办公楼的模式确定，尤其是对于专用建筑如电信、金融、体育场馆、博物馆等更应加强需求分析，做出合理的配置。

（1）工作区信息插座的安装宜符合下列规定：

1）暗装在地面上的信息插座，应满足防水和抗压要求；

2）墙面或柱子上的信息插座底边距地面的高度宜为 0.3m；

3）设置工作台的场所，信息插座宜安装在工作台面以上。

（2）信息插座模块宜采用标准 86 系列面板，光纤模块安装底盒深度不应小于 60mm。

（3）集合点（CP）箱、多用户信息插座箱、用户单元信息配线箱应设置在建筑物的固定位置，安装在墙面或柱上时底边距地面的高度不宜小于 0.5m。

（4）每一个工作区至少应配置 2 个 220V/10A 带保护接地的单相交流电源插座。

2. 设备间及电信间

（1）设备间：设备间是进行配线管理、网络管理和信息交换的场地，通常安装建筑物配线设备、建筑群配线设备、以太网交换机、电话交换机、计算机网络设备、入口设施等等。设备间应根据主干线缆的传输距离、敷设路由和数量，设置在靠近用户密度中心和主干线缆竖井位置。每栋建筑内应至少设置一个设备间。

设备间内应有足够的设备安装空间，且使用面积不应小于 $10m^2$，设备间的宽度不宜小于 2.5m。设备间使用面积的计算宜符合下列规定：

1）当系统信息插座大于 6000 个时，应根据工程的具体情况每增加 1000 个信息点，宜增加 $2m^2$；

2）设备间安装程控用户交换机、信息网络设备或光纤到用户单元通信设施机柜时相应增加面积；

3）光纤到用户单元通信设施工程使用的设备间，当采用 800mm 宽机柜时，设备间面积不应小于 $15m^2$。

（2）电信间：电信间是主要为楼层安装配线设备（机柜、机架、机箱等）和楼层计算机以太网交换机的场地，并可考虑在该场地内设置线缆竖井、等电位接地体、电源插座、UPS 配电箱等设施。在场地面积满足的情况下，也可设置光纤到用户单元配线箱、无线信号覆盖等系统的电缆管槽、功能模块及配线箱的安装。

电信间的使用面积不应小于 $5m^2$，电信间的数量应按所服务楼层范围及工作区面积来确定。当该层信息点数量不大于 400 个，最长水平电缆长度小于或等于 90m 时，宜设置 1 个电信间；最长水平线缆长度大于 90m 时，宜设 2 个或多个电信间；每层的信息点数量较少，最长水平线缆长度不大于 90m 的情况下，宜几个楼层合设一个电信间。

（3）设备安装宜符合下列规定：

1）综合布线系统宜采用标准 19 英寸机柜；

2）机柜单排安装时，前面净空不应小于 1.0m ，后面及侧面净空不应小于 0.8m；多排安装时，列间距不应小于 1.2m；

3）设备间和电信间内壁挂式配线设备底部离地面的高度不宜小于 0.5m；

4）公共场所安装配线箱时，暗装箱体底边距地不宜小于 0.5m，明装式箱体底面距地不宜小于 1.8m。

（4）设备间及电信间应采用外开丙级防火门，地面应高出本层地面 0.1m 及以上或设置防水门槛。

3. 进线间

进线间是建筑物外部通信和信息管线的引入场地，也可作为入口设施的安装空间。设计应符合下列规定：

1）建筑群主干电缆和光缆，公用网和专用网电缆、光缆等室外线缆进入建筑物时，应在进线间由器件成端转换成室内电缆、光缆。

2）电信业务经营者在进线间设置安装的入口配线设备应与 BD 或 CD 之间敷设相应的连接电缆、光缆，路由应互通。

3）进线间应满足室外引入线缆的敷设与成端位置及数量、线缆的盘长空间和线缆的弯曲半径等要求，并应提供不少于 3 家电信业务经营者安装入口设施使用的空间与面积，且不应小于 $10m^2$。

4）在进线间线路入口处的管孔数量应满足建筑物之间、外部接入各类通信业务、多家电信业务经营者线缆接入的需求，并应留有不少于 4 孔的余量。

5）进线间宜靠近外墙和地下设置，以便线缆引入，且要求：

① 进线间应防止渗水，宜设有抽排水装置；

② 进线间应与布线系统垂直竖井沟通；

③ 进线间应采用相应防火级别的防火门，门向外开，宽度不小于 1000mm；

④ 进线间应设置防有害气体措施和通风装置，排风量按每小时不小于 5 次容积计算。

6）与进线间无关的管道不宜通过。

7）进线间入口管道口所有布放缆线和空闲的管孔应采取防火材料封堵，做好防火处理。

4. 缆线布放

（1）配线子系统缆线宜采用在吊顶、墙体内穿管或设置金属密封线槽及开放式（电缆桥架，吊挂环等）敷设，当缆线在地面布放时，应根据环境条件选用地板下线槽、网络地板、高架（活动）地板布线等安装方式。

（2）干线子系统垂直通道穿过楼板时宜采用电缆竖井方式。也可采用电缆孔、管槽的方式，电缆竖井的位置应上、下对齐。

（3）建筑群之间的缆线宜采用地下管道或电缆沟敷设方式，并应符合相关规范的规定。

（4）缆线应远离高温和电磁干扰的场地。

（5）管线的弯曲半径应符合表 22-24 的要求。

管线敷设弯曲半径   表 22-24

缆线类型	弯曲半径（mm 或倍）
2 芯或 4 芯水平光缆	＞25mm
其他芯数和主干光缆	不小于光缆外径的 10 倍
4 对非屏蔽电缆	不小于电缆外径的 4 倍
4 对屏蔽电缆	不小于电缆外径的 8 倍
大对数主干电缆	不小于电缆外径的 10 倍
室外光缆、电缆	不小于缆线外径的 10 倍

注：当缆线采用电缆桥架布放时，桥架内侧的弯曲半径不应小于 300mm。

（6）缆线布放在管与线槽内的管径与截面利用率，应根据不同类型的缆线做不同的选择。管内穿放大对数电缆或 4 芯以上光缆时，直线管路的管径利用率应为 $50\%\sim60\%$，弯管路的管径利用率应为 $40\%\sim50\%$。管内穿放 4 对对绞电缆或 4 芯光缆时，截面利用率应为 $25\%\sim30\%$。布放缆线在线槽内的截面利用率应为 $30\%\sim50\%$。

例 22-10　（2007）建筑物综合布线系统中交接间的数量是根据下列哪个原则来设计的？

A　高层建筑每层至少设两个

B　多层建筑每层至少设一个

C　水平配线长度不超过 90m 设一个

D　水平配线长度不超过 120m 设一个

第十一节　电气设计基础

(一) 单相正弦交流电

大小和方向随时间按正弦规律作周期性变化，并且在一个周期内的平均值为零的电动势、电压和电流，统称为交流电。一般表达式为：

$$x = X_{\mathrm{m}} \cdot \sin(\omega t + \varphi_0) \tag{22-5}$$

式中　x——正弦量的瞬时值。

当时间 t 连续变化时，正弦量的值在 X_{m} 和 $-X_{\mathrm{m}}$ 之间变化。因此 X_{m} 为正弦量的幅值，如电压和电流的幅值为 U_{m}、I_{m}。正弦函数是周期函数。

$(\omega t + \varphi_0)$ 是角度。在一个周期 T 内，$(\omega t + \varphi_0)$ 变化 2π 弧度。由于周期和频率互为倒数，即：

$$f = \frac{1}{T} \tag{22-6}$$

周期的单位为 s（秒），频率的单位为 Hz（赫兹）。我国和世界上大多数国家使用的工业频率为 50Hz，周期为 0.02s，也有些国家使用的是 60Hz。

(二) 三相交流电路

1. 三相电源的连接

(1) 星形连接（Y 连接）

若将发电机的三相定子绕组末端 U_2、V_2、W_2 连接在一起，分别由三个首端 U_1、V_1、W_1 引出三条输电线，称为星形连接。这三条输电线称为相线，俗称火线，用 A、B、C 表示；U_2、V_2、W_2 的联结点称为中性点。由三条输电线向用户供电，称为三相三线制供电方式。在低压系统中，一般采用三相四线制，即由中性点再引出一条称为中性线的线路与三条相线一同向用户供电。星形连接的三相四线制电源如图 22-23 所示。

三相电源的每一相线与中线构成一相，其间的电压称为相电压（即每相绕组上的电压），常用 U_{A}、U_{B}、U_{C} 表示。每两条相线之间的电压称为线电压，如果三个相电压大小相等，相位互差 120°，则为对称的三相电源。对称三相电源星形连接时，三个线电压也是对称的。线电压的值为相电压的 $\sqrt{3}$ 倍。

三相四线制电源给用户提供相、线两种电压。我国的低压系统使用的三相四线制电源额定电压为 220/380V，即相电压 220V，线电压为 380V。三相三线制只提供 380V 的线电压。

（2）三角形连接（△连接）

电源的三相绕组还可以将一相的末端与另一相的首端依次连成三角形，并由三角形的三个顶点引出三条相线 A、B、C 给用户供电，如图 22-24 所示。因此，三角形接法的电源只能采用三相三线制供电方式，且相电压等于线电压。

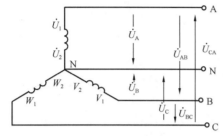
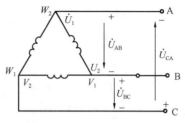

图 22-23　星形连接电路图　　　　　　　图 22-24　三角形连接电路图

2. 负载的连接

交流用电设备分为单相和三相两大类。一些小功率的用电设备（例如电灯、家用电器等）为使用方便都制成单相的，用单相交流电供电，称为单相负载。

三相用电设备内部结构有相同的三部分，根据要求可接成 Y 形或△形，用对称三相电源供电，称为三相负载，例如三相异步电动机等。

负载接入电源时应遵守两个原则：一是加于负载的电压必须等于负载的额定电压；二是应尽可能使电源的各相负荷均匀、对称，从而使三相电源趋于平衡。

根据以上两个原则，单相负载应平均分接于电源的三个相电压或线电压上。在 220/380V 三相四线制供电系统中，额定电压为 220V 的单相负载，如白炽灯、日光灯等分接于各相线与中性线之间，如图 22-25（a）所示，从总体看，负载连接成星形；380V 的单相负载应均匀分接于各相线之间，从总体看，负载连接成三角形，如图 22-25（b）所示。

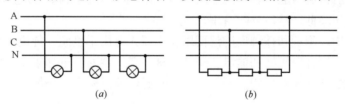

(a)　　　　　　　　　　　(b)

图 22-25　负载接入电源的接法
（a）负载连接成星形；（b）负载连接成三角形

三相负载本身为对称负载，额定电压和相应接法同时在铭牌上给出。三相负载的额定电压如不特别指明系指线电压。例如，三相异步电动机额定电压为 380/220V，连接方式为 Y/△，指当电源线电压为 380V 时，此电动机的三相对称绕组接成 Y 形，当电源线电压为 220V 时，则接成△形。

（三）电功率的概念

在交流电路中，由于电感、电容对交流电路的影响作用，使得电路中电压、电流的大小和相位关系以及能量转换等问题不同于直流电路。

我国电路负载多为感性负载，即电路呈电感性，电压超前电流 φ 角，功率三角形如图 22-26所示。

$$S=\sqrt{P^2+Q^2} \qquad (22\text{-}7)$$

$$\cos\varphi=\frac{P}{S} \qquad (22\text{-}8)$$

$$S=UI \qquad (22\text{-}9)$$

$$P=UI\cos\varphi=S\cdot\cos\varphi \qquad (22\text{-}10)$$

$$Q=UI\sin\varphi=S\cdot\sin\varphi \qquad (22\text{-}11)$$

三相电路的功率:

$$S=\sqrt{3}U_1I_1 \qquad (22\text{-}12)$$

$$P=\sqrt{3}U_1I_1\cos\varphi \qquad (22\text{-}13)$$

$$Q=\sqrt{3}U_1I_1\sin\varphi \qquad (22\text{-}14)$$

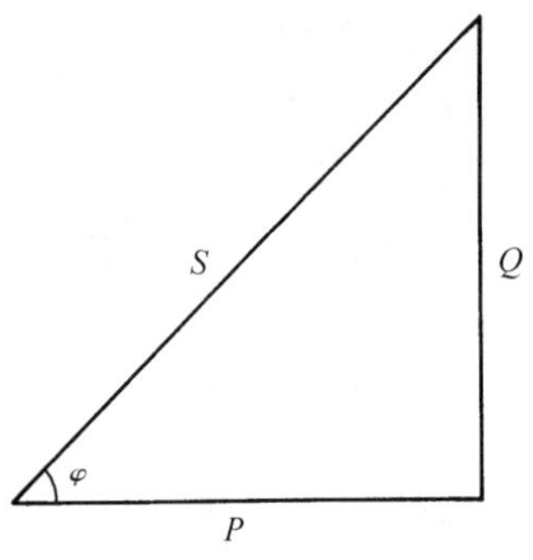

图 22-26　功率三角函数

式中　U_1——线电压,V(伏),kV(千伏),$1kV=10^3V$;

$\quad\ I_1$——线电流,A(安),kA(千安),$1kA=10^3A$;

$\quad\ P$——有功功率,W(瓦),kW(千瓦),$1kW=10^3W$;

$\quad\ Q$——无功功率,Var(乏),kVar(千乏),$1kVar=10^3Var$;

$\quad\ S$——视在功率,VA(伏安),kVA(千伏安),$1kVA=10^3VA$;

$\cos\varphi$——功率因数(亦称力率)。

(四) 变压器与电动机

1. 变压器

变压器是利用电磁感应作用传递交流电能的。它由一个铁芯和绕在铁芯上的两个或多个匝数不等的线圈(绕组)组成,变压器具有变换电压、电流的功能。

在电力系统中,为减小线路上的功率损耗,实现远距离输电,用变压器将发电机发出的电源电压升高后再送入电网。在配电地点,为了用户安全和降低用电设备的制造成本,先用变压器将电压降低,然后分配给用户。

在电子技术中,测量和控制也广泛使用变压器,有用于整流、传递信号和实现阻抗匹配的整流变压器、耦合变压器和输出变压器。这些变压器的容量都较小,效率不是主要的性能指标。除此之外,尚有自耦变压器、仪用互感器及用做金属热加工的电焊变压器、电炉变压器等。

变压器在运行时因有铜损和铁损而发热,使绕组和铁芯的温度升高。为了防止变压器因温度过高而烧坏,必须采取冷却散热措施。常用的冷却介质有两种,即空气和变压器油。用空气作为介质的变压器称为干式变压器,用油作为介质的变压器称为油浸式变压器。小型变压器的热量由铁芯和绕组直接散发到空气中,这种冷却方式称为空气自冷式,即在空气中自然冷却。油浸式又分为油浸自冷式、油浸风冷式和强迫循环式三种。容量较大的变压器多采用油冷式,即把变压器的铁芯和绕组全部浸在油箱中。油箱中的变压器油(矿物油)除了使变压器冷却外,它还是很好的绝缘材料。相对于油浸式变压器,干式变压器因没有油,也就没有火灾、爆炸、污染等问题,故电气规范、规程等均不要求干式变压器置于单独房间内。特别是新的系列,损耗和噪声降到了新的水平,更为变压器与低压屏置于同一配电室内创造了条件。

目前国内使用变压器种类较多,各类变压器性能比较见表 22-25 所列。

类 别	矿油变压器	硅油变压器	六氟化硫变压器	干式变压器	环氧树脂浇注变压器
价格	低	中	高	高	较高
安装面积	中	中	中	大	小
体积	中	中	中	大	小
爆炸性	有可能	可能性小	不爆	不爆	不爆
燃烧性	可燃	难燃	不燃	难燃	难燃
噪声	低	低	低	高	低
耐湿性	良好	良好	良好	弱（无电压时）	优
耐尘性	良好	良好	良好	弱	良好
损失	大	大	稍小	大	小
绝缘等级	A	A 或 H	E	B 或 H	B 或 F
重量	重	较重	中	重	轻

变压器选择应考虑以下因素：

（1）变电所的位置。

（2）建筑物的防火等级。

（3）建筑物的使用功能及对供电的要求。

（4）当地供电部门对主变压器的管理体制。

在额定功率时，变压器的输出功率和输入功率的比值，叫作变压器的效率，即：

$$\eta = \frac{P_2}{P_1} \times 100\%$$
(22-15)

式中　η——变压器的效率，%；

　　　P_1——输入功率，W(瓦)；

　　　P_2——输出功率，W(瓦)。

当变压器的输出功率 P_2 等于输入功率 P_1 时，效率 η 等于 100%，变压器将不产生任何损耗。但实际上这种变压器是没有的。变压器传输电能时总要产生损耗，这种损耗主要有铜损和铁损。

铜损是指变压器线圈电阻所引起的损耗，当电流通过线圈电阻发热时，一部分电能就转变为热能而损耗。由于线圈一般都由带绝缘的铜线缠绕而成，因此称为铜损。

变压器的铁损包括两个方面：一是磁滞损耗，当交流电流通过变压器时，通过变压器硅钢片的磁力线其方向和大小随之变化，使得硅钢片内部分子相互摩擦，放出热能，从而损耗了一部分电能，这便是磁滞损耗。另一是涡流损耗，当变压器工作时，铁芯中有磁力线穿过，在与磁力线垂直的平面上就会产生感应电流，由于此电流自成闭合回路，形成环流，且成旋涡状，故称为涡流。涡流的存在使铁芯发热，消耗能量，这种损耗称为涡流损耗。

变压器的效率与变压器的功率等级有密切关系，通常功率越大，损耗与输出功率就越小，效率也就越高。反之，功率越小，效率也就越低。

2. 电动机

电能是现代最主要的能源之一。电机是与电能的生产、输送和使用有关的能量转换机械。它不仅是工业、农业和交通运输的重要设备，而且在日常生活中的应用也越来越广泛。

旋转电机的分类方法很多，按功能大致可分为：

（1）发电机，是一种把机械能转换成电能的旋转机械。

（2）电动机，是一种把电能转换成机械能的旋转机械。

（3）控制电机，是控制系统中应用的一种电器。

人们通常按产生或耗用电能种类的不同，把旋转电机分为直流电机和交流电机。交流电机又按它的转子转速与旋转磁场转速的关系不同，分为同步电机和异步电机。异步电机按转子结构的不同，还可分为绕线式异步电机和鼠笼式异步电机。这种分类法可以归纳如图 22-27。

图 22-27　电动机的分类

应该指出，不论是动力电机的能量转换，还是控制电机的信号变换，它们的工作原理都依赖于电磁感应定律。

工农业生产和日常生活中应用得最广泛的是鼠笼式异步电动机。

读者应了解三相异步电动机的启动、反转、调速和制动方法。

（五）低压配电线路保护电器

低压配电线路应根据不同故障类别和具体工程要求装设短路保护、过负荷保护、过电压及欠电压保护、电弧故障保护、接地故障保护，当配电线路发生故障时，保护装置应切断供电电源或发出报警信号，或将状态及故障信息上传。

1. 短路保护

短路：是由电源通向用电设备的导线不经过负载（或负载为零）而相互直接连接的状态。

短路的原因：电气线路会因机械损伤、外部热源、内部热源等因素影响，使绝缘受到损害而发生短路。机械损伤是线路受到外力作用使绝缘损坏；外部热源因素是线路与热源接触、受到热源辐射使绝缘损坏；而内部热源因素则是线路本身过负荷导致过热使绝缘损坏。

短路保护要求：在短路故障产生后的极短时间内切断电源。常用方法是在线路中串接熔断器或低压断路器。

2. 过负荷保护

过负荷：电气设备或线路消耗或传输的功率或电流超过额定值或规定的允许值，它是设备或线路的一种运行状态。

过负荷的危害：配电线路短时间的过负荷是难免的，它并不一定会对线路造成损害。长时间的过负荷将对线路的绝缘、接头、端子或导体周围的介质造成损害。绝缘因长期超过允许温升会加速老化而缩短线路使用寿命。严重的过负荷将使绝缘介质在短时间内软化变形，介质损耗增大，耐压水平下降，最后导致短路，引起火灾和触电事故，过负荷保护的目的在于防止此种情况的发生。

过负荷保护要求：正常情况下电气设备或线路的保护装置，在选型得当、整定值正确时，能够将过负荷设备或线路从电源切除，设备和线路不会过热、而导致温度升高，就不会引发火灾危险。快速熔断器、直流快速断路器、过电流继电器是较为常用的保护器。

3. 过电压及欠电压保护

过电压、欠电压：通常情况下，当加载在电气设备上的电压超过额定值的10%，且持续时间大于60s时，视为过电压，此时电气设备会因承受的电压超出额定值而损坏；当电压低于额定值的10%，且持续时间大于60s时，视为欠电压，此时控制电路部分会异常工作，电气设备的使用年限也会因而缩短。因此对输入电源的上限和下限要有所限制，为此采用过电压、欠电压保护以提高电气设备的可靠性和安全性。

过欠电压保护：过欠电压保护器为当线路中过电压和欠电压超过规定值时能自动断开，并能自动检测线路电压，当线路中电压恢复正常时能自动闭合的装置。主要在（单相AC230V，三相四线 AC415V）线路中作为过电压、欠电压、断相、断零线的保护使用。

4. 电弧故障保护

线路短路有金属性短路和电弧性短路两种情况。

金属性短路即导体间直接接触短路，特点是接触阻抗很小，可忽略不计，短路电流非常大，两导体间接触点往往被高温熔焊，如果保护电器不能有效切断短路电流，会造成严重的危害。电弧性短路即导体间相互接触短路但未能完全熔焊在一起而建立电弧，或线路导体因绝缘劣化被雷电瞬态过电压、电网故障暂时过电压击穿而建立电弧，特点是故障回路具有很大的阻抗和电压降，短路电流较小，若短路电流持续存在，极易引发火灾。带电导体对地短路及带电导体间的间隙爬电，也是以电弧为通路的电弧性短路。

电弧故障保护器：金属性短路可采用短路保护器切断电路，而电弧性短路因短路电流小，短路保护器很难有效切断电路，可采用电弧故障保护器。区别于传统的断路器只对过流、短路起保护作用，电弧故障保护器有检测并区别电器启停或开关时产生的正常电弧和故障电弧的能力，在发现故障电弧时及时切断电源。

5. 接地故障保护

接地故障：是指导体与大地的意外连接。

接地故障保护：线路所设置的过电流保护兼作接地故障保护；利用零序电流来实现接地故障保护；利用剩余电流实现接地故障保护。

接地故障保护器：安装在低压电网中的剩余电流动作保护器，是防止人身触电、电气火灾及电气设备损坏的一种有效的防护措施。其功能是：检测供电回路的剩余电流，将其与基准值相比较，当剩余电流超过该基准值时，分断被保护电路。

例 22-11 （2009）下列哪种调速方法是交流笼型电动机的调速方法？

A　电枢回路串电阻　　　　　　B　改变励磁调速

C　变频调速　　　　　　　　　D　串级调速

解析：电枢回路串电阻是绕线式异步电机的调速方法；改变励磁调速是直流电机的调速方法；变频调速是交流鼠笼异步电动机的调速方法；串级调速是交流绕线式异步电动机的调速方法。

答案：C

习　题

22-1 **(2018)**电器产品受海拔高度影响，下列哪种说法是错误的？

A　一般电气产品均规定其使用的海拔高度

B　低气压会提高空气介电强度和冷却作用

C　低气压会使以空气为冷却介质的电气装置的温升升高

D　低气压会使以空气为冷却介质的开关灭弧发生困难

22-2 下列属于一级负荷中特别重要负荷的是：

A　药品冷库　　　　　　　　　　　B　门诊部

C　重症呼吸道感染区的通风系统　　D　血库

22-3 **(2019)**展览建筑中展览用电负荷的等级是：

A　一级负荷中特别重要负荷　　　　B　一级负荷

C　二级负荷　　　　　　　　　　　D　三级负荷

22-4 **(2018)**下列哪种情况下，用户需要设置自备电源？

A　有两回线路供电，除二、三级负荷外还有一级负荷

B　有两回线路供电，除三级负荷外还有二级负荷

C　有二级负荷，但地区供电条件困难，只有 1 回 10kV 专用的架空线路供电

D　有二级负荷，但负荷较小，只有 1 回 10kV 专用的架空线路供电

22-5 电源设置说法正确的是：

A　从邻近 1 个开闭站引入两条 380V 电源

B　从邻近 1 个开闭站引入 10kV 双回路电源

C　从邻近 2 个开闭站分别引入两条 380V 电源

D　从邻近 2 个开闭站引入 10kV 双重电源

22-6 **(2018)**我国常用的低压配电系统采用以下哪种电压等级？

A　110/220V　　　　　　　　　　　B　127/220V

C　220/380V　　　　　　　　　　　D　240/415V

22-7 不采取隔振和屏蔽措施的前提下，变配电室设置在哪个位置合适？

A　设置在一层，厨房正下方　　　　B　设置在办公正下方

C　设置在地下一层，智能化控制室正上方　　D　设置在二层，一层为厨具展厅

22-8 **(2019)**有多层地下室的高层建筑物，其变电所的设置位置，错误的是：

A　屋顶层　　　　　　　　　　　　B　最底层

C　避难层　　　　　　　　　　　　D　设备层

22-9 **(2019)**关于配变电所门的设置，说法错误的是：

A　相邻配电室之间设门时，门应向低压配电室开启

B　长度大于 7m 的配电室应设 2 个出口

C　当配变电所采用双层布置时，位于楼上的配电室可不设置通向外部通道的出口

D　附设在建筑内二层及以上楼层的配变电所开向建筑内其他相邻房间的门应采用甲级防火门

22-10 (2018)在民用建筑内设置油浸变压器，下列说法错误的是：

　　A　确需设置时，不应布置在人员密集场所的上一层、下一层或贴邻

　　B　确需设置时，其总容量不应大于1250kVA，单台容量不应大于630kVA

　　C　油浸变压器下面应设置能储存变压器全部油量的事故储油设施

　　D　民用建筑内严禁设置油浸变压器

22-11 (2018)有人值班的配变所应设单独的值班室，下列说法错误的是：

　　A　值班室可以和高压配电装置室合并

　　B　值班室可经过走道与配电装置室相通

　　C　值班室可以和低压配电装置室合并

　　D　值班室的门应直通室外或走道

22-12 (2019)下列对柴油发电机组安装设计的要求，错误的是：

　　A　应设置震动隔离装置

　　B　机组与外部管道应采用刚性连接

　　C　设备与基础之间的地脚螺栓应能承受水平地震力和垂直地震力

　　D　设备与减震装置的地脚螺栓应能承受水平地震力和垂直地震力

22-13 (2018)电气竖井位置和数量的确定，与建筑规模、用电性质等因素有关，与下列哪个因素无关？

　　A　防烟分区　　　　　　　　　　　　B　防火分区

　　C　建筑物变形缝位置　　　　　　　　D　供电半径

22-14 关于线路敷设，以下正确的是：

　　A　电缆直接埋设在冻土区地下时，应敷设在冻土线以上

　　B　电缆沟应有良好的排水条件，应在沟内设置不少于0.5%的纵坡

　　C　电缆隧道埋设时当遇到其他交叉管道时可适当避让降低高度，但应保证不小于1.9m净高

　　D　消防电缆线在建筑内暗敷时，需要埋在保护层不少于20mm的不燃烧结构层内

22-15 (2018)电缆桥架多层敷设时，电力电缆桥架层间距离不应小于：

　　A　0.4m　　　　　　　　　　　　　　B　0.3m

　　C　0.2m　　　　　　　　　　　　　　D　0.1m

22-16 关于民用建筑电气设备的说法，正确的是：

　　A　NMR-CT机扫描室的电气线缆应穿铁管明敷设

　　B　安装在室内外的充电桩，可不考虑防水防尘要求

　　C　不同温度要求的房间，采用一根发热电缆供暖

　　D　电视转播设备的电源不应直接接在可控硅调光的舞台照明变压器上

22-17 (2019、2018)除另有规定外，下列电气装置的外露可导电部分可不接地的是：

　　A　配电设备的金属框架

　　B　手持式及移动式电器

　　C　干燥场所的直流额定电压110V及以下的电气装置

　　D　类照明灯具的金属外壳

22-18 下列公共建筑的场所应设置疏散照明的是：

　　A　150m² 的餐厅　　　　　　　　　　B　150m² 的演播室

　　C　150m² 的营业厅　　　　　　　　　D　150m² 的地下公共活动场所

22-19 关于洁净手术部设计的说法错误的是：

　　A　应采用独立双路电源供电

　　B　室内的电源回路应设绝缘检测报警装置

　　C　手术室用电应与辅助用房用电分开

D 室内布线应采用环形布置

22-20 (2019)关于消防配电线路敷设的说法，错误的是：

A 采用矿物绝缘类不燃性电缆时，可直接明敷

B 采用铝芯阻燃电缆明管敷设

C 可与其他配电线路分开敷设在不同电缆井内

D 穿管暗敷在保护层厚度不小于30mm的不燃结构层内

22-21 (2019)选择火灾自动报警系统的供电线路，正确的是：

A 阻燃铝芯电缆   B 耐火铝芯电缆

C 阻燃铜芯电缆   D 耐火铜芯电缆

22-22 (2019)不可选用感应式自动控制灯具的是：

A 旅馆走廊   B 居住建筑楼梯间

C 舞台   D 地下车库行车道

22-23 (2018)当高层建筑内的客梯兼作消防电梯时，应符合防灾设置标准，下列哪项措施不符合要求？

A 发现灾情后，客梯应能迅速停落在就近楼层

B 客梯应具有防灾时工作程序的转换装置

C 正常电源转换为防灾系统电源时，消防电梯应能及时投入

D 电梯轿厢内应设置与消防控制室的直通电话

22-24 (2019)下列场所和设备设置的剩余电流（漏电）动作保护，在发生接地故障时，只报警而不切断电源的是：

A 手持式用电设备   B 潮湿场所的用电设备

C 住宅内的插座回路   D 医院用于维持生命的电气设备回路

22-25 (2019)保护接地导体应连接到用电设备的哪个部位？

A 电源保护开关   B 带电部分

C 金属外壳   D 有洗浴设备的卫生间

22-26 (2018)对于允许人进入的喷水池，应采用安全特低电压供电，交流电压不应大于：

A 6V   B 12V

C 24V   D 36V

22-27 (2019)下列场所中，灯具电源电压可大于36V的是：

A 乐池内谱架灯   B 化妆室台灯

C 观众席座位排灯   D 舞台面光灯

22-28 (2019)下列旅馆建筑物场所中，不需设置等电位联接的是：

A 浴室   B 喷水池

C 健身房   D 游泳池

22-29 (2018)下列场所的照明适合用节能自熄灭开关的是：

A 住宅建筑共用部位   B 消防控制室

C 酒店大堂   D 宴会厅前厅

22-30 (2018)下列哪种光源不能作为应急照明的光源？

A 卤钨灯   B LED灯

C 金属卤化物灯   D 紧凑型荧光灯

22-31 (2018)建筑物的防雷等级分为第一类、第二类、第三类，在确定防雷等级时，下列哪项因素可不考虑？

A 建筑物的使用性质   B 建筑物的结构形式

C 建筑物的地点   D 建筑物的长、宽、高

22-32 (2018)在高土壤电阻率的场地，降低防直击雷冲击接地电阻不应采用以下哪种形式？

A 接地体埋于较深的低电阻率土壤中　　B 换土

C 建筑物场地周围地下增设裸铝导体　　D 采用降阻剂

22-33 (2019)下列场所中，不应选择点型感烟火灾探测器的是：

A 厨房　　　　　　　　　　　　　　　B 电影放映室

C 办公楼厅堂　　　　　　　　　　　　D 电梯机房

22-34 (2019)下列采用应急照明的场所，设置正确的是：

A 150m² 的展览厅　　　　　　　　　　B 150m² 的餐厅

C 高层住宅的楼梯间　　　　　　　　　D 150m² 的会议室

22-35 (2018)关于消防控制室的说法下列哪项不正确？

A 设有火灾自动报警系统的保护对象必须设置消防控制室

B 消防控制室应设有用于火灾报警的外线电话

C 消防控制室严禁穿过与消防设施无关的电气线路及管路

D 消防控制室送、回风管的穿墙处应设防火阀

22-36 (2019)火灾应急广播输出分路，应按疏散顺序控制，播放疏散指令的楼层控制程序，以下哪项正确？

A 同时播放给所有楼层

B 先接通地下各层

C 二层及二层以上楼层发生火灾，宜先接通火灾层及其相邻的上、下层

D 首层发生火灾，宜先接通本层、二层及地下一层

22-37 (2018)当确认火灾后，关于疏散通道的消防应急照明和疏散指示系统，下列说法正确的是：

A 只启动发生火灾的报警区域

B 启动发生火灾的报警区域和所有疏散楼梯区域

C 由发生火灾的报警区域开始，顺序启动全楼疏散通道区域

D 由发生火灾的报警区域开始，顺序启动疏散楼梯和首层疏散通道区域

22-38 (2018)综合布线系统中信息点（如电脑信息插口）与楼层配线设备之间的水平缆线不应大于：

A 70m　　　　　　　　　　　　　　　B 80m

C 90m　　　　　　　　　　　　　　　D 100m

22-39 (2019)4 层办公建筑，程控用户交换机机房不能设于：

A 一层　　　　　　　　　　　　　　　B 二层

C 三层　　　　　　　　　　　　　　　D 四层

22-40 公共建筑视频监控摄像机设置位置错误的是：

A 直接朝向停车库车辆出入口

B 电梯轿厢

C 直接朝向涉密设施

D 直接朝向公共建筑地面车库出入口

22-41 (2019)通用办公建筑，不属于信息化应用系统的是：

A 出入口控制　　　　　　　　　　　　B 智能卡应用

C 物业管理　　　　　　　　　　　　　D 公共服务系统

22-42 (2018)关于电子信息设备机房的选址，下列哪项不符合要求？

A 靠近电信间，方便各种线路进出

B 不应设置在变压器室的楼上、楼下或隔壁场所

C 不应设置在浴厕或其他潮湿、积水场所的正下方，但可以贴邻

D 设备吊装、运输方便

参考答案及解析

22-1 **解析**：一般电器产品均规定其使用的海拔高度，A 选项正确。题目选项中主要涉及空气压力或空气密度降低对电器的影响。①对绝缘介质强度的影响：空气压力或空气密度的降低，引起外绝缘强度的降低；B 选项错误。②对开关电器灭弧性能的影响：空气压力或空气密度的降低使空气介质灭弧的开关电器灭弧性能降低；通断能力下降和电寿命缩短；D 选项正确。③对介质冷却效应，即产品温升的影响：空气压力或空气密度的降低引起空气介质冷却效应的降低；对于以自然对流、强迫通风或空气散热器为主要散热方式的电工产品，由于散热能力的下降，温升增加；C 选项正确。

答案：B

22-2 **解析**：根据《民用建筑电气设计标准》GB 51348—2019 附录 A，三级、二级医院的重症呼吸道感染区通风系统的用电，属于一级负荷中特别重要的负荷。

答案：C

22-3 **解析**：根据《民用建筑电气设计标准》GB 51348—2019 附录 A：特大型、大型、中型及小型会展建筑的主要展览用电为二级负荷。

答案：C

22-4 **解析**：电力负荷分级的意义在于正确地反映它对供电可靠性要求的界限，并根据负荷等级采取相应的供电方式。

（1）一级负荷应由双重电源供电，当一个电源发生故障时，另一个电源不应同时受到损坏；

（2）二级负荷由双回线路供电；当负荷较小或地区供电条件困难时，二级负荷可由一回 35kV、20kV 或 10kV 专用的架空线路供电；

（3）三级负荷可采用单电源单回路供电。

题目中 B、C、D 选项均符合供电要求，A 选项中有一级负荷，须由双重电源供电，而两回线路出自一个电源，需要增设自备电源以满足供电需求。

答案：A

22-5 **解析**：中压电网中的开闭站一般用于 10kV 电力的接受与分配，不具备变压功能，主要起转输作用。开闭站设有中压配电进出线，是对功率进行再分配的配电装置。A、C 选项中为 380V 出线，错误。从邻近 1 个开闭站引出两条 10kV 配出回路供电，可作为双回路电源，B 选项错误。从邻近 2 个开闭站分别各引出 1 条 10kV 配出回路供电，可作为双重电源。

答案：D

22-6 **解析**：我国将交流、工频 1000V 及以下的电压称为低电压。民用建筑常用的低压配电带电导体系统型式为三相四线制或三相三线制，采用标准电压为 220/380V、380/660V、1000V。

答案：C

22-7 **解析**：《民用建筑电气设计标准》GB 51348—2019 第 4.2.1 条第 4 款，变电所不应设在对防电磁辐射干扰有较高要求的场所；C 选项错误。第 4.2.1 条第 6 款，变电所不应设在厕所、浴室、厨房或其他经常有水并可能漏水场所的正下方，且不宜与上述场所贴邻；如果贴邻，相邻隔墙应作无渗漏、无结露等防水处理；A 选项错误。第 4.10.7 条，当变电所与上、下或贴邻的居住、教室、办公房间仅有一层楼板或墙体相隔时，变电所内应采取屏蔽、降噪等措施；B 选项错误。

答案：D

22-8 **解析**：根据《民用建筑电气设计标准》GB 51348—2019 第 4.2.2 条"变电所可以放在地下层，但不宜放在最底层"的要求，可以防止变电所遭水淹渍、散热不良的现象发生；当地下只有一层时，应抬高变电所的地面。

答案：B

22-9 解析：根据《民用建筑电气设计标准》GB 51348—2019 第 4.10.3 条第 2 款，"变电所位于多层建筑物的二层或更高层时，通向其他相邻房间的门应为甲级防火门，通向过道的门应为乙级防火门"。D 选项正确。第 4.10.9 条："变压器室、配电装置室、电容器室的门应向外开，并应装锁。相邻配电装置室之间设有防火隔墙时，隔墙上的门应为甲级防火门，并向低电压配电室开启"。A 选项正确。第 4.10.11 条："长度大于 7m 的配电装置室，应设 2 个出口，并宜布置在配电室的两端；长度大于 60m 的配电装置室宜设 3 个出口，相邻安全出口的门间距离不应大于 40m。独立式变电所采用双层布置时，位于楼上的配电装置室应至少设一个通向室外的平台或通道的出口"。B 选项正确，C 选项错误。

答案：C

22-10 解析：根据《民用建筑电气设计标准》GB 51348—2019 第 4.3.5 条："设置在民用建筑内的变压器，应选择干式变压器、气体绝缘变压器或非可燃性液体绝缘变压器"。D 选项正确。第 4.3.7 条："当仅有一台时，不宜大于 1250kVA……采用油浸式变压器时不宜大于 630kVA"。标准规定是"不宜"，不是"不应"。B 选项错误。第 4.5.36 条："变压器室应设置储存变压器全部油量的事故储油设施"。C 选项正确。

答案：B

22-11 解析：根据《民用建筑电气设计标准》GB 51348—2019 第 4.5.8 条："有人值班的变电所应设值班室。值班室应能直通或经过走道与配电装置室相通，且值班室应有直接通向室外或通向疏散走道的门。值班室也可与低压配电装置室合并，此时值班人员工作的一端，配电装置与墙的净距不应小于 3m"。

答案：A

22-12 解析：排烟噪声在柴油机总噪声中属于最强烈的一种噪声，其频谱是连续的，排烟噪声的强度最高可达 110～130dB，对机房和周围环境有较大的影响。所以应设消声器，以减少噪声。排烟管的热膨胀可由弯头或来回弯补偿，也可设补偿器、波纹管、套筒伸缩节补偿。所以排烟管与柴油机排烟口连接处应装设弹性连接，而不是机组与外部管道采用刚性连接。

答案：B

22-13 解析：电气竖井的位置和数量应根据建筑物规模、各支线供电半径、建筑物的变形缝位置和防火分区等因素确定。

答案：A

22-14 解析：根据《民用建筑电气设计标准》GB 51348—2019 第 8.7.2 条，电缆室外埋地敷设应符合：在寒冷地区，电缆宜埋设于冻土层以下；A 选项错误。第 8.7.3 条第 7 款，电缆沟和电缆隧道应采取防水措施，其底部应做不小于 0.5‰ 的坡度坡向集水坑（井）；B 选项正确。第 8.7.3 条第 12 款 电缆隧道的净高不宜低于 1.9m，局部或与管道交叉处净高不宜小于 1.4m；C 选项错误。第 13.8.5 条第 5 款，火灾自动报警系统线路暗敷时，应采用穿金属导管或 B_1 级阻燃刚性塑料管保护并应敷设在不燃性结构内且保护层厚度不应小于 30mm；D 选项错误。

答案：B

22-15 解析：根据《民用建筑电气设计标准》GB 51348—2019 第 8.5.5 条，电缆桥架多层敷设时，层间距离应满足敷设和维护需要，并符合下列规定：

(1) 电力电缆的电缆桥架间距不应小于 0.3m；

(2) 电信电缆与电力电缆的电缆桥架间距不宜小于 0.5m，当有屏蔽盖板时可减少到 0.3m；

(3) 控制电缆的电缆桥架间距不应小于 0.2m；

(4) 最上层的电缆桥架的上部距顶棚、楼板或梁等不宜小于 0.15m。

答案：B

22-16 解析：根据《民用建筑电气设计标准》GB 51348—2019 第 9.6.7 条，NMR-CT 机扫描室的电气管线、器具及其支持构件不得使用铁磁物质或铁磁制品。进入室内的电源电线、电缆必须进行滤波；A 选项错误。第 9.7.1 条，安装在室外的充电桩的防水防尘等级不应低于 IP65；B 选项错误；电热辐射供暖系统，每个房间宜独立安装一根发热电缆，不同温度要求的房间不宜共用一根发热电缆；每个房间宜通过发热电缆温控器单独控制温度；C 选项错误。可控硅一般是由两晶闸管反向连接而成，由于晶闸管调光装置在工作过程中产生谐波干扰，妨碍声像设备正常工作，因此必须抑制。第 9.5.7 条第 2 款，电声、电视转播设备的电源不应直接接在可控硅调光的舞台照明变压器上。

答案：D

22-17 解析：电气装置的外露可导电部分接地是一种故障防护措施，为了保证可触及的可导电部分（如金属外壳）在正常情况下或在单一故障情况下不带危险电位。干燥场所的直流额定电压 110V 及以下的电气装置，有爆炸危险的场所除外，外露可导电部分可不做接地。

答案：C

22-18 解析：应设置疏散照明的场所：根据《建筑设计防火规范》第 10.3.1 条第 2 款，观众厅、展览厅、多功能厅和建筑面积大于 200 m² 的营业厅、餐厅、演播室等人员密集的场所；第 3 款，建筑面积大于 100m² 的地下或半地下公共活动场所。

答案：D

22-19 解析：根据《医院洁净手术部建筑技术规范》GB 50333—2013 第 11.1.2 条，洁净手术部应采用独立双路电源供电；第 11.1.9 条，洁净手术室内的电源回路应设绝缘检测报警装置；第 11.2.1 条，洁净手术室内布线不应采用环形布置；大型洁净手术部内配电应按功能分区控制；第 11.2.4 条，洁净手术室用电应与辅助用房用电分开。

答案：D

22-20 解析：根据《火灾自动报警系统设计规范》GB 50116—2013 第 11.2.2 条："火灾自动报警系统的供电线路、消防联动控制线路应采用耐火铜芯电线电缆，报警总结、消防应急广播和消防专用电话等传输线路应采用阻燃或阻燃耐火电线电缆"。B 选项错误。第 11.2.3 条："线路暗敷设时，应采用金属管、可挠（金属）电气导管或 B₁ 级以上的刚性塑料管保护，并应敷设在不燃烧体的结构层内，且保护层厚度不宜小于 30mm；线路明敷设时，应采用金属管、可挠（金属）电气导管或金属封闭线槽保护。矿物绝缘类不燃性电缆可直接明敷"。A、D 选项正确。第 11.2.4 条："火灾自动报警系统用的电缆竖井，宜与电力、照明用的低压配电线路电缆竖井分别设置。受条件限制必须合用时，应将火灾自动报警系统用的电缆和电力、照明用的低压配电线路电缆分别布置在竖井的两侧"。C 选项正确。

答案：B

22-21 解析：根据《火灾自动报警系统设计规范》GB 50116—2013 第 11.2.2 条："火灾自动报警系统的供电线路、消防联动控制线路应采用耐火铜芯电线电缆"。

答案：D

22-22 解析：舞台灯光需要调光控制，不是感应式自动控制。

答案：C

22-23 解析：客梯兼作消防电梯时，应符合消防装置设置标准，并应采用下列相应的应急操作：

(1) 客梯应具有消防工作程序的转换装置；

(2) 正常电源转换为消防电源时，消防电梯应能及时投入；

(3) 发现灾情后，客梯应能迅速停落至首层或事先规定的楼层。

答案：A

22-24 解析：对一旦发生切断电源时，会造成事故或重大经济损失的电气装置或场所，应安装报警式漏电保护器。如：

    （1）公共场所的通道照明、应急照明；

    （2）消防用电梯及确保公共场所安全的设备；

    （3）用于消防设备的电源，如火灾报警装置、消防水泵、消防通道照明等；

    （4）用于防盗报警的电源；

    （5）其他不允许停电的特殊设备和场所。

    答案：D

22-25 **解析：**保护接地的做法是将电气设备故障情况下可能呈现危险电压的金属部位经接地线、接地体同大地紧密地连接起来，是防止间接接触电击的安全技术措施。

    答案：C

22-26 **解析：**允许人进入的喷水池供电类似于游泳池，水下或与水接触的灯具应符合现行国家标准《灯具第 2-18 部分：特殊要求 游泳池和类似场所用灯具》GB 7000.218 的规定。灯具应为防触电保护的Ⅲ类灯具，其外部和内部线路的工作电压应不超过 12V。所以，应采用安全特低压供电，交流电压不应大于 12V。

    答案：B

22-27 **解析：**根据《民用建筑电气设计标准》GB 51348—2019 第 9.5.4 条："乐池内谱架灯和观众厅座位牌号灯宜采用 24V 及以下电压供电，光源可采用 24V 的半导体发光照明装置（LED），当采用 220V 供电时，供电回路应增设剩余电流动作保护器。"B 选项中灯具电源离人较近，应采用安全电压。

    答案：D

22-28 **解析：**保护性的等电位联结是将人体可同时触及的可导电部分连通的联结，是用来消除或尽可能地降低不同电位部分的电位差，进而防止引起电击危险。总接地端子和进入建筑物的供应设施的金属管道导电部分和常使用时可触及的电气装置外可导电部分等应实施保护等电位联结。健身房无金属管道，无需设置等电位联结。

    答案：C

22-29 **解析：**《住宅设计规范》GB 50096—2011 第 8.7.5 条："共用部位应设置人工照明，应采用高效节能的照明装置和节能控制设施。当应急照明采用节能自熄开关时，必须采用消防时应急点亮的措施"。

    答案：A

22-30 **解析：**金属卤化物光源启燃和再启燃时间较长，不适宜作为应急照明的光源。

    答案：C

22-31 **解析：**依据《民用建筑电气设计标准》GB 51348—2019 第 11.2.1 条，建筑物应根据其重要性、使用性质、发生雷电事故的可能性及后果，按防雷要求进行分类。A、C 选项符合上述情况。同时建筑高度也是防雷等级分类的考虑因素，如高度超过 100m 的建筑物应划为第二类防雷建筑物。与建筑物的结构形式无关。

    答案：B

22-32 **解析：**根据《建筑物防雷设计规范》GB 50057—2010 第 5.4.6 条，在高土壤电阻率地区，宜采用下列方法降低防雷接地网的接地电阻：

    （1）采用多支线外引接地装置，外引长度不应大于有效长度（m）；

    （2）接地体埋于较深的低电阻率土壤中；

    （3）换土；

    （4）采用降阻剂。

    答案：C

22-33 解析：厨房运行时有大量烟雾存在，不适宜选择点型感烟火灾探测器。

答案：A

22-34 解析：《建筑设计防火规范》GB 50016—2014 第 10.3.1 条："除建筑高度小于 27m 的住宅建筑外，民用建筑、厂房和丙类仓库的下列部位应设置疏散照明：

（1）封闭楼梯间、防烟楼梯间及其前室、消防电梯间的前室或合用前室、避难走道、避难层（间）；

（2）观众厅、展览厅、多功能厅和建筑面积＞200m² 的营业厅、餐厅、演播室等人员密集的场所……"

答案：C

22-35 解析：火灾自动报警系统有三种形式。①区域报警系统：仅需要报警，不需要联动自动消防设备的保护对象的系统。②集中报警系统：不仅需要报警，同时需要联动自动消防设备且只设置一台具有集中控制功能的火灾报警控制器和消防联动控制器的保护对象的系统。③控制中心报警系统：设置两个及以上消防控制室的保护对象，或已设置两个及以上集中报警系统的保护对象的系统。区域报警系统的火灾报警控制器设置在有人值班的场所，即消防值班室。

答案：A

22-36 解析：《火灾自动报警系统设计规范》GB 50116—2013 第 4.8.8 条："消防应急广播系统的联动控制信号应由消防联动控制器发出。当确认火灾后，应同时向全楼进行广播"。

答案：A

22-37 解析：当确认火灾后，由发生火灾的报警区域开始，顺序启动全楼疏散通道的消防应急照明和疏散指示系统，系统全部投入应急状态的启动时间不应大于 5s。

答案：C

22-38 解析：即信息点到楼层电信间的最大距离。当该层信息点数量不大于 400 个最长水平电缆长度小于或等于 90m 时，宜设置 1 个电信间；最长水平线缆长度大于 90m 时，宜设 2 个或多个电信间。

答案：C

22-39 解析：根据《民用建筑电气设计标准》GB 51348—2019 第 20.3.6 条，用户电话交换系统机房的选址与设置要求：单体建筑的机房宜设置在裙房或地下一层（建筑物有多地下层时），同时宜靠近信息接入机房、弱电间或电信间，并方便各类管线进出的位置；不应设置在建筑物的顶层。

答案：D

22-40 解析：依据《民用建筑电气设计标准》GB 51348—2019 第 14.1.13 条第 6 款，民用建筑场所设置的视频监控设备，不得直接朝向涉密和敏感的有关设施。

答案：C

22-41 解析：根据《智能建筑设计标准》GB/T 50314—2015，通用办公建筑智能化系统规定配置中，不含出入口控制的内容。

答案：A

22-42 解析：机房位置选择应符合下列规定：

（1）机房宜设在建筑物首层及以上各层，当有多层地下层时，也可设在地下一层；

（2）机房不应设置在厕所、浴室或其他潮湿、易积水场所的正下方或与其贴邻；

（3）机房应远离强振动源和强噪声源的场所，当不能避免时，应采取有效的隔振、消声和隔声措施；

（4）机房应远离强电磁场干扰场所，当不能避免时，应采取有效的电磁屏蔽措施。

答案：C

标及音质设计的基本原则。

4.4 了解冷水储存、加压及分配，热水加热方式及供应系统；了解建筑给排水系统水污染的防治及抗震措施；了解消防给水与自动灭火系统、污水系统及透气系统、雨水系统和建筑节水的基本知识以及设计的主要规定和要求。

4.5 了解采暖的热源、热媒及系统，空调冷热源及水系统；了解机房（锅炉房、制冷机房、空调机房）及主要设备的空间要求；了解通风系统、空调系统及其控制；了解建筑设计与暖通、空调系统运行节能的关系及高层建筑防火排烟；了解燃气种类及安全措施。

4.6 了解电力供配电方式，室内外电气配线，电气系统的安全防护，供配电设备，电气照明设计及节能，以及建筑防雷的基本知识；了解通信、广播、扩声、呼叫、有线电视、安全防范系统、火灾自动报警系统，以及建筑设备自控、计算机网络与综合布线方面的基本知识。

五、建筑材料与构造

5.1 了解建筑材料的基本分类；了解常用材料（含新型建材）的物理化学性能、材料规格、使用范围及其检验、检测方法；了解绿色建材的性能及评价标准。

5.2 掌握一般建筑构造的原理与方法，能正确选用材料，合理解决其构造与连接；了解建筑新技术、新材料的构造节点及其对工艺技术精度的要求。

六、建筑经济、施工与设计业务管理

6.1 了解基本建设费用的组成；了解工程项目概、预算内容及编制方法；了解一般建筑工程的技术经济指标和土建工程分部分项单价；了解建筑材料的价格信息，能估算一般建筑工程的单方造价；了解一般建设项目的主要经济指标及经济评价方法；熟悉建筑面积的计算规则。

6.2 了解砌体工程、混凝土结构工程、防水工程、建筑装饰装修工程、建筑地面工程的施工质量验收规范基本知识。

6.3 了解与工程勘察设计有关的法律、行政法规和部门规章的基本精神；熟悉注册建筑师考试、注册、执业、继续教育及注册建筑师权利与义务等方面的规定；了解设计业务招标投标、承包发包及签订设计合同等市场行为方面的规定；熟悉设计文件编制的原则、依据、程序、质量和深度要求；熟悉修改设计文件等方面的规定；熟悉执行工程建设标准，特别是强制性标准管理方面的规定；了解城市规划管理、房地产开发程序和建设工程监理的有关规定；了解对工程建设中各种违法、违纪行为的处罚规定。

七、建筑方案设计（作图题）

检验应试者的建筑方案设计构思能力和实践能力，对试题能做出符合要求的答案，包括：总平面布置、平面功能组合、合理的空间构成等，并符合法规规范。

八、建筑技术设计（作图题）

检验应试者在建筑技术方面的实践能力，对试题能做出符合要求的答案，包括：建筑剖面、结构选型与布置、机电设备及管道系统、建筑配件与构造等，并符合法规规范。

九、场地设计（作图题）

检验应试者场地设计的综合设计与实践能力，包括：场地分析、竖向设计、管道综合、停车场、道路、广场、绿化布置等，并符合法规规范。

附录 全国一级注册建筑师资格考试大纲

一、设计前期与场地设计（知识题）

1.1 场地选择

能根据项目建议书，了解规划及市政部门的要求。收集和分析必需的设计基础资料，从技术、经济、社会、文化、环境保护等各方面对场地开发做出比较和评价。

1.2 建筑策划

能根据项目建议书及设计基础资料，提出项目构成及总体构想，包括：项目构成、空间关系、使用方式、环境保护、结构选型、设备系统、建筑规模、经济分析、工程投资、建设周期等，为进一步发展设计提供依据。

1.3 场地设计

理解场地的地形、地貌、气象、地质、交通情况、周围建筑及空间特征，解决好建筑物布置、道路交通、停车场、广场、竖向设计、管线及绿化布置，并符合法规规范。

二、建筑设计（知识题）

2.1 系统掌握建筑设计的各项基础理论、公共和居住建筑设计原理；掌握建筑类别等级的划分及各阶段的设计深度要求；掌握技术经济综合评价标准；理解建筑与室内外环境、建筑与技术、建筑与人的行为方式的关系。

2.2 了解中外建筑历史的发展规律与发展趋势；了解中外各个历史时期的古代建筑与园林的主要特征和技术成就；了解现代建筑的发展过程、理论、主要代表人物及其作品；了解历史文化遗产保护的基本原则。

2.3 了解城市规划、城市设计、居住区规划、环境景观及可持续发展建筑设计的基础理论和设计知识。

2.4 掌握各类建筑设计的标准、规范和法规。

三、建筑结构

3.1 对结构力学有基本了解，对常见荷载、常见建筑结构形式的受力特点有清晰概念，能定性识别杆系结构在不同荷载下的内力图、变形形式及简单计算。

3.2 了解混凝土结构、钢结构、砌体结构、木结构等结构的力学性能、使用范围、主要构造及结构概念设计。

3.3 了解多层、高层及大跨度建筑结构选型的基本知识、结构概念设计；了解抗震设计的基本知识，以及各类结构形式在不同抗震烈度下的使用范围；了解天然地基和人工地基的类型及选择的基本原则；了解一般建筑物、构筑物的构件设计与计算。

四、建筑物理与建筑设备

4.1 了解建筑热工的基本原理和建筑围护结构的节能设计原则；掌握建筑围护结构的保温、隔热、防潮的设计，以及日照、遮阳、自然通风方面的设计。

4.2 了解建筑采光和照明的基本原理，掌握采光设计标准与计算；了解室内外环境照明对光和色的控制；了解采光和照明节能的一般原则和措施。

4.3 了解建筑声学的基本原理；了解城市环境噪声与建筑室内噪声允许标准；了解建筑隔声设计与吸声材料和构造的选用原则；了解建筑设备噪声与振动控制的一般原则；了解室内音质评价的主要指